电力电子应用技术及发展研究

田 娟 著

中国水利水电出版社
www.waterpub.com.cn
·北京·

内 容 提 要

电力电子技术以电力作为处理的对象,是一门新型的电子应用技术。

本书从应用的角度出发,以定性分析为主,介绍了典型的电力电子器件的工作特点,分析了整流电路、直流-直流变换电路、交流-交流变换电路和逆变电路的工作原理,注重理论的完整性、先进性,突出工程设计和应用技术,反映了当前技术发展的主流和趋势。

全书结构合理,条理清晰,内容丰富新颖,可供从事电力电子技术工作的工程技术人员参考。

图书在版编目(CIP)数据

电力电子应用技术及发展研究/田娟著. —北京:
中国水利水电出版社,2018.9(2024.8重印)
 ISBN 978-7-5170-7017-7

Ⅰ.①电… Ⅱ.①田… Ⅲ.①电力电子技术－研究
Ⅳ.①TM1

中国版本图书馆 CIP 数据核字(2018)第 238526 号

书　　名	电力电子应用技术及发展研究 DIANLI DIANZI YINGYONG JISHU JI FAZHAN YANJIU
作　　者	田　娟　著
出版发行	中国水利水电出版社 (北京市海淀区玉渊潭南路1号D座 100038) 网址:www.waterpub.com.cn E-mail:sales@waterpub.com.cn 电话:(010)68367658(营销中心)
经　　售	北京科水图书销售中心(零售) 电话:(010)88383994、63202643、68545874 全国各地新华书店和相关出版物销售网点
排　　版	北京亚吉飞数码科技有限公司
印　　刷	三河市元兴印务有限公司
规　　格	170mm×240mm　16开本　19.5印张　349千字
版　　次	2019年3月第1版　2024年8月第2次印刷
印　　数	0001—2000册
定　　价	93.00元

凡购买我社图书,如有缺页、倒页、脱页的,本社营销中心负责调换

版权所有·侵权必究

前　言

　　电能作为当今最重要的能源形式,使用最方便、应用最广泛。当代工农业等各个领域都离不开电能,面对全球性的能源危机和环境问题,节约用电,减少电力生产和使用过程对环境的破坏,提高电能变换系统和装置的效率,减少它们的不良影响,已日益重要。基于此,以电能变换为研究对象的电力电子技术学科应运而生,发展迅速,并成为了国民经济建设中的一个关键的基础性技术。电力电子技术作为一项实现电能高效率利用和精密运动控制的技术,已渗透到人类生活的各个方面,成为现代工业、信息和通信、能源、交通、国防等领域的支撑科学技术。自1948年美国贝尔实验室发明晶体管以来,电力电子器件经历了半个多世纪的发展,功率器件经历从结型控制器件(如晶闸管、功率GTR、GTO)到场控制器件(如功率MOSFET、IGBT、IGCT)的发展历程,电力电子器件的性能取得了显著的进步。这些新型电力电子变换器的出现及其控制方式的新发展和分析设计手段的新变化,都大大丰富了电力电子的内容。

　　电力电子技术以电力作为处理的对象,是一门新型的电子应用技术,是高新技术发展的主要基础技术之一,是传统产业改造的重要手段。电力电子技术的发展是以电力电子器件为核心,伴随变换技术、控制技术的发展而发展的。本书共分11章,从应用的角度出发,以定性分析为主,介绍了典型的电力电子器件的工作特点,分析了整流电路、直流-直流变换电路、交流-交流变换电路和逆变电路的工作原理,注重理论的完整性、先进性,突出工程设计和应用技术,反映了当前技术发展的主流和趋势。由于AC-DC变换电路是应用最为广泛的一种电路,也是电力电子电路的基础,因此,本书在保留一定的晶闸管相控变流技术内容的同时,较为突出地反映了以全控型器件为主的PWM理论体系,并较为系统地阐述了电力电子器件、AC-DC变换电路(整流和有源逆变电路)、DC-AC变换电路(无源逆变电路)以及PWM理论、DC-DC变换电路、AC-AC变换电路等基本内容。考虑到当前电力电子电路理论及其控制技术取得的长足发展,在电路拓扑、分析方法、建模方法、控制方法、设计方法等方面实现了飞跃,出现了新的知识和内容,本书增加了相关内容,以便为电力电子技术的应用与研究提供理论和技术基础。

本书强调基本概念、分析方法和基础知识的理解和掌握；在体现新技术的一些进展的同时，避免了新技术、新理论的简单罗列；按照从元器件、电路到系统的原则精选了内容，保持了体系的完整性。本书具有以下特色：

1) 写作的理念上，注重提高电路分析能力，坚持把工程科学基础和电力电子专业知识揉合在一起进行讲述。

2) 在系统讲述基本理论及基本概念的同时，重点阐述器件应用；把晶闸管整流电路作为基础，后续突出反映以全控型器件为主的 PWM 理论体系。

3) 内容通俗易读，文字流畅，概念清晰，叙述深入浅出，体系完整、实用。

4) 理论结合实际，既有概念清晰的原理介绍，又有切合实际的电力电子装置的设计及应用，还有作者在实践中得来的独特见解。

5) 以全控型器件电力电子变换电路为主线，以 PWM 控制技术为基础，重点介绍逆变及整流电路。

在撰写本书的过程中，得到了同行业内许多专家学者的指导帮助，也参考了大量的国内外学术文献，在此一并表示真诚的感谢。

电力电子技术是一个十分活跃的专业领域，新思想、新技术、新标准层出不穷。限于作者水平，书中难免存在疏漏和不足之处，真诚希望有关专家和读者批评指正。

作　者
2018 年 8 月

目 录

前言
第1章 绪 论 ………………………………………………………………… 1
 1.1 电力电子技术的组成 …………………………………………………… 1
 1.2 电力电子技术的特点 …………………………………………………… 2
 1.3 电力电子学与其他学科的关系 ………………………………………… 3
 1.4 电力电子技术的发展与展望 …………………………………………… 4
第2章 电力电子器件分析 ………………………………………………… 6
 2.1 电力电子核心器件与技术 ……………………………………………… 6
 2.2 电力电子变换器中的开关与储能元件 ………………………………… 22
 2.3 电力电子变换器的驱动与保护 ………………………………………… 25
 2.4 电力电子变换器的串联和并联使用 …………………………………… 33
 2.5 电力电子器件的功耗、散热及冷却 …………………………………… 40
第3章 整流电路 …………………………………………………………… 45
 3.1 单相可控整流电路 ……………………………………………………… 45
 3.2 三相可控整流电路 ……………………………………………………… 54
 3.3 变压器漏感对整流电路的影响 ………………………………………… 57
 3.4 整流电路的有源逆变 …………………………………………………… 58
 3.5 整流电路的换相压降、外特性和直流电动机的机械特性 …………… 63
 3.6 晶闸管触发电路同步电压的确定 ……………………………………… 69
 3.7 整流电路的谐波和功率因数 …………………………………………… 71
 3.8 大功率可控整流电路 …………………………………………………… 82
第4章 直流-直流变换电路 ………………………………………………… 90
 4.1 斩波电路的工作原理 …………………………………………………… 90
 4.2 基本直流斩波电路 ……………………………………………………… 91
 4.3 其他直流斩波电路 ……………………………………………………… 105
 4.4 隔离型直流-直流变换电路 ……………………………………………… 108
第5章 交流-交流变换电路 ………………………………………………… 119
 5.1 交流调压电路 …………………………………………………………… 119
 5.2 交流调功电路 …………………………………………………………… 126

5.3 交流斩波调压电路 127
5.4 交流电力电子开关 129

第6章 无源逆变电路 134
6.1 逆变技术概述 134
6.2 无源逆变电路的工作原理 135
6.3 电压型逆变电路 138
6.4 电流型逆变电路 146
6.5 多重逆变电路和多电平逆变电路 152

第7章 PWM控制技术 164
7.1 PWM控制原理 164
7.2 PWM开关模型 165
7.3 调制法生成的SPWM波形 174
7.4 软件生成SPWM波形 180
7.5 电压空间矢量PWM控制 187
7.6 PWM波形的分类 192

第8章 软开关技术 195
8.1 软开关概述 195
8.2 软开关电路的分类 197
8.3 典型的软开关电路 199
8.4 软开发技术新进展 215

第9章 电力电子开关变换器的拓扑设计 216
9.1 开关变换器拓扑的对偶设计 216
9.2 开关变换器拓扑的三端开关模型法设计 222
9.3 开关变换器的拓扑叠加设计 227

第10章 电力电子控制器的建模分析 240
10.1 状态空间平均法 240
10.2 等效变压器法 252
10.3 开关变换器离散平均模型 270

第11章 电力电子技术的应用 276
11.1 电动机调速 276
11.2 电源控制领域——UPS不间断电源 283
11.3 晶闸管中频电源 286
11.4 通用变频器 287
11.5 静止无功补偿装置 288

参考文献 303

第1章 绪 论

1.1 电力电子技术的组成

电子技术的组成如图 1-1 所示。电力电子技术是进行电力变换与控制的技术,是电子技术的一个组成部分。

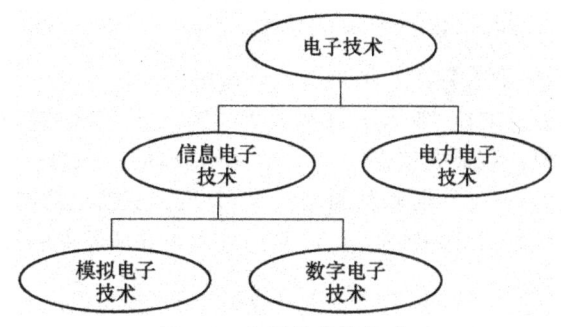

图 1-1 电子技术的组成

电力电子技术是电力技术领域常用的电子技术之一。它是应用电路理论、控制理论,使用电力电子器件对电能进行变换、控制的技术。如图 1-2 所示,电力变换有直流变直流(斩波)、交流变直流(整流)、直流变交流(逆变)和交流变交流(变压/变频/变相)4 种形式。

图 1-2 电力变换的形式

电力电子学(Power Electronics)又称电力电子技术,是结合了电能变换、电磁学、自动控制、微电子及电子信息、计算机等学科的最新成果而迅速发展起来的交叉型综合性学科。

作为电力、电子以及控制三个学科的基本技术的电力电子,是交叉学科领域,图 1-3 是电力电子装置一般组成的示意框图。

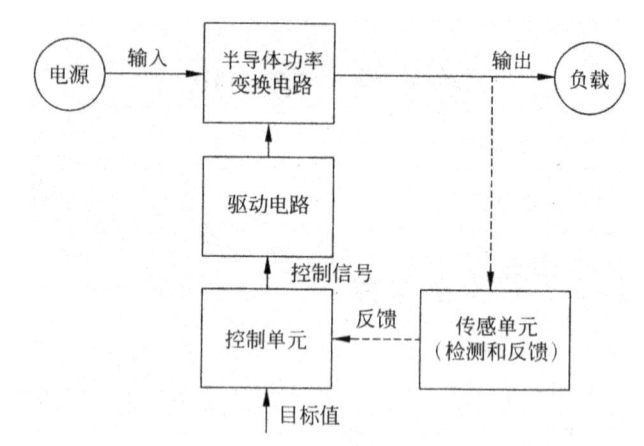

图 1-3 电力电子装置的组成

图 1-3 中的主电路是电源的电能通过半导体功率变换电路变为负载所需的形态,并提供给负载。如果将电能变换电路比作人类的肌肉,负载相当于人所要做的各种动作,那么控制单元、驱动电路和检测单元相当于控制其动作的神经系统。还要有根据外部的指令(目标值)、主电路中的各种状态量(电压、电流等)产生导通和关断的信号,并送到变换电路的开关器件。而驱动电路是将控制信号隔离放大后,驱动电力半导体器件的接口电路。

1.2 电力电子技术的特点

电力电子电路与其他的电力电路相比并没有多少显著的不同,其特点可归纳为以下几条。

1)使用开关动作。其目的是对大功率电能进行高效转换。

2)伴随换流动作。电流从某一器件切换到其他器件的现象称为换流(commutation)。图 1-4 是用开关电路来表示的示意图,通过开关动作,电流从一侧支路转移到另一侧支路。

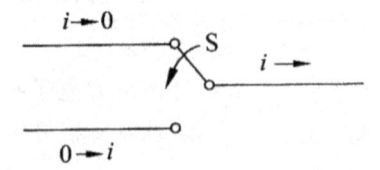

图 1-4 开关电路的换流示意图

电力电子电路根据换流方式的不同,分为电网换流(line commutation)

和器件换流(device commutation),又称自然换流(natural commutation)和强制换流(forced commutation)。

3)由主电路和控制电路构成,两者间的接口技术同样重要。

4)是电力、电子、控制、测量等的复合技术。

5)会产生谐波电流和电磁噪声。

1.3 电力电子学与其他学科的关系

最早描述电力电子学的是由美国 W. Newell 在 1974 年提出的倒三角理论(图 1-5)。该理论认为电力电子技术是电子学、电力学和控制论三种学科相互交叉的产物。从工程和学术两个不同的角度分别给出了"电力电子技术"和"电力电子学"两个称呼。电力电子技术通过控制半导体器件的开通与关断,实现变换电能的功能,得到所需要的高质量电源,其中电力电子器件对电力电子技术的发展影响最大。

图 1-5 倒三角理论

1)与电力学的关系。电力学和电力电子学都以电路理论为基本理论,因此它们之间关系密切。电力电子技术在国内外均归类为电气工程学科的一个分支。

2)与电子学之间的关系。电子电路和电力电子电路所用的分析方法和分析软件大致相同,但两者的应用目的不同。电力电子电路用于信息处理,电子电路用于电力变换和控制。处于信息电子技术中的半导体器件的开关状态多变,可以是关闭状态,也可以是开关状态;电力电子技术中的器件为了避免功耗过大,一般处于关闭状态,这成为电力电子技术区别于信息电子技术的一个重要特征。

3)与控制理论的关系。电力电子学中对控制理论的应用可分为两类:①如控制理论在电力系统、电气传动、机器人中的应用,控制理论与电力电子学某些具体应用领域相结合,电力电子电路常被近似线性化;②建模电力电子电路的拓扑结构,看作是一个非线性的动态系统并计其负荷性,利用控制理论来提高和改善电力电子电路本身的某些性能。

如图 1-6 所示,电力电子技术是弱电和强电的接口,是弱电控制强电的技术,该接口的实现纽带是控制理论,自动化控制的基本元件和重要支撑技术是电力电子装置。

图 1-6 控制理论在电力电子系统中的应用

1.4 电力电子技术的发展与展望

电力电子器件的发展对电力电子技术的发展起着决定性的作用,因此,电力电子技术的发展史是以电力电子器件的发展史为纲的。图 1-7 给出了电力电子技术的发展史。

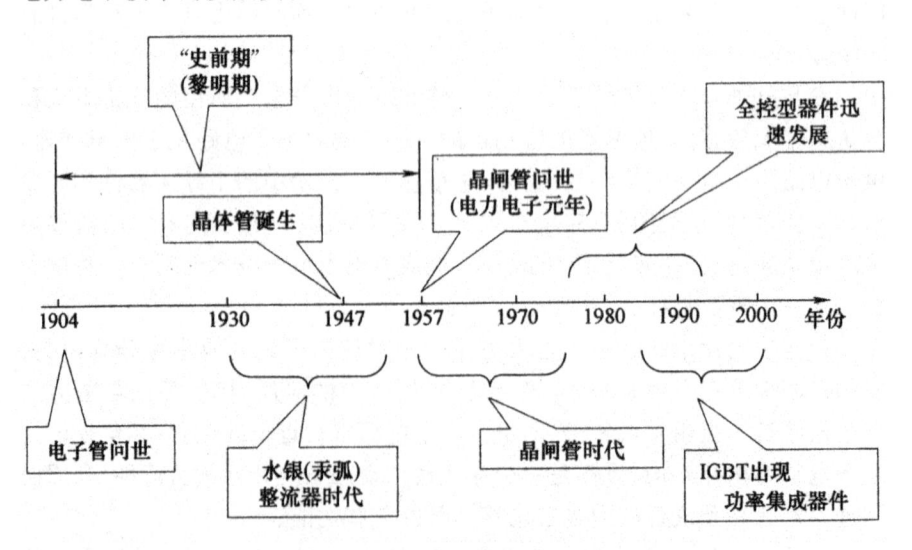

图 1-7 电力电子技术的发展史

一般认为,电力电子技术的诞生是以 1957 年美国通用电气公司研制出第一个晶闸管为标志的。但在晶闸管出现以前,用于电力变换的电子技术就已经存在了。晶闸管出现前的时期可称为电力电子技术的"史前期"或黎明期。

1904年出现了电子管,它能在真空中对电子流进行控制,并应用于通信和无线电领域,从而开启了电子技术用于电力领域的先河。

20世纪30~50年代,是水银整流器发展迅速并大量应用的时期。水银整流器广泛用于电化学工业、电气铁道直流变电所以及轧钢用直流电动机的传动,甚至用于直流输电。

1947年,美国著名的贝尔实验室发明了晶体管,引发了电子技术的一场革命。

20世纪70年代后期,以门极可关断晶闸管(GTO)、电力双极型晶体管(BJT)和电力场效应晶体管(Power-MOSFET)为代表的全控型器件迅速发展。

在20世纪80年代后期,以绝缘栅双极型晶体管(IGBT)为代表的复合型器件异军突起。

目前,电力电子集成技术的发展十分迅速,除以PIC为代表的单片集成技术外,电力电子集成技术发展的焦点是混合集成技术,即把不同的单个芯片集成封装在一起。这样,虽然功率密度不如单片集成,但却为解决工程上的难题提供了很大的方便。这里,封装技术就成了关键技术。除单片集成和混合集成外,系统集成也是电力电子集成技术的一个重要方面,特别是对于超大功率集成技术更是如此。

随着全控型电力电子器件的不断进步,电力电子电路的工作频率也不断提高。同时,电力电子器件的开关损耗也随之增大。为了减小开关损耗,软开关技术便应运而生,零电压开关(ZVS)和零电流开关(ZCS)就是软开关的最基本形式。理论上讲采用软开关技术可使开关损耗降为零,可以提高效率。另外,它也使得开关频率得以进一步提高,从而提高了电力电子装置的功率密度。

第 2 章 电力电子器件分析

2.1 电力电子核心器件与技术

2.1.1 开关变换器的基本拓扑

1. 电路拓扑及其基本特征

在电力电子技术中,开关变换器是研究的主要对象。各种开关变换器基本拓扑结构的不同,其各自的用途、特点等都各不相同。表 2-1 列出了相关的电路拓扑及其基本特征。

表 2-1 开关变换器拓扑及其基本特征

开关变换器名称		电路拓扑	优点	缺点	用途
基本变换器	Buck		电路简单,动态特性好	输入电流是脉动的,电磁干扰(EMI)大;功率开关管发射极不接地,驱动电路复杂	降压变换
	Boost		输入电流连续,EMI 小;功率开关管发射极接地,驱动电路简单	二极管的电流是脉动的,输出电流纹波较大	升压变换
	Cuk		输入/输出电流都没有脉动,EMI 小,输出纹波小,既可升压也可降压;功率开关管发射极接地,驱动电路简单	多了一个滤波电感和一个能量传递电容,输入/输出极性相反	升压-降压变换

第 2 章　电力电子器件分析

续表

开关变换器名称		电路拓扑	优　点	缺　点	用　途
基本变换器	Buck-Boost		既可工作在 Buck 型，又可工作在 Boost 型，在给定 U_o 的情况下，允许 U_i 在较宽范围内变化	输入输出极性相反，输入输出电流均为脉动量，EMI 大	升压-降低变换
	Sepic		输入/输出极性相同，控制灵活	结构复杂,效率变低,且体积和重量相对较大	既可升压也可降压
	Zeta		输入/输出极性相同，控制灵活	结构复杂,效率变低,且体积和重量较大	既可升压也可降压
桥式变换器	半桥式		结构简单,只需两个功率开关管	电压利用率低,功率开关管的电流应力较大	适合低电流输入的场合
	全桥式		电压利用率高。功率开关管的电压应力和电流应力都较小	结构复杂,需要4个功率开关管,成本高	适用于大容量场合
	二极管钳位式多电平桥		不存在动态均压问题输出波形质量有较大改善,输出电压的 du/dt 也相对减小,动态响应好	需要多个钳位二极管,存在直流分压电容电压不平衡问题,增加了系统动态控制的难度	适合高压大功率场合
	飞跨电容钳位式多电平桥		开关方式灵活,对功率器件保护能力较强,既能控制有功功率又能控制无功功率	需要多个钳位电容,也存在直流分压电容电压不平衡问题,增加了系统动态控制的难度	适合高压大功率场合

· 7 ·

续表

开关变换器		电路拓扑	优 点	缺 点	用 途
其他	推挽式		驱动不需隔离,变压器双端磁化,只需两个功率开关管	变压器绕组利用率低,功率开关管耐压应力为输入电压的两倍,会出现偏磁	适合低压输入的场合
	矩阵式		输入电流、输出电压、功率因数均可控,且能量能双向流动	功率器件数量多且结构复杂,控制难度大	适合能量可双向流动的高品质电能转换

显然,表2-1的各种开关变换器的基本拓扑涉及DC-DC、DC-AC、AC-DC以及AC-AC各交换类型,因此研究这些基本拓扑的相关规律十分重要。为讨论简便起见,称表2-1中前6种开关变换器为基本开关变换器。

2. 开关变换器拓扑的基本开关单元

(1)二端开关单元

二端开关单元是指由二极管和功率开关管组成的具有两个端口的基本开关单元。二端开关单元主要包括单向开关单元、准双向开关单元以及双向开关单元三种拓扑结构。

1)单向开关单元。单向开关单元是指电流只能单向流通的基本开关单元。单向开关单元包括可控和不可控单向开关两种基本单元。其中,单向不可控开关单元由单个二极管构成;而单向可控开关单元则由单个功率开关管构成。显然,这两种单向开关单元中只能流过单向电流,其电路拓扑如图2-1所示。

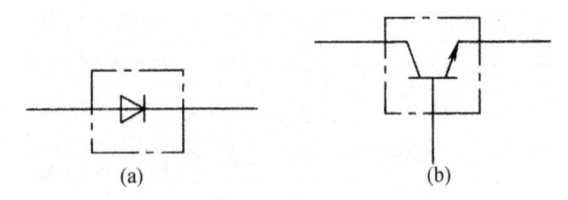

图2-1 单向开关单元电路拓扑
(a)单向不可控开关单元;(b)单向可控开关单元

2)准双向开关单元。准双向开关单元是指电流或电压能双向通过,但只有正向可控的基本开关单元。准双向开关单元分为准双向电流开关单元和准双向电压开关单元,它们同时包括二极管和功率开关管。所谓"准双向"主要是指电流或电压只能正向受控,而反向则不可控。实际上准双向开关单元是由单向不可控开关和单向可控开关组合而成。其电路拓扑如图 2-2 所示。

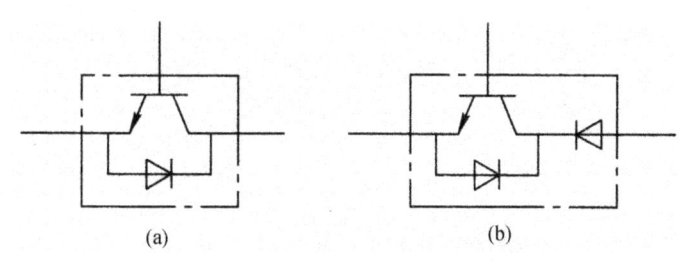

图 2-2 准双向开关单元电路拓扑
(a)准双向电流开关单元；(b)准双向电压开关单元

3)双向开关单元。双向开关单元是指电流能双向可控的基本开关单元。双向开关单元主要包括 4 种结构：二极管桥式、共射背靠背式、共集背靠背式和双管反并式，其各自的电路拓扑如图 2-3 所示。显然双向开关单元由二极管和功率开关管共同组成，其功率器件数量相对较多，拓扑结构相对复杂。

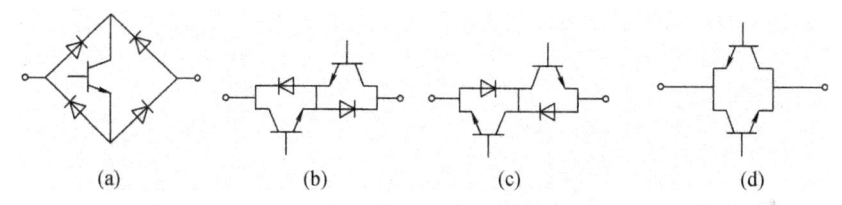

图 2-3 双向开关单元电路拓扑
(a)二极管桥式；(b)共射背靠背式；(c)共集背靠背式；(d)双管反并式

其中，二极管式双向开关单元只用了一个功率开关管，但用了 4 个二极管，这种结构的功率损耗相对较大，且流过功率开关管的电流方向是一定的；共射背靠背式双向开关单元用了两个功率开关管和两个二极管，且两个功率开关管的驱动可用单电源，损耗也相对较低；共集背靠背式双向开关单元与共射背靠背式双向开关单元性能类似，只是需两路驱动电源；双管反并式双向开关单元是最简单的结构且效率相对较高，但这种结构必须采用具有反向电压阻断能力的功率开关管，如 MTO 等。

(2)三端开关单元

三端开关单元是指由功率开关管和二极管构成的具有三端口输出的基本开关单元。对于三端开关单元的拓扑结构，下面先观察基本开关变换器的拓扑结构，其各自拓扑结构分别如图 2-4 所示。

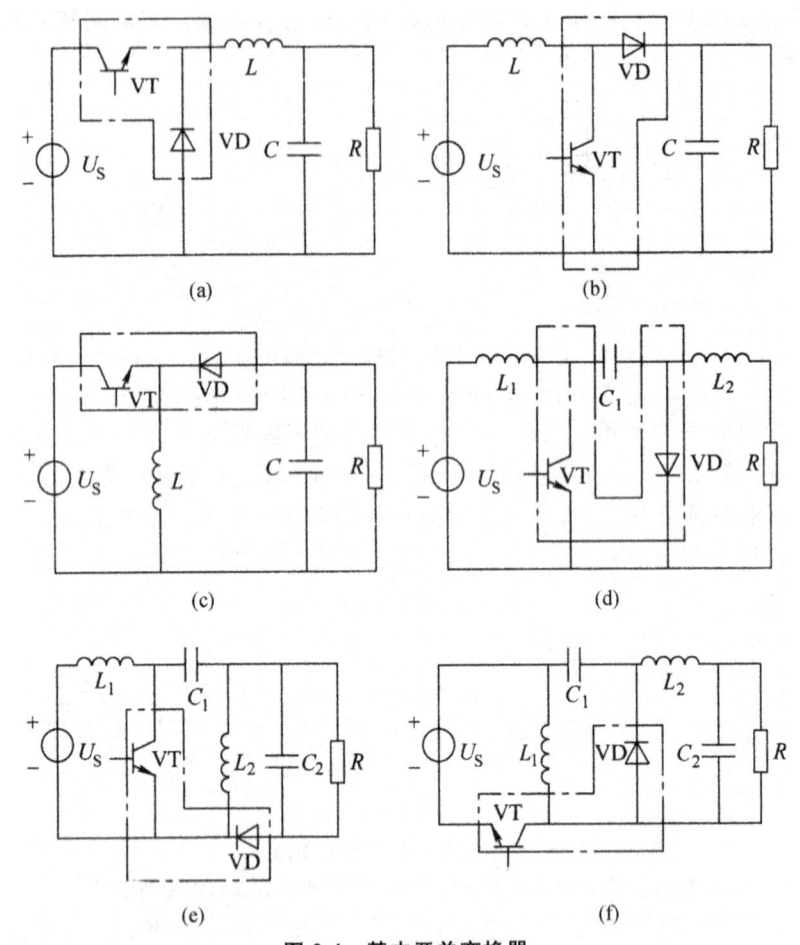

图 2-4　基本开关变换器
(a)Buck 变换器；(b)Boost 变换器；(c)Buck-Boost 变换器；
(d)Cuk 变换器；(e)Sepic 变换器；(f)Zeta 变换器

从图 2-4 所示的 6 种基本开关变换器拓扑中可以发现：各变换器都有一个功率开关管和一个二极管组成的基本单元，其中功率开关管和二极管反向连接且连接节点输出，因此称该结构的基本单元为三端开关单元，如图 2-4 中点画线框所示：三端开关单元对外有三个端：功率开关端口，称为有源端，用 a 表示；二极管端口，称为无源端，用 p 表示；功率开关管和二极管相连接的端口，称为公共端，用 c 表示。形成的三端开关单元如图 2-5 所示。

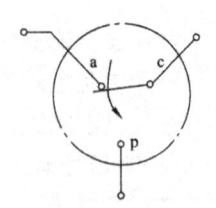

图 2-5　三端开关单元

值得注意的是，三端开关单元中的功率开关管和二极管的开关状态互补，即当功率开关管导通时二极管关断，而二极管导通时功率开关管关断。

（3）基本变换单元

所谓基本变换单元是指由三端开关单元和储能元件组成的具有一定能量变换功能的单元。从图 2-4 所示的 6 种基本开关变换器可以看出，三端开关实际上控制着基本变换器的开通和关断，从而控制着输出-输入能量的变换。基本变换器其拓扑结构主要是由输入电源、储能元件、三端开关、滤波环节及负载构成，显然其核心部分就是储能元件和三端开关。这样，可将三端开关单元和储能元件组合成基本变换器的核心单元，称为基本变换单元。重新给出 6 种基本开关变换器，如图 2-6 所示，其中点画线框内就是各自的基本变换单元，而基本变换单元具有一定的能量变换功能，如 Buck 变换器中的基本变换单元称为 Buck 型基本变换单元，其他依此类推。

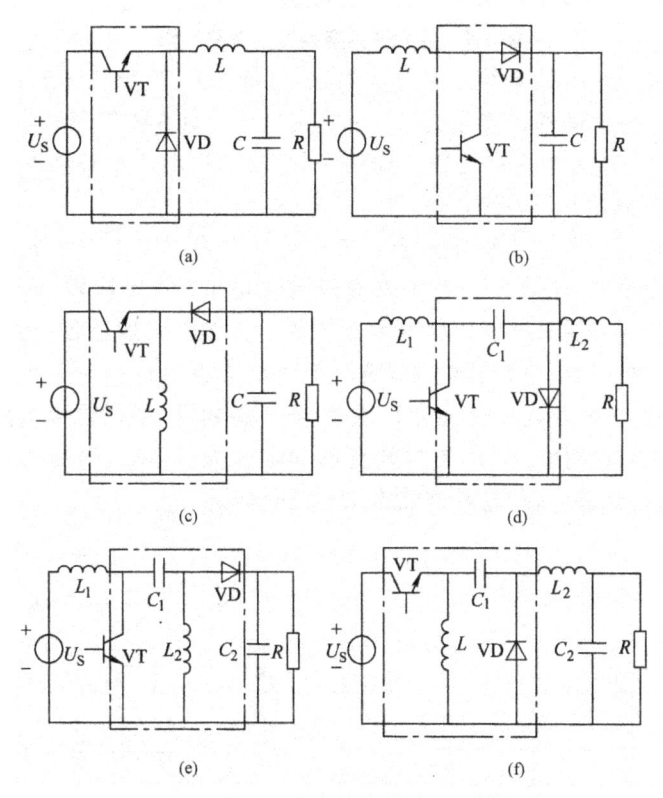

图 2-6 基本开关变换器的基本变换单元

(a)Buck 型基本变换单元；(b)Boost 型基本变换单元；
(c)Buck-Boost 型基本变换单元；(d)Cuk 型基本变换单元；
(e)Sepic 型基本变换单元；(f)Zeta 型基本变换单元

显然,只要将这些基本变换单元的输入端接上电源、输出端接相应的滤波器和负载即可得到相应的基本开关变换器。与三端开关功能不同的是:基本变换单元不仅起着基本变换的作用,而且起到能量存储和传输的作用。

3. 基本开关变换器的拓扑组合规则

基本开关变换器可分解为图 2-7 所示的结构:输入部分、输出部分和中间部分。

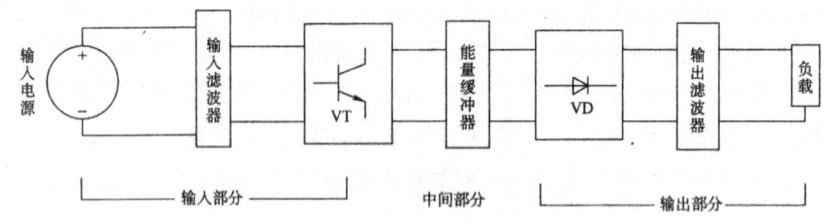

图 2-7 基本开关变换器的系统结构

若将开关变换器系统结构分成输入、能量转换、输出三部分,各个部分内部及各部分之间的连接方式存在一定的规则。其具体规则讨论如下:

规则 1 输入端只有两种正确的拓扑形式,即电压源和功率开关管串联或电流源和功率开关管并联。

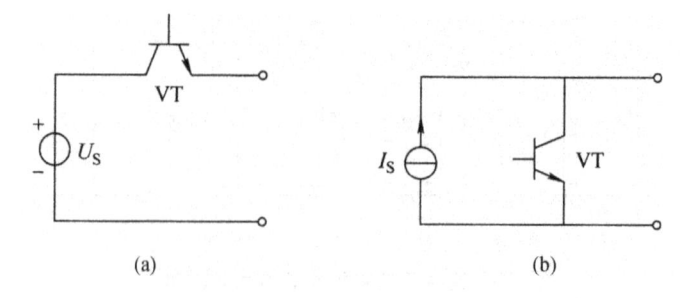

输入端的电源和功率开关管的拓扑组合方式共有 4 种情况,如图 2-8 所示。可以看出,图 2-8(a)是一个电压源和功率开关管串联;图 2-8(b)是电流源和功率开关管并联。这两种结构无论开关是开通还是关断,电源都可以正常工作,所以这种连接方式是正确的。而图 2-8(c)是一个电压源和功率开关管并联,当功率开关管开通时,电压源短路,所以这种电路连接方式是错误的;同样图 2-8(d)是电流源和功率开关管串联,当功率开关管关断时,电流源断路,所以这种连接方式也是错误的。

(a)　　　　　　　　　(b)

(c) (d)

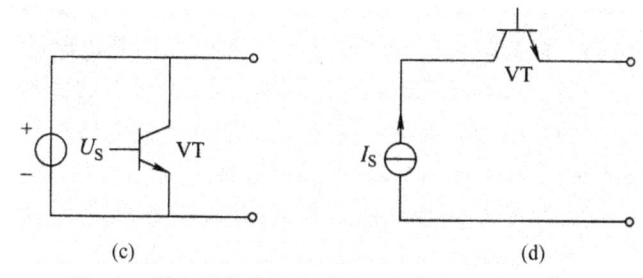

图 2-8 输入端的电源和功率开关管的拓扑组合方式
(a)电压源串联功率开关管；(b)电流源并联功率开关管；
(c)电压源并联功率开关管；(d)电流源串联功率开关管

规则 2 输出端只有两种正确的拓扑形式，即二极管和电压负载同向串联或二极管和电流负载反向并联。

输出端的二极管和电源负载的拓扑组合方式共有 8 种情况，如图 2-9 所示。

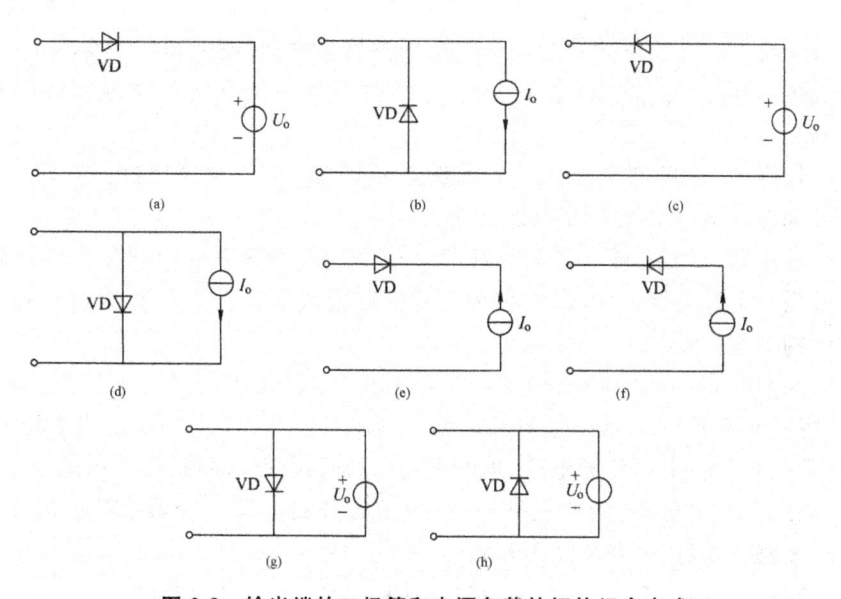

图 2-9 输出端的二极管和电源负载的拓扑组合方式
(a)二极管和电压负载同向串联；(b)二极管和电流负载反向并联；(c)二极管和电压负载反向串联；(d)二极管和电流负载同向并联；(e)二极管和电流负载同向串联；(f)二极管和电流负载反向串联；(g)二极管和电压负载同向并联；(h)二极管和电压负载反向并联

图 2-9(a)中的二极管阻止负载电压源电压回馈，所以是正确的连接方式。

图 2-9(b)中的二极管阻止负载电流源电流回馈，所以是正确的连接

方式。

图 2-9(c)的二极管阻止前端的电路给负载供电,显然电路结构不对。

图 2-9(d)中的二极管使前端的电流不经过负载,电路结构不对。

图 2-9(e)中的二极管阻断电流流通,因而也是无效的拓扑结构。

图 2-9(f)中的二极管是多余的,所以可省略。

图 2-9(g)的二极管使负载电压为零,负载电压短路,显然电路结构不正确。

图 2-9(h)中的二极管不起作用,也可直接省略。

规则 3　中间部分每一个支路只包含一个电压缓冲器(电容)或一个电流缓冲器(电感)。

电流缓冲器具有电流源的特性,相当于一个电流源,同样电压缓冲器相当于一个电压源。若一条支路上有多个电压缓冲器串联,该支路可以等效为一个电压缓冲器;若一条支路上有多个相同的电流缓冲器串联,该支路可以等效为一个电流缓冲器,而同一支路多个不同的电流缓冲器无法串联,若一条支路上有电压缓冲器和一个电流缓冲器串联,该支路可以等效为一个电流缓冲器。因此,中间部分任何一条支路只有一个电压缓冲器或电流缓冲器。

规则 4　中间部分的每一个串联支路是一个电压缓冲器(电容),每一个并联支路是一个电流缓冲器(电感)。

从规则 1 知道,输入端只有两种情况,即电压源串联一个开关管和电流源并联一个开关管。那么,它和中间部分的前级缓冲器的拓扑组合共有 8 种结构形式,如图 2-10 所示。

在图 2-10(a)中,若输入电压源 U_S 与中间部分的电压缓冲器(即电容)U_o 两者电压不等,那么开关导通时就会引起短路;若 U_S 与 U_o 两者电压相等,那么开关将不再传导电流,也就失去了作用,所以电路拓扑不正确。

在图 2-10(b)中,当开关导通时,中间部分的电压缓冲器(即电容)U_o 将被短路,所以此电路拓扑不正确。

在图 2-10(c)中,当开关关断时,中间部分的电流缓冲器(即电感)I_o 将断路,所以此电路拓扑也不正确。

在图 2-10(d)中,若 I_S 与 I_o 两者电流不等,那么开关关断的时候电路产生错误;若 I_S 与 I_o 相等,那么开关将不再传导电流,也就失去了作用,所以此电路拓扑也不正确。

在图 2-10(e)中,当开关关断时电压缓冲器无法将储存的能量释放给后级,无法完成能量传递的作用,所以此电路拓扑也不正确。

在图 2-10(f)中,电流缓冲器无法吸收电源的能量,在能量释放后无法补充,故无法完成能量传递作用,所以此电路拓扑也不正确。

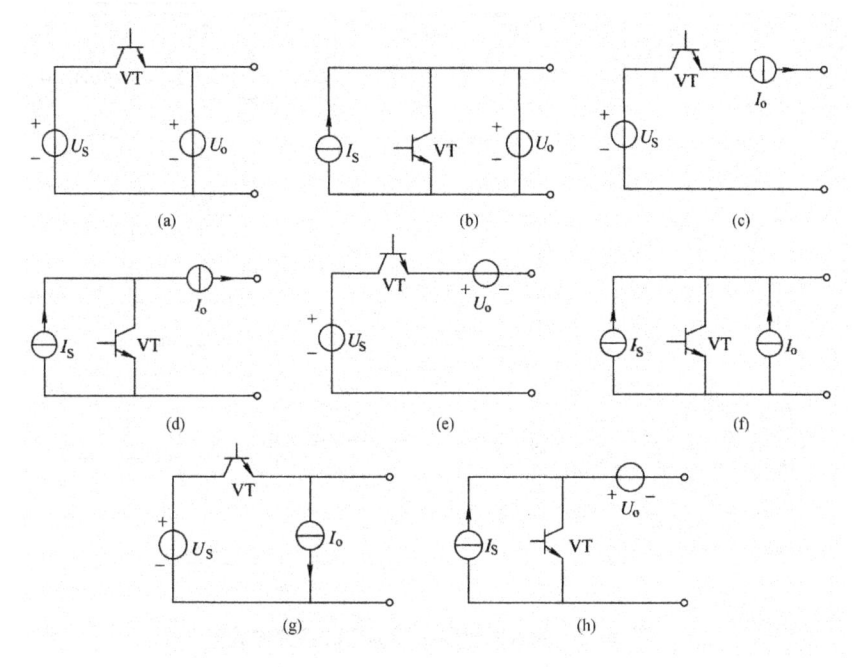

图 2-10 输入部分和中间部分的前级缓冲器的拓扑组合方式

(a)输入电压源并联电压缓冲器;(b)输入电流源并联电压缓冲器;(c)输入电压源串联电流缓冲器;(d)输入电流源串联电流缓冲器;(e)输入电压源串联电压缓冲器;(f)输入电流源并联电流缓冲器;(g)输入电压源并联电流缓冲器;(h)输入电流源串联电压缓冲器

在图 2-10(g)中,输入端电压源和开关串联后再与中间部分的电流缓冲器并联,它符合上文提到的拓扑连接方式,电路分析也是正确的。

在图 2-10(h)中,输入端电流源和开关并联后再与中间部分的电压缓冲器串联,也符合上文提到的拓扑连接方式,电路分析也是正确的。

规则 5 输入电压源不能通过开关直接与电压缓冲器或电压负载相连;输入电流源不能通过开关直接与电流缓冲器或电流负载相连。

当变换器存在中间部分时,输入端和中间部分拓扑组合形式与规则 4 所列情况相同。由规则 4 的分析可以得出:有效的拓扑只有输入端为电压源而中间部分前级为电流缓冲器,或者输入端为电流源而中间部分前级为电压缓冲器。

若变换器没有中间部分,只有输入端和输出端,那么输入端有两种电路拓扑,同样输出端也只有两种电路结构,其拓扑组合形式有 8 种,如图 2-11 所示。

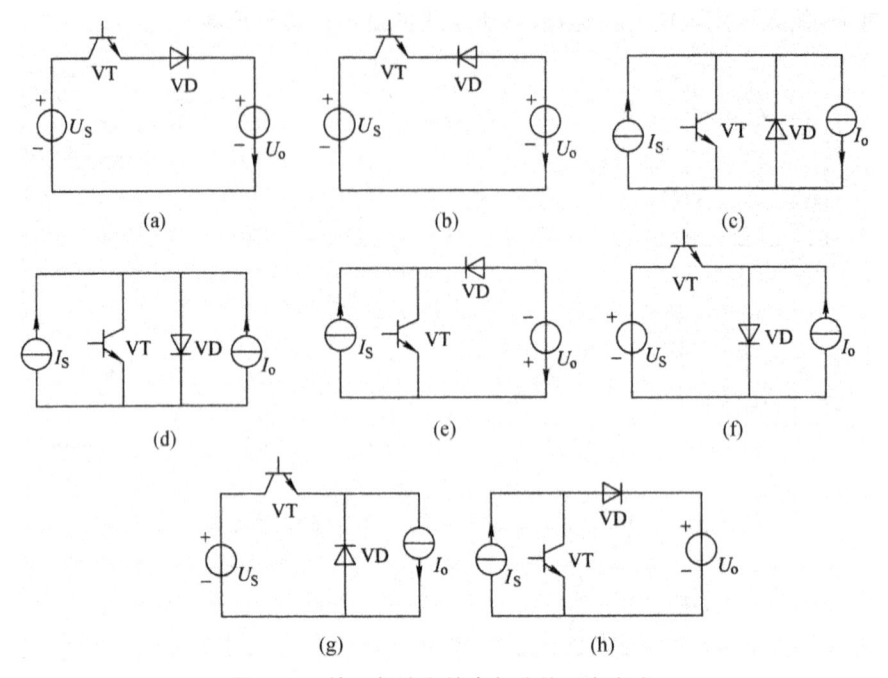

图 2-11　输入部分和输出部分的组合方式

图 2-11(a)中二极管是多余的。

图 2-11(b)中二极管限制了输入端的能量流,显然是错误的。

图 2-11(c)中输入电流源和负载电流源串联了,所以是错误的。

图 2-11(d)中的二极管使输入电流旁路,从而无法给负载供电,显然结构是错误的。

图 2-11(e)中的二极管阻断了输入端的能量流向负载。

图 2-11(f)中的二极管输入电流旁路,从而无法给负载供电,显然它们都是错误的拓扑。而有效的拓扑结构只有输入端是电压源而负载是电流源,或者输入端是电流源而负载是电压源,并且二极管不能阻断输入端给负载供电。

显然,图 2-11(g)和图 2-11(h)所示是正确的拓扑结构。

(a)输入电压源反向串联负载电压源;(b)输入电压源同向串联负载电压源;(c)输入电流源同向并联负载电流源;(d)输入电流源反向并联负载电流源;(e)输入电流源反向串联负载电压源;(f)输入电压源反向并联负载电流源;(g)输入电压源同向并联负载电流源;(h)输入电流源同向串联负载电压源

规则 6　电压缓冲器不能通过二极管和电压负载相连;电流缓冲器不能通过二极管和电流负载相连。

中间部分的后级缓冲器和负载相连的 4 种拓扑组合形式如图 2-12

所示。

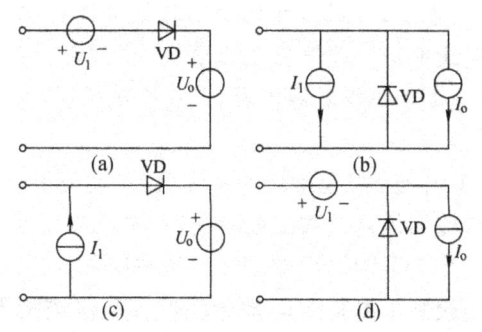

图 2-12 中间部分的后一级电源缓冲器和输出部分的拓扑组合方式
（a）电压缓冲器串联负载电压源；（b）电流缓冲器并联负载电流源；
（c）电流缓冲器串联负载电压源；（d）电压缓冲器串联负载电流源

图 2-12(a)中电压缓冲器和电压负载串联在一起，显然这种结构可等效为一个电压负载；图 2-12(b)中，电流缓冲器和电流负载是并联的，显然这种结构可等效为一个电流负载。所以这两种接法都是不正确的，而正确的接法是：电流缓冲器的输出应该接负载电压源，电压缓冲器的输出应该接负载电流源，如图 2-12(c)和图 2-12(d)所示。

规则 7 中间部分所包含的缓冲器的数目不超过两个，且类型不同。

如果中间部分有三个缓冲器，则出现的拓扑组合如图 2-13 所示。

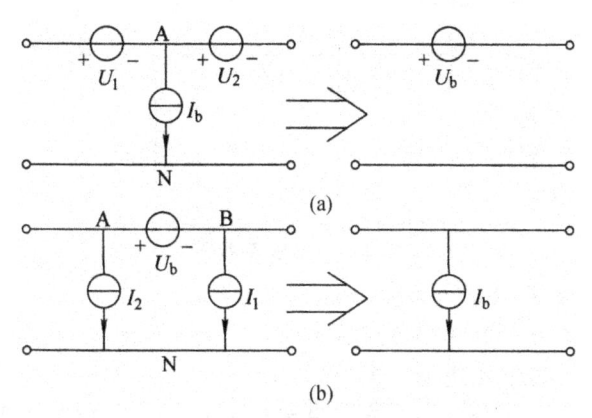

图 2-13 中间部分缓冲器的拓扑组合
（a）电压缓冲器-电流缓冲器-电压缓冲器；
（b）电流缓冲器-电压缓冲器-电流缓冲器

在图 2-13(a)中，由于电压缓冲器不能有直流电流流过，所以流过电压缓冲器 U_1、U_2 的直流电流都是零，电流缓冲器上也没有直流电流流过，这样就可以省去电流缓冲器，而两个电压缓冲器相当于串联，所以电路可等效为一个电压缓冲器。同理在图 2-13(b)中，由于电流缓冲器两端直流电压为零,所以电流缓冲器 I_1、I_2 的电压都是零,显然电压缓冲器两端没有电压,这样就可以省去电压缓冲器,而两个电流缓冲器相当于并联,所以电路可等效为一个电流缓冲器。这样就可以看到:中间部分的缓冲器的数目最多只有两个,而且是两个不同的缓冲器,即一个电压缓冲器(电容)和一个电流缓冲器(电感)。

规则 8 相邻两个电源(包括缓冲器和负载)类型不能相同。

由规则 5 可得输入级与负载之间相连时,电源类型不同,输入级与中间部分相连时电源类型也不同。由规则 6 可得中间部分后级缓冲器与负载的电源类型不同。由规则 7 可得中间部分缓冲器电源类型不同,即相邻两个电源的类型一定不相同。

则基本的变换器的结构有如下几种:

1)电压源→电流负载(Buck 变换器)或者电流源→电压负载(Boost 变换器)。

2)电压源→电流缓冲器→电压负载(Buck-Boost 变换器)或者电流源→电压缓冲器→电流负载(Cuk 变换器)。

3)电压源→电流缓冲器→电压缓冲器→电流负载(Zeta 变换器)或者电流源→电压缓冲器→电流缓冲器→电压负载(Sepic 变换器)。

例如,Zeta 变换器拓扑组合的正确性分析如下所示:

图 2-14 是 Zeta 变换器。

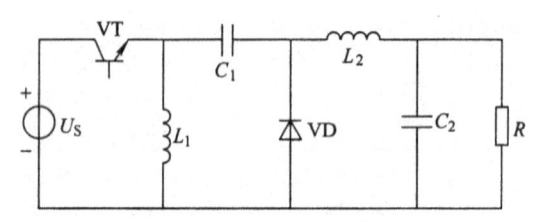

图 2-14 Zeta 变换器

通过分析不难发现它满足:

规则 1——电压源和功率开关管串联。

规则 2——二极管和电流负载并联。

规则 3——中间部分每一个支路只包含一个电压缓冲器(电容)或一个电流缓冲器(电感)。

规则 4——中间部分每一个串联支路是一个电压缓冲器(电容),每一个并联支路是一个电流缓冲器(电感)。

规则 5——输入电压源不能通过开关直接与电压缓冲器相连。

规则 6——电压缓冲器不能通过串联一个二极管和电压负载相连。

规则 7——中间部分所包含的缓冲器的数目不超过两个,且类型不同。

规则 8——相邻两个电源(包括缓冲器和负载)类型不能相同。

除此之外,还有其他的电路结构,不管多复杂(如输入、输出端口都加有滤波器,输出有多种负载),它们的组合方式都不能违背上面介绍的几种规则。

总之,基本变换器的拓扑组合必须符合相应的规则,否则组合的拓扑结构是不正确的或者是不合理的,值得注意的是,以上 8 条规则也可扩展至一般的直流开关变换器的拓扑组合设计中。

2.1.2 脉冲宽度调制和相位控制

开关是最简单的斩波器。因为开关只有导通和关断两种状态,所以从对原始电能进行变换的角度看,单一的一个开关只能对电压或电流的波形进行变换。即在开关导通时使输出与输入相等,关断时使输出等于零,从而使一个输入电压或输入电流的连续波形出现缺口。如图 2-15 所示,一个直流电压在通过一个高速导通关断的开关变换之后,其连续平直的电压波形会变为一个幅值不变,但出现了一系列缺口的矩形脉冲列,这种开关电路也称为斩波器。

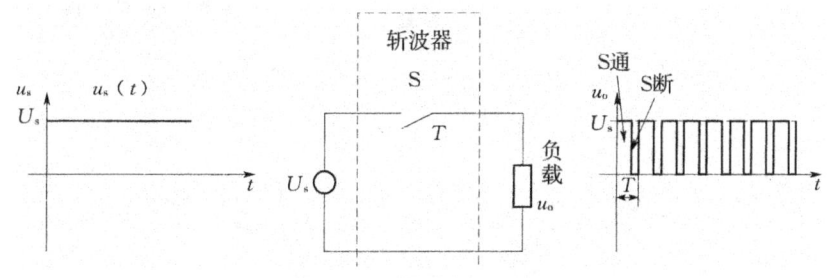

图 2-15 斩波器工作原理

斩波器并不能解决电能变换的全部问题,但开关的斩波功能以及它对输入电压或电流波形的改变,却为电压和电流的波形和量级的转换提供了条件。因为与输入的电压或电流波形相比,斩波器输出的是带有缺口的波形,曲线下的面积变小,这就意味着这个波形的平均值变小,而且其变小的幅度与被斩掉的波形大小相关。换句话说,只要控制了开关的通断时间比,也就控制了电压或电流平均值。

在图 2-15 的斩波器电路中,如果用"1"表示开关导通,"0"表示开关关断,则电路的输出电压为

$$\begin{cases} u_o = U_s, S = 1 \\ u_o = 0, S = 0 \end{cases}$$

设斩波器开关 S 的动作周期为 T，其中开关 S 的导通时间为 t_{on}，于是在一个周期内，图 2-15 电路的输出电压平均值为

$$u_o = \frac{t_{on}}{T} U_s = \alpha U_s$$

该式表明，如果将 $\alpha = \frac{t_{on}}{T}$ 称为脉冲列的占空比，那么这个占空比就是电路对输入电压的变换系数。

通过改变占空比（脉冲宽度）对矩形脉冲电压或电流平均值进行控制的方法，称为脉冲宽度调制（Pulse Width Modulation，PWM）法。如果被处理的是正弦波这类可以使用相位来表示时间进程的电压或电流量，则可以采用相控法，即如图 2-16 所示通过控制晶闸管触发角来使输出波形发生变化，进而改变输出波形的平均值。

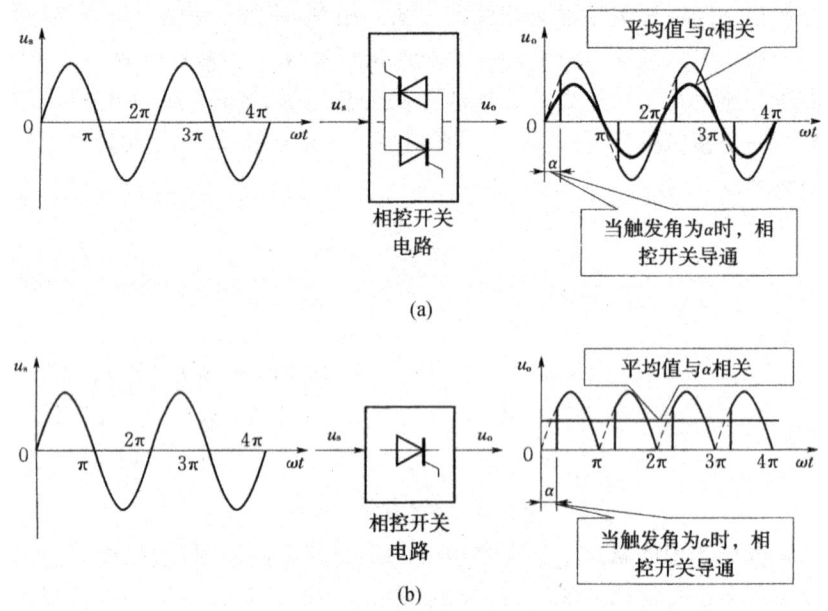

图 2-16 电力电子变换器的相控方式
（a）交流调压；（b）交流变直流并调压

2.1.3 面积等效原理及低通滤波器

在惯性较大的用电设备上，波形面积相同而形状不同的两个电压或电流脉冲，在效能上是等效的，可互换的，这就是控制理论中的脉冲面积等效原理，图 2-17 示出了两种说明面积等效原理的示例。

第 2 章 电力电子器件分析

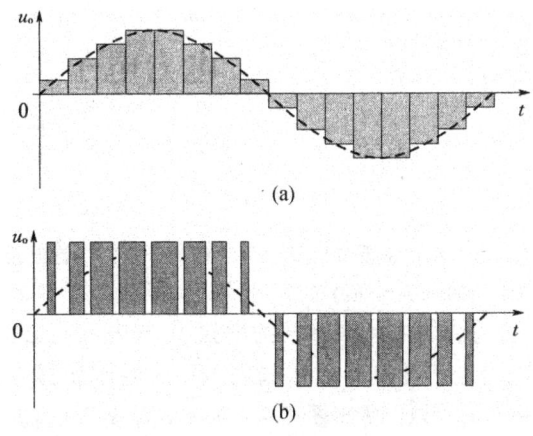

(a)

(b)

图 2-17 面积等效原理示例
(a)用不同高度的矩形波(阶梯波)等效正弦波；
(b)用不同宽度的等高矩形波等效正弦波

图 2-17(a)使用了等宽但不等高的一系列矩形脉冲等效一个正弦波，因为每个矩形脉冲的面积与同时间段正弦波下面的面积相等。图 2-17(b)使用了等高但不等宽的一系列矩形脉冲等效一个正弦波，也是因为每个矩形脉冲的面积与对应时段的正弦波面积相等。由此可以知道，图 2-17(a)的每一个矩形脉冲与图 2-17(b)的对应矩形也是等效的，因为它们的面积是相等的，即使它们的高度和宽度都不相等。

PWM 控制技术的理论基础是面积等效原理。窄脉冲的面积就是冲量。环节的输出响应波形基本相同，便是效果基本相同。如果用傅里叶变换分析各输出波形，发现低频段基本相似，高频段略有差异。一个一阶低通滤波器就是一个惯性环节。

常用的低通滤波器为一阶滤波器，其微分方程为

$$T\frac{dy}{dt}+y=x$$

两种由基本电气元件构成的一阶低通滤波器如图 2-18 所示，它们的微分方程分别为

$$\frac{L}{R}\frac{di_o}{dt}+i_o=\frac{u_i}{R}=i_i \qquad 和 \qquad RC\frac{du_o}{dt}+u_o=u_i$$

其传递函数为

$$\frac{I_o(s)}{I_i(s)}=\frac{1}{\frac{L}{R}s+1} \qquad 和 \qquad \frac{U_o(s)}{U_i(s)}=\frac{1}{RCs+1}$$

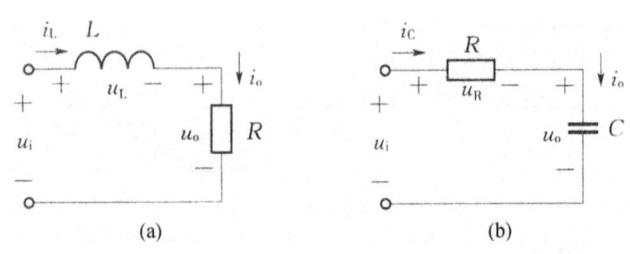

图 2-18　两种由基本电路元件组成的一阶低通滤波器
(a)RL 串联组成的一阶低通滤波器；(b)RC 串联组成的一阶低通滤波器

因为 RL 低通滤波器中代表负载的电阻 R 与电源有公共端，符合负载的一般接法，故电力电子变换器通常选用 RL 低通滤波器。也可以再在负载 R 两端并联一个电容构成如图 2-19 所示，构成低通滤波效果更好的 RLC 二阶低通滤波器。

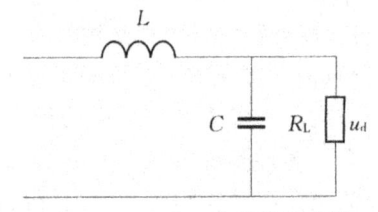

图 2-19　RLC 二阶低通滤波器

无论 PWM 控制还是相位控制，开关控制的结果是使得输入电压或电流波形变成窄脉冲，经低通滤波器滤除了高频分量后，负载得到的就是与窄脉冲面积相关的平均值，这就是开关也可以控制电压和电流量级的原理。

2.2　电力电子变换器中的开关与储能元件

2.2.1　理想开关和实际开关

在理想开关的概念中，开关的导通和关断动作被认为是在瞬间完成的。当开关由关断转为导通时，开关两端的电压会瞬时变为零，电流会立即达到应有的稳态值；当开关由导通转换为关断时，开关的电流会立即变为零，两端电压立即达到开路电压值。理想开关的特性曲线及开关动作时的动态过程如图 2-20 所示。

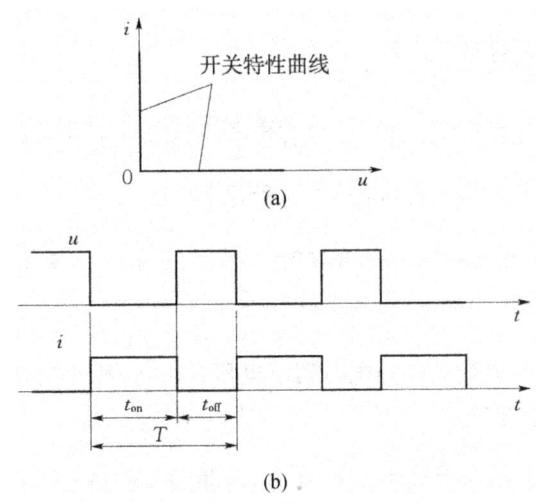

图 2-20　理想开关的开关特性及波形

(a)理想开关的开关特性；(b)理想开关的开关波形

图 2-21(a)示出了一个实际开关在开关过程中的电压、电流变化曲线。实际开关在导通和关断的过程中，电力电子器件有一定的通态压降，阻断时有微小的断态漏电流流过，分别与数值较大的通态电流和断态电压相作用，就形成了电力电子器件的通态损耗和断态损耗。

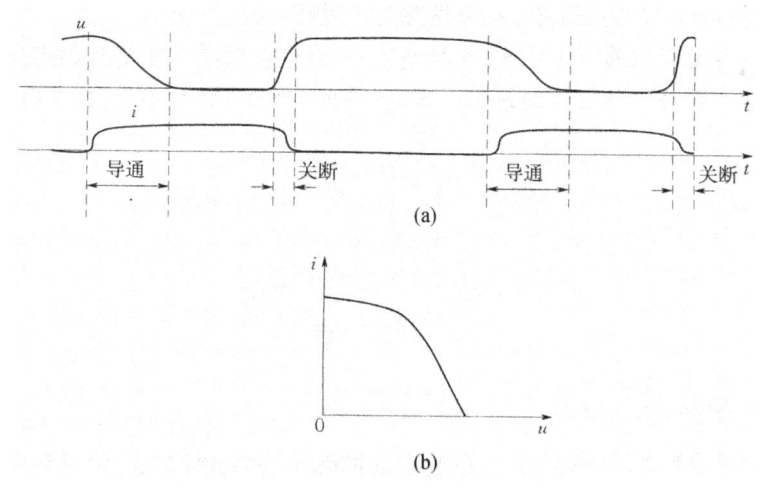

图 2-21　实际开关的开关波形及特性

(a)实际开关导通和关断过程及电压电流的变化；(b)实际开关的开关特性

这种未经任何处理而具有开关损耗的开关称为硬开关。

2.2.2 电容和电感

电容、电感这类储能元件,在电力电子变换器中必不可少。

1. 电容的电路特点与安秒平衡原则

电容是以容纳电荷方式储存电能的器件,其基本方程为

$$U_C = \frac{Q}{C}$$

式中,C 为电容的容量;U_C 为电容两端电压;Q 为存储于电容的电荷量。

电容的动态方程为

$$i_C(t) = C\frac{du_C(t)}{dt} \quad \text{或} \quad u_C(t) = \frac{1}{C}\int_0^t i_C(t)dt$$

式中,i_C 为电容的电流;u_C 为电容两端的电压。

在正弦电路中,电容的电压落后于电流 90°。当电容以恒定电流充电时,其动态方程可写为

$$C\frac{\Delta U_C}{\Delta t} = I_C$$

即

$$C\Delta U_C = I_C \Delta t$$

式中,ΔU_C 电容电压增量;Δt 为恒流充电时间。

电容电路的第一个原则:电容电压不能跃变,对变化电流近似短路。

电容电路时常使用的第二个原则:安秒平衡原则,如图 2-22 所示。

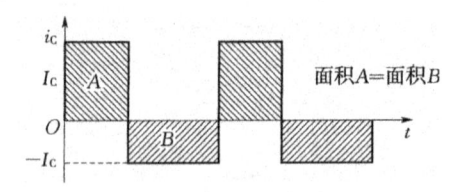

图 2-22 安秒平衡示意图

2. 电感的电路特点与伏秒平衡原则

电感是储存磁能的元件,在电感量固定时,流经电感的电流反映了其所存储的磁能的多少。电感的动态方程为

$$i_L(t) = \frac{1}{L}\int_0^t u_L(t)dt \quad \text{或} \quad u_L(t) = C\frac{di_L(t)}{dt}$$

式中,L 为电感量;i_L 为流过电感的电流;u_L 为电感两端的电压。

当电感以恒定电压蓄积能量时,其动态方程可简写为

第 2 章 电力电子器件分析

$$L \frac{\Delta I_L}{\Delta t} = U_L \text{ 或 } L \Delta I_L = U_L \Delta t$$

式中,ΔI_L 为电感电流增量;Δt 为恒压储能时间。

电感电路的第一个原则:电感电流不能跃变,对变化电流近似开路。

电感电路时常用的第二个原则:伏秒平衡原则,如图 2-23 所示。

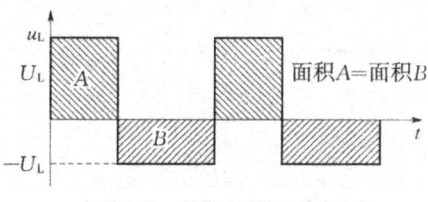

图 2-23 伏秒平衡示意图

2.3 电力电子变换器的驱动与保护

2.3.1 电力电子器件的驱动

1. 晶闸管的触发电路

晶闸管触发电路能够产生符合要求的门极触发脉冲,保证晶闸管在需要的时刻由阻断转为导通。理想的触发脉冲电流波形如图 2-24 所示。

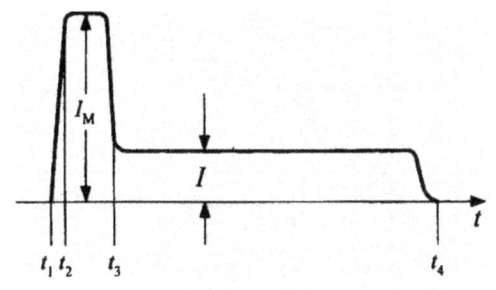

图 2-24 理想的晶闸管触发脉冲电流波形

$t_1 \sim t_2$—脉冲前沿上升时间(μs);$t_1 \sim t_3$—强脉冲宽度;I_M—强脉冲幅值($3I_{GT} \sim 5I_{GT}$);$t_1 \sim t_4$—脉冲宽度;I—脉冲平顶幅值($1.5\ I_{GT} \sim 2\ I_{GT}$)

图 2-25 给出了常见的晶闸管触发电路。它由 V_1、V_2 构成的脉冲放大环节和脉冲变压器 TM 及附属电路构成的脉冲输出环节两部分组成。当 V_1、V_2 导通时,通过脉冲变压器向晶闸管的门极和阴极之间输出触发脉

冲。VD_1 和 R_3 是为了 V_1、V_2 由导通变为截止时脉冲变压器 TM 释放其储存的能量而设的。

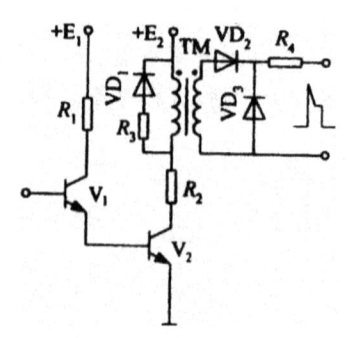

图 2-25 常见的晶闸管触发电路

2. 典型全控型器件的驱动电路

(1)电流驱动型器件的驱动电路

GTO 和 GTR 是电流驱动型器件。

GTO 的开通控制与普通晶闸管相似，但对触发脉冲前沿的幅值和陡度要求高，且一般需在整个导通期间施加正门极电流。使 GTO 关断需施加负门极电流，对其幅值和陡度的要求更高，幅值需达阳极电流的 1/3 左右，陡度需达 50A/μs，强负脉冲宽度约 30μs，负脉冲总宽约 100μs，关断后还应在门阴极施加约 5V 的负偏压，以提高抗干扰能力。推荐的 GTO 门极电压电流波形如图 2-26 所示。

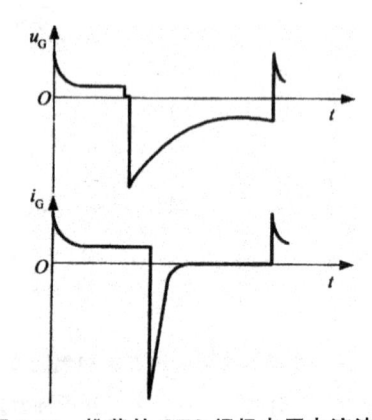

图 2-26 推荐的 GTO 门极电压电流波形

GTO 在大容量电路的场合应用较多，其驱动电路通常包括开通驱动电路、关断驱动电路和门极反偏电路三部分，可分为脉冲变压器耦合式和直接耦合式两种类型。其中，直接耦合式驱动电路可避免电路内部的相互干扰和寄生振荡,从而得到较陡的脉冲前沿,其功耗大,效率较低。图 2-27 为典型的直接耦合式 GTO 驱动电路。

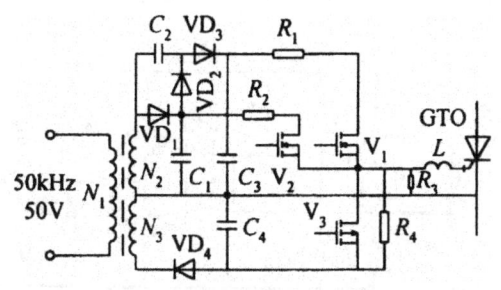

图 2-27 典型的直接耦合式 GTO 驱动电路

该电路的电源由高频电源经二极管整流后提供,二极管 VD_1 和电容 C_1 提供+5V 电压,VD_2、VD_3、C_2、C_3 构成倍压整流电路提供+15V 电压,VD_4 和电容 C_4 提供-15V 电压。场效应晶体管 V_1 开通时,输出正强脉冲;V_2 开通时输出正脉冲平顶部分;V_2 关断而 V_3 开通时输出负脉冲;V_3 关断后电阻 R_3 和 R_4 提供门极负偏压。

使 GTR 开通的基极驱动电流应使其处于准饱和导通状态,使之不进入放大区和深饱和区。关断 GTR 时,施加一定的负基极电流有利于减小关断时间和关断损耗,关断后同样应在基射极之间施加一定幅值(6V 左右)的负偏压。GTR 驱动电流的前沿上升时间应小于 $1\mu s$,以保证它能快速开通和关断。理想的 GTR 基极驱动电流波形如图 2-28 所示。

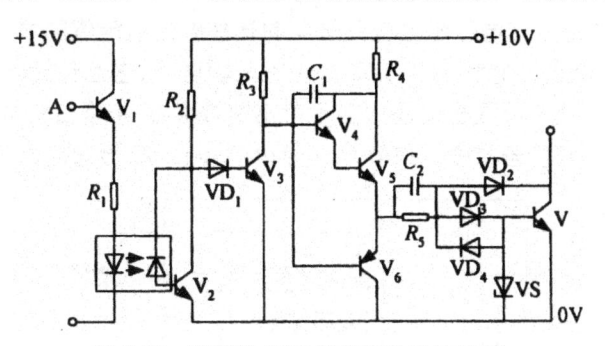

图 2-28 理想的 GTR 基极驱动电流波形

图 2-29 给出了 GTR 的一种驱动电路,包括电气隔离和晶体管放大电路两部分。其中,二极管 VD_2 和电位补偿二极管 VD_3 构成所谓的贝克钳位电路(一种抗饱和电路),可使 GTR 导通时处于临界饱和状态。当负载较轻时,如果 V_5 的发射极电流全部注入 V,会使 V 过饱和,关断时退饱和时间延长。有了贝克钳位电路之后,当 V 过饱和使得集电极电位低于基极电位时,VD_2 就会自动导通,使多余的驱动电流流入集电极,维持 $U_{bc} \approx 0$。

这样，就使得 V 导通时始终处于临界饱和。图中，C_2 为加速开通过程的电容。开通时，R_5 被 C_2 短路。这样可以实现驱动电流的过冲，并增加前沿的陡度，加快开通。

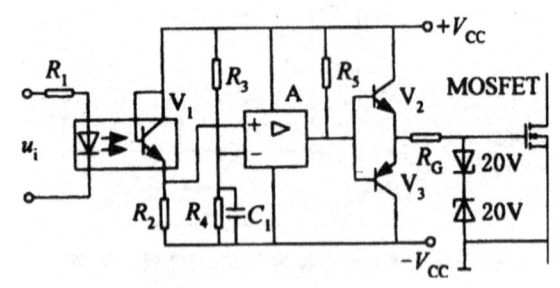

图 2-29 GTR 的一种驱动电路

驱动 GTR 的集成驱动电路中，THOMSON 公司的 UAA4002 和三菱公司的 M57215BL 较为常见。

(2)电压驱动型器件的驱动电路

电力 MOSFET 和 IGBT 是电压驱动型器件。电力 MOSFET 的栅源极之间和 IGBT 的栅射极之间都有数千 PF 左右的极间电容，为快速建立驱动电压，要求驱动电路具有较小的输出电阻。使电力 MOSFET 开通的栅源极间驱动电压一般取 10~15V，使 IGBT 开通的栅射极间驱动电压一般取 15~20V。同样,关断时施加一定幅值的负驱动电压(一般取-5~-15V)有利于减小关断时间和关断损耗。在栅极串入一只低值电阻(数十欧姆左右)可以减小寄生振荡，该电阻阻值应随被驱动器件电流额定值的增大而减小。

图 2-30 给出了电力 MOSFET 的一种驱动电路，它也包括电气隔离和晶体管放大电路两部分。当无输入信号时高速放大器 A 输出负电平，V_3 导通输出负驱动电压。当有输入信号时 A 输出正电平，V_2 导通输出正驱动电压。

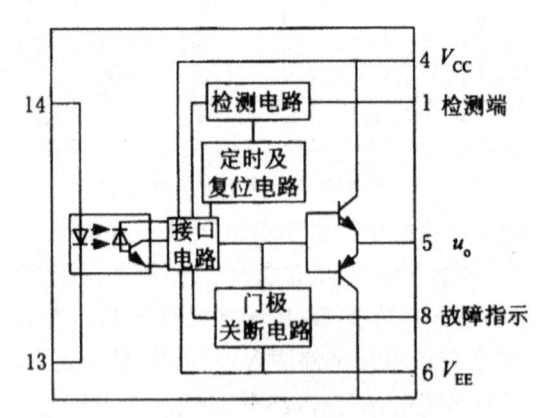

图 2-30 电力 MOSFET 的一种驱动电路

常见的专为驱动电力 MOSFET 而设计的混合集成电路有三菱公司的 M57918L,其输入信号电流幅值为 16mA,输出最大脉冲电流为＋2A 和－3A,输出驱动电压＋15V 和－10V。

IGBT 的驱动多采用专用的混合集成驱动器。常用的有三菱公司的 M579 系列(如 M57962L 和 M57959L)和富士公司的 EXB 系列(如 EXB840、EXB841、EXB850 和 EXB851)。同一系列的不同型号其引脚和接线基本相同,只是适用被驱动器件的容量和开关频率以及输入电流幅值等参数有所不同。图 2-31 给出了 M57962L 的原理和接线图。这些混合集成驱动器内部都具有退饱和检测和保护环节,当发生过电流时能快速响应但慢速关断 IGBT,并向外部电路给出故障信号。M57962L 输出的正驱动电压均为＋15V 左右,负驱动电压为－10V。

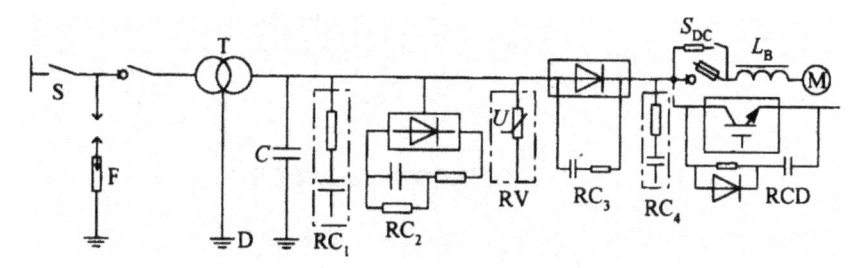

图 2-31　M57962L 型 IGBT 驱动器的原理和接线图

F—避雷器;D—变压器静电屏蔽层;C—静电感应过电压抑制电容;RC_1—阀侧浪涌过电压抑制用 RC 电路;RC_2—阀侧浪涌过电压抑制用反向阻断式 RC 电路;RV—压敏电阻过电压抑制器;RC_3—阀器件换相过电压抑制用 RC 电路;RC_4—直流侧 RC 抑制电路;RCD—阀器件关断过电压抑制用 RCD 电路

2.3.2　电力电子器件的保护

在电力电子电路中,除了电力电子器件参数选择合适、驱动电路设计良好外,采用合适的过电压保护、过电流保护、du/dt 保护和 di/dt 保护也是必要的。

1. 过电压的产生及过电压保护

电力电子装置中可能发生的过电压分为外因过电压和内因过电压两类。外因过电压主要来自雷击和系统中的操作过程等外部原因,包括操作过电压和雷击过电压两种;内因过电压主要来自电力电子装置内部器件的开关过程,包括换相过电压、关断过电压两种。

图 2-32 示出了各种过电压保护措施及其配置位置,各电力电子装置可

视具体情况只采用其中的几种。其中 RG 和 RCD 为抑制内因过电压的措施,其功能已属于缓冲电路的范畴。在抑制外因过电压的措施中,采用 RC 过电压抑制电路是最为常见的,其典型连接方式见图 2-33。RC 过电压抑制电路可接于供电变压器的两侧(网侧和阀侧),或电力电子电路的直流侧。大容量电力电子装置则可采用图 2-34 所示的反向阻断式 RC 电路。采用雪崩二极管、金属氧化物压敏电阻、硒堆和转折二极管(BOD)等非线性元器件来限制或吸收过电压也是较常用的措施。

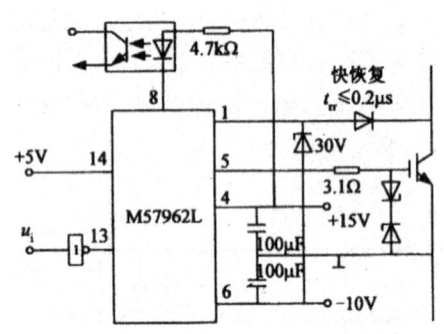

图 2-32 过电压抑制措施及配置位置

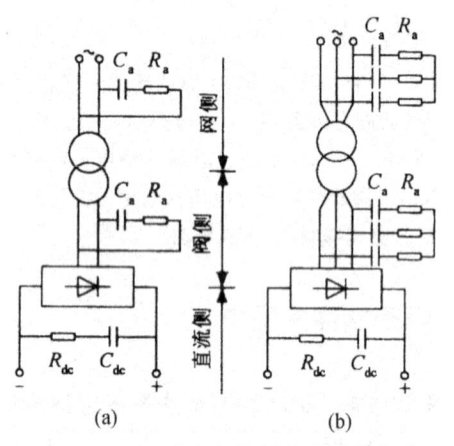

图 2-33 RC 过电压抑制电路连接方式

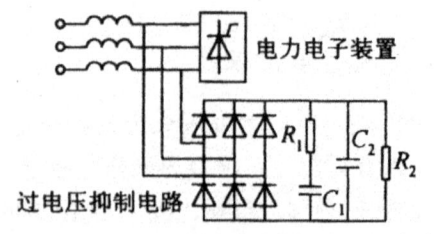

图 2-34 反向阻断式过电压抑制用 RC 电路
(a)单相;(b)三相

2. 过电流保护

过电流分过载和短路两种情况。图 2-35 给出了各种过电流保护措施及其配置位置，其中采用快速熔断器、直流快速断路器和过电流继电器是较为常用的措施。

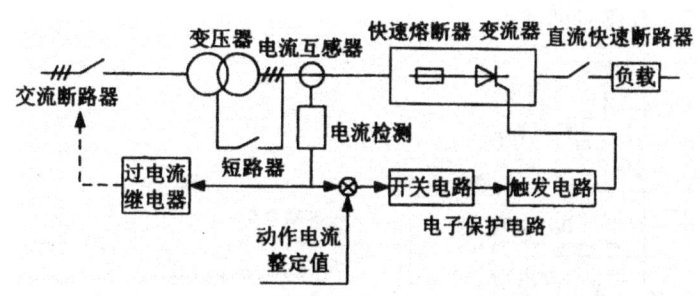

图 2-35 过电流保护措施及配置位置

在选择各种保护措施时应注意相互协调。采用快速熔断器（简称快熔）是电力电子装置中最有效、应用最广的一种过电流保护措施。快熔对器件的保护方式可分为全保护和短路保护两种。全保护只适用于小功率装置或器件使用裕度较大的场合；短路保护方式只在短路电流较大的区域内起保护作用，此方式需与其他过电流保护措施相配合。

对一些重要的且易发生短路的晶闸管设备，或者工作频率较高、很难用快速熔断器保护的全控型器件，需要采用电子电路进行过电流保护。此外，常在全控型器件的驱动电路中设置过电流保护环节，这对器件过电流的响应是最快的。

3. 缓冲电路

缓冲电路(Snubber Circuit)又称为吸收电路。其作用是抑制电力电子器件的内因过电压、du/dt 或者过电流和 di/dt，减小器件的开关损耗。

缓冲电路可分为如下两种：

1) 关断缓冲电路又称为 du/dt 抑制电路，用于吸收器件的关断过电压和换相过电压，抑制 du/dt，减小关断损耗。

2) 开通缓冲电路又称为 di/dt 抑制电路，用于抑制器件开通时的电流过冲和 di/dt，减小器件的开通损耗。

通常将关断缓冲电路和开通缓冲电路结合在一起，称为复合缓冲电路。

除上述分类方法外，还有一种较为常用的分类方法：

1) 缓冲电路中储能元件的能量如果消耗在其吸收电阻上，则称为耗能式缓冲电路。

2)缓冲电路能将其储能元件的能量回馈给负载或电源,则称其为馈能式缓冲电路,或称为无损吸收电路。

通常缓冲电路专指关断缓冲电路,而将开通缓冲电路叫作 di/dt 抑制电路。图 2-36(a)给出的是一种缓冲电路和 di/dt 抑制电路的电路图,图 2-36(b)是开关过程集电极电压 u_{CE} 和集电极电流 i_C 的波形,其中虚线表示无 di/dt 抑制电路和缓冲电路时的波形。

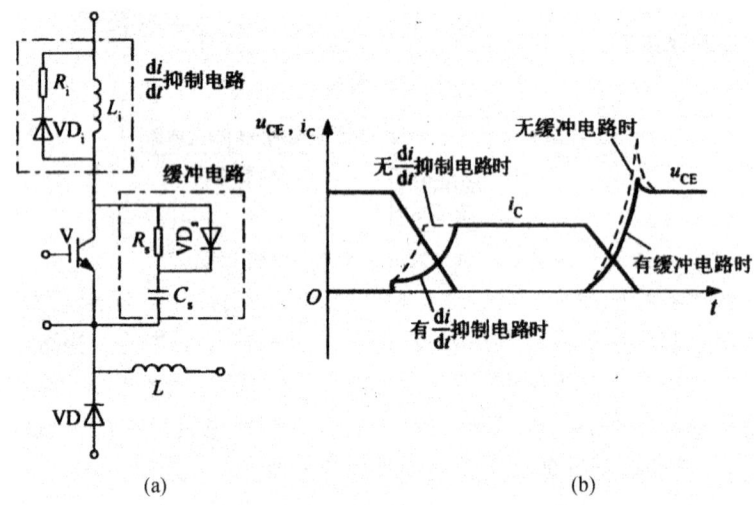

图 2-36　di/dt 抑制电路和充放电型 RCD 缓冲电路及波形
(a)电路；(b)波形

在无缓冲电路的情况下,绝缘栅双极晶体管 V 开通时电流迅速上升,di/dt 很大,关断时 du/dt 很大,并出现很高的过电压。在有缓冲电路的情况下,V 开通时缓冲电容 C_s 先通过 R_s 向 V 放电,使电流 i_C 先上一个台阶,以后因为有 di/dt 抑制电路的 L_i,i_C 的上升速度减慢。R_i、VD$_i$ 是在 V 关断时为 L_i 中的磁场能量提供放电回路而设置的。在 V 关断时,负载电流通过 VD$_s$ 向 C_s 分流,减轻了 V 的负担,抑制了 du/dt 和过电压。因为关断时电路中(含布线)电感的能量要释放,所以还会出现一定的过电压。

图 2-37 给出了关断时的负载曲线。关断前的工作点在 A 点。无缓冲电路时,u_{CE} 迅速上升,在负载 L 上的感应电压使续流二极管 VD 开始导通,负载线从 A 移动到 B,之后 i_C 才下降到漏电流的大小,负载线随之移动到 C。有缓冲电路时,由于 C_s 的分流使 i_C 在 u_{CE} 开始上升的同时就下降,因此负载线经过 D 到达 C。可以看出,负载线在到达 B 时很可能超出安全区,使 V 受到损坏,而负载线 ADC 是很安全的。而且 ADC 经过的都是小电流、小电压区域,器件的关断损耗也比无缓冲电路时大大降低。

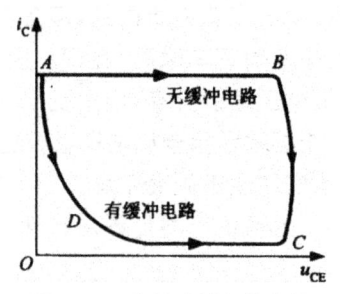

图 2-37 关断时的负载曲线

图 2-36 中所示的缓冲电路被称为充放电型 RCD 缓冲电路,适用于中等容量的场合。图 2-38 示出了另外两种常用的缓冲电路形式。其中 RC 缓冲电路主要用于小容量器件,而放电阻止型 RCD 缓冲电路用于中或大容量器件。

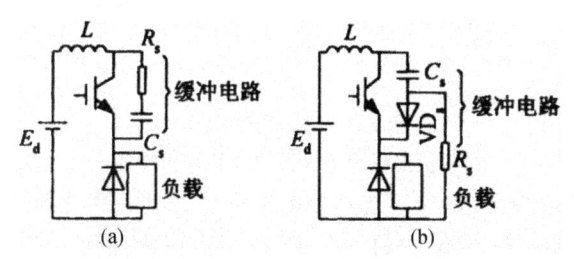

图 2-38 另外两种常用的缓冲电路
(a)RC 吸收电路;(b)放电阻止型 RCD 吸收电路

缓冲电容 C_s 和吸收电阻 R_s 的取值可用实验方法确定,或参考有关的工程手册。吸收二极管 VD_s 必须选用快恢复二极管,其额定电流应不小于主电路器件额定电流的 1/10。在中小容量场合,若线路电感较小,可只在直流侧总的设一个 du/dt 抑制电路,对 IGBT 甚至可以仅并联一个吸收电容。

2.4 电力电子变换器的串联和并联使用

2.4.1 晶闸管的串并联

1. 晶闸管的串联

当晶闸管的额定电压小于实际要求时,可以用两个以上同型号器件相串联。串联的器件流过的漏电流总是相同的,但各器件所承受的电压是不等的。图2-39(a)表示两个晶闸管串联时,在同一漏电流I_R下所承受的正向电压是不同的。若外加电压继续升高,则承受电压高的器件将首先达到转折电压而导通,使另一个器件承担全部电压也导通,两个器件都失去控制作用。同理,反向时,因伏安特性不同而不均压,可能使其中一个器件先反向击穿,另一个随之击穿。这种由于器件静态特性不同而造成的不均压问题称为静态不均压问题。

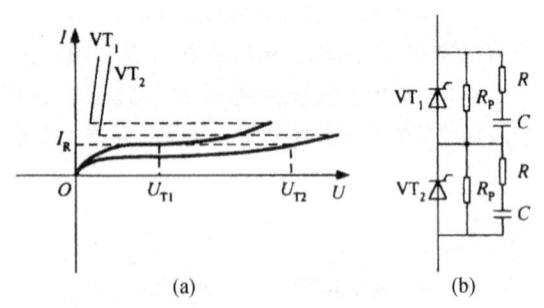

图 2-39 晶闸管的串联

(a)伏安特性差异;(b)串联均压措施

为达到静态均压,首先应选用参数和特性尽量一致的器件,此外可以采用电阻均压,如图2-39(b)中的R_p。R_p的阻值应比任何一个器件阻断时的正、反向电阻小得多,这样才能使每个晶闸管分担的电压决定于均压电阻的分压。

类似的,由于器件动态参数和特性的差异造成的不均压问题称为动态不均压问题。为达到动态均压,同样首先应选择动态参数和特性尽量一致的器件,另外,还可以用RC并联支路作动态均压,如图2-39(b)所示。

2.晶闸管的并联

大功率晶闸管装置中,常用多个器件并联来承担较大的电流。当晶闸管并联时就会分别因静态和动态特性参数的差异而存在电流分配不均匀的问题。

保证均流的措施如下:
1)挑选特性参数尽量一致的器件。
2)采用均流电抗器。
3)采用门极强脉冲触发实现动态均流。

当需要同时串联和并联晶闸管时,通常采用先串后并的方法连接。

2.4.2 电力MOSFET和IGBT并联运行的特点

电力 MOSFET 的通态电阻 R_{on} 具有正的温度系数,并联使用时具有电流自动均衡的能力,因而并联使用比较容易,但也要注意选用通态电阻 R_{on} 启电压 U_T、跨导 G_{fs} 和输入电容 C_{iss} 尽量相近的器件;电路走线和布局应尽量做到对称;为了更好地动态均流,有时可以在源极电路中串入小电感,起到均流电抗器的作用。

IGBT 的通态压降在 1/2 或 1/3 额定电流以下的区段具有负的温度系数,在 1/2 或 1/3 额定电流以上的区段则具有正的温度系数,因而 IGBT 在并联使用时也具有电流的自动均衡能力,与电力 MOSFET 类似,易于并联使用。当然,实际并联时,在器件参数选择、电路布局和走线等方面也应尽量一致。

1. Power MOSFET 的串并联应用

随着电力电子技术的迅速发展,Power MOSFEF 高频性能好、输入阻抗高、驱动功率小、驱动电路简单等优点在电源领域得到了广泛的应用。但是,单只 Power MOSFET 的有限容量也成为亟待解决的问题。从理论上讲,Power MOSFET 的扩容可以通过串联或者并联的方法解决。

在 Power MOSFET 的并联应用中,由于电路和 Power MOSFET 本身的寄生参数,在栅极将构成串联振荡电路,产生栅极高频振荡。振荡电压峰值一般很高,有可能超过允许栅压。另外,漏极电感和漏源极间等效总寄生电容在器件关断时也将组成串联振荡电路,形成漏极寄生振荡,使漏源间产生关断过电压。为了防止寄生振荡,须采取以下措施:

1)并联 Power MOSFET 的各栅极分别用电阻分开,栅极驱动电路的输出阻抗应小于串入的电阻值。例如,当 ID 为 5~40A 时,可串入 10~100Ω 的电阻。

2)可在每个栅极引线上设置铁氧体磁珠,即在导线上套一小磁环,形成有损耗阻尼环节。

3)必要时在各个器件的漏栅之间接入数百皮法的小电容以改变耦合电压的相位关系。

4)要尽量降低驱动信号源的内阻抗,并联的器件越多,内阻抗应越小。

2. IGBT 的串并联应用

(1)IGBT 的串联使用

IGBT 串联的关键问题是要解决串联时的静态均压和动态过压问题。

传统的晶体管串联控制方法也可以用于IGBT,如图2-40(a)所示。这种电路的特点是由器件、Z_S和过压撬杠电路分担大的并联电压,避免因电压分配不平衡而损坏管子。

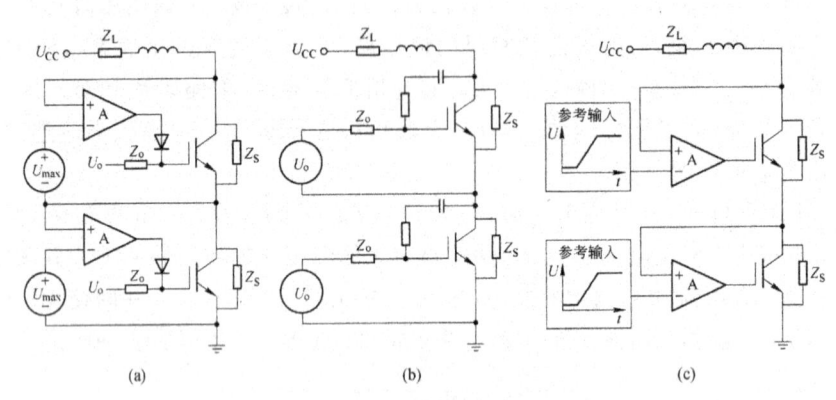

图 2-40 IGBT 的串联控制方式

(a)开环控制(带过压撬杠电路);(b)带主动吸收电路的控制方式;(c)改进控制方式

根据集电极的 du/dt 反激,采用图 2-40(b)所示的主动吸收电路,这种方式通过电容吸收关断时的 du/dt,有专门的 I_C 可用于该方式。根据密勒效应,均压必然取决于所选器件。此外,因为控制的是 du/dt,采用的门极信号必然要保证器件同时关断。IGBT 集电极漏感的存在会引起不稳定振荡,除非内含电阻 R_f,这样就会降低闭环的可靠性。最后,因为电压不是直接控制的,也就没有监测电压分配。为了克服这些问题,可以采用改进的电路。该电路使用局部反馈直接控制集电极电压,如图 2-40(c)所示。输入对于每个器件和门极驱动是共地的,以保证电压均衡。实际的参考命令来自本身门极驱动器内的斜坡发生器,避免因干扰而引起模拟信号波动。斜坡发生器的输入是高频方波,这样可以采用脉冲变压器或光纤达到电压隔离的目的。

(2)IGBT 的并联使用

IGBT 并联的最主要的问题就是均流问题。

不同厂家生产的 IGBT,其 $U_{CE(SAT)}$ 等级的划分方法是不同的。表 2-2 所示为日本富士 L 系列 IGBT 的 $U_{CE(SAT)}$ 等级。该表适用于 300A/600V 和 200A/1200V 以上的器件。

表 2-2 $U_{CE(SAT)}$ 范围等级

等级	$U_{CE(SAT)}$ 范围/V	等级	$U_{CE(SAT)}$ 范围/V
A	1.4~1.9	F	2.4~2.9
B	1.6~2.1	G	2.6~3.1

续表

等级	$U_{CE(SAT)}$ 范围/V	等级	$U_{CE(SAT)}$ 范围/V
C	1.8~2.3	H	2.8~3.3
D	2.0~2.5	I	3.0~3.5
E	2.2~2.7		

由于 $U_{CE(SAT)}$ 的范围从 A 级到 I 级变化很大,故在并联时,为减小电流的不平衡,最好采用同等级的器件。假设有 n 个 IGBT 并联,则其平均电流 $I_{c(AV)}$ 为

$$I_{c(AV)} = (I_{c_1} + I_{c_2} + \cdots + I_{c_n})/n \tag{2-1}$$

式中,$I_{c_1}, I_{c_2}, \cdots, I_{c_n}$ 为各个器件的集电极电流。

设第 i 个器件的电流 I_{c_i} 为最大,则不平衡因素 α 为

$$\alpha = [I_{c_i(MAX)}/I_{c(MAX)} - 1] \times 100\% \tag{2-2}$$

式中,$I_{c_i(MAX)}$ 不得超过其额定值 $I_{c(RAT)}$,即

$$I_{c_i(MAX)} \leqslant I_{c(RAT)} \tag{2-3}$$

由式(2-1)~式(2-3)可推出并联的总电流为

$$\sum I = nI_{c(AV)} \leqslant I_{c(RAT)}/(1+\alpha) \tag{2-4}$$

由式(2-4)可知,不平衡因素 α 对 $\sum I$ 的影响很大。当 $\Delta U_{CE(SAT)} = 0.5V$ 时,$\alpha = 18\%$。当采用3个同等级的300A的IGBT并联时,最大的集电极电流可由式(2-4)得出,即 $\sum I < 763A$。

2.4.3 全控型器件的串并联

1. GTO 的串联使用

串联使用的器件主要应解决静、动态过程中的均压问题。图 2-41 所示为 GTO 串联使用的典型电路,图中 $R_{11} \sim R_{22}$ 为静态均压电阻,电感 L 为动态均压电感。

(1) 开通时的动态均压

GTO 的缓冲电路兼做动态均压电路,GTO 串联电路在开通时较易做到动态均压。假定图 2-41 电路中的 GTO_1 后开通,而 GTO_2 先开通,那么后开通的 GTO_1 要承受较高的失配电压。由于电感的存在,流过均压网络的电流 i 近似为线性变化,并可由下式求出,即

$$i = \frac{U_{CC}}{L}$$

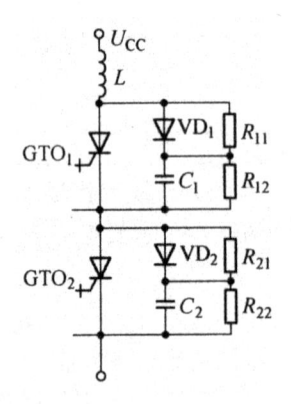

图 2-41 GTO 的串联应用

若开通延迟时间之差为 Δt_d，则 GTO$_1$ 上的失配电压 ΔU_{on} 为

$$\Delta U_{on} = \left(\frac{U_{cc}}{2LC}\right)\Delta t_d^2$$

(2) 关断时的动态均压

图 2-42 为串联 GTO 关断时的动态电压分配情况。在两个 GTO 的其他特性相同的情况下，电流 i_s 在 Δt_s 期间向电容 C_1 上所积累的电荷 ΔQ 为

$$\Delta Q = i_s \Delta t_s$$

式中，i_s 为流经 GTO 缓冲电容 C_1 中的电流；Δt_s 为 GTO$_1$ 与 GTO$_2$ 的存储时间的差值。

GTO$_1$ 上承受的电压 ΔU_{off} 可由下式求出，即

$$\Delta U_{off} = \Delta Q / C_1 = i_s \Delta t_s / C_1$$

可见，GTO 串联电路关断时，GTO 的失配电压 ΔU_{off} 与 i_s 和 Δt_s 成正比，与 C_1 成反比。

在实际应用中，虽然反向恢复电荷及存储时间的测量和调整一般都很困难；但是这两个参数均与 GTO 门极电路参数有关，通过改变门极电路参数可以间接地调整存储时间和反向恢复电荷，进而减小串联电路的失配电压。

2. GTO 的并联使用

常用的 GTO 并联使用方法有强迫均流法和直接并联法两种。

(1) 强迫均流法

图 2-43 示出了强迫均流法的 3 种基本形式。图 2-43(a) 为非耦合的均流电抗器并联电路，图中的电感 L 用于限制 di/dt，L_1 和 L_2 为带铁芯的均流电抗器。由于它们用于均衡并联支路的动态电流，因此称为均流电抗器。图 2-43(b) 为互相耦合的平衡电抗器并联支路，由于互相耦合的电抗器接

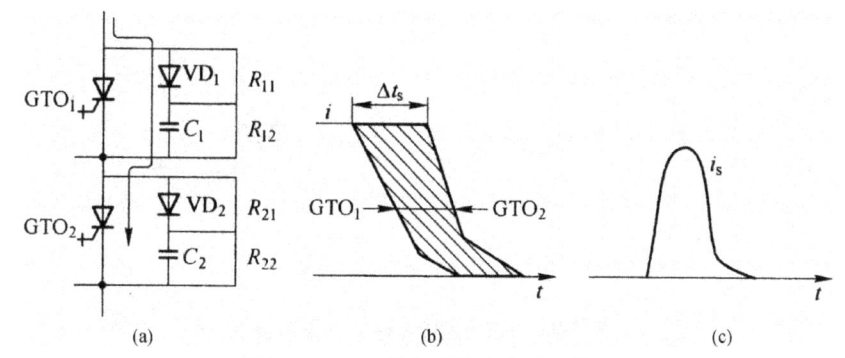

图 2-42 GTO 关断时的电压分配情况

在并联的两个 GTO 上；所以能迫使电流均衡分配。当两个线圈中的电流相等时，在铁芯内产生的励磁按匝数互相抵消；若不相等时，就会产生一个环流电流。这一环流恰好使电流小的支路电流增加，电流大的支路电流减小，进而达到两支路电流均衡分配。图 2-43(c)则表示并联的 GTO 多于两个时，也可串联同数量的均流电抗器。如果用互耦平衡电抗器，其相邻支路的线圈极性相反。

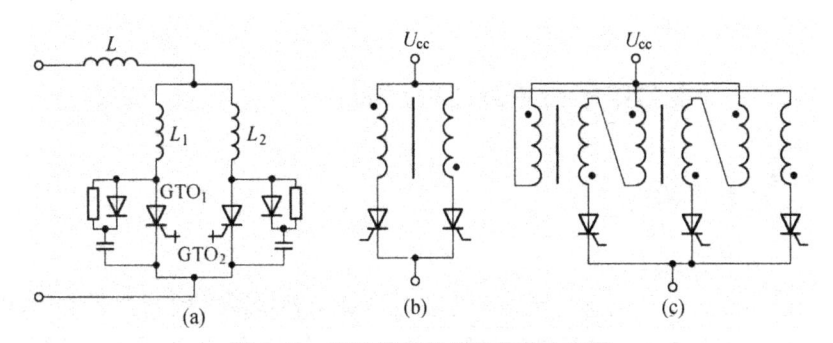

图 2-43 GTO 强迫均流法的基本电路
(a)非耦合均流电抗器并联；(b)互耦平衡电抗器并联；
(c)3 个 GTO 的互耦平衡电抗器接法

均流电抗器对开通延迟时间之差 Δt_d、关断存储时间之差 Δt_s 及通态压降之差 ΔU 所引起的电流不均衡都有补偿作用。均流电抗器或平衡电抗器的漏抗应尽量小，否则会增加 GTO 的超调电压，影响 GTO 的安全运行。

(2)直接并联法

图 2-44 表示两种直接并联的基本电路。在图 2-44(a)中每个 GTO 的门极串入一定阻抗后与门极信号电路相连接，此电路称作非门极耦合电路。在图 2-44(b)中先将门极端连在一起，然后再接一阻抗，这种电路称为门极直接耦合电路。实践证明，门极直接耦合电路比非门极直接耦合电路的均

· 39 ·

流效果要好得多。

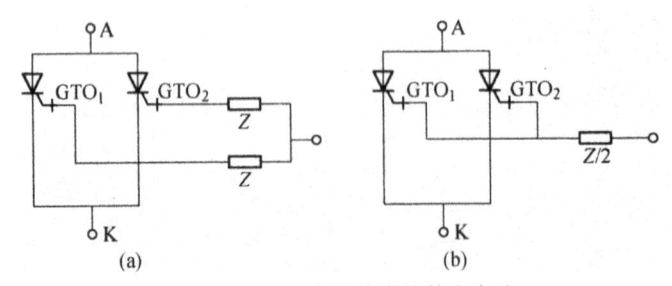

图 2-44 GTO 直接并联的基本电路

(a)门极串联阻抗后耦合；(b)门极直接耦合

通态不平衡电流主要由通态压降的失配决定；因此对并联 GTO 的通态压降仍需送行匹配筛选，使 GTO 的通态压降尽可能一致。

GTO 直接并联使用时必须使阴极连线相同，并尽量缩短连线长度。

2.5 电力电子器件的功耗、散热及冷却

2.5.1 电力电子器件的功率损耗

1. 耗散功率

(1)开关损耗 P_s

图 2-45 给出了电感性负载和电阻性负载两种情况的关断过程电压、电流波形。开通过程的波形与此类似。因此开关损耗 P_s 按如下两式计算。

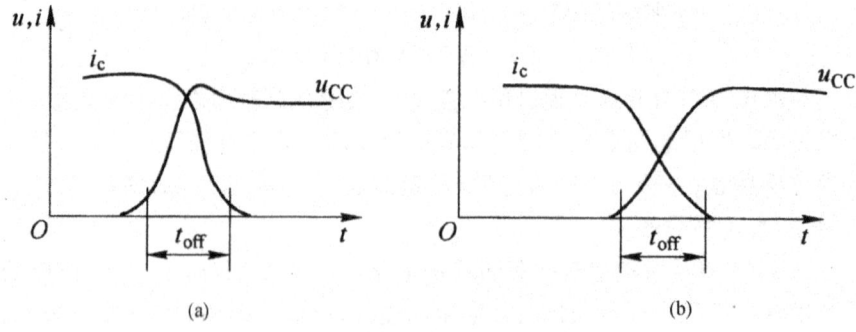

图 2-45 关断过程电压、电流波形

(a)电感性负载时；(b)电阻性负载时

对电感性负载 $$P_s = \frac{U_{CC}I_{CM}}{2}(t_{on}+t_{off})f_s$$

对电阻性负载 $$P_s = \frac{U_{CC}I_{CM}}{6}(t_{on}+t_{off})f_s$$

式中,U_{CC}为断态电压;I_{CM}为通态最大电流;f_s为开关频率;t_{on}为开通时间;t_{off}为关断时间。

(2)通态损耗 P_{on}

功率器件在通过占空比为 D 的矩形连续电流脉冲时的平均通态功耗 P_{on} 可用下式表示

$$P_{on}=I_p U_T D$$

式中,I_p 为脉冲电流幅值;U_T 为器件通态压降;D 为占空比。

对于 VMOS,厂商提供的参数大都为其通态电阻而非通态压降,因此通态损耗用下式计算:

$$P_{on}=I_{DS}^2 R_{DS}$$

式中,I_{DS} 为 VMOS 漏极电流;R_{DS} 为通态电阻。要注意的是,R_{DS} 是温度的函数。

(3)断态损耗 P_{off}

在器件已被关断的期间,若断态电压 U_s 很高,微小的漏电流 I_{off} 仍有可能产生明显的断态功率损耗 P_{off},其算式为:

$$P_{off}=I_{off}U_s(1-D)$$

(4)驱动损耗 P_g

驱动损耗是指器件在开关过程中消耗在控制极上的功率及在导通过程中维持一定的控制极电流所消耗的功率。一般情况下,这种损耗与器件的其他功耗及外部驱动电路的功耗相比是可以忽略的,只有 GTR 和 GTO 在通态电流较大时是例外。GTO 在关断大电流时的控制极关断电流也比较大。GTR 由于正向电流增益相对较小,为维持集电极电流所需的基极电流 I_B 自然就大,而基射极饱和压降 U_{BES} 往往比集射极饱和压降 U_{CES} 大得多,因而驱动损耗为

$$P_g=I_B U_{BES} D$$

其常与通态损耗相当。

在较大功率的电力电子电路中,特别是以 GTR 和 GTO 作为开关元件时,必须考虑驱动损耗部分,否则误差太大,散热器的设计计算就会失去价值。

2. 结温

对于一定型号的功率器件,厂商一般都给出了其 $R_{\theta jc}$ 的典型值和最高

结温 $T_{j,\max}$。器件运行时的最高结温是不能突破的,否则将造成器件的永久性损坏。根据厂商提供的数据和具体工作条件下计算出的功率损耗 P_{loss} 不难求得器件的最大管壳温度 $T_{c,\max}$。管壳温度由下式决定

$$T_{c,\max}=T_{j,\max}-P_{\text{loss}}R_{\theta jc}$$

2.5.2 电力电子器件的散热

1. 散热的原理

热传输的传输过程有稳态和瞬态两种。当管芯上发热率与散热率相等时,结温不再变化,处于热均衡状态,称为稳态。当芯片的内部功耗达到恒定时,由于器件具有热惯性,温度将继续升高;而当内部功耗被切断时,温度将逐渐下降,即表现为升温或降温的过渡过程,称为瞬态。热传输遵从热路欧姆定律,即

$$\Delta T = PR_T \tag{2-5}$$

式中,ΔT 为温差。结温与环境温度之差 $\Delta T=T_j-T_a(℃)$;P 为功率器件的耗散功率,即热流(W);R_T 为总热阻(℃/W)。

式(2-5)表明,当恒定热流流过物体且温度达到平衡后,物体两端的温差 ΔT 与热阻 R_T 成正比,即热阻越大温差越大。为了提高功率器件的输出功率总是努力降低各热阻。

2. 散热器

功率器件在运行时,其结温应该在合理的范围内。制造商尽量降低功率器件与外部衬底之间的热阻 R_θ,用户必须为器件衬底和环境间提供热传导途径,使衬底和环境间的热阻 $R_{\theta ca}$ 在低成本方式下达到最小。

用户可以选择不用形状的铝散热器使功率器件冷却,如果散热器是自然对流冷却的,则图 2-46 的散热片鳍状片间的间距至少应该为 10~15mm。在自然对流冷却方式下,散热器的热时间常数在 4~15mm 范围内。在散热器表面涂一层黑色氧化物,导致热阻减少 25%。如果增加一个风扇,热阻将变小,散热器可以做得更小,更轻,而且减少了热容。采用强制风冷的散热器,鳍状片间的间距可以不大于几毫米。在较大容量的功率装置中,采用水冷和油冷可以大大改善散热效果。图 2-47 为散热器基本形状。

图 2-46 多层散热片

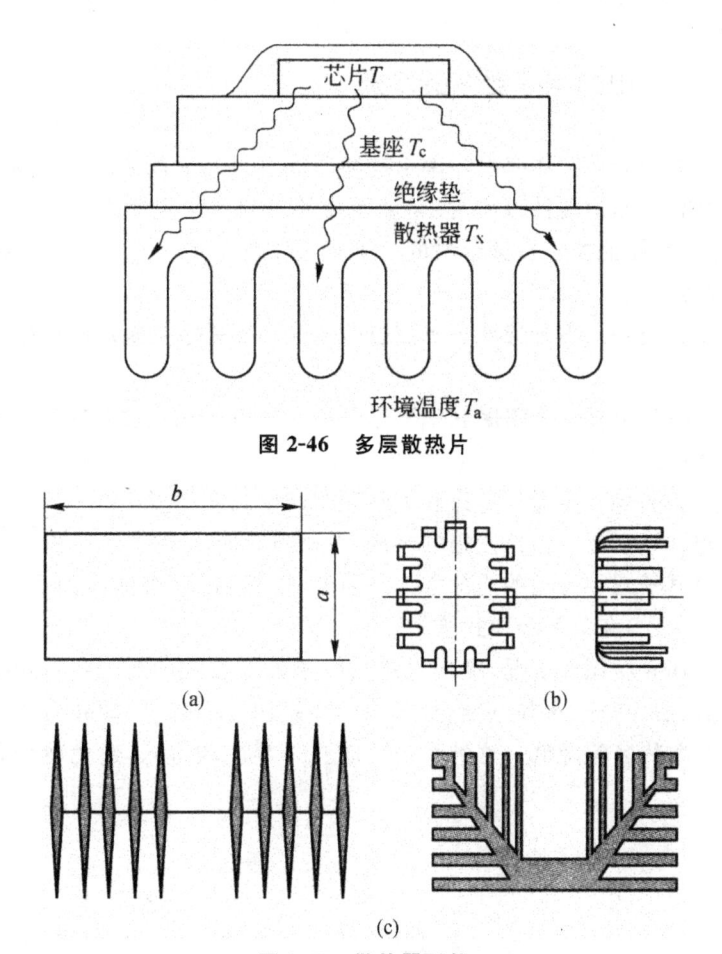

图 2-47 散热器形状
(a)平板型;(b)叉指型;(c)型材型

依据器件可承受的允许结温选择合适的散热器。在最恶劣的情况下，最大结温 $T_{j,max}$、环境空间最大温度 $T_{a,max}$、最高操作电压和最大通态电流都是特定的。根据器件的工作情况，可以估算出器件损耗 P_{loss}。

允许的最大 PN 结-环境的热阻 $R_{\theta ja}$ 可以从下式估算出来

$$R_{\theta ja} = (T_{j,max} - T_{a,max})/P_{loss}$$

PN 结-衬底的热阻 $R_{\theta jc}$ 可以从电力电子器件手册上查到，衬底-散热器的热阻 $R_{\theta ca}$ 取决于热化合物和使用的绝缘体。绝缘体的热阻可以从数据手册中查到。

2.5.3　电力电子器件的冷却

电力电子器件工作时的功率损耗会引起电力电子器件发热、升温,而器件温度过高将缩短器件寿命,甚至烧毁器件。为此必须考虑电力电子器件的冷却问题,保证器件在额定温度以下正常工作。电力电子器件的损耗可分为4种:

1)通态损耗。由导通状态下流过的电流和器件上的电压降产生的功率损耗。

2)阻断态损耗。由阻断状态下器件承受的电压和流过器件的漏电流产生的功率损耗。

3)开关损耗。由器件开通和关断期间产生的功率损耗。

4)控制级损耗。由控制级的电流、电压引起的功率损耗。

电力电子器件常用的冷却方式有自冷式、风冷式、液体冷却式(包括油冷式和水冷式)和蒸发冷却式等。

按冷却介质循环情况,冷却方式又可分为开启式和封闭式。封闭式指冷却介质(油、空气、水等)形成封闭的循环系统,工作时冷却介质的温升通过另一个散热装置降低。这种系统可防止外界尘埃进入,避免冷却介质氧化变质。

第3章 整流电路

3.1 单相可控整流电路

3.1.1 单相半波可控整流电路

用一只晶闸管构成的单相半波可控整流电路是最简单最基本的整流电路。

1. 电阻性负载

带电阻性负载的单相半波可控整流电路原理图及工作波形如图3-1所示，其中图3-1(a)、(b)、(c)、(d)和(e)分别给出了原理图、变压器二次侧电压、触发脉冲、负载电压和晶闸管两端电压的波形。图中 u_1 和 u_2 分别为整流变压器的一次侧和二次侧电压，负载为电阻 R，电阻性负载的特点是负载上的电流电压同相位。假定变压器二次侧电压为正弦波，则该电路的具体工作过程如下。

1) $0 < \omega t < \alpha$ 区域：晶闸管承受正向电压，但无触发脉冲，所以晶闸管未开通，电源电压全部加在晶闸管上，即 $u_V = u_2$，负载的电压为零，流过负载的电流也为零。

2) $\omega t = \alpha$：触发脉冲到，晶闸管开始导通，忽略通态压降，即 $u_V = 0$，电源电压全部加在负载上，即 $u_d = u_2$，负载电流 $i_d = u_d/R$，与输入电压同相位。

3) $\omega t = \pi$：u_2 由正向电压下降到零，晶闸管关断，则 $u_d = i_d = 0$，$u_V = u_2$ 状态一直持续到下一周期触发脉冲到来时刻为止。

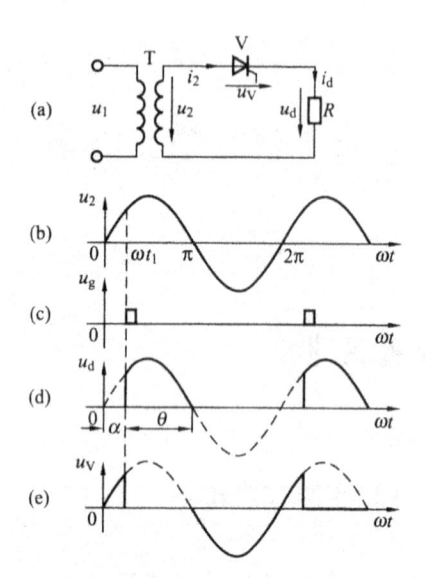

图 3-1　带电阻性负载的单相半波可控整流电路及波形
(a)原理图；(b)变压器二次侧电压；(c)触发脉冲；(d)负载电压；(e)晶闸管两端电压

2. 阻感性负载

在实际应用中，除了电阻负载外，还经常遇到感性负载，如变压器和电机的励磁绕组、电磁线圈等。为使负载获得平稳的输出电流，可在整流输出端接平波电抗器，此时也将其看作阻感性负载，用电感 L 和电阻 R 的串联来等效。图 3-2 给出了带阻感负载的单相半波可控整流电路及其波形。

阻感负载的特点是电感对电流变化有抗拒作用，使得流过电感的电流不能发生突变。由图 3-2 可得

$$u_2 = u_L + u_R = L\frac{di_d}{dt} + i_d R$$

1) 在 $0 < \omega t < \alpha$ 区间：没有触发脉冲，晶闸管处于关断状态，回路中没有电流，晶闸管承受全部电压。

2) $\omega t = \alpha$：触发晶闸管，电源电压被加到阻感负载上。在晶闸管导通瞬间，因电感的存在，电流不能突变，而是从零开始上升。所以在 $\omega t = \alpha$ 时，$i_d = 0$，$u_R = i_d R = 0$，$u_d = u_L = L\frac{di_d}{dt}$。

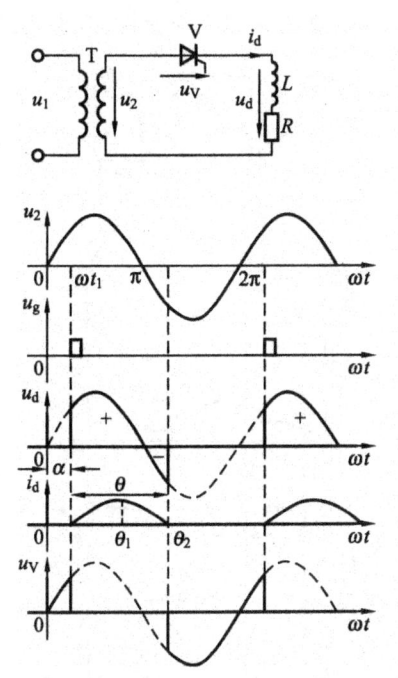

图3-2 带阻感负载的单相半波可控整流电路及波形

3) $0<\omega t<\alpha+\theta$ 区间：当 $\alpha<\omega t<\theta_1$ 时，电流 i_d 上升，电感储能，电感上的电压为 u_2 与 u_R 之差，即 $u_L=u_d-u_R=L\dfrac{di_d}{dt}$。$\omega t=\theta_1$ 时，$u_R=u_d=u_L$，$u_L=L\dfrac{di_d}{dt}=0$。此后，电流 i_d 下降，电感释放所储存的能量，随着 u_2 下降进入负半周，电感能量尚未释放完毕，仍维持晶闸管导通，直至 θ_2 点 $u_L=u_R$ 止，晶闸管开始关断，所以晶闸管的导通角 $\theta>\pi-\alpha$。

通过分析，负载两端电压的平均值为

$$U_d=\frac{1}{2\pi}\int_\alpha^{\alpha+\theta}u_2 d(\omega t)=\frac{1}{2\pi}\int_\alpha^{\alpha+\theta}u_R d(\omega t)+\frac{1}{2\pi}\int_\alpha^{\alpha+\theta}u_L d(\omega t)$$

其中，第二项积分即电感电压平均值为

$$U_L=\frac{1}{2\pi}\int_\alpha^{\alpha+\theta}u_L d(\omega t)=\frac{\omega L}{2\pi}\int_0^0 di=0$$

所以 $U_L=U_R$

从图3-2波形看出，从 $\pi\sim\theta_2$ 区间 u_d 为负，L 越大，u_d 负值部分所占比例越大，整流平均电压 U_d 越小，当 $\omega L\gg R$ 时，导通角 $\theta\approx 2\pi-2\alpha$，$U_d\approx 0$。可见单相半波可控整流电路带大电感负载时，无论怎样调节 α，U_d 总是很小无法满足需要，因此单相半波整流电路不适合大电感负载，或者说大电感负载一般不采用单相半波整流电路，因为它的效率极低。其中一个改进的方法是加入续流二极管,以改进它的工作特性,其原理图如图3-3所示。

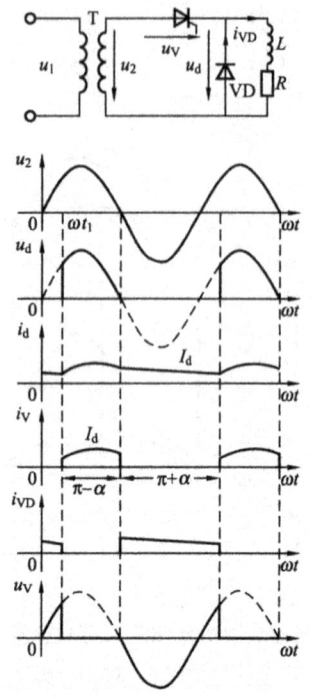

图3-3 单相半波带阻感负载有续流二极管的电路及波形

在整流电路中,续流二极管VD的作用表现在三个方面。

1)提高整流平均电压U_d。当u_2为正时,VD承受反向电压呈关断状态,不起作用。当u_2进入负半周时VD导通,负载电流通过VD继续流通,负载上的电压箝位在零电位,u_d中负电压消失,使输出平均电压U_d得以提高。此时输出电压u_d波形与电阻性负载相同,因此U_d和I_d的计算公式、晶闸管两端电压波形、移相范围也都相同。

2)减轻晶闸管的负担。u_2负半周时段,负载电流流经VD,而不流过晶闸管,减轻了晶闸管的负担。

3)消除失控事故。在整流电路中,电感L大而储能大时有可能使晶闸管在整个u_2负半周区域都导通,使晶闸管不会关断,造成失控事故。加入续流二极管后,L中的电流通过VD形成通路,晶闸管自然关断。

从以上分析得到电感元件的一个重要特性,在稳态条件下,电感两端的电压平均值等于零。换言之,在一个周期内,电感储存的能量等于释放的能量。

3.1.2 单相桥式可控整流电路

为了改进整流特性,可以采用单相全波可控整流电路和单相桥式可控整流电路。单相桥式可控整流电路分为单相桥式全控整流电路、单相桥式半控整流电路。

1. 单相桥式全控整流电路

单相桥式全控整流电路由四只晶闸管构成,对角线的两对晶闸管轮流导通向负载供电,使 u_2 负半周对应的输出电压波形是正半周的重复。分析方法同单相半波可控整流电路。

(1) 电阻性负载

单相桥式全控整流电路如图 3-4 所示,晶闸管 V_1 和 V_2 组成左桥臂,V_3 和 V_4 组成右桥臂。

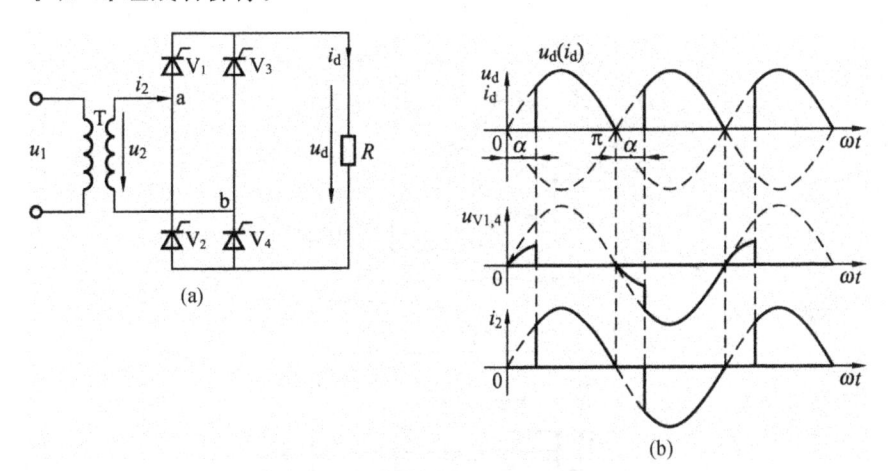

图 3-4 带电阻性负载的单相桥式全控整流电路及波形
(a)电路;(b)波形

在 u_2 正半周,当 $0 < \omega t < \alpha$ 时,V_1 和 V_4 管承受正向电压 u_2,假设 $V_1 \sim V_4$ 的漏电阻相等,则每只晶闸管都承受 u_2 的一半电压;当 $\omega t = \alpha$ 时,同时给 V_1 和 V_4 管加触发脉冲,使其导通,电流从 a 端经过 V_1、R、V_4 流回 b 端,整流电压 u_d 波形与 u_2 相同;当 $\omega t = \pi$ 时,u_2 由正向过零,流过晶闸管的电流也将到零,V_1 和 V_4 因此而关断。

在 u_2 负半周,当 $\pi < \omega t < \pi + \alpha$ 时,V_2 和 V_3 管承受正向压降;在 $\omega t = \pi + \alpha$ 时,同时给 V_2 和 V_3 管加触发脉冲,电流从 b 端经过 V_3、R、V_2 流回 a 端,可以看出流过 R 的电流的方向一直没有改变,所以整流电压 u_d 波形是正半

周的重复；当 $\omega t=2\pi$ 时，u_2 由负向过零，V_2 和 V_3 管由于其通过的电流小于维持电流而关断。至此电路完成了一个工作周期，以后继续重复上述过程，电路的工作波形如图 3-4 所示。与单相半波整流电路相比，该电路在交流电源的正负半周均有整流输出电流经过负载，所以该电路称为全波电路。

(2) 阻感性负载

单相桥式全控整流电路带阻感性负载的原理图如图 3-5 所示，由于电感的感应电动势阻止电流的变化，输出电压波形出现负波形，如果电感足够大，则输出电流是近似平直的，流过晶闸管和变压器二次侧的电流可近似为矩形波。

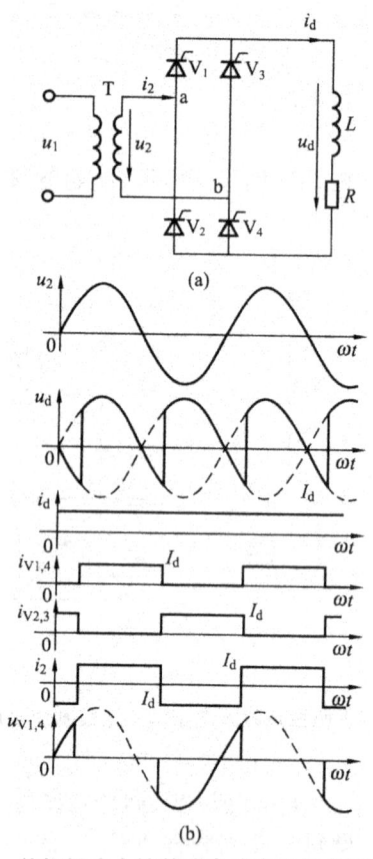

图 3-5 单相桥式全控整流电路电感性负载及波形
(a) 电路；(b) 波形

假设电路已经工作在稳定状态，在 $0\sim\alpha$ 区间内，由于电感释放能量，晶闸管 V_2 和 V_3 继续维持导通；当 $\omega t=\alpha$ 时，触发晶闸管 V_1、V_4，使之导通，而 V_2 和 V_3 才立即承受反压关断；u_2 由零变负时，由于电感的作用晶闸管 V_1 和 V_4 中仍流过电流，并不关断，至 $\omega t=\pi+\alpha$ 时刻，给 V_2 和 V_3 加触发脉冲，因 V_2 和 V_3 本已承受正电压，故两管导通，同时 V_1 和 V_4 关断。如此循环下去,两对晶闸管轮流导电,当电感足够大时,每对晶闸管导通角为 π,且与 α 无关,因电感的平波作用使每对晶闸管导通角内有方波电流通过负载,所以输出电流 i_d 的波形平直,变压器二次电流是对称的正负方波。当 $\alpha=\pi/2$ 时,输出电压的正负面积相等,其平均值等于零,电流 I_d 也为零,所以 α 移相范围为 $0\sim\pi/2$。

(3)反电动势负载

1)无滤波电感。当整流电路供电给直流电动机的电枢或给蓄电池充电等情形,等效负载可用电阻和直流反电动势的串联来表示,如图 3-6 所示。

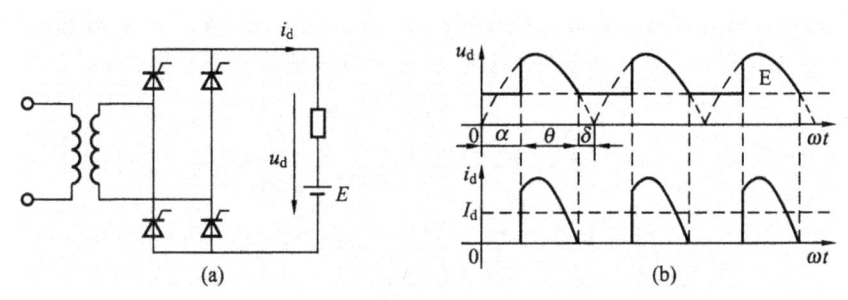

图 3-6 单相桥式全控整流反电动势负载电路及波形

只有当整流变压器二次侧电压的绝对值大于反电动势即 $|u_2|>E$ 时,才有晶闸管承受正电压,为导通提供条件。晶闸管导通之后,直到 $|u_2|=E$ 时,由于输出电流降为 0,使得晶闸管关断。图中 $|u_2|=E$ 点至 u_2 的过零点为 δ 区段,此段所有晶闸管均关断,所以 δ 称为停止导电角,根据 $|u_2|=E$,即

$$\sqrt{2}U_2\sin\delta = E$$

(a)电路;(b)波形

可得

$$\delta = \sin^{-1}\frac{E}{\sqrt{2}U_2}$$

在图中晶闸管的触发角 $\alpha>\delta$,晶闸管导电角 $\theta=\pi-\delta-\alpha$。若 $\alpha<\delta$,为保证晶闸管承受正压时加触发脉冲,要求触发脉冲有一定宽度,到 $\omega t=\delta$ 时不但不消失,而且还要保持到晶闸管电流大于擎住电流可靠导通后,此时晶闸管导电角 $\theta=\pi-2\delta$。如果触发脉冲宽度太窄,则晶闸管不能触发。

输出电压平均值为

$$U_d = E + \frac{1}{\pi}\int_\alpha^{\pi-\alpha}(\sqrt{2}U_2\sin\omega t - E)\mathrm{d}(\omega t)$$

输出电流平均值为

$$I_d = \frac{U_d - E}{R} \tag{3-1}$$

2)大电感滤波。反电动势负载在直流侧没有滤波电感的情况下,其主要特点是只有交流侧电压 u_2 大于反电动势 E 时晶闸管承受正压,才能被

触发导通,才有电流通过负载。输出电流 i_d 易出现断续,断续电流不仅使直流电动机的机械特性变软,而且影响直流电动机的换相,为此常在电路中串入平波电抗器,保证电流连续。此时虽然是反电动势负载,但如果电感足够大,使电流保持连续,其晶闸管工作情况及负载电压电流波形与电感性负载相同,即仍按图 3-5 所示波形分析,只是负载电流应按式(3-1)计算。

2. 单相桥式半控整流电路

图 3-7 为单相桥式半控整流电路的一种接线形式,其中两只晶闸管为共阴极接法,另外两只整流管为共阳极接法,在负载侧还并联了一个续流二极管。假设 $\omega L \gg R$,且电路已工作在稳态,则负载电流在整个过程中保持恒定。

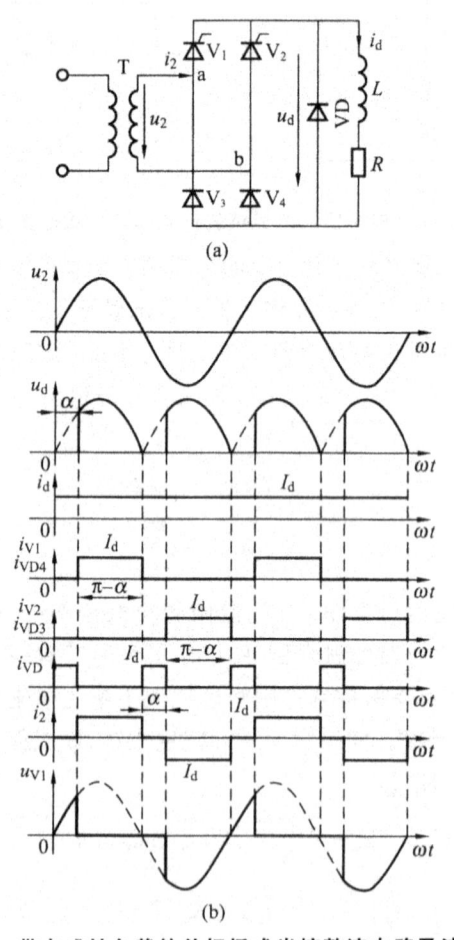

图 3-7 带电感性负载的单相桥式半控整流电路及波形
(a)电路;(b)波形

没有续流二极管的情况下,在 u_2 的正半周,当 $\omega t = \alpha$ 时触发晶闸管

V_1，u_2 经过 V_1 和 VD_4 向负载供电。当 u_2 由正向过零变负时，由于电感作用使电流连续，V_1 继续导通，但 b 点电位高于 a 点电位，共阳极接法的二极管阴极电位低的导通，电流从 VD_4 转到 VD_3，即电流不再经变压器绕组而由 V_1 和 VD_3 续流，在自然续流期间，忽略器件的通态压降，输出电压 u_d＝0。直到 V_2 被触发导通、V_1 承受反压关断为止，开始由 V_2 和 VD_3 向负载供电。当 u_2 过零变正时，VD_4 导通，VD_3 关断，电流经过 V_2 和 VD_4 续流，同样输出电压仍为零，以后重复循环上述过程。在输出电压的波形分析中，不像全控桥出现负压，所以 u_d 的波形与电阻性负载相同。

上述的自然续流方式，输出电压的波形不出现负压，虽无续流二极管，却可达到单相全控桥大电感性负载带续流二极管的效果。但实际运行时，一旦触发脉冲丢失或触发角 $\alpha > \pi$ 时，会产生一个晶闸管持续导通，两个二极管轮流导通的现象。这样会使输出电压 u_d 的波形成为正弦半波，即半周期为正弦波，另外半周期为零，其平均值恒定，相当于单相半波不可控整流电路的输出电压波形，这种现象称为失控。为避免这一现象的发生，仍需在负载两端并联续流二极管，将流经桥臂的续流电流转移到续流二极管上。在续流阶段中，晶闸管关断，同时，导电回路中只有一个管压降，有利于降低损耗。接续流二极管后，输出电压 u_d、负载电流 i_d、变压器二次侧电流 i_2 的波形与不接续流二极管相同，不同的是晶闸管和二极管的导通角不是 π，而是，二极管的导通角为 2α。

3.1.3 单相全波可控整流电路

单相全波可控整流电路又称为单相双半波可控整流电路，也是一种应用广泛的单相可控整流电路。其带电阻负载的电路及波形如图 3-8 所示。

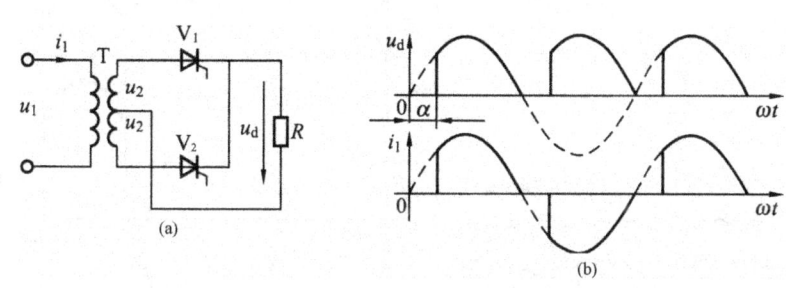

图 3-8 带电阻负载的单相全波可控整流电路及波形
(a) 电路；(b) 波形

在单相全波整流电路中，变压器带中心抽头，两只晶闸管共阴极连接，负载接在变压器中心抽头和晶闸管共阴极之间。在 u_2 正半周，V_1 工作，变压器二次绕组上半部分流过电流;在 u_2 负半周,V_2 工作,变压器二次绕组下半部分流过电流。由图 3-8(b)所示波形可知,单相全波整流电路的输出电压波形和交流输入端电流波形与单相全控桥相同,也不存在变压器直流磁化问题。当接其他负载时,也有相同结论。

3.2 三相可控整流电路

三相可控整流电路可分为三相半波、三相全桥、三相半控桥及带平衡电抗器的双反星形等类型,其中最基本的是三相半波整流电路,其余可看成由它以不同方式串、并联组成。

3.2.1 三相半波可控整流电路

三相半波可控整流电路又称为三相零式可控整流电路,其原理图如图 3-9 所示。可以看出电路有两个特点:一是整流变压器采用△/Y 接线,可防止三次谐波流入电网;二是它可看成是三个单相半波可控整流电路通过三个晶闸管共阴极接法叠加而成,这种接法使触发电路有公共线,连接方便。

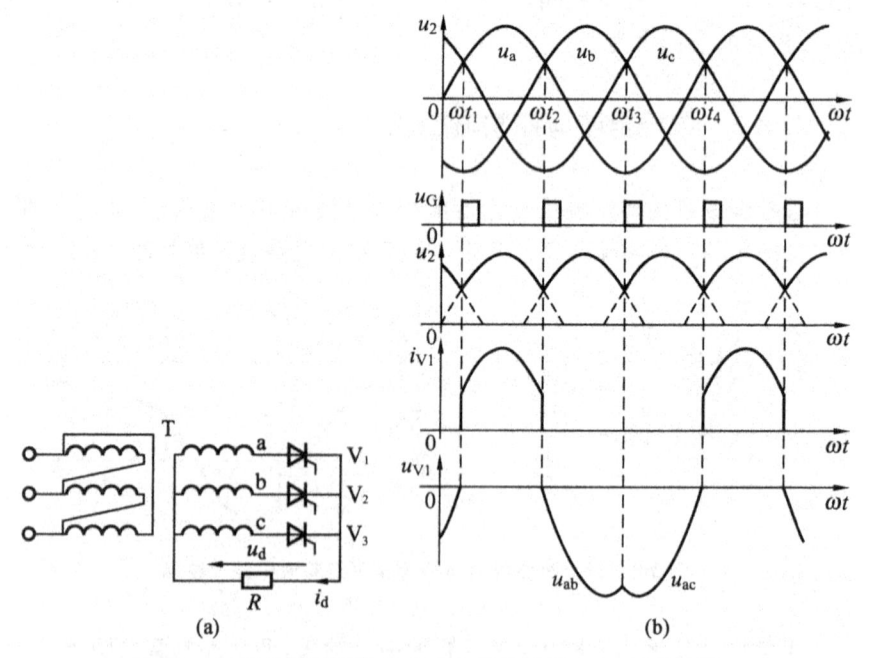

图 3-9 三相半波可控整流电路电阻性负载 $\alpha=0$ 时的波形

(a)电路;(b)波形

1. 电阻性负载

三相半波可控整流电路带电阻性负载 $\alpha=0$ 时的波形，如图 3-9 所示。在电力电子电路中，常用到自然换相点的概念，它的定义是当把电路中所有的可控元件用不可控元件代替时，各元件的导电转换点，又称为自然换流点。在三相半波可控整流电路中，自然换相点就是各相晶闸管能触发导通的最早时刻，将其作为计算各晶闸管触发角 α 的起点，即 $\alpha=0$。要改变触发角只能是在此基础上增大，即沿时间轴向右移动。

2. 阻感性负载

三相半波整流电路带阻感性负载的原理图如图 3-10 所示，假设 $\omega L \gg R$，例如串联平波电抗器的负载，整流电流 i_d 的波形基本是平直的，流过晶闸管的电流接近矩形波。

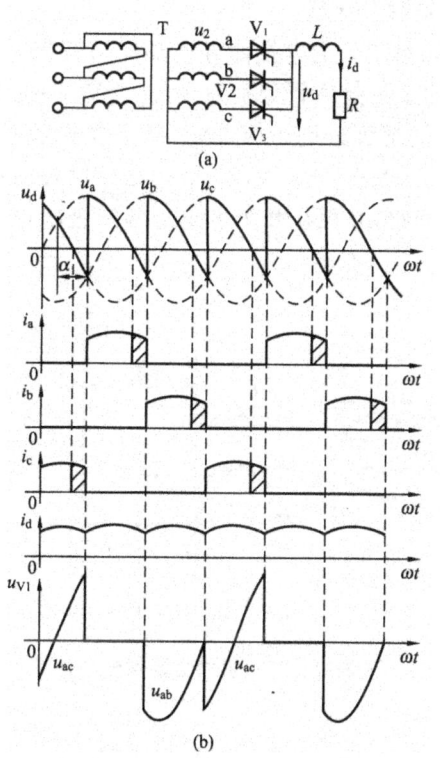

图 3-10 三相半波可控整流电路带阻感性负载 $\alpha=\pi/3$ 时的波形
(a)电路；(b)波形

当 $\alpha \leqslant \pi/6$ 时，u_d 波形与电阻性负载相同。当 $\alpha > \pi/6$ 时，电感储能时

晶闸管在电源电压由零变负时仍然继续导通，直到因后序相晶闸管触发导通后使其承受反压为止，如图3-10所示的 $\alpha=\pi/3$ 时的波形图。

尽管 $\alpha>\pi/6$，仍然能使各相的晶闸管导通 $2\pi/3$，从而保证电流连续，而且此时整流电压的脉动很大，还出现负值，随着 α 的增大，负值部分增多，当 $\alpha=\pi/2$ 时，u_d 波形中正负面积相等，即 $U_d=0$。所以大电感性负载时，α 的移相范围是 $\pi/2$。

3.2.2 三相桥式全控整流电路

目前，应用最为广泛的整流电路是三相桥式全控整流电路，其原理图如图3-13所示。它是由两组三相半波整流电路串联而成的，其中阴极连接在一起的3只晶闸管(V_1、V_3、V_5)称为共阴极组，阳极连接在一起的3只晶闸管(V_2、V_4、V_6)称为共阳极组。与三相半波整流电路一样，对于共阴极组，阳极所接交流电压值最高的一个先触发导通；对于共阳极组，阴极所接交流电压之最低的一个先触发导通。

如图3-11所示，晶闸管通常按照导通顺序将其编号，共阴极组中与a、b、c三相电源相接的3只晶闸管分别为 V_1、V_3、V_5，共阳极组中与a、b、c三相电源相接的3只晶闸管分别为 V_4、V_6、V_2。按此编号，这6只晶闸管的触发顺序按 $V_1—V_2—V_3—V_4—V_5—V_6$ 的顺序循环进行。为了使电流通过负载与电源形成回路，必须在共阴极组和共阳极组中各有一只晶闸管同时导通。

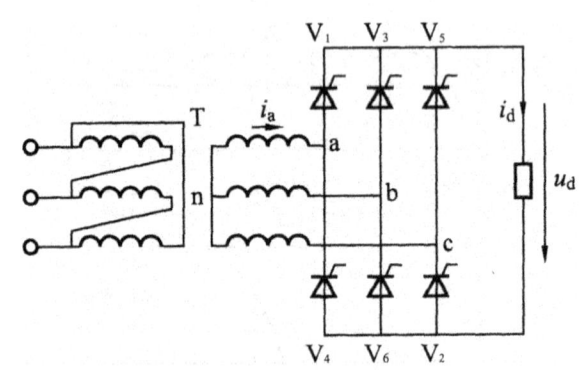

图3-11 三相桥式全控整流电路

3.3 变压器漏感对整流电路的影响

3.3.1 VTH1 换相至 VTH2 的过程

三相半波可控整流电路中,因 a、b 两相均有漏感,故 i_a、i_b 均不能突变,于是 VTH1 和 VTH2 同时导通。相当于将 a、b 两相短路,电压差 u_b-u_a 在两相组成的回路中产生环流 i_k。$i_k=i_b$ 是逐渐增大的,而 $i_a=I_d-i_k$ 是逐渐减小的。当 i_k 增大到等于 I_d 时,$i_a=0$,VTH1 关断,换流过程结束。如图 3-12 所示,换相重叠角是指换相过程持续的时间,折算成电角度 γ 表示。

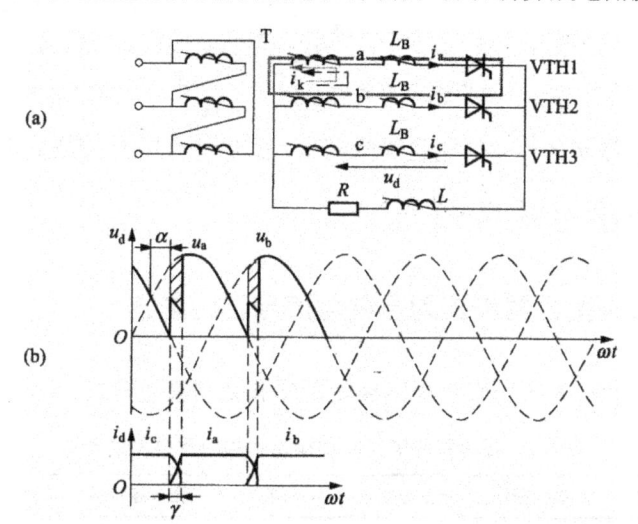

图 3-12 考虑变压器漏感时的三相半波可控整流电路及波形
(a)半波整流电路;(b)工作波形

整流输出电压瞬时值 $u_d=u_a+L_B\dfrac{di_k}{dt}=u_b-L_B\dfrac{di_k}{dt}=\dfrac{u_a+u_b}{2}$(两个相电压的平均值);换相导致了 u_d 均值降低 $\Delta U_{d(AV)}$,称为换相压降,按下式计算

$$\Delta U_d = \dfrac{1}{\dfrac{2\pi}{3}} \int_{\frac{5\pi}{6}+\alpha}^{\frac{5\pi}{6}+\alpha+\gamma} (u_b-u_d)\,d(\omega t)$$

$$= \dfrac{3}{2\pi}\int_{\frac{5\pi}{6}+\alpha}^{\frac{5\pi}{6}+\alpha+\gamma}\left[u_b-\left(u_b-L_B\dfrac{di_k}{dt}\right)\right]d(\omega t)$$

$$= \dfrac{3}{2\pi}\int_{\frac{5\pi}{6}+\alpha}^{\frac{5\pi}{6}+\alpha+\gamma} L_B\dfrac{di_k}{dt}d(\omega t) = \dfrac{3}{2\pi}\int_0^{I_d}\omega L_B\,di_k = \dfrac{3}{2\pi}X_B I_d$$

其中换相重叠角 γ 由 $\dfrac{\mathrm{d}i_\mathrm{k}}{\mathrm{d}t}=\dfrac{u_\mathrm{a}-u_\mathrm{b}}{2L_\mathrm{B}}=\dfrac{\sqrt{6}U_2\sin\left(\omega t-\dfrac{5\pi}{6}\right)}{2L_\mathrm{B}}$ 推得

$$\frac{\mathrm{d}i_\mathrm{k}}{\mathrm{d}\omega t}=\frac{\sqrt{6}U_2}{2X_\mathrm{B}}\sin\left(\omega t-\frac{5\pi}{6}\right)$$

进而得出

$$i_\mathrm{k}=\int_{\frac{5\pi}{6}+\alpha}^{\omega t}\frac{\sqrt{6}U_2}{2X_\mathrm{B}}\sin\left(\omega t-\frac{5\pi}{6}\right)\mathrm{d}(\omega t)=\frac{\sqrt{6}U_2}{2X_\mathrm{B}}\left[\cos\alpha-\cos\left(\omega t-\frac{5\pi}{6}\right)\right]$$

当 $\omega t=\dfrac{5\pi}{6}+\alpha+\gamma$ 时，$i_\mathrm{k}=I_\mathrm{d}$，于是

$$I_\mathrm{d}=\frac{\sqrt{6}U_2}{2X_\mathrm{B}}[\cos\alpha-\cos(\alpha+\gamma)]$$

从而

$$\cos\alpha-\cos(\alpha+\gamma)=\frac{2X_\mathrm{B}I_\mathrm{d}}{\sqrt{6}U_2}$$

可见 γ 随其他参数变化的规律：①I_d 越大则 γ 越大；②X_B 越大则 γ 越大；③当 $\alpha\leqslant\dfrac{\pi}{2}$ 时，α 越小则 γ 越大。

3.3.2 变压器漏抗对各种整流电路的影响

表 3-1 所示为各种整流电路换相压降和换相重叠角的计算。

表 3-1 各种整流电路换相压降和换相重叠角的计算

电路形式	单相全波	单相全控桥	三相半波	三相全控桥	m 脉波整流电路
ΔU_d	$\dfrac{X_\mathrm{B}}{\pi}I_\mathrm{d}$	$\dfrac{2X_\mathrm{B}}{\pi}I_\mathrm{d}$	$\dfrac{3X_\mathrm{B}}{2\pi}I_\mathrm{d}$	$\dfrac{3X_\mathrm{B}}{\pi}I_\mathrm{d}$	$\dfrac{mX_\mathrm{B}}{2\pi}I_\mathrm{d}$①
$\cos\alpha-\cos(\alpha+\gamma)$	$\dfrac{X_\mathrm{B}I_\mathrm{d}}{\sqrt{2}U_2}$	$\dfrac{2X_\mathrm{B}I_\mathrm{d}}{\sqrt{2}U_2}$	$\dfrac{2X_\mathrm{B}I_\mathrm{d}}{\sqrt{6}U_2}$	$\dfrac{2X_\mathrm{B}I_\mathrm{d}}{\sqrt{6}U_2}$	$\dfrac{2X_\mathrm{B}I_\mathrm{d}}{\sqrt{2}U_2\sin\dfrac{\pi}{m}}$②

注：①单相全控桥电路中，环流 i_k 是从 $-I_\mathrm{d}$ 变为 I_d，本表所列通用公式不适用。
②三相桥等效为相电压等于 $\sqrt{3}U_2$ 的 6 脉波整流电路，故其 $m=6$，相电压按 $\sqrt{3}U_2$ 代入。

3.4 整流电路的有源逆变

相对于亦称顺变的整流而言，逆变是逆过程。同一套电路既可顺变又

可逆变,只是工作条件转变,这样的电路统称为变流装置。

有源逆变电路是指将直流电能转换为50Hz(或60Hz)的交流电能并馈入公共电网的逆变电路,如直流可逆调速系统、交流绕线转子异步电动机串级调速以及高压直流输电等。

3.4.1 有源逆变产生的条件

1. 直流发电机与电动机系统电能的流转

两个电动势同极性相接时,电流总是从电动势高的流向低的,回路电阻小,可在两个电动势间交换很大的功率。对于晶闸管整流电路,只能通过改变输出直流电压方向实现逆变。

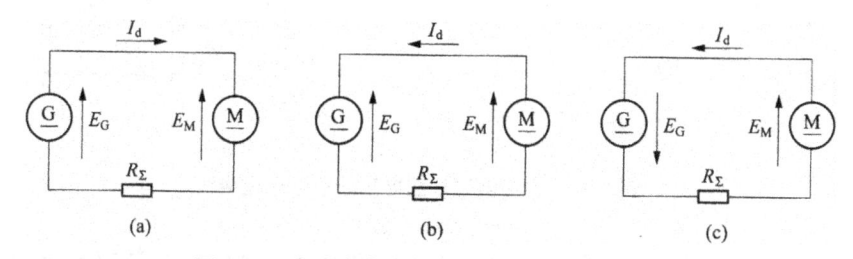

图 3-13　直流发电机与电动机系统电能的流转
(a)同极性且 $E_G > E_M$;(b)同极性且 $E_G < E_M$;(c)E_G、E_M 反极性(短路)

图 3-13(a)中电流 I_d 从 G 流向 M,G 发电运转,输出电功率 $E_G I_d$,M 电动运转,吸收电功率 $E_M I_d$,R_Σ 产生热耗。图 3-13(b)中电流 I_d 从 M 流向 G,M 发电运转,处于回馈制动状态,输出电功率 $E_M I_d$,G 电动运转,吸收电功率 $E_G I_d$,R_Σ 产生热耗;M 轴上输入的机械能转变为电能反送给 G。图 3-13(c)两电动势 E_G、E_M 共向电阻 R 供电,G 和 M 均输出功率;由于 R_Σ 很小,实际上形成短路,在工作中必须严防这类事故发生。

2. 单相全波可控电路的整流和逆变

如图 3-14 所示,用单相全波可控整流电路代替图 3-13 中的发电机 G,让 M 作电动运行,电路工作在整流状态。当 $\alpha = 0 \sim \frac{\pi}{2}$ 时,U_d 为正值;$U_d > E_M$ 时,输出 I_d,电网输出电功率,电动机则吸收电功率。因晶闸管单向导电,I_d 方向不变,改变电能的输送方向,只能改变 E_M 极性。U_d 极性反向,须防止两电势顺向串联;U_d 为负值,且 $|E_M| > |U_d|$,才能把电能从直流侧送到交流侧实现逆变。

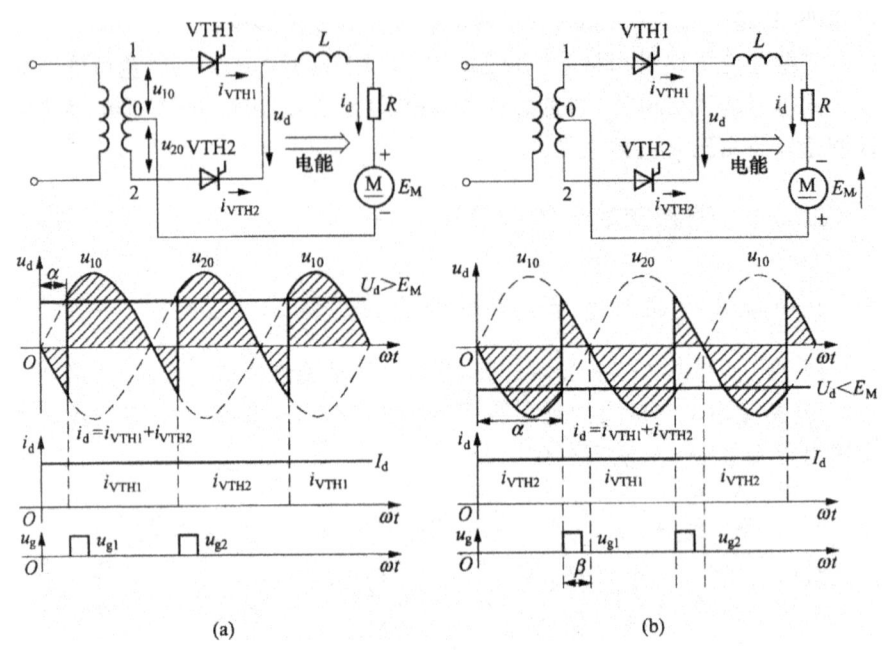

图 3-14 单相全波可控电路的整流和逆变
(a)整流；(b)逆变

再看一看 M 回馈制动的情况，此时电能向与整流时相反；M 输出电功率，电网吸收电功率；U_d 可通过改变 α 来进行调节，处于逆变状态时，U_d 应为负值；逆变时 $α=\frac{\pi}{2}\sim\pi$，此时虽然晶闸管的阳极电位大部分处于交流电压的负半周期，但外接直流电动势 E_M 的存在，晶闸管仍承受正向电压而导通，反馈电流 $I_d=\frac{U_d-E_M}{R_\Sigma}$（$U_d$、$E_M$ 均为负）。

3. 产生有源逆变的两个条件

1）直流侧存在直流电势 E，极性和晶闸管导通方向一致，电压值应大于直流侧输出电压 U_d。

2）晶闸管的控制角 $α>\frac{\pi}{2}$，使 U_d 为负值。

半控桥或有续流二极管的电路，不允许直流侧出现负极性的电动势，故不能实现有源逆变。只有全控电路才能实现有源逆变，且必须有平波电抗器维持电流连续。

4. 逆变和整流的区别——控制角 α 不同

当 $0<\alpha<\dfrac{\pi}{2}$ 要时,变流器工作在整流状态;当 $\dfrac{\pi}{2}<\alpha<\pi$ 时,变流器工作在逆变状态。

可沿用整流的波形分析方法与参数计算公式,分析处理逆变状态时有关的波形与参数计算等各项问题,逆变角 $\beta=\pi-\alpha$,是从 $\alpha=\pi$ 的位置为起始点,向左方计量(和 α 反)。

3.4.2 三相桥式有源逆变电路

1. 三相桥有源逆变状态时的波形

三相桥式整流电路工作于有源逆变状态时的波形如图 3-15 所示。

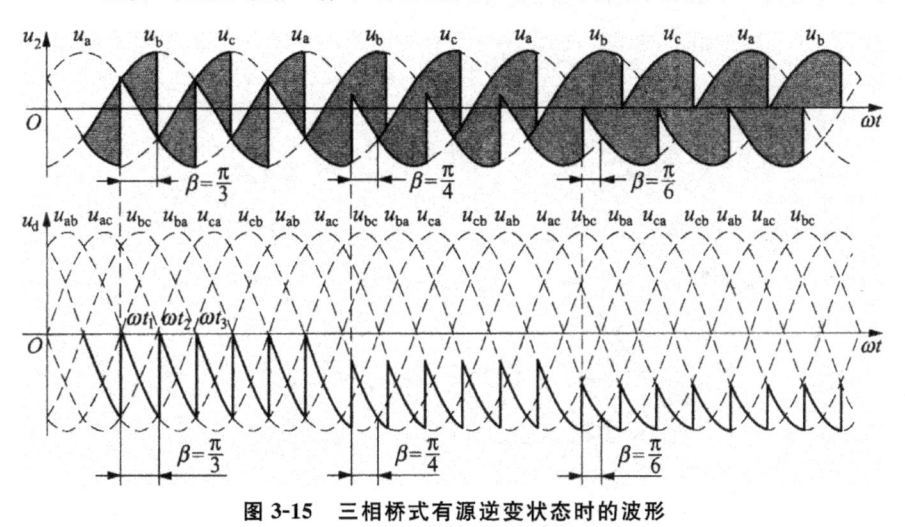

图 3-15 三相桥式有源逆变状态时的波形

2. 三相桥有源逆变状态时各电量的计算

直流输出电压 $U_d=2.34U_2\cos\alpha=-2.34U_2\cos\beta=-1.35U_{2L}\cos\beta$;直流输出电流 $I_d=\dfrac{U_d-E_M}{R_\Sigma}$;VTH 的有效电流 $I_{VTH}=\dfrac{I_d}{\sqrt{3}}=0.577I_d$,每个 VTH 导通 $\dfrac{2\pi}{3}$,忽略 I_d 脉动;从交流电源送到直流侧负载的有功 $P_d=R_\Sigma I_d^2+E_M I_d$,逆变时 E_M 为负,故 P_d 一般为负,表示功率由直流电源输送到交流电

源；二次侧电流有效值 $I_2=\sqrt{2}\,I_{VTH}=\sqrt{\dfrac{2}{3}}\,I_d=0.816I_d$。

3.4.3 逆变失败与最小逆变角的限制

逆变状态下换相一旦失败，外接直流电源通过导通的晶闸管形成短路、或者变流器输出的电压和直流电动势变成顺向串联形成短路，从而产生很大的短路电流，造成事故，这种现象称为逆变失败，又称逆变颠覆。

(1)逆变失败产生的原因

如图 3-16 所示，三相半波整流电路逆变失败，这说明了换相重叠角对逆变换相过程的影响：当 $\beta>\gamma$ 时，换相结束时，$u_c<u_a$，晶闸管 VTH_3 承受反压而关断。如果 $\beta<\gamma$ 时，$u_c>u_a$，该通的晶闸管 VTH_1 会关断，而应关断的晶闸管 VTH_3 不能关断，最终导致逆变失败。因此，对逆变时所采用的最小逆变角 β_{min} 必须要有一定的限制。

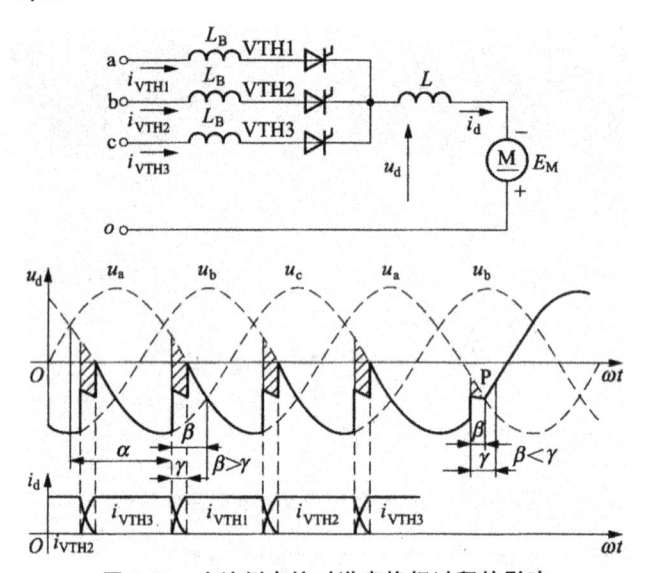

图 3-16 交流侧电抗对逆变换相过程的影响

(2)确定最小逆变角 β_{min} 的依据。

逆变时允许采用的最小逆变角 $\beta_{min}=\delta+\gamma+\theta'$。式中，$\delta$ 为晶闸管的关断时间 t_q 折合的电角度，大的可达 $200\sim300\mu s$、折算到电角度 $\dfrac{\pi}{45}\sim\dfrac{\pi}{36}$ $(4°\sim5°)$；γ 为换相重叠角，随直流平均电流和换相电抗的增加而增大；θ' 为安全裕量角，针对脉冲不对称程度可达 $\dfrac{\pi}{36}$ $(5°)$，根据一般中小型可逆直流拖

动的运行经验取 $\frac{\pi}{18}(10°)$。

换相重叠角 γ 计算可参照整流时 γ 计算方法：

$$\cos\alpha + \cos(\alpha+\gamma) = \frac{X_B I_d}{\sqrt{2} U_2 \sin\frac{\pi}{m}}$$

根据逆变工作时 α＝π－β，并设 β＝γ，上式改写成

$$\cos\gamma = 1 - \frac{X_B I_d}{\sqrt{2} U_2 \sin\frac{\pi}{m}}$$

3.5 整流电路的换相压降、外特性和直流电动机的机械特性

在前面可控整流电路的分析中，都认为晶闸管的换流过程是瞬时完成的，实际上交流电源都存在内阻抗，其中主要是变压器的漏感及线路的杂散电感，这些电感可等效成变压器二次侧回路中一集中电感 L_B，如图 3-17(a) 所示。由于 L_B 的存在，使得晶闸管的换流不能瞬时完成，在换相过程中会出现两条电路同时导电的所谓重叠导通现象，如图 3-17(b) 所示。

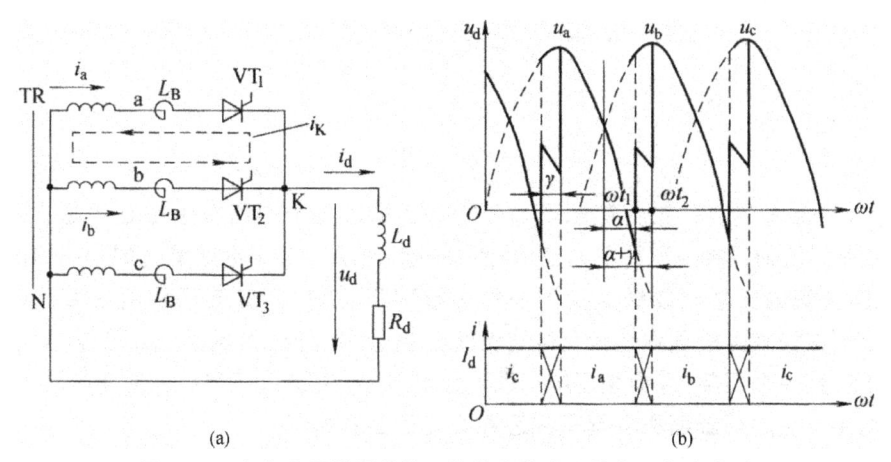

图 3-17　考虑变压器漏抗的可控整流电路及其电压电流波形

(a)电路图；(b)波形图

3.5.1 换流期间的输出电压与换相重叠角 γ

1. 换相期间的输出电压与换相重叠角 γ

变压器存在漏抗,使电路换相时电流不能突变,图 3-17(b)中在 ωt_1 时刻触发 VT_2 管时,b 相电流 i_b 不能瞬时上升到 I_d 值,a 相电流 i_a 不能瞬时下降为零,使电流换相需要一段时间。在换相过程 $\omega t_1 \sim \omega t_2$ 期间,两个相邻相的晶闸管同时导通,对应的电角度称为换相重叠角,用 γ 表示。在换相重叠角 γ 期间,a、b 两相同时导通,相当于 a、b 两相短路,$u_b - u_a$ 为短路电压,产生一个假想的短路电流 i_k,如图 3-17(a)虚线所示(实际上晶闸管都是单向导电的,相当于在原有电流上叠加一个 i_k)。a 相电流 $i_a = I_d - i_k$,随着 i_k 的增大而逐渐减小;而 $i_b = i_k$ 将逐渐增大。当 i_b 增大到 I_d 也就是 i_a 下降为零时,VT_1 管关断,VT_2 管电流达到稳定值 I_d,完成了 a 相到 b 相之间的换流。换流期间,短路电压由两个漏抗电动势所平衡,即

$$u_b - u_a = 2L_B \frac{di_k}{dt}$$

而整流输出电压为

$$u_d = u_b - L_B \frac{di_k}{dt} = u_a + L_B \frac{di_k}{dt}$$

故

$$u_d = \frac{1}{2}(u_a + u_b) \tag{3-2}$$

式(3-2)说明,在换流期间,整流输出电压 u_d 的波形既不是 u_a 也不是 u_b,而是换流的两相电压的平均值,如图 3-1(b)所示。与不考虑漏抗即 γ=0°相比,整流输出电压波形减少了一块阴影面积,使输出直流平均电压 U_d 减小。这块减少的面积是由负载电流 I_d 换相引起的,相当于 I_d。在某电阻上产生一个压降,称换相压降,其大小为图中三块阴影面积在一周期内的平均值。对此阴影面积进行积分运算后可得出换相压降为

$$\Delta U_d = \frac{m}{2\pi}\int_{\alpha}^{\alpha+\gamma}(u_b - u_d)d(\omega t) = \frac{m}{2\pi}\int_{\alpha}^{\alpha+\gamma}L_B\frac{di_k}{dt}d(\omega t) = \frac{m}{2\pi}X_B I_d$$

式中,X_B 变压器的漏感 L_B 的每相折算到二次侧的漏抗,$X_B = \omega L_B$;m 为一周期内的换相次数,三相半波整流时 m=3,三相桥式整流时 m=6。换相压降可看成在整流电路直流侧增加一只等效内电阻,其值为 $\frac{m}{2\pi}X_B$,负载电流 I_d 在它上面产生的压降,区别仅在于这项内阻并不消耗有功功率。对于三

· 64 ·

相半波与三相桥式整流电路，换相重叠角 γ 可由下式计算：

$$\cos\alpha - \cos(\alpha+\gamma) = \frac{2I_d X_B}{\sqrt{6}U_{2p}} \quad (3-3)$$

由式(3-3)可见，当 α 一定时，X_B、I_d 增大则 γ 增大即换流时间增大，因此大电流时更要考虑换相重叠角度的影响。当 X_B、I_d 一定时，α 越大，γ 越小。

由于换相电抗的存在，相当于增加电源内阻抗，所以使换流期间的输出直流平均电压降低，可能使交流电源的电压相间短路，波形出现缺口，造成波形畸变，形成干扰源。用示波器观察电压波形时，在换流点上出现"毛刺"。但是，对于限制短路电流，使换流过程的 di/dt 不超过晶闸管的允许值，有时单靠变压器的漏抗电感还不够大，而特意在交流侧串入进线电抗。因此在工程实践中要全面权衡利弊来考虑。

2. 可控整流电路的外特性

可控整流电路对直流负载来说，是一个带内阻的可变直流电源，考虑到换相压降 U_γ、整流变压器电阻 R_T（为变压器二次绕组每相电阻与一次绕组折算到二次侧的每相电阻之和）以及晶闸管导通压降 ΔU 后，整流输出电压为

$$U_d = U_{d0}\cos\alpha - N\Delta U - \left(R_T + \frac{m}{2\pi}X_B\right)I_d = U_{d0}\cos\alpha - N\Delta U - R_i I_d \quad (3-4)$$

式中，U_{d0} 为电路 $\alpha = 0°$ 时空载整流输出电压；R_i 为整流桥路内阻，$R_i = \left(R_T + \frac{m}{2\pi}X_B\right)$；$\Delta U$ 是一个晶闸管的正向导通压降，可以以 1V 计算；N 为整流桥路工作时电流所流过整流元件数，在三相半波整流时流经一个整流元件即 $N=1$，在三相桥式整流时流经两个整流元件即 $N=2$。考虑变压器漏抗的可控整流电路外特性曲线如图 3-18 所示。

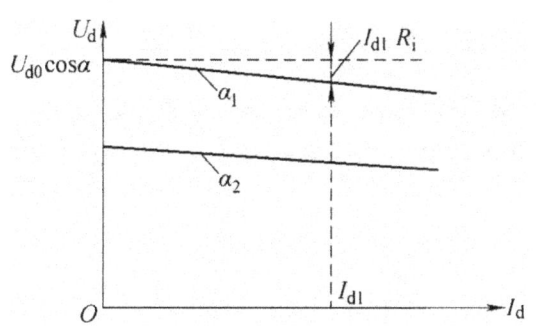

图 3-18 考虑变压器漏抗的可控整流电路外特性曲线

【例3.1】某机床传动的直流电动机由三相半波可控整流电路供电，整流变压器二次侧相电压为220V，其每相折算到二次侧的漏感 $L_B=100\mu H$，负载电流，$I_d=300A$，求换相压降、$\alpha=0°$时的换相重叠角与内阻 R_i，并列出 $\alpha=60°$时的外特性方程。

解：$\Delta U_d = \frac{3}{2\pi} X_B I_d = \frac{3}{2\pi} \times 314 \times 0.1 \times 10^{-3} \times 300 V = 4.5V$

$$\cos\alpha - \cos(\alpha+\gamma) = \frac{2I_d X_B}{\sqrt{6}U_{2p}} = \frac{2 \times 300 \times 314 \times 0.1 \times 10^{-3}}{\sqrt{6} \times 220} = 0.035$$

$\alpha=0°$时， $\cos\gamma = 0.9965, \gamma = 15°$

电路内电阻

$$R_i = \frac{\Delta U_d}{I_d} = \frac{4.5}{300}\Omega = 0.015\Omega$$

$U_d = 1.17 U_{2p}\cos\alpha - \Delta U - R_i I_d = 1.17 \times 220 \times 0.5V - 1V - 0.015\Omega \times I_d$

所以外特性方程为

$$U_d = 127.7 - 0.015 I_d$$

3.5.2 晶闸管可控整流电路供电的直流电动机机械特性

晶闸管可控整流电路供电的直流电动机调速系统，具有启动性能好、调速范围宽，其动态和静态性能好等优点。此类调整装置应特别注意以下两个特殊问题：①晶闸管整流电路输出的直流电压是脉动的，如主电路平波电感量不够大或直流电动机轻载或空载时均会出现电流不连续，而电流连续与不连续时直流电动机的机械特性差别很大；②由于晶闸管的单向导电特性，整流装置的输出电流不能反向，因此当直流电动机需要可逆运转时，必须用开关切换直流电动机电枢或励磁电压的极性，要求高的需增添另一套反向整流装置。

1. 电流连续时直流电动机的机械特性

现以三相半波可控整流电路为例进行分析，图3-19(a)为主电路，当平波电感足够大且直流电动机的负载电流也较大时，I_d是一条较平稳的直流。

(a)

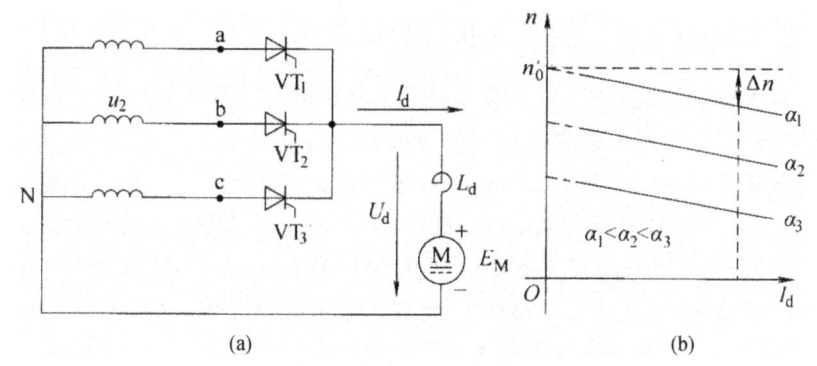

(b)

图 3-19　电流连续时直流电动机的机械特性

(a)电路图；(b)机械特性

此时可写出下列方程：

直流电动机电枢回路电压方程

$$U_d = E_M + R_a I_d$$

直流电动机的机械特性

$$n = \frac{1}{C_e \Phi}(U_d - R_a I_d) \tag{3-5}$$

直流电动机的反电动势

$$E_M = C_e \Phi n$$

直流电动机的电磁转矩

$$T = C_M \Phi I_d$$

式中，Φ 为电动机磁通；n 为电动机转速；C_e、C_M 为电动机结构常数；R_a 为电动机电枢电阻。

将式(3-4)代入式(3-5)，得晶闸管可控整流供电、电流连续的机械特性为

$$n = \frac{1}{C_e \Phi}(U_{d0}\cos\alpha - N\Delta U - R_\Sigma I_d) = n'_0 - \Delta n$$

式中，R_Σ 是直流回路总电阻，$R_\Sigma = R_T + \frac{3}{2\pi}X_B + R_a$；$\Delta n = I_d R_\Sigma /(C_e \Phi)$。

画出机械特性曲线如图 3-19(b)实线所示（虚线部分是假定电流连续时画出的，实际上，I_d 很小时，电流 i_d 会变得不连续，要按电流断续情况来分析），随着直流电动机负载增大即电流 I_d 增大，转速将有适当下降，特性较硬。改变晶闸管触发延迟角 α 值，即可方便地连续调节直流电动机转速。由于晶闸管整流供电时，存在换相等效电阻，所以机械特性比直流发电机供电时要软一些。

2. 电流断续时直流电动机的机械特性

当平波电抗的电感 L_d 不够大或直流电动机运行在轻载时,由于前相电流维持不到后相晶闸管导通,出现电流断续,而直流电动机因惯性在电流断流期间转速 n 还来不及下降,故其反电动势 E_M 保持不变。当电流断续期间, u_d 波形中出现幅值为 E_M 的阶梯波,使直流平均电压 U_d 值升高。因此电流断续时 u_d 波形与直流电动机反电动势(即转速)有关,使机械特性呈现显著的非线性,经推导可求得电流断续时电动机的机械特性,如图 3-20 实线部分所示。它主要有以下特点:

1)理想空载转速升高。n_0 是指直流电动机电流 I_d 为零时的转速。以 $\alpha = 60°$ 为例,按电流连续时的公式计算为

$$n'_0 = \frac{1}{C_e\Phi}(1.17U_{2p}\cos\alpha - \Delta U) \approx \frac{1}{C_e\Phi} \times 1.17U_{2p}\cos60° = \frac{0.585U_{2p}}{C_e\Phi}$$

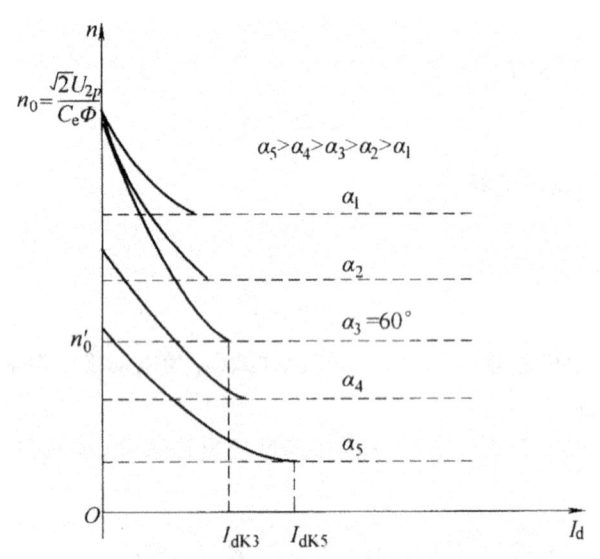

图 3-20　电流断续时直流电动机的机械特性

但实际上在电流断续时,要真正使电流 $i_d = 0$,必须使直流电动机反电动势 $E_M \geq \sqrt{2}U_{2p}$,晶闸管才不会导通,才会有 $i_d = 0$。而 $E_M = C_e\Phi$,所以 $i_d = 0$ 时,$E_M = C_e\Phi n_0 = \sqrt{2}U_{2p}$,可得 $\alpha \leq 60°$ 的情况下的理想空载转速为

$$n_0 = \frac{\sqrt{2}U_{2p}}{C_e\Phi}$$

可见理想空载转速大大高于电流连续时的理想空载转速。在 $\alpha \leq 60°$ 的情况下,电流连续时的理想空载转速各不相同,而电流断续时,只要触发脉冲宽度足够,不同的触发延迟角 α 所对应的理想空载转速是相同的。

当 $\alpha > 60°$ 时，u_d 波形最大瞬时值为 $\sqrt{2}U_{2p}\sin(150°-\alpha)$，所以要使 $i_d = 0$，E_M 只需大于 u_d 波形最大瞬时值即可，故 n_0 随 α 的增大而下降，为

$$n'_0 = \frac{\sqrt{2}U_{2p}}{C_e\Phi}\sin(150°-\alpha) \tag{3-6}$$

由式(3-6)可见，当 $\alpha > 60°$ 时的理想空载转速比电流连续时的值大，见图 3-20。

2) 直流电动机机械特性显著变软，即直流电动机轴上负载转矩的很小变化能引起直流电动机转速的很大变化。这是由于电流断续后，晶闸管导通角变小。而平均电流 I_d 与电流 i_d 波形面积成正比，因此为了产生一定的 ΔI_d 值，在电流波形底宽很小时，电流峰值的变化必须很大，这就要求 $(u_d - E_M)$ 变化很大，当 u_d 一定时即反电动势必须显著降低，才能产生足够的 ΔI_d 值，因此电流断续时，随着 I_d 的增大，反电动势 E_M 与转速 n 的降落较显著，即机械特性较软。

所以，直流电动机由晶闸管可控整流电路供电时，其机械特性在电流连续时与直流发电机恒压供电时相似，基本上是一条平线，特性很硬；电流断续时特性变软，理想空载转速升高，与串励电动机的特性相似。

3. 临界电流 I_{dK}

直流电动机机械特性上电流连续与断续的临界值，称为临界电流，用 I_{dK} 表示。由上述分析可知，电流连续与否对直流电动机机械特性影响甚大。为了改善直流电动机运行情况，使其始终工作在特性较硬的区域，直流电动机负载中大多串联电抗器 L_d，使临界电流减小。L_d 越大临界电流越小，但过大的 L_d，不仅将影响系统的快速性，而且电抗器 L_d 的体积和费用均增大。通常是根据直流电动机所拖动的生产机械，在空载时对应的最小工作电流 L_{dmin} 来确定临界电流 I_{dK}（一般为电动机额定电流的 5%～10%），按此电流值计算保证电流连续时所需的最大电感量 L_d，就可使 $I_{dK} < I_{dmin}$，保证直流电动机工作在电流连续区域。

3.6 晶闸管触发电路同步电压的确定

下面以带电感性负载的三相全控桥式电路来分析。

图 3-21(a) 为主电路连接图，主电路整流变压器 TR 的接法为 △/Y-11。电网电压为 u_{U1}、u_{V1}、u_{W1}，经 TR 供给晶闸管桥路，对应电压为 u_U、u_V、u_W，其波形如图 3-40(b) 所示，假设控制角 $\alpha = 0°$，则 $u_{g1} \sim u_{g6}$ 六个触发脉冲应出

现在各自的自然换流点,依次相隔 60°,获得六个同步电压的方法通常采用具有两组二次绕组的三相变压器,这样,只要一个触发电路的同步电压相位符合要求,那么,其他五个同步电压的相位肯定符合要求。

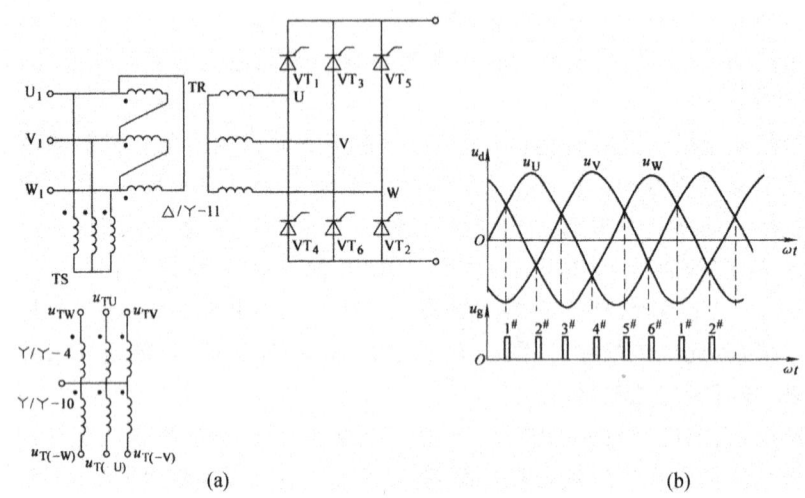

图 3-21 触发脉冲与主电路的同步
(a)电路图;(b)波形图

触发电路采用锯齿波触发电路,假设同步变压器 TS 二次相电压 u_T 经过阻容滤波后为 u'_T(u'_T 滞后/ZT 300)再接入触发电路。这里以 VT₁ 管为例来分析。由图 3-21(a)可知,三相全控桥式整流电路电感性负载,要求同步电压与晶闸管的阳极电压相差 180°,使 α = 90°时刻正好近似在锯齿波的中点(ωt_3 时刻)。由于电压 u_{TU} 经过阻容滤波后已滞后 30°,为 u'_{TU},输入到触发电路,所以 u'_{TU} 与 u_U 只需相差 150°,如图 3-22(b)所示,即 u_{TU} 滞后 u_U 150°即可满足要求。

由上面得出的晶闸管触发电路的同步电压与阳极电压的相位关系可知:可以用具有特定的方式连接三相同步变压器来获得满足要求的同步电源。

在图 3-21(a)中,根据电源变压器△/Y-11 的接法,画出同步电压 u_{TU} 与主电路电压 u_U 的关系及向量图,如图 3-22(a)~(c)所示。晶闸管 VT₁ 的阳极电压 $\dot{U}_U$ 与 $\dot{U}_{U_1V_1}$ 同相,在滞后 $\dot{U}_U$ 150°的位置上画出需要的同步电压 $\dot{U}_{TU}$,则对应的线电压 $\dot{U}_{UV}$ 超前 $\dot{U}_{TU}$ 30°,正好在 4 点钟的位置,则 $\dot{U}_{T(-UV)}$ 10 点钟的位置,所以同步变压器两组二次绕组中一组为 Y/Y-4,另一组为 Y/Y-10。Y/Y-4 为 u_{TU}、u_{TV}、u_{TW} 经阻容滤波滞后 30°以后接晶闸管 VT₁、VT₃、VT₅ 的触发电路的同步信号输入端,Y/Y-10 为 $u_{T(-U)}$、$u_{T(-V)}$、$u_{T(-W)}$ 经阻容滤波滞后 30°以后接晶闸管 VT₄、VT₆、VT₂ 触发电路的同步

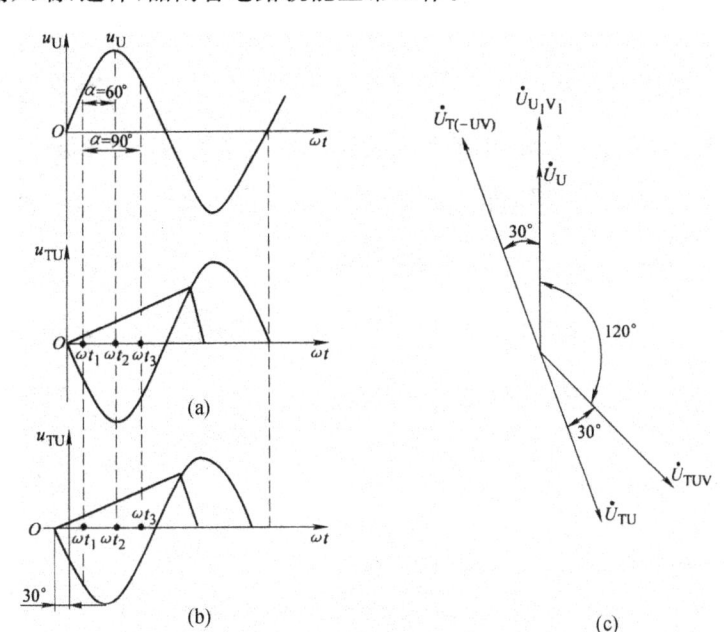

信号输入端，这样，晶闸管电路就能正常工作。

图3-22 同步电压 u_{TU} 与主电路电压 u_U 的关系及向量图
(a)、(b)同步电压与主电路电压关系图；(c)向量图

3.7 整流电路的谐波和功率因数

整流电路输出电压是脉动的直流电压，整流输出电流波形对于大电感负载是平直的，但对于电阻、小电感负载仍然是脉动的。同时，交流电源的电流波形，即整流变压器二次侧电流波形是畸变的、非正弦的，这些波形可以通过谐波和功率因数进行分析。

3.7.1 谐波和无功功率分析的基础

谐波(Harmonic Wave)给公用电网带来的问题有：①设备效率降低；②用电设备工作受影响；③电网局部发生谐振、使谐波放大、加剧危害；④继电保护和自动装置误动作；⑤干扰通信系统。

无功(Reactive Power)带来的问题有：①设备容量增加；②设备和线路损耗增加；③线路压降增大，冲击性负载使电压剧烈波动。

1. 谐波

正弦电压表示为 $u(t)=\sqrt{2}U\sin(\omega t+\varphi_u)$，式中 $\omega=2\pi f=\dfrac{2\pi}{T}$。施于线性电路时，电流为正弦波；施于非线性电路时，电流变为非正弦波。

对于周期为 $T=\dfrac{2\pi}{\omega}$ 的非正弦电压 $u(\omega t)$ 或非正弦电流 $i(\omega t)$，满足狄里赫利(Dirichlet)条件，可分解为傅里叶级数

$$u(\omega t)=a_0+\sum_{n=1}^{\infty}[a_n\cos(n\omega t)+b_n\sin(n\omega t)]=a_0+\sum_{n=1}^{\infty}c_n\sin(n\omega t+\varphi_n)$$
$$=a_0+c_1\sin(\omega t+\varphi_1)+c_2\sin(2\omega t+\varphi_2)+c_3\sin(3\omega t+\varphi_3)+\cdots\ (n=1,2,3\cdots)$$

式中，$a_0=\dfrac{1}{2\pi}\int_0^{2\pi}u(\omega t)\mathrm{d}(\omega t)$

$$a_n=\dfrac{1}{\pi}\int_0^{2\pi}u(\omega t)\cos(n\omega t)\mathrm{d}(\omega t)$$

$$b_n=\dfrac{1}{\pi}\int_0^{2\pi}u(\omega t)\sin(n\omega t)\mathrm{d}(\omega t)$$

$$c_n=\sqrt{a_n^2+b_n^2}$$

$$\varphi_n=\arctan\dfrac{a_n}{b_n}$$

$$a_n=c_n\sin\varphi_n$$

$$b_n=c_n\cos\varphi_n$$

$$f(t)=a_0+\sum_{n=1}^{\infty}[a_n\cos(n\omega t)+b_n\sin(n\omega t)]=a_0+\sum_{n=1}^{\infty}c_n\sin(n\omega t+\varphi_n)$$
$$=a_0+c_1\sin(\omega t+\varphi_1)+c_2\sin(2\omega t+\varphi_2)+c_3\sin(3\omega t+\varphi_3)+\cdots$$
$$(n=1,2,3\cdots)$$

在傅里叶级数中，基波是指频率与工频相同的分量；谐波就是指频率为基波频率整数倍(大于1)的分量；谐波次数是指谐波频率和基波频率的整数比。n 次谐波电压含有率(Harmonic Ratio for U_n)以 $\mathrm{HRU}_n=\dfrac{U_n}{U_1}$ 表示；

电压谐波总畸变率(Total Harmonic distortion)，以 $\mathrm{THD}_u=\dfrac{\sqrt{\sum_{n=2}^{M}U_n^2}}{U_1}$ 来定义，n 次谐波电流含有率(Harmonic Ratio for I_n)，以 $\mathrm{HRI}_n=\dfrac{I_n}{I_1}\times 100\%$ 来

表示；电流谐波总畸变率(Total Harmonic distortion)以 $\text{THD}_i = \dfrac{\sqrt{\sum\limits_{n=2}^{M} I_n^2}}{I_1}$ ×100% 来定义。

2. 功率因数

(1) 正弦电路中的情况

正弦电路有功功率就是平均功率 $P = \dfrac{1}{2\pi}\int_0^{2\pi} ui\,\mathrm{d}(\omega t) = UI\cos\varphi$；视在功率 $S = UI$ 是电压、电流有效值的乘积；无功功率定义为 $Q = UI\sin\varphi$；功率因数 $\lambda = \dfrac{P}{S}$ 定义为有功功率 P 与视在功率 S 之比。显然 $S^2 = P^2 + Q^2$，$\lambda = \cos\varphi$，其中 φ 为电压和电流的相位差。

(2) 非正弦电路中的情况

非正弦电路有功功率、视在功率、功率因数的定义均和正弦电路中相同。公用电网通常电压的波形畸变很小，但电流波形的畸变可能很大，因此研究电压为正弦波、电流为非正弦波的情况有很大现实意义。

设正弦波电压有效值为 U，畸变电流有效值为 I，基波电流有效值为 I_1、U 和 I_1 的夹角(相位差)为 φ_1。这时非正弦电路的有功 $P = UI_1\cos\varphi_1$，功率因数为

$$\lambda = \frac{P}{S} = \frac{UI_1\cos\varphi_1}{UI} = \frac{I_1}{I}\cos\varphi_1 = \nu\cos\varphi_1$$

基波电流有效值和畸变总电流有效值之比称为基波因数，即 $\nu = \dfrac{I_1}{I}$；基波功率因数 $\cos\varphi_1$ 又称为位移因数，由基波电流相移和电流波形畸变这两个因素共同决定。

非正弦电路的无功功率定义很多，尚无被广泛接受的科学而权威的定义。有的给出 $Q = \sqrt{S^2 - P^2}$；有的采用 $Q_f = UI_1\sin\varphi_1$（基波电流所产生的无功）。这样非正弦情况下，$S^2 \neq P^2 + Q_f^2$，因此引入畸变功率 D（谐波电流产生的无功），使得 $S^2 = P^2 + Q_f^2 + D^2$。

这样 $Q^2 = Q_f^2 + D^2$，忽略谐波电压时

$$D = \sqrt{S^2 - P^2 - Q_f^2} = U\sqrt{\sum_{n=2}^{\infty} I_n^2}$$

3.7.2 R、L 负载时交流侧谐波和功率因数分析

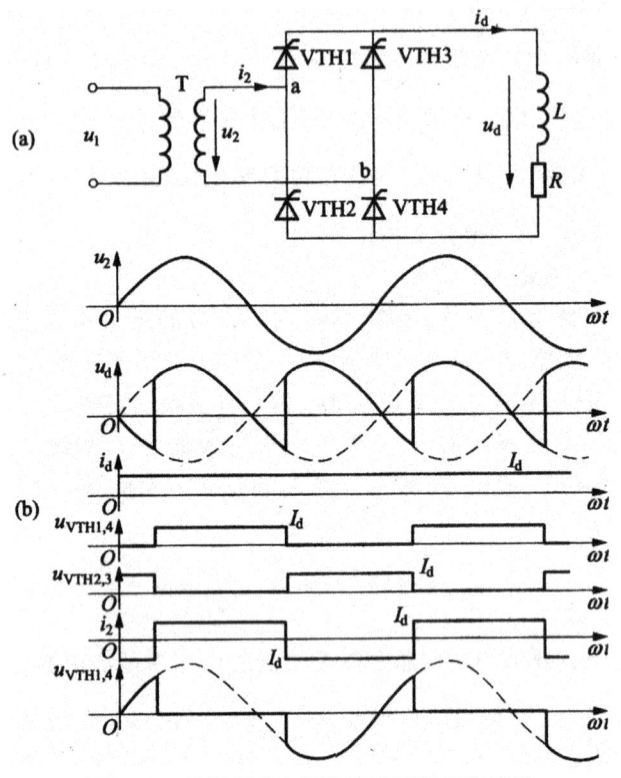

1. 单相桥式全控整流电路

单相桥式全控整流电路及工作波形如图 3-23 所示。

图 3-23 单相桥式全控整流电路及工作波形

(a)电路;(b)工作波形

1) 忽略换相过程和电流脉动,所带阻感负载的电感 L 足够大,变压器二次电流 i_2 为方波,正负半周各 π,且 $i_2 = \dfrac{4}{\pi}I_d \sum\limits_{n=1,3,5\cdots} \dfrac{1}{n}\sin(n\omega t) = \sum\limits_{n=1,3,5\cdots} \sqrt{2} I_n \sin(n\omega t)$。

2) 变压器二次电流谐波分析。基波和各次谐波有效值 $I_n = \dfrac{2\sqrt{2} I_d}{n\pi} = \dfrac{I_1}{n}$,$n=1,3,5,\cdots$,仅含奇次谐波,各次谐波有效值与谐波次数成反比,且与

基波有效值的比值为谐波次数的倒数。

3)功率因数计算。基波电流有效值 $I_1=\dfrac{2\sqrt{2}}{\pi}I_d$，变压器二次电流 i_2 的有效值 $I=I_d$，可推得基波因数 $\nu=\dfrac{I_1}{I}=\dfrac{\frac{2\sqrt{2}}{\pi}I_d}{I_d}=\dfrac{2\sqrt{2}}{\pi}\approx 0.9$。电流基波与电压的相位差等于控制角 α，位移因数 $\lambda_1=\cos\varphi_1=\cos\alpha$，故功率因数 $\lambda=\nu\cos\varphi_1\approx 0.9\cos\alpha$。

2. 三相桥式全控整流电路

1)阻感负载，忽略换相过程和电流脉动，直流电感 L 为足够大。

2)以 $\alpha=\dfrac{\pi}{6}$ 为例，交流侧即变压器二次侧电流 i_a 为正负半周各 $\dfrac{2\pi}{3}$ 的方波，其有效值与直流电流的关系为 $I=\sqrt{\dfrac{2}{3}}I_d$。

3)变压器二次电流傅里叶谐波分析。根据

$$\begin{aligned}i_a &= \dfrac{2\sqrt{3}}{\pi}I_d\left[\sin\omega t-\dfrac{1}{5}\sin 5\omega t-\dfrac{1}{7}\sin 7\omega t+\dfrac{1}{11}\sin 11\omega t+\dfrac{1}{13}\sin 13\omega t-\cdots\right]\\ &= \dfrac{2\sqrt{3}}{\pi}I_d\sin\omega t+\dfrac{2\sqrt{3}}{\pi}I_d\sum_{\substack{n=6k\pm 1\\k=1,2,3\cdots}}(-1)^k\dfrac{1}{n}\sin(n\omega t)\\ &= \sqrt{2}I_1\sin\omega t+\sum_{\substack{n=6k\pm 1\\k=1,2,3\cdots}}(-1)^k\sqrt{2}I_n\sin(n\omega t)\end{aligned}$$

基波有效值为 $I_1=\dfrac{\sqrt{6}}{\pi}I_d$，各次谐波有效值为 $I_n=\dfrac{\sqrt{6}}{n\pi}I_d$，电流中仅含 $n=6k\pm 1$ 谐波，$k=1,2,3,\cdots$)，同样地，各次谐波有效值与谐波次数成反比，且与基波有效值的比值为谐波次数的倒数。

4)功率因数计算。先求基波因数 $\nu=\dfrac{I_1}{I}=\dfrac{3}{\pi}\approx 0.955$。电流基波与电压的相位差 φ_1 仍为 α，位移因数仍为 $\lambda_1=\cos\varphi_1=\cos\alpha$，故功率因数 $\lambda=\nu\lambda_1=\dfrac{I_1}{I}\cos\varphi_1=\dfrac{3}{\pi}\cos\alpha\approx 0.955\cos\alpha$。

3.7.3 整流输出电压和电流的谐波分析

整流电路的输出电压中主要成分为直流，同时包含各种频率的谐波，这些谐波对于负载的工作是不利的。

1. 整流输出电压谐波分析

如图 3-24 所示，将纵坐标选在整流电压的峰值处，则在 $-\dfrac{\pi}{m} \sim \dfrac{\pi}{m}$ 区间，三相全控桥 m 脉波整流电压($\alpha=0$) 为 $u_{d0}=\sqrt{2}U_2\cos\omega t$，对其进行傅里叶级数分解 $u_{d0}=U_{d0}+\sum\limits_{n=mk}^{\infty}b_n\cos(n\omega t)=U_{d0}\left[1-\sum\limits_{n=mk}^{\infty}\dfrac{2\cos k\pi}{n^2-1}\cos(n\omega t)\right]$，且 $U_{d0}=\sqrt{2}U_2\dfrac{m}{\pi}\sin\dfrac{\pi}{m}$、$U_{d0}=\sqrt{2}U_2\dfrac{m}{\pi}\sin\dfrac{\pi}{m}$、$b_n=-\dfrac{2\cos k\pi}{n^2-1}U_{d0}$。

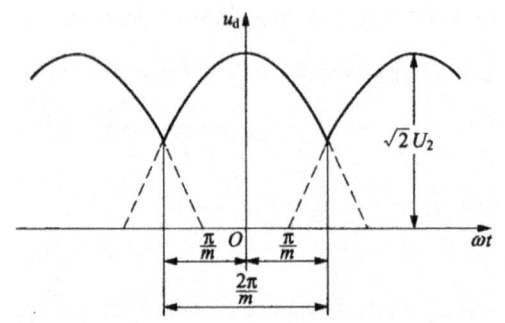

图 3-24 $\alpha=0$ 时 m 脉波整流电压波形

为了描述整流电压 u_{d0} 中所含谐波的总体情况，定义电压纹波因数为 u_{d0} 中谐波分量有效值 U_R 与整流电压平均值 U_{d0} 之比，即 $\gamma=\dfrac{U_R}{U_{d0}}$，其中，$U_R=\sqrt{\sum\limits_{n=mk}^{\infty}U_n^2}=\sqrt{U^2-U_{d0}^2}$，而整流电压有效值

$$U=\sqrt{\dfrac{m}{2\pi}\int_{-\frac{\pi}{m}}^{\frac{\pi}{m}}(\sqrt{2}U_2\cos\omega t)^2\mathrm{d}(\omega t)}=U_2\sqrt{1+\dfrac{\sin\dfrac{2\pi}{m}}{\dfrac{2\pi}{m}}}$$

故

$$\gamma_u=\dfrac{U_R}{U_{d0}}=\dfrac{\sqrt{\dfrac{1}{2}+\dfrac{m}{4\pi}\sin\dfrac{2\pi}{m}-\dfrac{m^2}{\pi^2}\sin^2\dfrac{2\pi}{m}}}{\dfrac{m}{\pi}\sin\dfrac{m}{\pi}}$$

不同脉波数 m 时的电压纹波因数值见表 3-3。

表 3-3 不同脉波数 m 时的电压纹波因数值

m	2	3	6	12	∞

| $\gamma_u(\%)$ | 48.2 | 18.27 | 4.18 | 0.994 | 0 |

2. 整流输出电流谐波分析

负载电流的傅里叶级数可由整流电压的傅里叶级数求得 $i_d = I_d + \sum_{n=mk}^{\infty} d_n \cos(n\omega t - \varphi_n)$。当大电感负载时,电流输出电流恒定,视为仅含直流分量 $i_d = I_d$;当负载为 R、L 和反电动势 E 串联时 $I_d = \dfrac{U_{d0} - E}{R}$,$n$ 次谐波电流 $d_n = \dfrac{b_n}{z_n} = \dfrac{b_n}{\sqrt{R^2 + (n\omega t)^2}}$,$n$ 次谐波电流滞后角 $\varphi_n = \arctan \dfrac{n\omega L}{R}$。

3. $\alpha = 0$ 时整流电压、电流中的谐波规律

1) m 脉波整流电压 u_{d0} 的谐波次数为 $mk(k=1,2,3,\cdots)$ 次,即 m 的倍数次;整流电流的谐波由整流电压的谐波决定,也为 mk 次。

2) 当 m 一定时,随谐波次数增大,谐波幅值迅速减小,表明最低次(m 次)谐波最主要,其他次数谐波相对较少;当负载中有电感时,负载电流谐波幅值的减小更为迅速。

3) m 增加时,最低次谐波次数增大,且幅值迅速减小,电压纹波因数迅速下降。

4. $\alpha \neq 0$ 时的情况

当 $\alpha \neq 0$ 时,m 脉波整流电压谐波表达式十分复杂,图 3-25 为三相桥全控整流电路的谐波电压与 α 的关系,它以 n 为参变量,n 次谐波幅值(标幺值)为纵坐标、α 横坐标。

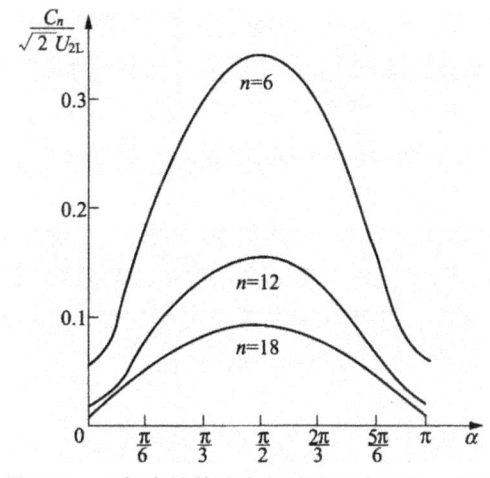

图 3-25　三相全控整流电路的谐波电压与 α 关系

当 $\alpha=0\sim\dfrac{\pi}{2}$ 变化时，u_d 的谐波幅值随 α 增大而增大；当 $\alpha=\dfrac{\pi}{2}$ 时谐波幅值最大；当 $\alpha=\dfrac{\pi}{2}\sim\pi$ 变化时电路工作于有源逆变工作状态，u_d 的谐波幅值随 α 增大而减小。

3.7.4 抑制谐波与改善功率因数

解决电力电子装置和其他谐波源的污染问题主要方法有：采用无源滤波或有源滤波电路谐波来旁路或滤除谐波；对电力电子装置本身进行改造，使其补偿所产生的谐波，采用功率校正电路，使其具有功率因数校正功能。

1. 谐波抑制措施

1) 增加整流装置的相数。这是一种早期方法。

2) 装设无源电力谐波滤波器。无源电力谐波滤波器由电力电容器、电抗器和电阻器按一定方式连接而成，主要分为两大类：调谐滤波器和高通滤波器。

调谐滤波器包括单调谐滤波器和双调谐滤波器，可以滤除某一次（单调谐）或两次（双调谐）谐波，该谐波的频率称为调谐滤波器的谐振频率；高通滤波器也称为减幅滤波器，主要包括一阶、二阶器、三阶高通滤波器和 C 型滤波器，用来大幅衰减低于某一频率的谐波，该频率称为高通滤波器的截止频率。

图 3-26(a) 为单调谐，谐振时的谐波次数，$n=\dfrac{1}{\omega\sqrt{LC}}$；图 3-26(b) 为双调谐；图 3-26(c) 为一阶减幅型；图 3-26(d) 为二阶减幅型；图 3-26(e) 为三阶减幅型；图 3-26(f) 为 C 型。一阶减幅型基波功率损耗太大，一般不采用；二阶减幅型基波损耗较小、阻抗频率特性较好、结构简单，工程上用得最多；三阶减幅型基波损耗更小，但特性不如二阶，用得不多；C 型滤波器系新型高通型式，特性介于二、三阶之间，基波损耗很小，只是对工频偏差及元件参数变化较为敏感。

无源电力滤波器的缺点有：①耗材多，体积大；②滤波要求和无功补偿、调压要求有时难以协调；③仅对某几次谐波有滤波效果，很可能对其他几次谐波有放大作用；④某些条件可能和系统发生谐振，引发事故；⑤谐波源增大时，滤波器负担加重，可能因过载不能运行。

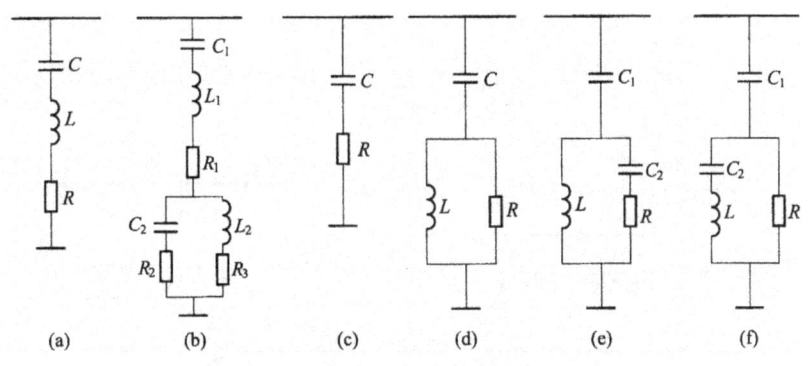

图 3-26 无源电力谐波滤波器的接法

(a)单调谐；(b)双调谐；(c)一阶减幅型；(d)二阶减幅型；(e)三阶减幅型；(f)C 型

3) 装设有源电力谐波滤波器。这种滤波器用大功率电力电子器件(但成本高)产生一个大小相等，但方向相反的谐波电流，以抵消网络中实时检测的谐波电流，额定功率范围内能全部滤除干净，补偿效果好。

根据与补偿对象连接的方式不同，有源电力谐波滤波器分为并联型和串联型两种。根据储能元件不同也分两种，采用电容的为电压型，采用电感的为电流型，如图 3-27 所示。

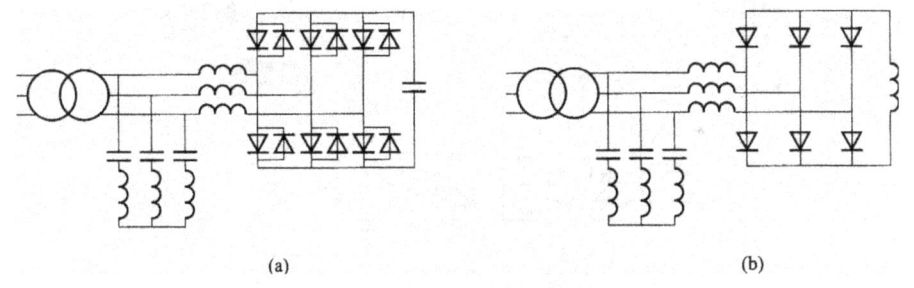

图 3-27 有源电力谐波滤波器

(a)电容型；(b)电感型

有源电力谐波滤波器的补偿原理如图 3-28 所示。设负荷电流 i_L 是方波电流，如图 3-28(b)所示，其中所含高次谐波分量为 i_H 如图 3-28(c)所示。有源电力滤波器如果产生一个图 3-28(d)所示的与 i_H 幅值相等且相位相反的补偿电流 i_F，则 i_F 与 i_L 综合后，电源侧的电流 i_S 就变成如图 3-28(e)所示的正弦波。

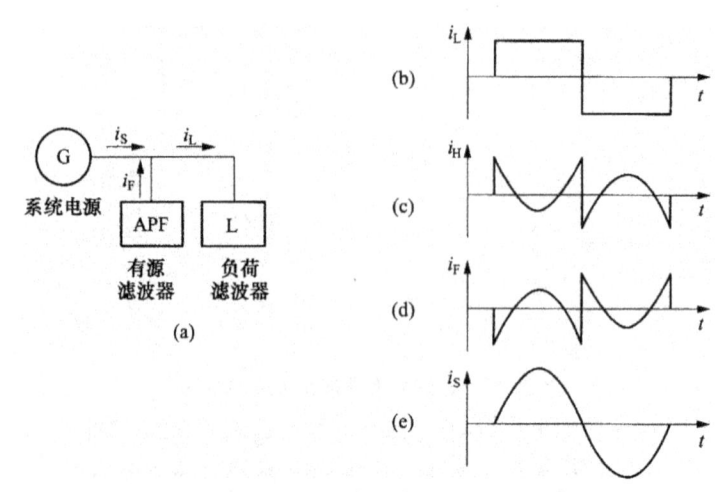

图 3-28　有源电力谐波滤波器的补偿原理
(a)原理图；(b)负荷电流；(c)高次谐波分量；
(d)滤波器补偿电流；(e)系统电源侧电流

有源电力滤波器由高次谐波电流的检测、调节和控制器、脉宽调制器(PWM)的逆变器和直流电源等主要环节组成,如图 3-29 所示。

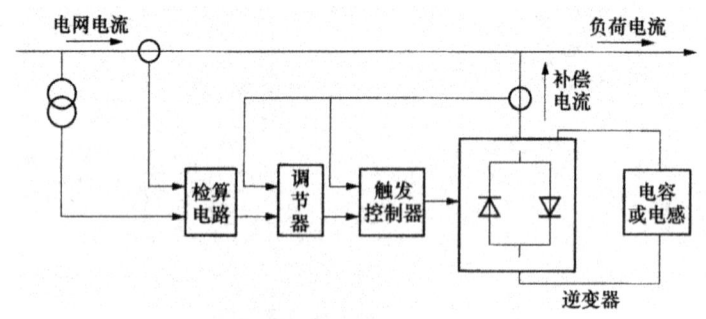

图 3-29　有源电力滤波器的主要组成环节

2.提高晶闸管的相控变流电路功率因数的措施

1)小控制角运行；
2)采用两组对称的整流器串联(见图 3-30)；
3)增加整流相数；
4)设置补偿电容；
5)采用不可控整流加直流斩波器调压。

相控变流技术的电力电子装置存在着网侧功率因数低以及投网运行时向电网注入谐波的两大问题。采取有效措施,抑制甚至消除这些电力公害是电力电子技术领域一项重要的研究课题,也是国外学者研究的热门课题。

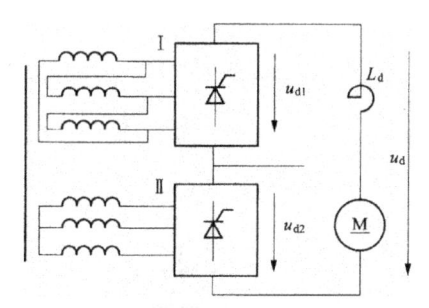

图 3-30　提高晶闸管的相控变流电路功率因数

3. 功率因数校正

功率因数校正(PFC)技术主要分为无源 PFC 和有源 APFC。无源 PFC 采用无源元件来改善功率因数,减小电流谐波,方法简单但电路庞大笨重,有些场合无法适用,且功率因数一般为 0.9。有源 APFC 是将一个变换器串入整流滤波电路与 DC/DC 变换器之间,通过特殊的控制强迫输入电流跟随输入电压,反馈输出电压使之稳定,从而使 DC/DC 变换器输入事先预稳,设计易优化、性能进一步提高,因而应用广泛。APFC 的基本原理框图如图 3-31 所示。

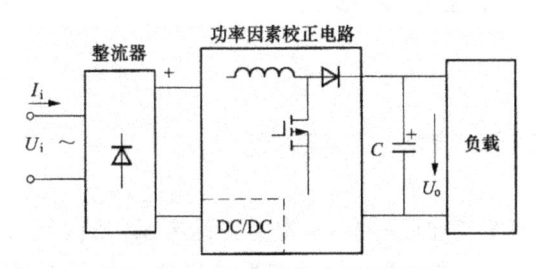

图 3-31　APFC 的基本原理框图

有源功率因数校正中,按输入电流的工作模式可分为 CCM 模式和 DCM 模式;按拓扑结构可分为两级模式和单级模式。典型的两级 PFC 变换器的结构如图 3-32 所示,典型的单级 PFC 变换器电路如图 3-33 所示。

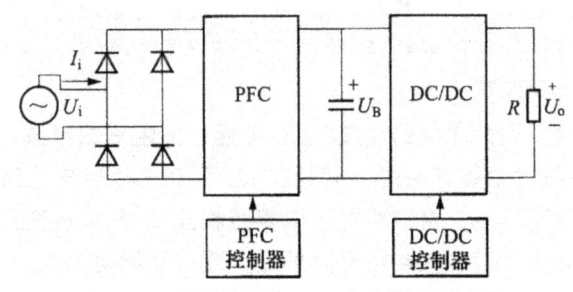

图 3-32　典型的两级 PFC 变换器的电路图

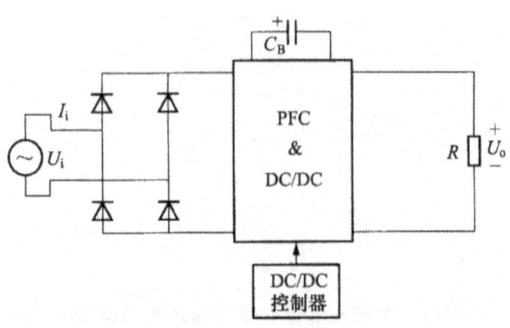

图 3-33 典型的单级 PFC 变换器电路

两级 PFC 电路由两级变换器组成：第一级为 PFC 变换器，用于提高输入的功率因数并抑制输入电流的高次谐波；第二级为 DC/DC 变换器，用于调节输出以便与负载匹配。

单级 PFC 技术的基本思想是将有源 PFC 变换器和 DC/DC 变换器合二为一。两个变换器共用一套开关管和控制电路，因此降低了成本，提高了效率，减小了电路的质量和体积。

3.8 大功率可控整流电路

3.8.1 6相半波可控整流电路

在电解、电镀等工业应用中，常常需要低电压（几伏至几十伏）、大电流（几千至几万安）的可调直流电源。如果采用通常的三相半波可控整流电路，由于晶闸管电流定额有限，每相要很多元件并联才能提供那么大的负载电流，带来元件的均流、保护等问题，还存在变压器利用率低和铁芯直流磁化等问题。采用三相桥式可控整流电路，虽可解决变压器利用率低和铁芯直流磁化问题，但整流元件数量加倍，而且电流在每条通路上均要经过两个整流元件，有两倍的管压降损耗，降低了整流装置的效率。在低电压、大电流的应用场合，问题更为突出。

要得到低电压、大电流的整流效果，可通过两组三相半波可控整流电路并联解决。并联时主要解决两个问题：一是两组三相半波电路的变压器副边绕组极性要相反，使各自产生的直流安匝相互抵消，解决变压器的直流磁化问题；二是解决两组三相半波电路的晶闸管并联导电问题，以提高整流变压器和晶闸管的利用率。

整流变压器的两个副边绕组接成两个星形。各相的两个绕组极性相反（用同名端"·"标出）而匝数相同，其接线图和矢量图如图 3-34(a)、(b)所示。图中三相变压器副边绕组 a 与 a′、b 与 b′、c 与 c′ 极性相反，构成六相电压 u_a、u'_c、u_b、u'_a、u_c、u'_b 矢量图，相位依次相差 60°。六相并联后，各支路都有一只晶闸管，接成六相半波可控整流电路如图 3-34(c)所示，按 VT$_1$→VT$_2$→VT$_3$→VT$_4$→VT$_5$→VT$_6$ 顺序导电。

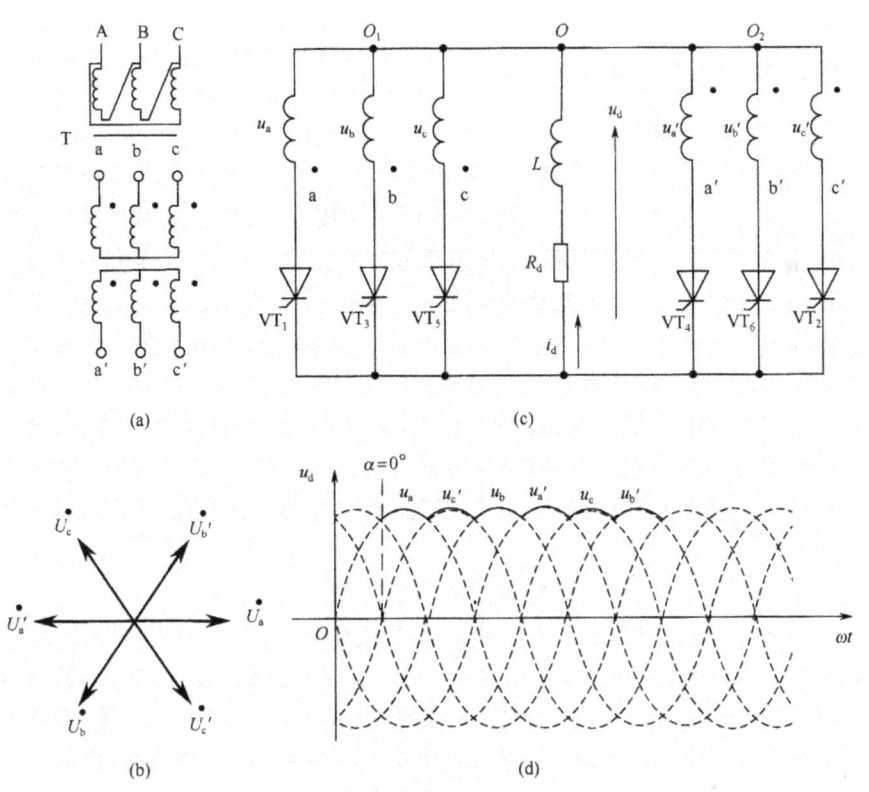

图 3-34 六相半波可控整流电路及其电压波形

当某相晶闸管被触发导通后，就使前一相导通的晶闸管承受反向电压而关断。也就是说，在任一瞬间电路只能有一只晶闸管导通，其余 5 只晶闸管因承受反向电压而关断。因为是六相并联，所以各相电压正半波的交点就是自然换相点（其工作原理同共阴极组三相半波整流电路），每只晶闸管在一个周期内最多导通 60°，故其效率很低。通过晶闸管的电流平均值 $I_{dVT} = \frac{1}{6} I_d$，其输出电压平均值为

$$U_d = \frac{1}{\frac{2\pi}{6}} \int_{\frac{\pi}{3}+\alpha}^{\frac{\pi}{3}+\alpha+\frac{\pi}{3}} \sqrt{2} U_2 \sin\omega t = \frac{3\sqrt{2}}{\pi} U_2 \cos\alpha \approx 1.35 U_2 \cos\alpha$$

这种六相半波可控整流电路输出电压平均值比三相半波可控整流电路略高些。纹波因数、脉动因数都会好些。但晶闸管导通时间短,变压器利用率低,所以很少采用。

3.8.2 带平衡电抗器的双反星形可控整流电路

1. 工作原理及波形分析

(1) 电路的接线方式

上述6相半波整流电路中的两组都是星形接法,其中a、b、c绕组将非同名端接在一起,而a′、b′、c′绕组是将同名端接在一起,形成两个星形。由于同相的两个绕组极性相反,故称双反星形可控整流电路,其电源是由双反星形变压器供电,这是本电路特点之一。其二,变压器的两个副边绕组的中点是通过平衡电抗器 L_P 连接在一起的。所谓平衡电抗器就是一个带中心抽头的铁芯线圈,抽头两侧的匝数相等,两边电感量 $L_{P1} = L_{P2} = L_P/2$。在任一边线圈中有交变电流流过时,在 L_{P1} 与 L_{P2} 中均会产生大小相同、方向一致的感应电势。在电路中,接入平衡电抗器的目的,是为了克服6相半波可控整流电路单相导电的缺点,实现两组晶闸管的并联导电,每组承担一半负载电流。

(2) 接入 L_P 后,两组晶闸管并联导电的原理

接入 L_P 后,晶闸管的导电情况将发生变化,仍以 $\alpha = 0°$ 进行分析。在图3-35(b)中的 $\omega t_1 \sim \omega t_2$ 期间内,u'_b、u_a 均为正值,但 $u'_b > u_a$,若没有 L_P,两组中点 O_1 和 O_2 直接相连,b′相的 VT_6 导通,则a相的 VT_1 因承受反向电压 u'_{ab} 而不能导通。接入 L_P 后,在 $u'_b > u_a$,VT_6 导通时,电流流经 L_{P2}(O—O_2端),i'_b 增长,将在 L_{P2} 中感应出电势 u_{P2},其极性左(+)右(-)。由于 L_{P1} 与 L_{P2} 匝数相等、绕向相同,紧密耦合,在 L_{P1} 中将感应出左(+)右(-)的电动势 u_{P1},$u_{P1} = u_{P2} = u_P/2$。显然电势 u_{P2} 与 u'_b 方向相反,使 VT_6 阳极电位降低,而电势 u_{P1} 与 u_a 方向一致,使 VT_1 阳极电位升高,升、降数值相等,均为回路电位差 $(u'_b - u_a)$ 的一半。而回路电位差为 L_P 感应电势所平衡,即 $u'_b - u_a = u_P$。此时 VT_1 的阳极电位为

$$u_{VT_1} = u_a + \frac{1}{2} u_P = u_a + \frac{u'_b - u_a}{2} = \frac{u_a + u'_b}{2}$$

VT_6 的阳极电位为

$$u_{VT_6} = u'_b - \frac{1}{2} u_P = u'_b - \frac{u'_b - u_a}{2} = \frac{u_a + u'_b}{2}$$

可见有了平衡电抗器 L_P 后,其上的感应电势 u_P 补偿了 u'_b、u_a。在 VT_6、VT_1 阳极电压差,使 b′、a 相的晶闸管能同时导通,并联导电。随着时间的推迟,到 u'_b 与 u_a 的交点时(ωt_2 处),由于 $u'_b=u_a$,VT_6、VT_1 继续导通。此时 $u_P=0$ 之后,$u_a>u_b$,流经 b′相的电流要减小,平衡电抗器将产生一个与原先极性相反的感应电势阻止电流的减小;而流经 a 相的电流要增大,平衡电抗器就产生一个与原先极性相反的感应电势阻止电流增大。从而使 VT_6 的阳极电位升高,使 VT_1 的阳极电位下降,维持 VT_1 和 VT_6 继续导通。直到 $u'_c>u'_b$(ωt_3 处)电流才从 VT_6 换至 VT_2,此时才改由 VT_1 和 VT_2 同时导电。每隔 60°有一只晶闸管换流,每一组中的每只晶闸管仍按三相半波的导电规律轮流导电 120°。这样,以平衡电抗器中点作为整流电压输出的一端(负端),其输出的整流电压瞬时值 u_d 为两组三相半波整流电压瞬时值的平均值,波形如图 3-35(b)中的粗黑线所示。

(3) 输出直流电压 u_d 和平衡电抗器两端电压 u_P

输出直流电压 u_d 和平衡电抗器两端电压 u_P 的数学表达式,可用下面方法求得。

假设平衡电抗器的中点到其一端的电位差为 $\dfrac{u_P}{2}$,取 ωt_1 时刻的电压,电流方向如图 3-35(a)所示。

从第Ⅰ组星形电路看,负载电压为 $u_d = u_{d1} + \dfrac{1}{2}u_P$

从第Ⅱ组星形电路看,负载电压为 $u_d = u_{d2} + \dfrac{1}{2}u_P$

因此

$$u_d = \frac{1}{2}(u_{d1}+u_{d2}) \tag{3-7}$$

$$u_P = u_{d2} - u_{d1} \tag{3-8}$$

式中,u_{d1}、u_{d2} 分别为Ⅰ组和Ⅱ组三相半波可控整流电路 $\alpha=0°$ 时的输出直流电压。将 u_{d1} 和 u_{d2} 的波形用傅里叶级数展开,可得当 $\alpha=0°$ 时的 u_{d1}、u_{d2},即

$$u_{d1} = \frac{3\sqrt{6}U_2}{2\pi}\left(1+\frac{1}{4}\cos 3\omega t - \frac{2}{35}\cos 6\omega t + \frac{1}{40}\cos 9\omega t - \cdots\right)$$

$$u_{d2} = \frac{3\sqrt{6}U_2}{2\pi}\left(1+\frac{1}{4}\cos 3(\omega t-60°) - \frac{2}{35}\cos 6(\omega t-60°) + \frac{1}{40}\cos 9(\omega t-60°) - \cdots\right)$$

$$= \frac{3\sqrt{6}U_2}{2\pi}\left(1-\frac{1}{4}\cos 3\omega t - \frac{2}{35}\cos 6\omega t - \frac{1}{40}\cos 9\omega t - \cdots\right)$$

将 u_{d1}、u_{d2} 代入上式(3-7)和式(3-8),可得

$$u_d = 1.17U_2\left(1-\frac{2}{35}\cos 6\omega t - \frac{2}{143}\cos 12\omega t - \cdots\right)$$

$$u_P = 1.17U_2\left(-\frac{1}{2}\cos 3\omega t - \frac{1}{20}\cos 9\omega t - \cdots\right)$$

上述表达式的纵坐标设置在图 3-35(b)中 u'_b 波形的最大值处。u_P 波形也依此分析绘出其波形图,如图 3-35(c)所示。u_P 波形是一个 3 倍基频的近似三角波。因为以 O' 为原点,其最大值出现在 $0°,60°,120°,180°,\cdots$,即以 $60°$ 为整数倍角度处,可从图 3-35(b)中求出。u_P 最大值等于 u'_b 的峰值减去 u_a 在 $30°$ 时的电压瞬时值,即

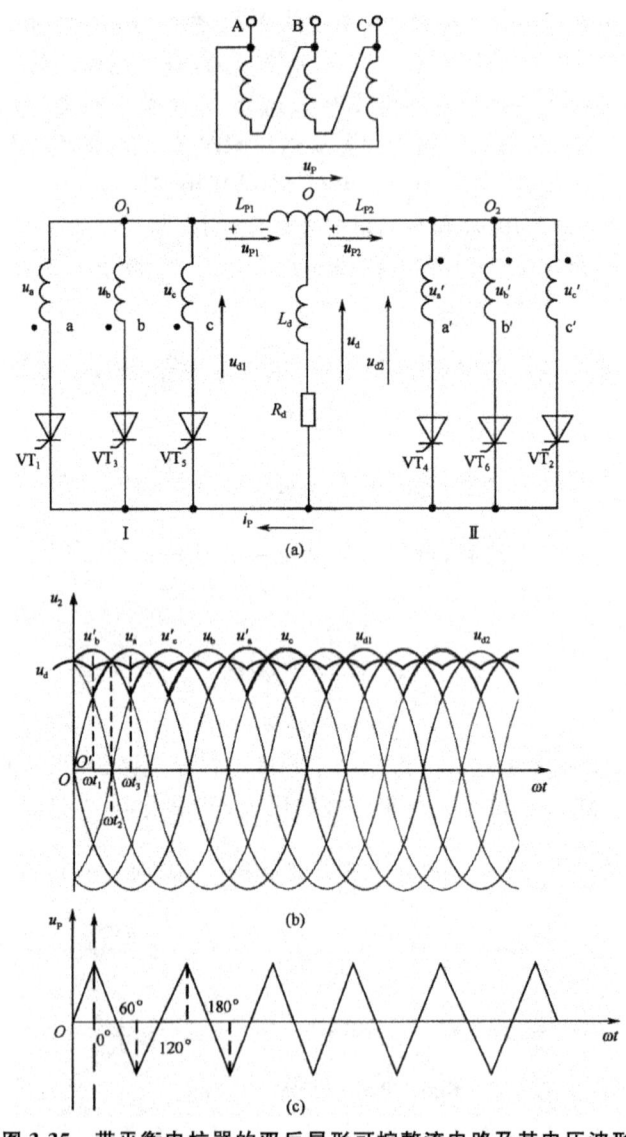

图 3-35 带平衡电抗器的双反星形可控整流电路及其电压波形

$$U_{\text{Pmax}} = \sqrt{2}U_2 - \sqrt{2}U_2 \sin\frac{\pi}{6} = \frac{\sqrt{2}}{2}U_2$$

当需要分析各种控制角的输出电压波形时,可根据式(3-7)先做出两组三相半波电路的 u_{d1} 和 u_{d2} 波形,然后再做出 $(u_{d1}+u_{d2})/2$ 波形。图3-36绘出电感性负载 $\alpha=30°$、$60°$、$90°$ 时的直流电压 u_d 波形。由图可见:①双反星形电路的输出电压波形与三相半波电路比较,脉动程度减少了,脉动频率提高了一倍,$f=6\times 50=300\text{Hz}$。②在大电感性负载情况下,$\alpha=90°$时输出电压波形正负面积相等,平均电压为零,因而要求移相范围为90°。至于电阻性负载,由于平衡电抗器 L_P 的接入,u_{d1} 和 u_{d2} 出波形可以出现负值部分,但是输出电压 u_d 波形不应出现负值,只有正值部分。所以,当 $\alpha>60°$ 时,u_d 波形断续,$\alpha=120°$ 时,$u_d=0$,因而电阻性负载移相范围为120°。

2. 基本电量的计算

1) 直流平均电压。由式(3-7)可知

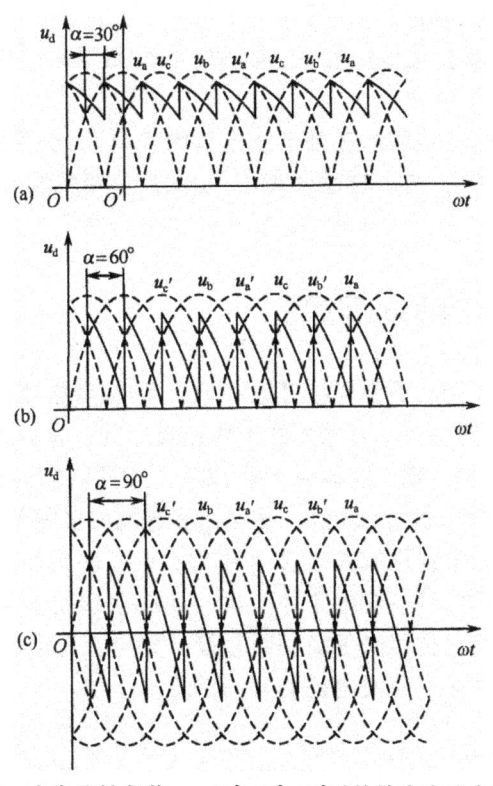

图3-36 大电感性负载 $\alpha=30°$、$60°$、$90°$时的输出直流电压波形

$$U_\mathrm{d}=\frac{1}{2}(U_\mathrm{d1}+U_\mathrm{d2})=1.17U_2\cos\alpha$$

2）变压器副边绕组的电流 I_2，晶闸管的电流有效值 I_VT 和平均值 I_dVT

$$I_2=I_\mathrm{VT}=\sqrt{\frac{1}{2\pi}\int_0^{\frac{2}{3}\pi}\left(\frac{1}{2}I_\mathrm{d}\right)^2\mathrm{d}\omega t}=\frac{1}{2\sqrt{3}}I_\mathrm{d}\approx 0.289I_\mathrm{d}$$

$$I_\mathrm{dVT}=\frac{1}{3}\left(\frac{1}{2}I_\mathrm{d}\right)=\frac{1}{6}I_\mathrm{d}$$

3）晶闸管承受的最大正、反向电压，与三相半波整流电路时相同，为线电压峰值

$$\sqrt{2}U_{21}=\sqrt{6}U_2$$

通过上述分析，与其他三相整流电路比较，带平衡电抗器的双反星形可控整流电路具有以下特点：

①与三相半波整流电路比较，由于任何时刻总是两相晶闸管并联导通，不存在变压器铁芯直流磁化问题。

②与六相半波整流电路相比，晶闸管和变压器副边绕组利用率提高一倍。

③三相桥式电路是两组三相半波电路的串联，而双反星形电路是两组三相半波电路的并联，前者较适合高压、小电流应用场合，而后者较适合低压、大电流应用场合。

3.8.3 整流电路的多重化

大功率整流装置的功率现在已达数千千瓦，或者电流已达105A以上，它所产生的谐波、无功功率对电网的干扰相当严重。为了减轻干扰，可采用多重化整流电路，按一定的规律将两个或多个相同结构的整流电路进行组合。采用12脉波、18脉波、24脉波甚至更多脉波的多相整流电路。

整流电路的多重结构有并联多重结构和串联多重结构。图3-37给出的是由两个三相全控桥整流电路并联联结组成的12脉波整流电路原理图，该电路使用了平衡电抗器来平衡两组整流器的电流，其工作原理与双反星形可控整流电路中采用平衡电抗器是一样的。

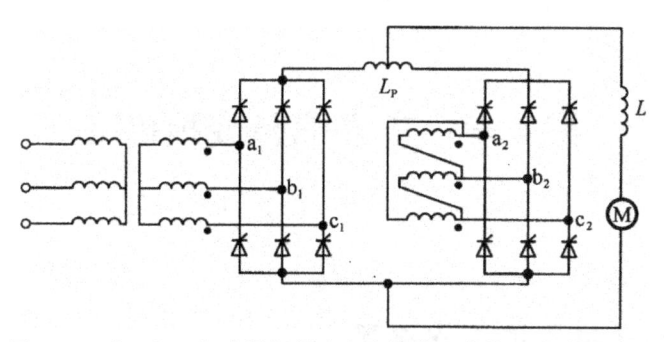

图 3-37 由两组三相全控桥整流电路并联而成的 12 相整流电路

电路中利用一个三相三绕组变压器,变压器原边星形接法,副边绕组中的 a_1、b_1、c_1 星形接法,其每相匝数为 N_2;副边绕组中的 a_2、b_2、c_2 三角形接法,其每相匝数为 $\sqrt{3}N_2$。这样,变压器两个副边绕组的线电压数值相等。

图 3-37 所示电路分析方法与带平衡电抗器双反星形可控整流电路相似,12 脉波(又称 12 相)整流电路的输出电压平均值与一组三相桥的整流电压平均值相等,而每个整流桥的输出电流仅为 1/2 负载电流。

图 3-38 是移相 30°串联二重连接而成的 12 脉波整流电路原理图。同样是利用三相三绕组变压器,变压器与两组整流桥接法同图 3-37,区别只在两组整流桥之间采用串联而不是并联形式,因而没有平衡电抗器,没有平衡电流的问题。

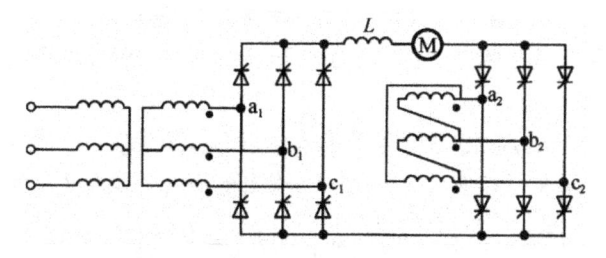

图 3-38 由两组三相全控桥整流电路串联而成的 12 相整流电路

其输出电压平均值为每个整流桥输出电压的两倍,输出电流平均值就是通过两个串联整流桥的负载电流。多相可控整流电路还可以组成 18 相、24 相、36 相、48 相等的可控整流电路,在此不再赘述。

第4章 直流-直流变换电路

4.1 斩波电路的工作原理

基本直流斩波电路是只有一个开关功率管的开关功率电路,如图 4-1 所示。

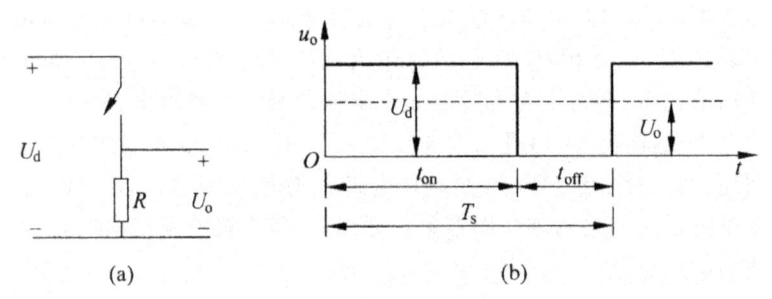

图 4-1 基本直流斩波电路及其输出波形

开关管可以是各种全控型电力电子开关器件,输入电源电压 U_d 为固定的直流电压。

开关管导通时,输出电压等于输入电压 U_d;开关管断开时,输出电压等于 0。输出电压波形如图 4-1(b)所示,输出电压的平均值 U_o 为

$$U_o = \frac{1}{T_s}\left(\int_0^{t_{on}} U_d dt + \int_{t_{on}}^{T_s} 0 dt\right) = \frac{t_{on}}{T_s} U_d = kU_d$$

式中,T_s 为开关周期;k 为开关占空比,$k = \dfrac{t_{on}}{T_s}$。

图 4-2(a)为脉宽调制方式的控制原理图。图 4-2(b)为脉宽调制的波形。按照控制电压和锯齿波幅值的关系,开关占空比 k 可以表示为

$$k = \frac{t_{on}}{T_s} = \frac{u_{co}}{u_{st}}$$

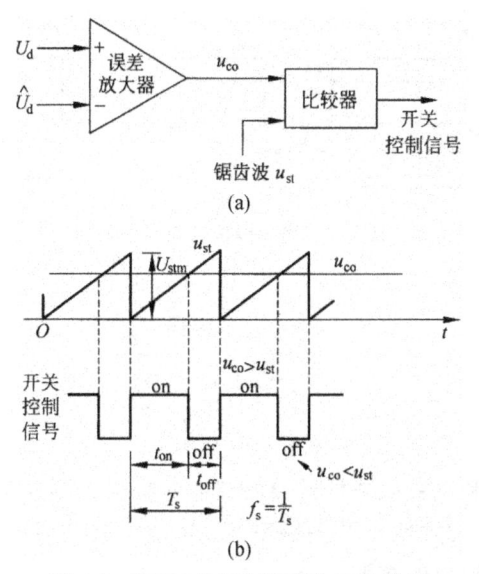

图 4-2 PWM 的控制原理和工作波形
(a)PWM 控制原理图；(b)PWM 工作波形图

由于电力电子电路中的器件工作于开关状态，所以电力电子电路的实质是分时段线性电路。基于"分段线性"的思想，对基本直流斩波电路进行分析。

4.2 基本直流斩波电路

基本直流斩波电路一般由开关器件加储能元件构成。通过对电力电子器件的通断控制，将直流电压断续地加到负载上，通过改变占空比改变输出电压平均值。这种控制方式即称为斩波方式。

4.2.1 Buck 降压斩波电路(step-down converter)

降压斩波电路也称为 Buck 斩波电路，降压斩波电路的输出电压 U_o 低于输入电压 U_d。

图 4-3 所示的输入电压 U_{oi} 的波形，可以分解成直流分量 U_o、具有开关频率 f_s 的谐波分量，如图 4-4 所示。

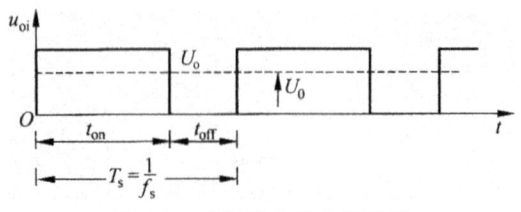

图 4-3 滤波器前的电压波形

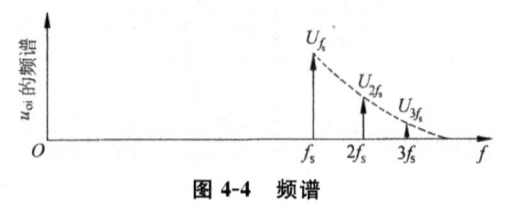

图 4-4 频谱

采用由电感和电容组成的低通滤波器的特性如图 4-5 所示。低通滤波器的角频率 f_c 应大大低于开关频率 f_s，经过滤波器后的输出电压基本上消除了开关频率造成的纹波。

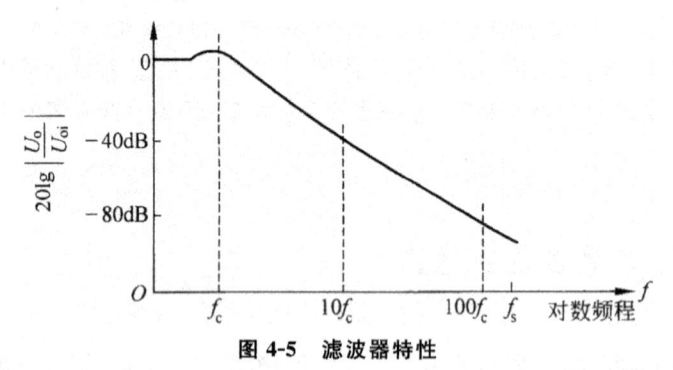

图 4-5 滤波器特性

电路中的二极管起续流作用，在开关管关断时为电感 L 储能提供续流通路；L 为能量传递电感，C 为滤波电容，R_L 为负载，U_d 为输入直流电压，U_o 为输出直流电压。

1. 电流连续模式时的工作情况

在开关管导通 t_{on} 期间，二极管反偏，输入电源经电感流过电流，向负载供电。此间电感 L 的储能增加，这导致在电感端有一个正向电压 $u_L = U_d - U_o$，如图 4-6(a)所示。这个电压引起电感电流 i_L 的线性增加。当开关管关断时，由于电感中储存电能，产生感应电势，使二极管导通，i_L 经二极管继续流动，$u_L = -U_o$，电感 L 向负载供电，电感 L 的储能逐步消耗在 R_L 上，电感电流 i_L 下降，如图 4-6(b)所示。

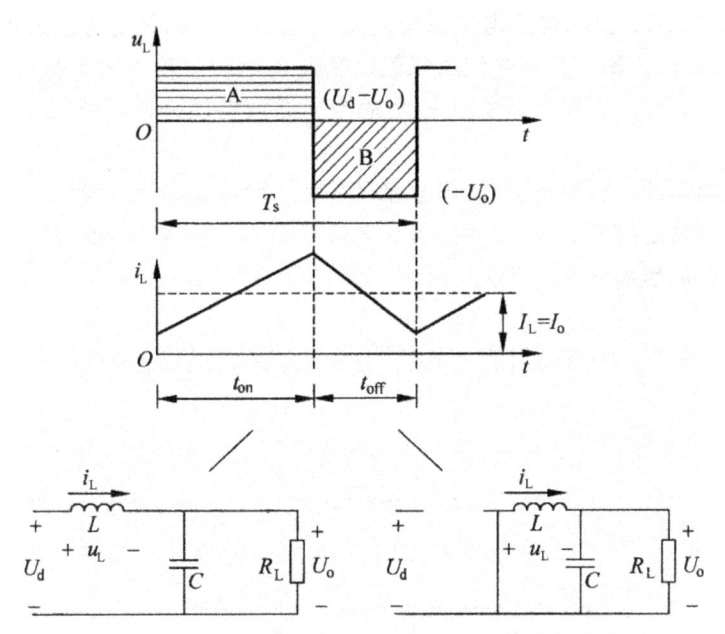

图 4-6 降压斩波电路的工作波形和等效电路
(a)开关管导通时的等效电路;(b)开关管断开时的等效电路

在稳态情况下,电感电压波形是周期性变化的,电感电压在一个周期内的积分为 0,即

$$\int_0^T u_L \mathrm{d}t = \int_0^{t_{on}} u_L \mathrm{d}t + \int_{t_{on}}^T u_L \mathrm{d}t = 0$$

设输出电压的平均值为 U_o,则在稳态时,上式可以表达为

$$(U_d - U_o)t_{on} = U_o(T_s - t_{on})$$

输出电压

$$\frac{U_o}{U_d} = \frac{t_{on}}{T_s} = k$$

式中,k 为导通占空比;t_{on} 为开关管的导通时间;T_s 为开关周期。

通常 $t_{on} \leqslant T_s$,所以该电路是一种降压直流变换电路。

在电流连续模式中,当输入电压不变时,输出电压 U_o 随占空比而线性改变,而与电路其他参数无关。

忽略电路所有元件的能量损耗,则 $P_d = P_o$,因此 $U_d I_d = U_o I_o$。

故有

$$\frac{I_o}{I_d} = \frac{U_d}{U_o} = \frac{1}{k} \tag{4-1}$$

因此,在电流连续模式下,降压变换器相当于一个直流变压器,通过控制开关的占空比,可以得到要求的直流电压。

由式(4-1)可知,输入电流平均值 I_d 与输出电流 I_o 是变比的关系,但当开关管断开时,瞬时输入电流从峰值跳变到 0,这样对输入电源会有较大的谐波存在,因此,在输入端加入一个适当的滤波器用来消除不必要的电流谐波。

在前面的分析中,假设输出电容足够大从而使 $u_o = U_o$。然而,实际上,输出电容值是有限的,因此输出电压是有纹波的。在电流连续模式下的输出电压的波形如图 4-7 所示。

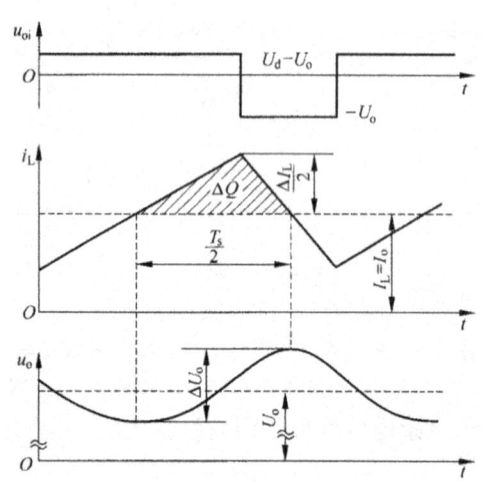

图 4-7 电流连续模式下的输出电压的波形

电压纹波的峰-峰值 ΔU_o 为

$$\frac{\Delta U_o}{U_o} = \frac{1}{8} \frac{T_s^2(1-k)}{LC} = \frac{\pi^2}{2}(1-k)\left(\frac{f_c}{f_s}\right)^2 \qquad (4-2)$$

式(4-2)表明:通过选择输出端低通滤波器的角频率 f_c,使 $f_c \ll f_s$,就可以抑制输出电压的纹波。当斩波电路工作在电流连续模式时,电压脉动与输出负载功率无关。对电流断续模式的情况也可做类似的分析。

在开关模式的直流电源系统中,输出电压纹波的百分比通常小于 1%,因此,在前面的分析中假定 $u_o = U_o$ 不会影响分析结果。

2. 带反电动势负载的降压斩波电路

降压斩波电路主要用于电子电路的供电电源,也可拖动直流电动机或带蓄电池负载等,后两种情况下负载中均会出现反电动势,如图 4-8(a)中 E_m 所示。

该电路使用一个全控型器件 V,图中为 IGBT,若采用晶闸管,需设置使晶闸管关断的辅助电路。

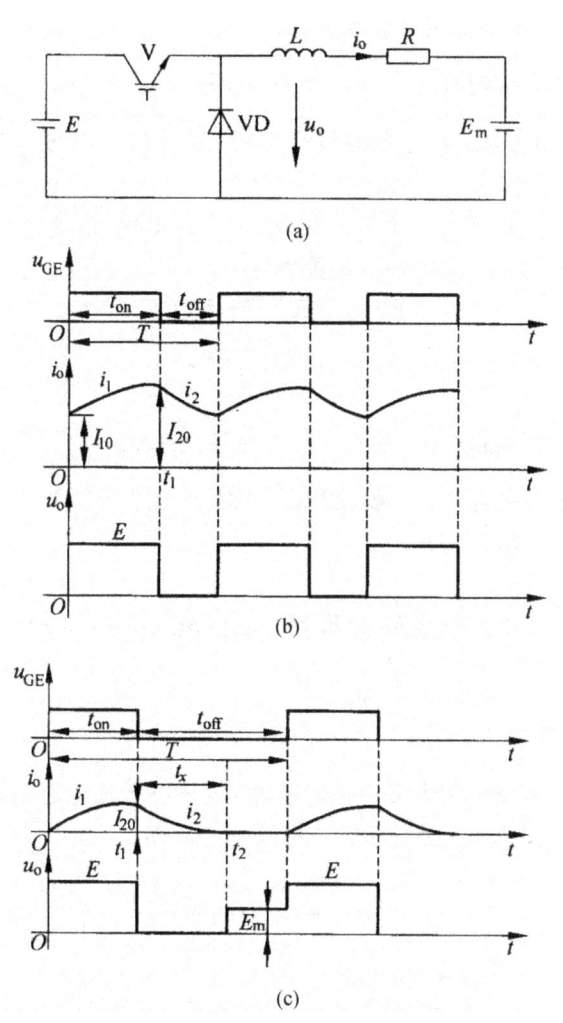

图 4-8 降压斩波电路的原理图及波形

(a)电路图;(b)电流连续时的波形图;(c)电流断续时的波形

设置了续流二极管 VD,在 V 关断时给负载中电感电流提供通道。

$t=0$ 时驱动 V 导通,电源 E 向负载供电,负载电压 $u_o=E$,负载电流 i_o 按指数曲线上升。

$t=t_1$ 时控制 V 关断,二极管 VD 续流,负载电压 u_o 近似为零,负载电流呈指数曲线下降,通常串接较大电感 L 使负载电流连续且脉动小。

电流连续时,负载电压的平均值为

$$U_o = \frac{t_{on}}{t_{on}+t_{off}}E = \frac{t_{on}}{T}E = kE$$

式中,t_{on} 为 V 处于通态的时间;t_{off} 为 V 处于断态的时间;T 为开关周期;k

为导通占空比,简称占空比或导通比。

负载电流平均值为 $I_o = \dfrac{U_o - E_m}{R}$

电流断续时,负载电压 u_o 平均值会被抬高,一般不希望出现电流断续的情况。

从能量传递关系可以简单地推得,一个周期中,忽略电路中的损耗,则电源提供的能量与负载消耗的能量相等,即

$$EI_o t_{on} = RI_o^2 T + E_m I_o T$$

则 $I_o = \dfrac{kE - E_m}{R}$

假设电源电流平均值为 I_1,则有 $I_1 = \dfrac{t_{on}}{T} I_o = k I_o$

其值小于等于负载电流 I_o,由上式得 $EI_1 = kEI_o = U_o I_o$

即输出功率等于输入功率。

4.2.2 Boost 升压斩波电路(step-up converter)

1. 电路的结构

升压斩波电路也称为 Boost 斩波电路,升压斩波电路的输出电压总是高于输入电压。图 4-9 为升压斩波电路的电路图。

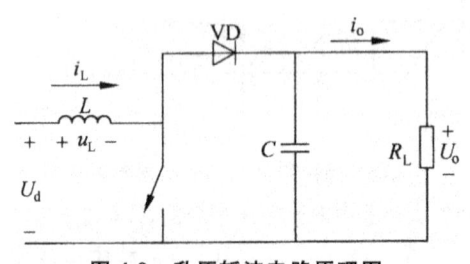

图 4-9 升压斩波电路原理图

斩波开关与负载并联,电感与负载串联。电感用于储存电能,电容保持输出电压。

当斩波开关采用全控型器件 IGBT 时,电路及工作波形如图 4-10 所示。

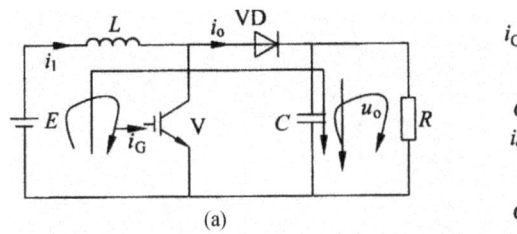

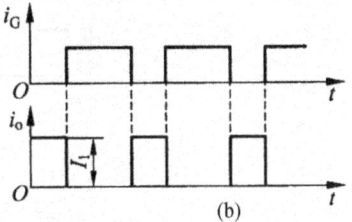

图 4-10 升压斩波电路及其工作波形
(a)电路图；(b)波形图

2. 工作原理

假设 L 和 C 值很大。

当开关管导通时，输入电源的电流流过电感和开关管，二极管反向偏置，输出与输入隔离。电源向串在回路中的电感 L 充电，电感电压左正右负；而负载电压上正下负，此时在 R_L 与 L 之间的二极管 VD 被反偏截止。由于电感 L 的恒流作用，此充电电流基本为恒值 I_L，VD 截止时 C 向负载 R_L 放电，由于 C 已经被充电且 C 容量很大，所以负载电压保持为一恒值，电容 C 向负载供电，输出电压 U_o 恒定。

当开关管断开时，储能电感 L 两端电势极性变成左负右正，VD 转为正偏，电感的感应电势使二极管导通，电感电流 i_L 通过二极管和负载构成回路，电感 L 与电源叠加共同向电容 C 充电，向负载 R_L 供能。在下面的稳态分析中，输出端的滤波电容器被假定为足够大以确保输出电压保持恒定，即 $u_o = U_o$。

3. 电流连续模式时的工作情况

升压斩波电路的工作情况如图 4-11 所示。

在稳态时，电感电压在一个周期内的积分是 0，则

$$U_d t_{on} + (U_d - U_o) t_{off} = 0$$

上式的两边除以 T_s，得 $\dfrac{U_o}{U_d} = \dfrac{T_s}{t_{off}} = \dfrac{1}{1-k}$

假设电路没有损耗，则 $P_d = P_o$，有

$$U_d I_d = U_o I_o, \dfrac{I_o}{I_d} = 1-k$$

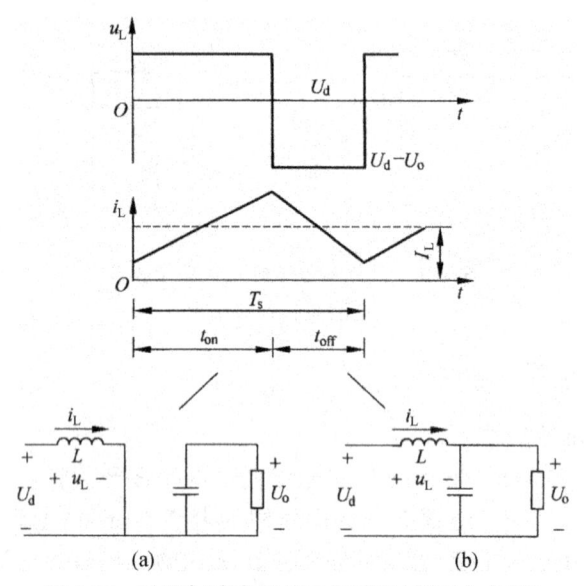

图 4-11　升压斩波电路的工作情况(假定 i_L 连续)
(a)开关管导通时的等效电路；(b)开关管断开时的等效电路

4. 基本数量关系

负载电压 U_o 为
$$U_o = \frac{1}{1-k}U_d$$

由斩波电路的工作原理可以看出，$k \geqslant 1$，故负载上的输出电压高于电路输入电压，该变换电路称为升压式斩波电路。

输出电流的平均值 I_o：忽略电路中的损耗，则由电源提供的能量仅由负载 R_L 消耗，故
$$I_o = (1-k)I_d$$

升压斩波电路也可看作为直流变压器。I_o 也可表示为
$$I_o = \frac{U_o}{R_L} = \frac{1}{1-k}\frac{U_d}{R_L}$$

电源电流 I_d 为
$$I_d = \frac{U_o}{U_d}I_o = \frac{1}{(1-k)^2}\frac{U_d}{R_L}$$

电压升高的原因：电感 L 储能使电压泵升的作用，电容 C 可将输出电压保持住。

5. 输出电压纹波

在前面的分析中，假设输出电容足够大从而使 $u_o = U_o$。然而，实际上，输出电容值是有限的，因此输出电压是有纹波的。在电流连续模式下的输

出电压的波形如图 4-12 所示。

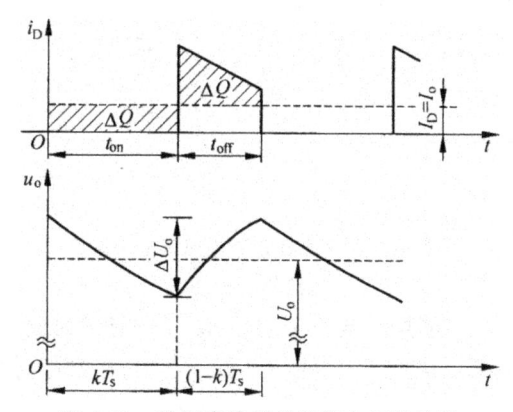

图 4-12 升压变换器的输出电压的纹波

纹波的峰-峰值为

$$\frac{\Delta U_\text{o}}{U_\text{o}} = \frac{kT_\text{s}}{R_\text{L}C} = \frac{kT_\text{s}}{\tau}$$

4.2.3 Buck-Boost 升-降压斩波电路(step-down/step-up converter)

1. 电路的结构

该电路的结构是储能电感 L 与负载 R 并联,续流二极管 VD 反向串接在储能电感与负载之间。

2. 工作原理

设 C 值很大,电容电压即负载电压 U_o 基本为恒值。电感电流 i_L 连续。有两种模式。

1)当开关 V 导通时,电源 E 经 V 给电感 L 充电储能,电感电压上正下负,此时 VD 被负载电压(下正上负)和电感电压反偏,流过 V 的电流为 i_1($=i_\text{L}$),方向如图 4-13(a)所示。

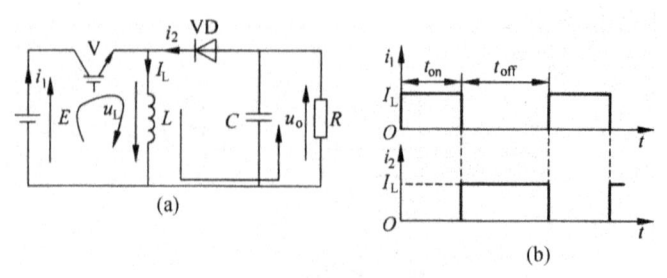

图 4-13　升降压斩波电路及其波形

(a)电路图；(b)波形

由于此时 VD 反偏截止，电容 C 向负载 R 供能并维持输出电压基本恒定，负载 R 及电容 C 上的电压极性为上负下正，与电源极性相反，如图 4-14 所示。

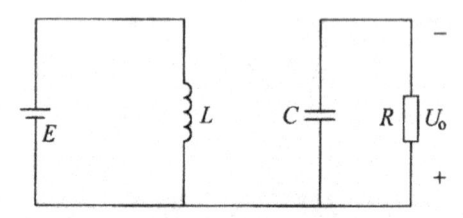

图 4-14　开关 V 导通时的等效电路

2)当开关 V 关断时，电感 L 为维持其上电流不变，产生下正上负的感应电势，电感电压极性变反(上负下正)，VD 正偏导通，电感 L 中的储能通过 VD 向负载 R 和电容 C 释放，放电电流为 i_2，电容 C 被充电储能，负载 R 也得到电感 L 提供的能量，如图 4-15 所示。负载电压极性为上负下正，与电源电压极性相反，该电路也称作反极性斩波电路。

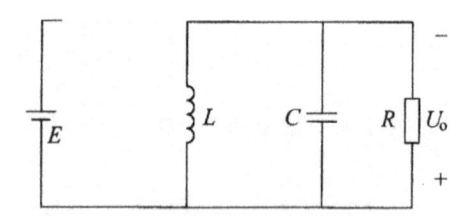

图 4-15　开关 V 关断时的等效电路

输入电流和 L、C 回路电流为脉动，但通过滤波电容的作用负载电流可连续。

3.基本数量关系

稳态时，一个周期 T 内电感 L 两端电压 u_L 对时间的积分为零，即

$$\int_0^T u_L \mathrm{d}t = 0$$

当 V 处于通态期间，$u_L = E$；而当 V 处于断态期间，$u_L = -u_o$。于是
$$E \cdot t_{on} = U_o \cdot t_{off}$$
所以输出电压为
$$U_o = \frac{t_{on}}{t_{off}} E = \frac{t_{on}}{T - t_{on}} E = \frac{k}{1-k} E$$

改变占空比 k，输出电压既可以比电源电压高，也可以比电源电压低。当 $0 < k < \frac{1}{2}$ 时为降压，当 $\frac{1}{2} < k < 1$ 时为升压，因此将该电路称作升降压斩波电路。

电源电流 i_1 和负载电流 i_2 的平均值分别为 I_1 和 I_2，当电流脉动足够小时，有
$$\frac{I_1}{I_2} = \frac{t_{on}}{t_{off}}$$

由上式可得
$$I_2 = \frac{t_{off}}{t_{on}} I_1 = \frac{1-k}{k} I_1$$

如果 V、VD 为没有损耗的理想开关时，则输出功率和输入功率相等，即
$$EI_1 = U_o I_2$$

其输出功率和输入功率相等，可看作直流变压器。

电感的纹波电流
$$\Delta i_L = \frac{EU_o T}{L(E + U_o)} = \frac{EkT}{L}$$

电容上纹波电压的峰-峰值为
$$\Delta U_C = \frac{I_2(U_o - E)T}{U_o C} = \frac{I_2 kT}{C}$$

此电路的特点是：改变开关占空比，可升压或降压，但应用电路较复杂，输入输出电流是脉动的，为了平波需要加滤波器。

4.2.4 Cuk(丘克)升-降压斩波电路(step-down/step-up converter)

1. 电路的特点

Cuk 斩波电路是升降压式斩波电路的改进电路，其原理图及等效电路如图 4-16 所示。

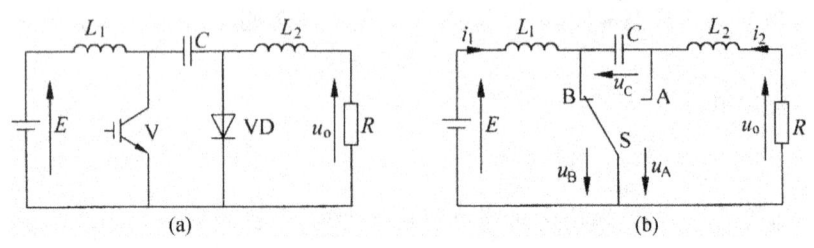

图 4-16 Cuk 斩波电路及等效电路

(a)电路图；(b)等效电路

2. 工作原理

设电感电流连续,电容足够大,其电压为恒定值。有两种模式,对应等效电路中相当于开关 S 在 A、B 两点之间交替切换。

其工作波形如图 4-17 所示。

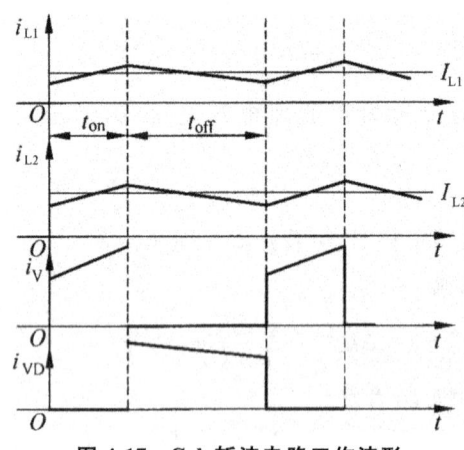

图 4-17 Cuk 斩波电路工作波形

3. 基本数量关系

稳态时,电容 C 在一个周期内的平均电流为零,即 $\int_0^T i_C \mathrm{d}t = 0$。

设电源电流 i_{L1} 的平均值为 I_{L1},负载电流 i_{L2} 的平均值为 I_{L2},开关 S 接通 B 点时相当于 V 导通,如果导通时间为 t_{on},则电容电流和时间的乘积为 $I_{L2}t_{on}$；开关 S 接通 A 点时相当于 V 关断,如果关断时间为 t_{off},则电容电流和时间的乘积为 $I_{L1}t_{off}$。由电容 C 在一个周期内的平均电流为零的原理可写出表达式

$$I_{L2}t_{on} = I_{L1}t_{off}$$

从而可得

$$\frac{I_{L2}}{I_{L1}} = \frac{t_{off}}{t_{on}} = \frac{T - t_{on}}{t_{on}} = \frac{1-k}{k}$$

忽略 Cuk 斩波电路内部元件 L_1、L_2、C 和 V 的损耗,根据等效电路,可以得到:输入输出有功功率相等,即

$$I_{L2}U_o = I_{L1}E$$

由此可以得出输出电压 U_o 与输入电压 E 的关系为

$$U_o = \frac{I_{L1}}{I_{L2}}E = \frac{t_{on}}{t_{off}}E = \frac{t_{on}}{T - t_{on}}E = \frac{k}{1-k}E$$

可见,Cuk 斩波电路与升降压式斩波电路的输出表达式完全相同。

两个电感纹波电流:

$$\Delta I_{L1} = \frac{E(U_{C1} - E)T}{L_1 U_{C1}} = \frac{kET}{L_1}$$

$$\Delta I_{L2} = \frac{U_o(U_{C1} - U_o)T}{L_2 U_{C1}} = \frac{kET}{L_2}$$

电容峰-峰脉动的电压

$$\Delta U_{C1} = \frac{I_{L1}(1-k)T}{C_1}, \Delta U_{C2} = \frac{kET^2}{8C_2 L_2}$$

Cuk 斩波电路是升压式和降压式组合而成,其输入输出关系与升降压电路相同。Cuk 斩波电路利用电容 C_1 传递能量。与 Buck-Boost 升降压斩波电路相比,Cuk 斩波电路有一个明显的优点,其输入电源电流和输出负载电流都是连续的,且脉动很小,有利于对输入、输出进行滤波。

4.2.5 Sepic 斩波电路和 Zeta 斩波电路

1. Sepic 斩波电路

(1)电路结构

Sepic 斩波电路的电路原理图如图 4-18 所示。

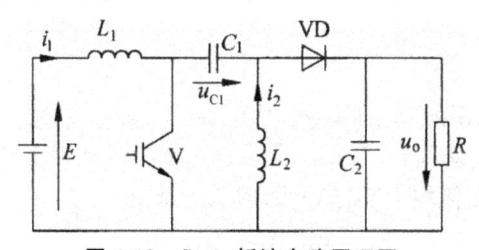

图 4-18 Sepic 斩波电路原理图

(2)工作原理

V 导通时,$E \to L_1 \to V$ 回路和 $C_1 \to V \to L_2$ 回路同时导电,L_1 和 L_2 储能。

V 关断时，$E \rightarrow L_1 \rightarrow C_1 \rightarrow VD \rightarrow$ 负载回路及 $L_2 \rightarrow VD \rightarrow$ 负载回路同时导电，此阶段 E 和 L_1 既向负载供电，同时也向 C_1 充电（C_1 储存的能量在 V 处于通态时向 L_2 转移）。

(3)输入输出关系

在 V 导通 t_{on} 期间，$u_{L1}=E, u_{L2}=u_{C1}$；在 V 关断 t_{off} 期间，$u_{L1}=E-u_o-u_{C1}$，$u_{L2}=-u_o$。

当电路工作于稳态时，电感 L_1、L_2 的电压平均值均为零，则下面的式子成立：

$$Et_{on}+(E-u_o-u_{C1})t_{off}=0, u_{C1}t_{on}-u_o t_{off}=0$$

由以上两式即可得出

$$U_o=\frac{t_{on}}{t_{off}}E=\frac{t_{on}}{T-t_{on}}E=\frac{k}{1-k}E$$

2. Zeta 斩波电路

(1)电路结构

Zeta 斩波电路的电路原理图如图 4-19 所示。

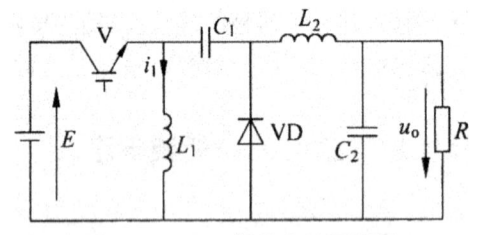

图 4-19 Zeta 斩波电路原理图

(2)工作原理

V 导通时，电源 E 经开关 V 向电感 L_1 储能；V 关断时，$L_1 \rightarrow VD \rightarrow C_1$ 构成振荡回路，L_1 的能量转移至 C_1，能量全部转移至 C_1 之后，VD 关断，C_1 经 L_2 向负载供电。

(3)输入输出关系

在 V 导通 t_{on} 期间，$u_{L1}=E, u_{L2}=E-u_{C1}-u_o$；

在 V 关断 t_{off} 期间，$u_{L1}=u_{C1}, u_{L2}=-u_o$。当电路工作于稳态时，电感 L_1、L_2 的电压平均值均为零，则下面的式子成立：

$$Et_{on}+u_{C1}t_{off}=0$$
$$(E-u_o-u_{C1})t_{on}-u_o t_{off}=0$$

由以上两式即可得出

$$U_o=\frac{t_{on}}{t_{off}}E=\frac{t_{on}}{T-t_{on}}E=\frac{k}{1-k}E$$

4.3 其他直流斩波电路

4.3.1 双向 DC-DC 变换电路

在采用斩波电路供电驱动直流电动机作调速运行时,要求电动机既能运行于电动状态,使能量从电源传向电动机;又能进行再生制动,使能量从电动机回馈给电源。双向 DC-DC 变换电路可在电源电压为单一极性条件下,可实现能量在电源与电动机间双向流动。双向 DC-DC 变换电路原理图如图 4-20(a)所示。

该电路是降压斩波器电路和升压斩波器电路的结合,V_1、VD_1 构成 Buck 斩波电路,V_2、VD_2 构成 Boost 斩波电路,电路有三种工作模式。

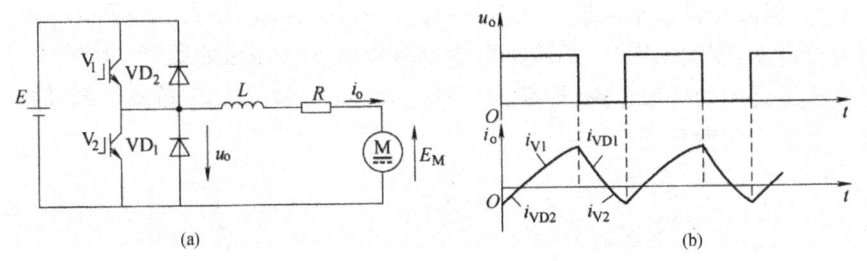

图 4-20 双向 DC-DC 变换电路原理图及输出波形
(a)双向 DC-DC 变换电路原理图;(b)第三种工作模式时输出波形

第一种工作模式:电路作降压(Buck)斩波电路运行,V_1、VD_1 交替通断,V_2、VD_2 总处于断态,$i_o>0$。在此模式中,通过控制 V_1 通断,由电源向电动机降压供电,实现调压调速,即电动机工作在机械特性的第一象限。

第二种工作模式:电路作升压(Boost)斩波电路运行,V_2、VD_2 交替通断,V_1、VD_1 总处于断态,$i_o<0$。在此模式中,通过控制 V_2 通断,将制动时电动机的机械能转换成电能反馈到电源,实现电动机的再生制动运行,即电动机工作在机械特性的第二象限。

第三种工作模式:在一个周期内,电路交替地作降压斩波和升压斩波电路工作。这种工作模式的最大优点是:当降压斩波电路或升压斩波电路的电流断续为零时,可实现两种电路在电流过零时切换,使电动机电流反向流过,以确保电动机电枢回路总有电流流过。

例如,当降压斩波电路的 V_1 关断后,电感三的储能通过 VD_1 继续向电动机电枢供电,但由于储能较少,经过短时间 L 的储能释放完毕,电枢电流为零，VD₁ 截止。此时使 V₂ 导通，在电枢反电动势 E_M 作用下使电动机电流反向，电感 L 重新储存能量。当 V₂ 关断后，L 的储能和 EM 共同作用使 VD₂ 导通，形成升压电路并向电源反馈能量。当反向电流衰减为零后，VD₂ 截止。接着 V₁ 再次导通，如此循环。图 4-20（b）是该工作模式下的输出波形。

该工作模式中，在一个周期内电枢电流可正反两个方向流通，从而使能量在电源和负载间双向流动，确保电流不间断，有效提高了电流、电动机电磁转矩的响应速度。

需要注意的是，若 V₁ 和 V₂ 同时导通，将导致电源短路，进而会损坏电路中的开关器件或电源，因此必须防止出现这种情况。

4.3.2 桥式可逆斩波电路

双向 DC-DC 变换电路可使电动机的电枢电流可逆，实现电动机的双象限运行，但其提供的电压极性是单向的。当需要电动机进行正、反转运行和运行于电动、制动状态时，必须将两个双象限斩波电路组合起来，成为一个可四象限运行的斩波电路，即桥式可逆斩波电路，如图 4-21 所示。其输出电压幅值和极性可变。

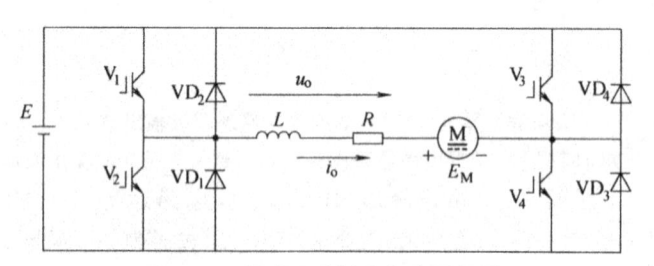

图 4-21　桥式可逆斩波电路原理图

当开关器件 V₄ 始终导通，开关器件 V₃ 始终关断，此时电路同图 4-10（a）等效，控制 V₁ 和 V₂ 的导通，输出电压 u_o＞0，电路向电动机提供正电压，电路工作在第一和第二象限，电动机工作在正转电动和正转再生制动状态。

当开关器件 V₂ 始终导通，开关器件 V₁ 始终关断。控制 V₃ 和 V₄ 的导通，输出电压 u_o＜0 电路向电动机提供负电压，电路工作在第三和第四象限。此时，开关器件 V₄ 截止，控制 V₃ 通、断转换，则 u_o＜0，i_o＜0，电路工作在第三象限，转速 n＜0，电磁转矩 T＜0，电动机工作在反转电动状态；开关器件 V₃ 截止，控制 V₄ 通、断转换，则 u_o＜0，i_o＞0，电路工作在第四象限，转速 n＜0，电磁转矩 T＞0，电动机工作在反转再生制动状态。

4.3.3 多相多重斩波电路

从电流波形看,一个控制周期中,电源侧的电流脉波数称为斩波电路的相数,负载电流脉波数称为斩波电路的重数。

在分析 m 相 m 重斩波电路时,可把该电路看成是 m 个降压斩波电路(见图 4-22)并联后和一个负载相连而构成的电路。因此可用一个降压斩波电路的工作周期T进行 m 等分,使各个斩波器的相位相隔 T/m 工作,提高斩波电路的工作频率。图 4-22(a)是二相二重斩波电路,图 4-22(b)是二相一重斩波电路。

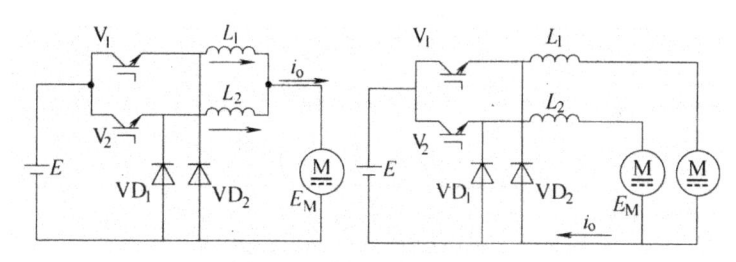

图 4-22 多相多重斩波电路
(a)二相二重斩波电路;(b)二相一重斩波电路

图 4-23(a)所示为三相三重斩波电路,电路由三个降压斩波电路单元并联而成,V_1、V_2、V_3 依次导通,相位差 1/3 周期,总的输出电流为单个斩波电路输出电流之和,输出的平均电流为单个斩波电路输出的电流平均值三倍,脉动频率也是三倍。电流波形如图 4-23(b)所示。

多相多重斩波电路具有以下特点:

1)输出电流脉动率(电流脉动幅值与电流平均值之比)与相数的二次方成反比地减小,有利于电动机的平稳运行。

2)输出电流脉动频率提高,平波电抗器的重量和体积可明显降低。

3)电源电流的脉动率与相数的二次方成反比地减小,有利于输入滤波器的设计。

4)由单个斩波器并联构成,系统可靠性可提高。

5)线路较单个斩波电路复杂,尤其是控制电路。

(a)

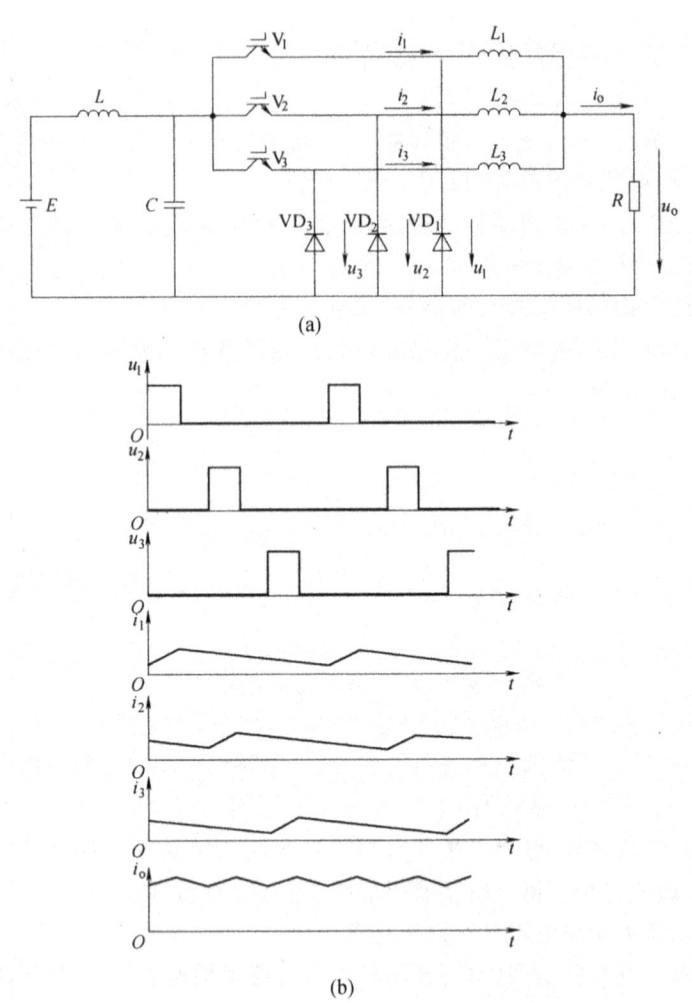

(b)

图 4-23 三相三重斩波电路及其输出电流波形

(a)三相三重斩波电路；(b)输出电流波形

4.4 隔离型直流-直流变换电路

  斩波电路都有一个共同的特点输入和输出之间是直接连接。在某些场合，如输出端与输入端需要隔离、多路输出需要相互隔离、输出电压与输入电压之比远小于1或远大于1以及为减小变压器和滤波电容、电感的体积和重量，交流环节采用较高的工作频率，在这些场合，则需采用变压器隔离的隔离型直流-直流变换电路。隔离型直流-直流变换的电路结构如图 4-24

所示。

图 4-24 隔离型直流-直流变换的电路结构

隔离变压器处于基本斩波电路的位置不同，可得到各种不同形式的隔离型直流-直流变换电路。隔离型直流-直流变换电路可分为单端和双端电路两大类，在单端电路中，变压器中流过的是直流脉动电流，而在双端电路中，变压器中的电流为正负对称的交流电流。

4.4.1 正激变换电路

正激变换电路可以看成是在降压斩波电路中插入隔离变压器而成。在图 4-25 虚线位置加入一个变压器，就得到图 4-26 所示的单端正激变换电路。

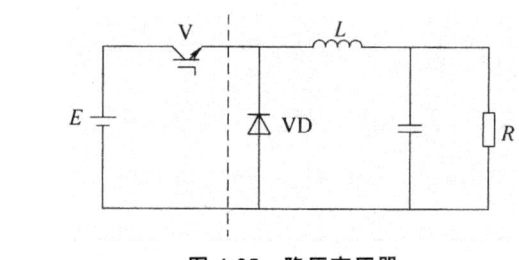

图 4-25 降压变压器

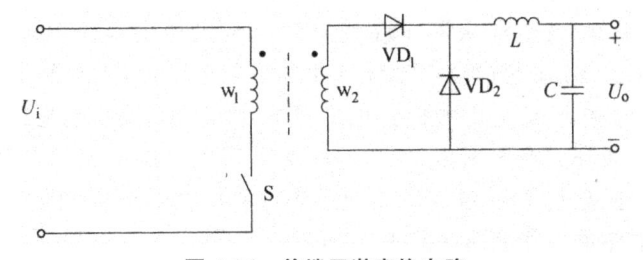

图 4-26 单端正激变换电路

当开关器件 S 闭合时，二极管 VD_1 正向导通，VD_2 反向截止，电感储能，电流 i_L 上升，电感 L 两端的电压为

$$u_L = \frac{N_2}{N_1} U_i - U_o \quad (0 < t < t_{on})$$

式中，N_1、N_2 分别为变压器一次绕组 w_1、二次绕组 w_2 的匝数。

在 t_{on} 时刻，开关器件 S 断开，电流 i_L 通过二极管 VD_2 续流，电流 i_L 下

降,电感 L 两端的电压为

$$u_L = -U_o \quad (t_{on} < t < T)$$

不考虑励磁电抗和漏抗,电路进入稳态后,电感 L 的电压在一个周期内平均电压等于零,即

$$\frac{1}{T}\int_0^T u_L dt = \left(\frac{N_2}{N_1}U_i - U_o\right)t_{on} + (-U_o)t_{off} = 0$$

$$\frac{U_o}{U_i} = \frac{N_2}{N_1}\frac{t_{on}}{T}$$

上式表明,正激变换电路输出和输入电压比与占空比成正比。

在实际电路中,必须考虑隔离变压器基础电流的影响,如果励磁电流在每个周期结束时的剩余值的基础上不断增加,并在以后的开关周期中继续积累,最终将导致变压器铁芯饱和。铁芯饱和后,励磁电流会更迅速地增长,最终损坏开关器件。图 4-27 为一种典型的带有磁芯复位的正激变换电路原理图,其在隔离变压器中增加一个用于去磁的第三绕组,将变压器中存储的能量返送到电源中去。

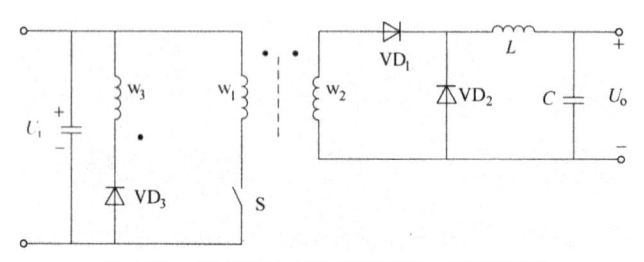

图 4-27 带有磁芯复位正激变换电路原理图

电路的工作过程为:当开关 S 开通后,电源加在变压器一次绕组 w_1 上,一次绕组 w_1 的电流从零开始增加,其感应的电动势极性为上正下负,则其二次绕组 w_2 上感应的电动势极性也为上正下负,二极管 VD_1 正向导通,VD_2 反向截止,此时电源向负载提供能量,电感 L 储能,电感上的电流逐渐增大。当开关 S 关断后,变压器一次电流和二次电流都为零,VD_1 截止,VD_2 导通,电感 L 通过 VD_2 续流,将能量释放给负载,电流逐渐下降。正激变换电路的工作波形如图 4-28 所示。

第 4 章 直流-直流变换电路

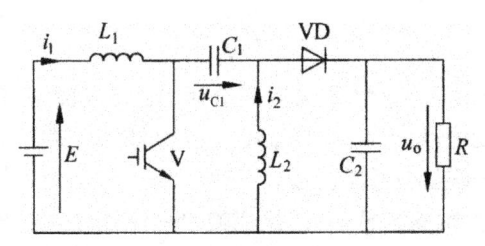

图 4-28 正激变换电路的工作波形

在开关 S 关断后到下一次重新开通的阶段内，必须使变压器的励磁电流减少回零，否则将导致变压器铁芯饱和。所以，在开关 S 关断后，必须使变压器励磁电流回零，这一过程称为变压器的磁芯复位。图 4-17 电路中，变压器的第三绕组与二极管 VD_3 组成了磁芯复位电路。开关 S 关断期间，变压器 w_3 绕组感应的电动势极性为上正下负，使二极管 VD_3 导通，磁场能量回流电源，电流逐渐减少至零。磁芯复位过程波形如图 4-29 所示。

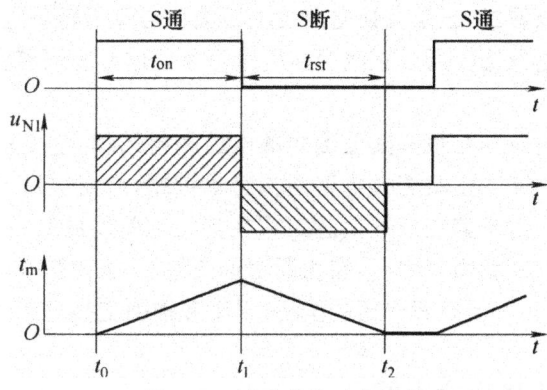

图 4-29 磁芯复位过程波形

在开关 S 关断期间，开关上承受的电压为

$$u_S = U_i - U_{N1} = U_i + \frac{N_1}{N_3}U_i = \left(1 + \frac{N_1}{N_3}\right)U_i$$

式中，U_{N1} 为变压器绕组 w_1 上的感应电压；N_1、N_3 为变压器绕组 w_1、w_3 的匝数。

从上式可见，在开关 S 关断且变压器励磁电流回零之前，开关 S 上承受的电压高于电源电压；当变压器励磁电流回零后，开关 S 上承受电源电压。开关 S 的电压波形如图 4-29 所示。

稳态时，忽略电路的损耗，一个周期内变压器绕组 w_1 平均电压等于零，即

$$\frac{1}{T}\int_0^T u_{N1}\, dt = U_i t_{on} + \left(-\frac{N_1}{N_3}U_i t_{rst}\right) = 0$$

$$t_{rst} = \frac{N_3}{N_1} t_{on}$$

式中，t_{on} 为 S 开通时间；t_{rst} 为 S 关断到绕组 w_3 的电流下降到零的时间。S 处于断态的时间必须大于 t_{rst}，即 $t_{rst} \leqslant t_{off}$ 以保证 S 下次开通前励磁电流能够将为零，使变压器磁心可靠复位。

如果输出电感和电容足够大，保证输出电流连续且电压稳定，当 S 开通时，$u_L = \frac{N_1}{N_3} U_i - U_o$，当 S 关断时，$u_L = -U_o$，由电感 L 的电压在一个周期内平均电压等于零，即

$$\frac{1}{T} \int_0^T u_L dt = \left(\frac{N_2}{N_1} U_i - U_o \right) t_{on} + (-U_o) t_{off} = 0$$

于是正激变换电路的输出电压和输入电压的关系为

$$\frac{U_o}{U_i} = \frac{N_2}{N_1} \frac{t_{on}}{T}$$

从上式可以看出，正激变换电路的电压关系与降压斩波电路相似，只增加了变压器的电压比。所以正激变换电路可以看作具有隔离变压器的降压斩波电路。

正激变换电路具有很多其他形式的电路拓扑结构，它们的工作原理和分析方法基本相同。正激变换电路结构简单可靠，广泛应用于较小功率的开关电源中。但由于其变压器铁芯工作在其磁化曲线的第一象限，变压器铁芯未得到充分的利用。因此，在相同功率条件下，正激变换电路中变压器体积、重量和损耗都较后面介绍的全桥、半桥和推挽变换电路大。

4.4.2 反激变换电路

反激变换电路如图 4-30(a)所示，同正激变换电路不同，反激变换电路中的变压器不仅起了输入和输出电路隔离的作用，还起储能电感的作用，可以看作一对相互耦合的电感。

反激变换电路的工作过程为：当开关 S 开通后，电源加在变压器一次绕组 w_1 上，一次绕组 w_2 的电流从零开始增加，其感应的电动势极性为上正下负，则其二次绕组 w_2 上的感应的电动势极性为上负下正，二极管 VD 反偏截止，此时电容 C 向负载提供能量。当开关 S 关断后，变压器一次绕组 w_2 的电流被切断，线圈中的磁场储能急剧减少，二次绕组 w_2 上的感应的电动势极性变为上正下负，二极管 VD 导通，变压器储能逐步释放给负载和电容 C 充电。反激变换电路的工作波形如图 4-30(b)所示。

由于变压器感应电动势的存在，在开关关断期间，器件承受的电压高于

电源电压。开关承受的电压和电流波形如图 4-30(b)所示,在开关 S 关断期间,开关上承受的电压为

$$u_S = U_i + \frac{N_1}{N_2}U_o$$

当电路工作在电流连续模式模式时,电路电压的输入和输出关系为

$$\frac{U_o}{U_i} = \frac{N_2}{N_1}\frac{t_{on}}{t_{off}} \tag{4-3}$$

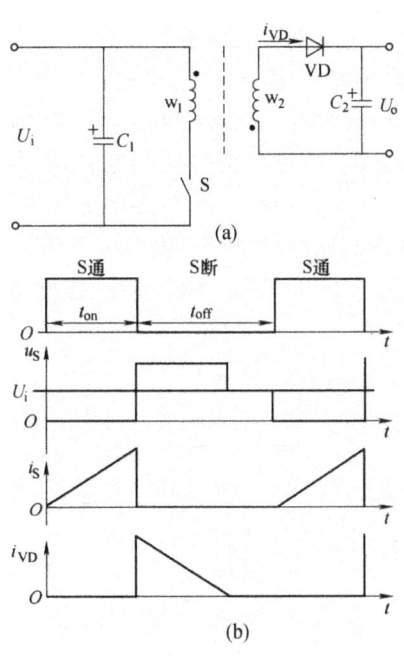

图 4-30 反激变换电路及工作波形

(a)反激变换电路;(b)工作波形

值得注意的是,反激变换电路一般工作在电流断续模式。因为当其工作于电流连续情况时,在每个周期结束时,输出电流没有回零,周而复始,使铁芯中剩磁会逐渐增加,导致铁芯饱和。所以,反激变换电路应尽量避免工作在电流连续模式。当电路工作在电流连续模式时,输出电压将高于式(4-3)中的数值,并随负载减少而升高,在负载为零的极限情况下,U_o将趋向无穷大,这将损坏电路中的元件,因此反激变换电路不能工作在负载开路状态。

4.4.3 推挽变换电路

推挽变换电路可以看成完全对称的两个单端正激变换电路组合而成,推挽变换电路如图 4-31 所示。

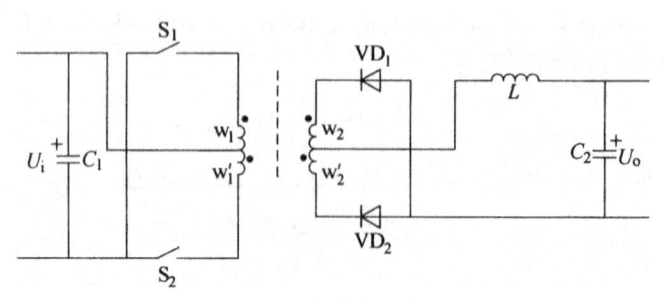

图 4-31 推挽变换电路

推挽变换电路中的开关 S_1 和 S_2 交替导通。当 S_1 导通，变压器一次绕组 w_1 上的电压 $u_{N1}=-U_i$，S_2 上的电压 $u_{S2} \approx 2U_i$，(为 w_1 和 w_1' 的全部电压)，此时二极管 VD_1 导通，电源向负载提供能量，电感 L 储能；S_2 导通且 S_1 关断时，绕组 w_1' 上的电压 $u_{N1'}=-U_i$，S_1 上的电压 $u_{S1} \approx 2U_i$，此时二极管 VD_2 导通，电源向负载提供能量，电感 L 储能；S_1 和 S_2 都不导通时，由电感向负载提供能量，二极管 VD_1 和 VD_2 同时导通，各分担负载一半电流。电路的工作波形如图 4-32 所示。

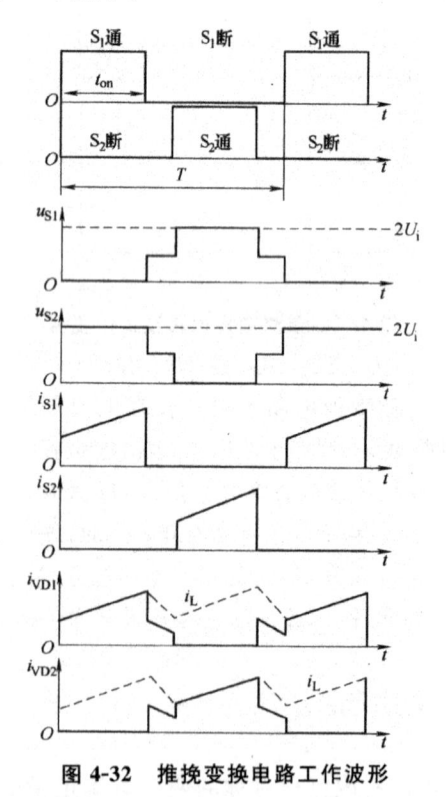

图 4-32 推挽变换电路工作波形

如果开关 S_1 和 S_2 同时导通,相当于变压器一次绕组短路。为避免两个开关同时导通,每个开关各自的占空比不能超过 50%,还要留有裕量。

当滤波电感 L 的电流连续时,推挽变换电路的输入和输出关系为

$$\frac{U_o}{U_i} = \frac{N_2}{N_1} \frac{2t_{on}}{T} \tag{4-4}$$

式中,N_1、N_2 为变压器绕组 w_1、w_2 的匝数。

如果输出的电感电流不连续,输出的电压 U_o 将高于式(4-4)的数值,U_o 将随负载减小而升高,在负载为零的极限情况下,输出电压 $U_o = \frac{N_2}{N_1} U_i$。

推挽变换电路优点是在输入回路中只有一个开关的导通压降,电路的通态损耗小,适合输入电压较低的电源供电。但其缺点是开关器件在关断状态下承受两倍的电源电压;另外,由于两个开关器件的性能不可能完全相同,使变压器在一个工作周期内工作情况不完全对称,存在偏磁问题,在使用时需引起注意。

4.4.4 半桥变换电路

半桥变换电路如图 4-33 所示,用电容 C_1 和 C_2 将输入电压加以分割,每个电容上的电压为 $U_i/2$。变压器一次绕组 w_1 的匝数为 N_1,二次绕组 w_1、w_3 的匝数均为 N_2。当 S_1 开通时,电流从 S_1 经 w_1 流入,当 S_2 导通时,电流经 w_1 向 S_2 流出。开关 S_1 和 S_2 交替导通,使变压器一次侧 w_1 形成幅值为 $U_i/2$ 的交流电压,改变开关的占空比,就可以改变二次侧整流电压 u_d 的平均值,也就改变了输出电压 U_o。

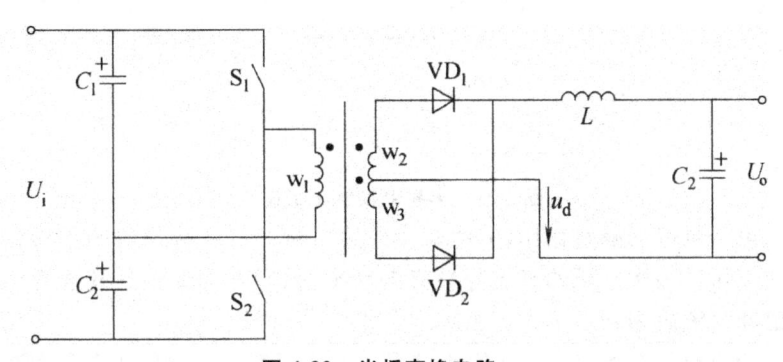

图 4-33 半桥变换电路

当 S_1 导通,二极管 VD_1 处于通态;S_2 导通时,二极管 VD_2 处于通态;当 S_1 和 S_2 都关断时,变压器一次绕组 w_1 中的电流为零,根据变压器的磁

动势平衡方程,绕组 w_2 和 w_3 中的电流大小相等、方向相反,二极管 VD_1 和 VD_2 同时导通。S_1 或 S_2 导通时,电感 L 的电流逐渐上升;S_1 和 S_2 都关断时,电感 L 上的电流逐渐下降。S_1 和 S_2 在断态时承受的峰值电压均为 U_i。电感足够大且负载电流连续时的波形如图 4-34 所示。

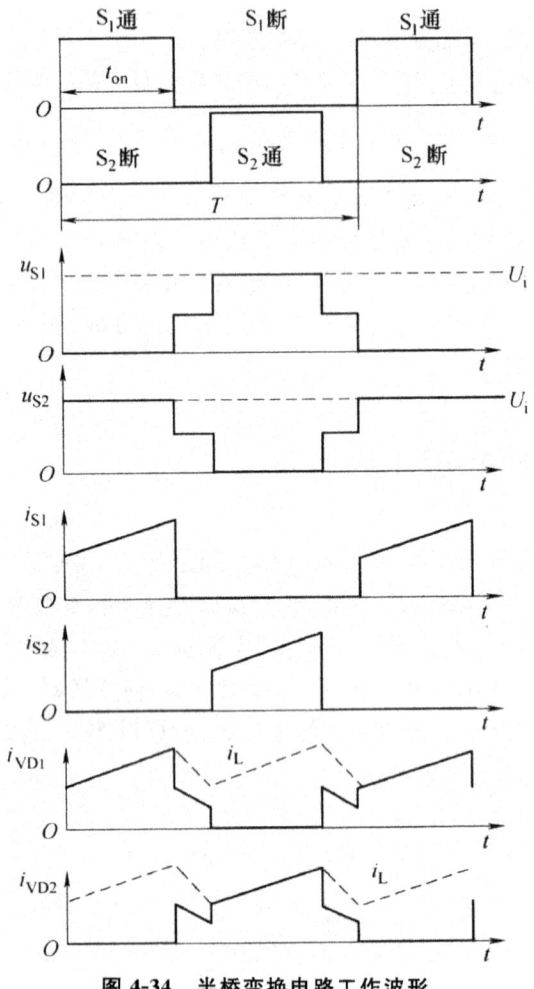

图 4-34 半桥变换电路工作波形

由于电容的隔直作用,半桥变换电路对两个开关导通时间不对称而造成的变压器一次电压的直流分量有自动平衡作用,因此不易发生变压器的偏磁和直流磁饱和。

为避免每个 S_1 和 S_2 在换流过程中发生短暂的同时导通现象而造成短路,每个开关各自的占空比不能超过 50%,还要留有裕量。

当滤波电感 L 的电流连续时,半桥变换电路的输入和输出关系为

$$\frac{U_o}{U_i} = \frac{N_2}{N_1}\frac{2t_{on}}{T} \tag{4-5}$$

式中，N_1、N_2 为变压器绕组 w_1、$w_2(w_3)$ 的匝数。

如果输出的电感电流不连续，输出的电压 U_o 将高于式(4-5)的数值，U_o 将随负载减小而升高，在负载为零的极限情况下，输出电压 $U_o = \frac{N_2}{N_1}\frac{U_i}{2}$。

4.4.5 全桥变换电路

全桥变换电路如图 4-35 所示，采用 4 个开关器件构成全桥电路，使 (S_1、S_4) 和 (S_2、S_3) 交替导通，将直流电压变成幅值为 U_i 的交流电压，加在变压器的一次侧。改变开关的占空比，就可以改变二次侧整流电压 u_d 的平均值，也就改变了输出电压 U_o。

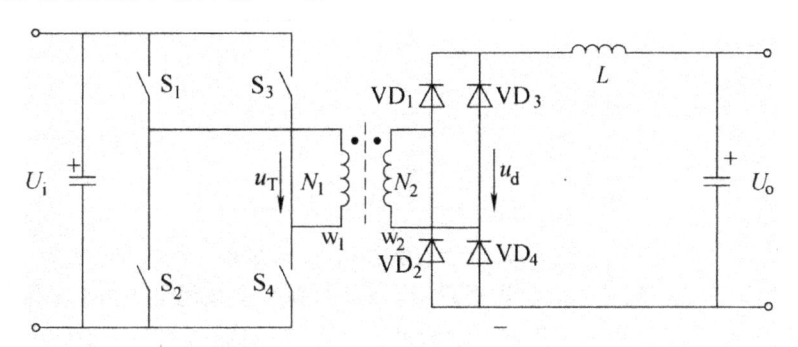

图 4-35 全桥变换电路

电路的工作过程为：当 S_1 和 S_4 导通且 S_2 和 S_3 关断，变压器二次侧二极管 VD_1 和 VD_4 导通，电感 L 中的电流逐渐上升；当 S_2 和 S_3 导通且 S_1 和 S_4 关断，变压器一次电压和二次电压极性反向，二极管 VD_2 和 VD_3 导通，电感 L 中的电流逐渐上升，此时 S_1 和 S_4 均不开通，承受电源电压；当 $S_1 \sim S_4$ 都关断时，由电感 L 给负载提供能量，$VD_1 \sim VD_4$ 都导通续流，各承担二分之一的负载电流，电感释放能量，电流逐渐下降。S_1 和 S_2 在断态时承受的峰值电压均为 U_i。电感足够大且负载电流连续时的波形如图 4-36 所示。

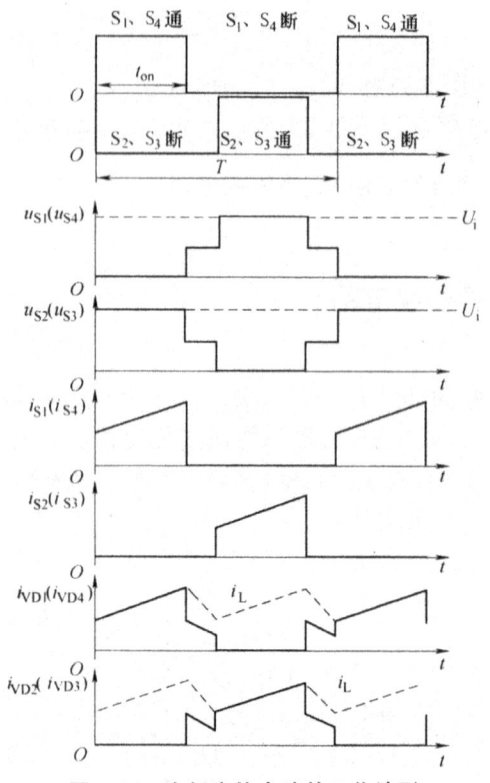

图 4-36　全桥变换电路的工作波形

如果 S_1、S_4 和 S_2、S_3 的导通时间不对称，则交流电压 u_T 中将含有直流分量，会在变压器的一次侧产生很大的直流电流，可能造成铁芯饱和。为了避免这个问题，可在一次侧串一个电容，以隔断直流电流。

同样，全桥变换电路中如果同一侧半桥的上下两个开关同时导通，将引起电源短路。所以每个开关各自的占空比不能超过 50%，还要留有裕量。

当滤波电感 L 的电流连续时，全桥变换电路的输入和输出关系为

$$\frac{U_o}{U_i} = \frac{N_2}{N_1} \frac{2t_{on}}{T} \tag{4-6}$$

式中，N_1、N_2 为变压器绕组 w_1、w_2 的匝数。

如果输出的电感电流不连续，输出的电压 U_o 将高于式(4-6)的数值，U_o 将随负载减小而升高，在负载为零的极限情况下，输出电压为

$$U_o = \frac{N_2}{N_1} U_i$$

在以上几种隔离型变换电路中，如采用相同电压和电流容量的开关器件时，全桥变换电路输出功率最大，但结构也最复杂，相对可靠性较低。该电路广泛用于数百瓦至数百千瓦的各种工业用开关电源中。

第 5 章　交流-交流变换电路

5.1　交流调压电路

交流调压电路是用来变换交流电压幅值（或有效值）的电路，它广泛应用于电炉的温度控制、灯光调节、异步电动机软启动和调速等场合，也可以用来调节整流变压器一次电压。

5.1.1　单相交流调压电路

1. 电阻负载

图 5-1(a)所示为单相交流调压电路的主电路原理图，电路采用相控调压，输出电压波形如图 5-1(b)所示。

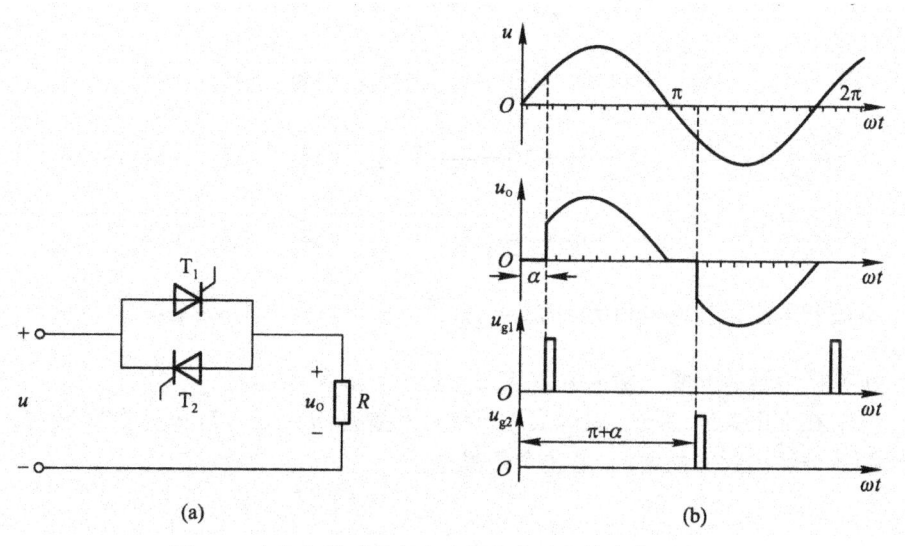

图 5-1　电阻负载时单向交流调压电路及输出电压波形

在电源 u 的正半周内,晶闸管 T_1 承受正向电压,当 $\omega t = \alpha$ 时,触发 T_1 使其导通,则负载得到了缺 α 角的正弦半波电压,当电源电压过零时,T_1 电流下降为零而关断。在电源电压配的负半周,晶闸管 T_2 承受正向电压,当 $\omega t = \pi + \alpha$ 时,触发 T_2 使其导通,则负载上又得到了缺 α 角的正弦负半波电压。持续这样控制,在负载电阻上便得到每半波缺 α 角的正弦电压。改变 α 角的大小,便改变了输出电压有效值的大小。

负载电压的有效值为

$$U_o = \sqrt{\frac{1}{\pi}\int_\alpha^\pi (\sqrt{2}U_s\sin\omega t)^2 d(\omega t)} = U\sqrt{\frac{1}{2\pi}\sin 2\alpha + \frac{\pi-\alpha}{\pi}}$$

负载电流的有效值为

$$I_o = \frac{U_o}{R} = \frac{U}{R}\sqrt{\frac{1}{2\pi}\sin 2\alpha + \frac{\pi-\alpha}{\pi}}$$

调压器的功率因数为

$$PF = \frac{U_o I_o}{U_s I_s} = \frac{U_o}{U_s} = \sqrt{\frac{1}{2\pi}\sin 2\alpha + \frac{\pi-\alpha}{\pi}}$$

式中,U 为输入交流电压的有效值。随着 α 角的增大,U_o 逐渐减小。当 $\alpha = \pi$ 时,$U_o = 0$。因此,单相交流调压电路对于电阻性负载,其电压可调范围为 $0 \sim U$,控制角仪的移相范围为 $0 \sim \pi$。

单相交流调压电路带电阻负载时,输出电压波形正负半波对称,所以不含直流分量和偶次谐波,故

$$u_o = \sum_{n=1,3,5,\cdots} (a_n \cos n\omega t + b_n \sin n\omega t)$$

式中 $\quad a_1 = \frac{\sqrt{2}U_1}{2\pi}(\cos 2\alpha - 1) \qquad b_1 = \frac{\sqrt{2}U_1}{2\pi}[\sin 2\alpha + 2(\pi - \alpha)]$

$$a_n = \frac{\sqrt{2}U_1}{2\pi}\left\{\frac{1}{n+1}[\cos(n+1)\alpha - 1] - \frac{1}{n-1}[\cos(n-1)\alpha - 1]\right\} \quad (n=3,5,7\cdots)$$

$$b_n = \frac{\sqrt{2}U_1}{2\pi}\left[\frac{1}{n+1}\sin(n+1)\alpha - \frac{1}{n-1}\sin(n-1)\alpha\right] (n=3,5,7\cdots)$$

基波和各次谐波有效值为 $\quad U_{on} = \frac{1}{\sqrt{2}}\sqrt{a_n^2 + b_n^2} \quad (n=1,3,5,7,\cdots)$

负载电流基波和各次谐波有效值为 $\quad I_{on} = U_{on}/R$

在上面关于谐波的表达式中 $n=1$ 为基波,$n=3,5,7,\cdots$ 为奇次谐波。随着谐波次数 n 的增加,谐波含量减少。

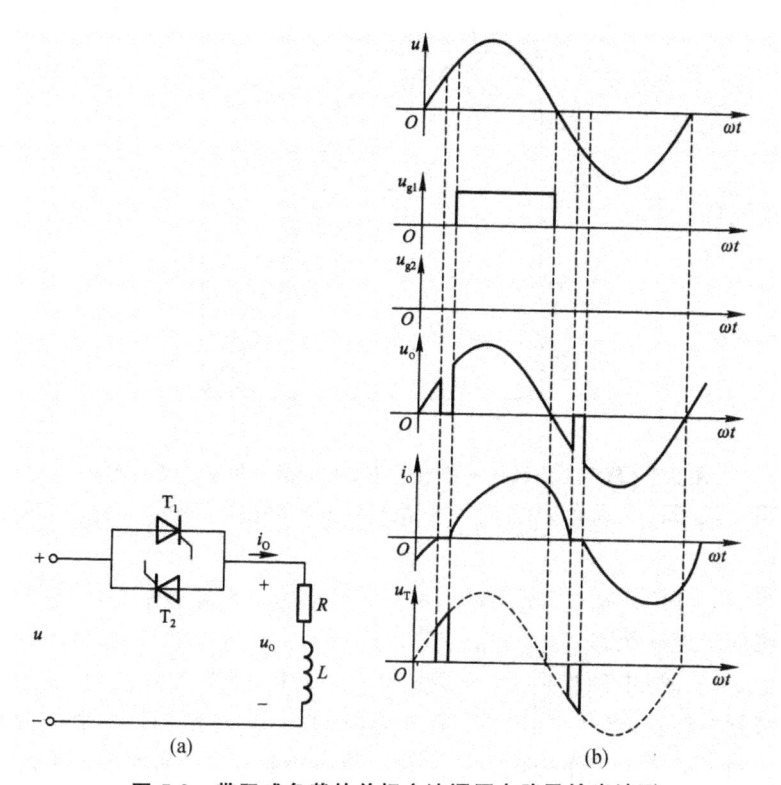

图 5-2 带阻感负载的单相交流调压电路及输出波形

2. 阻感负载

单相交流调压器带阻性加感性负载时的电路如图 5-2(a)所示。一个晶闸管导通时,其负载电流 i_o 的表达式如下:

$$i_o = \frac{\sqrt{2}U}{Z}\left[\sin(\omega t - \varphi) - \sin(\alpha - \varphi)e^{\frac{\alpha - \omega t}{\tan\varphi}}\right] \quad (5-1)$$

式中,$\alpha \leqslant \omega t \leqslant \alpha + \theta$,$Z = [R^2 + (\omega L)^2]^{\frac{1}{2}}$,$\varphi = \arctan\left(\frac{\omega L}{R}\right)$。

另一个晶闸管导通时,情况完全相同,只是 i_o 相差 180°,其负载电流波形如图 5-2(b)所示。

当 $\omega t = \alpha + \theta$ 时,$i_o = 0$。将此条件代入式(5-1)则可求得导通角 θ 的表达式为

$$\sin(\alpha + \theta - \varphi) = \sin(\alpha - \varphi)e^{-\frac{\theta}{\tan\varphi}} \quad (5-2)$$

针对交流调压电路,其导通角 $\theta \leqslant 180°$。根据式(5-2),可绘出 $\theta = f(\alpha, \varphi)$ 曲线,如图 5-3 所示。

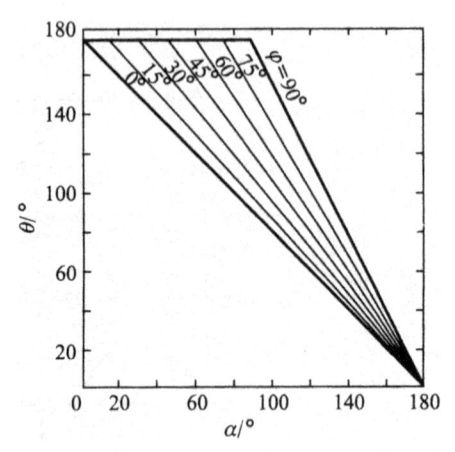

图 5-3　单相交流调压电路以 φ 为参变量时 θ 与 α 的关系曲线

当 $\alpha>\varphi$ 时，导通角 $\theta<180°$，正负半波电流断续，α 越大，θ 越小，波形断续越严重。

当 $\alpha=\varphi$ 时，$\sin\theta=0$，于是 $\theta=180°$，即每个晶闸管导通角为 $\theta=180°$。负载电流处于连续状态，为完全正弦波。

当 $\alpha<\varphi$ 时，电源接通后，如果先触发 T_1，T_1 的导通角 $\theta>180°$。如果采用窄脉冲触发，当 T_1 的电流下降为零时，T_2 的门极脉冲已经消失而无法导通。到了第二个工作周期，T_1 又重复第一周期工作，如图 5-4 所示。这样就出现了先触发的一个晶闸管导通，而另一个晶闸管不能导通的失控现象。回路中将出现很大的直流电流分量，无法维持电路的正常工作。

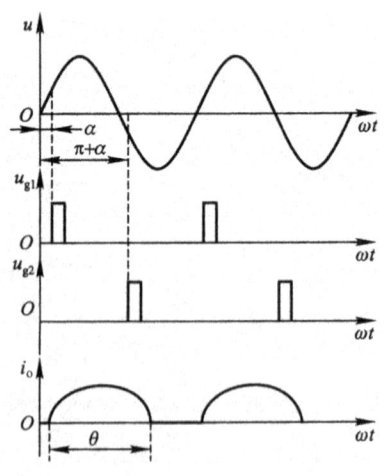

图 5-4　窄脉冲触发时的工作波形（$\alpha<\varphi$）

解决失控现象的办法是采用宽脉冲或脉冲列触发，以保证 T_1 电流下降到零时，T_2 的触发脉冲信号还未消失，T_2 可以在 T_1 导通后接着导通，但

T_2 的初始导通角 $\alpha+\theta-\pi>\varphi$，所以 T_2 的导通角 $\varphi<\pi$。从第二周期开始，T_1 的导通角逐渐减小，T_2 的导通角逐渐增大，直到两个晶闸管的 $\theta=180°$ 时达到平衡。

根据上面的分析，当 $\alpha\leqslant\varphi$ 时，并采用宽脉冲触发时，负载电压、电流总是完整的正弦波，改变控制角 α，负载电压、电流的有效值不变，即电路失去交流调压的作用。在电感负载时，要实现交流调压的目的，则最小控制角 $\alpha=\varphi$（负载的功率因数角），所以 α 的移相范围为 $\varphi\sim180°$。

在 $\alpha>\varphi$ 时负载电压的有效值 U_o、晶闸管电流平均值 I_{dT} 电流有效值 I_T 以及负载电流有效值 I_o 分别为

$$U_o = \sqrt{\frac{1}{\pi}\int_\alpha^{\alpha+\theta}(\sqrt{2}U\sin\omega t)^2 d(\omega t)} = U\sqrt{\frac{\theta+\sin2\alpha-\sin2(\alpha+\theta)}{\pi}}$$

$$I_{dT} = \frac{1}{2\pi}\int_\alpha^{\alpha+\theta}[\sin(\omega t-\varphi)-\sin(\alpha-\varphi)e^{-\frac{\omega t-\alpha}{\tan\varphi}}]d\omega t$$

$$I_T = \sqrt{\frac{1}{2\pi}\int_\alpha^{\alpha+\theta}\left(\frac{\sqrt{2}U}{Z}\right)^2[\sin(\omega t-\varphi)-\sin(\alpha-\varphi)e^{-\frac{\omega t-\alpha}{\tan\varphi}}]^2 d\omega t}$$

$$= \frac{U}{Z}\sqrt{\frac{\theta}{2\pi}-\frac{\sin\theta\cos(2\alpha+\varphi+\theta)}{\cos\varphi}}$$

$$I_o = \sqrt{2}I_T$$

经分析可知，单相交流调压器带阻感负载时电流谐波次数和电阻负载时相同，也只含 3、5、7、…奇次谐波，随着次数的增加，谐波含量减少。和电阻负载时相比，阻感负载时的谐波电流含量少一些，α 角相同时，随着阻抗角的增大，谐波含量有所减少。

5.1.2 三相交流调压电路

图 5-5(a)为三个独立的单相交流调压电路组成的三相交流调压电路。图 5-5(b)所示为三相三线制交流调压电路，三相负载既可以是星形联结，也可以是三角形联结。

1. 三相四线制交流调压电路

图 5-5(a)所示的三相四线制交流调压电路。实际上是三个单相交流调压电路的组合。晶闸管的门极触发脉冲信号同相间两管的触发脉冲要互差 180°。各晶闸管导通顺序为 $T_1\sim T_6$，依次滞后间隔 60°。由于存在中性线，只需要一个晶闸管导通，负载就有电流流进，故可采用窄脉冲触发。该电路工作时，中性线上谐波电流较大，含有 3 次谐波，控制角 $\alpha=90°$时，中性线电

流甚至和各相电流的有效值接近。若变压器采用三柱式结构,则三次谐波磁通不能在铁芯中形成通路,产生较大的漏磁通,引起发热和噪声。该电路中晶闸管上承受的峰值电压为$\sqrt{\frac{2}{3}}U_L$(U_L为线电压)。

2. 三相三线制交流调压电路

图 5-5(b)所示为三相三线制交流调压电路,负载可以接成星形,也可以接成三角形。由于没有中性线,必须保证两相晶闸管同时导通负载中才有电流流过。与三相全控桥式整流电路一样,必须采用宽脉冲或者双窄脉冲触发,6 个晶闸管的门极触发顺序为 $T_1 \sim T_6$,依次间隔 60°。相位控制时,电源相电压过零处便是对应的晶闸管控制角的起点($\alpha=0°$)。α 角移相范围是 0°~150°。应当注意的是,随着 α 的改变电路中晶闸管的导通模式也不同。

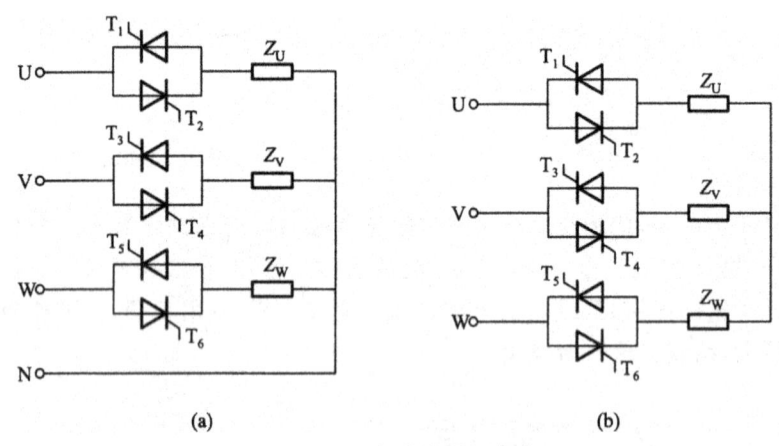

图 5-5 三相交流调压电路

1)$0° \leq \alpha < 60°$ 时,3 个晶闸管导通与 2 个晶闸管导通交替,每管导通 180°—α。当 $\alpha=0°$时,三管同时导通,图 5-6(a)所示为 $\alpha=30°$时的负载电压波形。

2)$60° \leq \alpha < 90°$ 时,两管导通,每管导通 120°,图 5-6(b)所示为 $\alpha=60°$时负载电压波形。

3)$90° \leq \alpha < 150°$ 时,两管导通与无晶闸管导通交替,导通角度为 300°—2α,图 5-6(c)所示为 $\alpha=120°$时的负载电压波形。

第 5 章 交流-交流变换电路

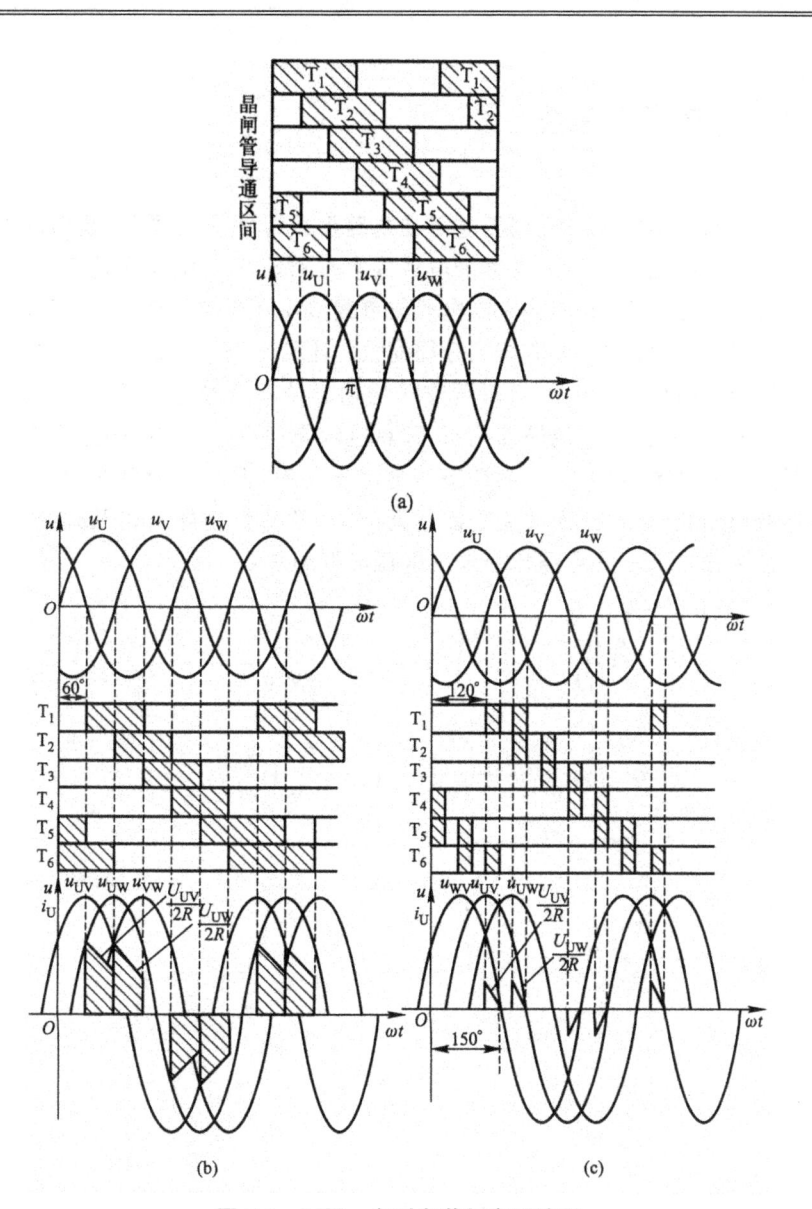

图 5-6 不同 α 角时负载相电压波形

该电路的优点是输出谐波含量低,通过分析可知电流谐波次数为 $6k\pm1$(k=1,2,3,…),和三相桥式全控整流电路交流侧电流所含谐波的次数完全相同。

5.2 交流调功电路

交流调功电路和交流调压电路在电路形式上完全相同,只是控制方式不同。交流调功电路不是在每个电源周期都对输出电压波形进行控制,而是采用周期控制方式,即将交流电源与负载接通几个整周期,再断开几个整周期,通过改变接通周期数与断开周期数的比值来调节负载上的平均功率。通过控制导通比 $D=n/m$ 可以调节平均输出功率。导通比 D 的控制方式主要有两种,一种为固定周期控制,即总控制周期数 m 不变,通过调节导通周期数 n 来调节导通比,进而调节平均输出功率;另一种为可变周期控制,即导通周期数 n 不变,而改变控制周期数 m,从而控制导通比及输出功率。两种控制方式下不同导通比时输出电压波形如图 5-7 所示。

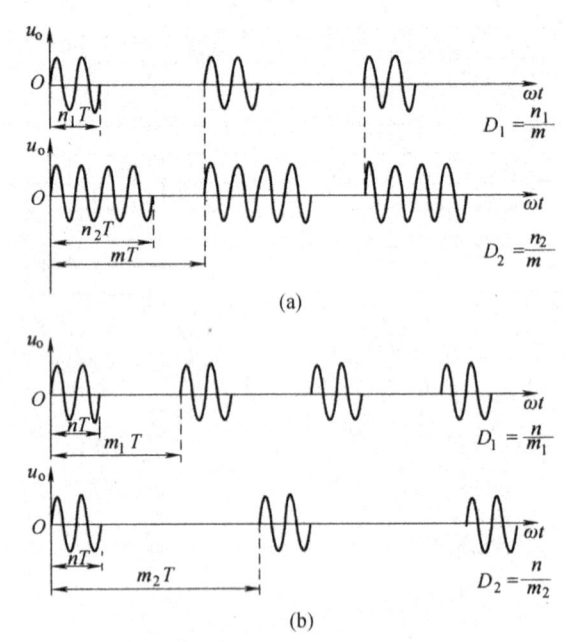

图 5-7 交流调功电路输出电压波形

(a)固定周期控制;(b)可变周期控制

设总周期数 m,导通周期数 n,导通比为 $D=n/m$,则交流调功电路的输出功率和输出电压有效值分别为

$$P=\frac{n}{m}P_N=DP_N, \quad U=\sqrt{\frac{n}{m}}U_N=\sqrt{D}U_N$$

式中,P_N、U_N 为总周期数 m 内全导通时,调功电路输出的功率与电压有效值。

上述两种控制方式均为全周期控制,即输出电压的最小控制单元为一个完整的电源周期,因此在任何情况下输出电压的正、负半周个数相等,平均电压为零,这一点对于带变压器等电感性负载的交流调功电路十分重要。对于电阻性负载,为了提高控制精度,也可以采用半周期控制,即输出电压的最小控制单元为半个电源周期,导通周期数 n 与控制周期数 m 均可以是 0.5 的整数倍。在半周期控制中,可能出现输出波形正、负半周个数不相等的现象,使得输出电压中存在直流分量,不能用于带变压器负载的交流调功电路。

由于交流调功电路的输出电压通常是断续的正弦波,负载上获得的电压一段时间为零,另一段时间等于电源电压。因此,它不适用于调光等需要平滑调节输出电压的场合,而广泛应用于各种温度控制、电加热等大惯性的场合。

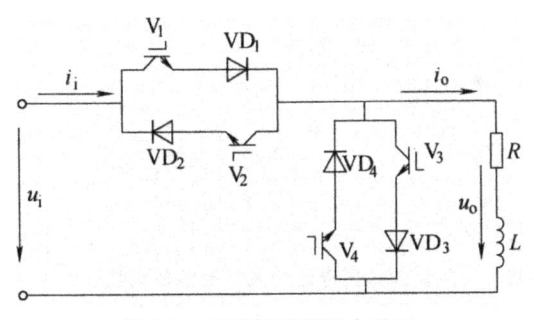

5.3 交流斩波调压电路

交流斩波调压电路的基本原理与直流斩波电路类似,均采用斩波控制方式,所不同的是直流斩波电路的输入是直流电源,而交流斩波调压电路的输入是正弦交流电源。因此,在分析其工作原理时,可以将交流电源的正、负半周分别当作一个短暂的直流电压源,即可利用直流斩波电路的方法进行分析。

交流斩波调压电路通常采用全控型器件作为开关器件,其电路如图 5-8 所示。在交流电源 u_i 的正半周,用 V_1 进行斩波控制,V_4、VD_4 为感性负载的电流提供续流通路;在 u_i 的负半周,用 V_2 进行斩波控制,V_3、VD_3 为感性负载的电流提供续流通路。因输入、输出均为交流电压,故 $V_1 \sim V_4$ 均需要有双向阻断的功能,因此在各管支路中需串联快恢复二极管 $VD_1 \sim VD_4$,以承受关断时的反向电压。

图 5-8 交流斩波调压电路图

交流斩波调压电路带电阻负载时的输出波形如图 5-9 所示，在斩波器件 V_1 或 V_2 导通期间输出电压等于输入电压，在关断期间输出电压 u_o 等于零。设斩波器件的导通时间，即电压脉冲的宽度为 t_{on}，关断时间为 t_{off}，开关周期为 $T=t_{on}+t_{off}$；则交流斩波调压电路的占空比 $\alpha=t_{on}/T$ 和直流斩波电路一样，也可以通过调节占空比 α 来调节输出电压的有效值，即改变脉冲宽度 t_{on}（定频调宽）或改变斩波周期 T（定宽调频）都可以实现调压的目的。

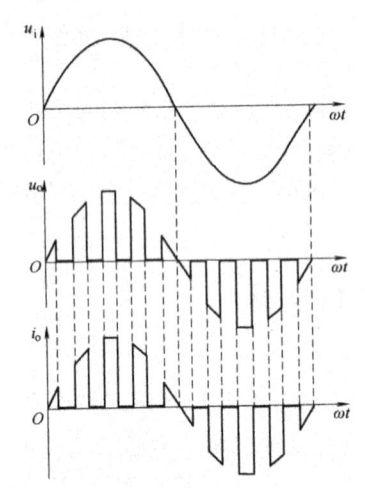

图 5-9　交流斩波调压电路带电阻负载时的输出波形

电阻电感性负载下的输出波形如图 5-10 所示。交流斩波调压电路除采用全控型器件（如 GTO、CTR、IGBT 等）外，也可以采用快速晶闸管构成电路。另外，交流斩波调压电路与交流相控调压电路相比，还有一个优点是斩波器件在半波结束之前即可关断，因此其响应涑度较快，其缺点是由于开关频率较高，电路的损耗较大。

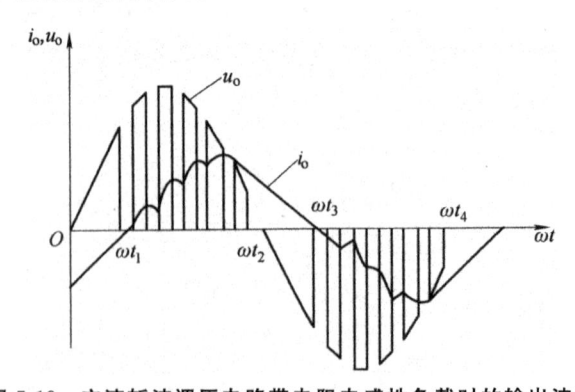

图 5-10　交流斩波调压电路带电阻电感性负载时的输出波形

5.4 交流电力电子开关

交流电力电子开关是利用反并联晶闸管或双向晶闸管与交流负载串联而构成的一种交流电力控制电路，已经广泛应用于各种电力系统和驱动系统中。采用交流电力电子开关的主要目的是根据负载需要使电路接通和断开，从而代替传统电路中有触点的机械开关。与传统机械开关相比，交流电力电子开关作为一种无触点开关，具有响应速度快、寿命长、可以频繁控制通断、控制功率小、灵敏度高等优点，因此被广泛应用于各种交流电动机的频繁启动、正反转控制、软启动、可逆转换控制，以及电炉温度控制、功率因数改善、电容器的通断控制等各种应用场合。

交流电力电子开关在电路形式上与交流调功电路类似，但控制方式或控制目的有所不同。交流调功电路也是控制电路的接通和断开，但它是以控制电路的平均输出功率为目的，其控制方式是改变晶闸管开关的导通周期数和控制周期数的比值；而交流电力电子开关并不去控制电路的平均输出功率，只是根据负载需要控制电路的接通和断开，从而使负载实现其相应的功能。交流电力电子开关通常没有明确的控制周期，其控制方式也随负载的不同而有所变化，其开关频率通常也比交流调功电路低得多。

1. 晶闸管投切电容器

交流电力电子开关的典型应用之一是晶闸管投切电容器。电力系统中绝大部分负载均为感性负载，感性负载在工作时要消耗系统的无功功率，造成系统功率因数低。为此，系统需要对电网进行无功补偿。传统的无功补偿装置是采用机械有触点开关投入和切除电容器，这种采用机械开关的补偿装置反应速度慢，在负载变换快速场合，电容器投切的速度跟不上负载的变换。采用晶闸管投切电容器的补偿方式，可以快速跟踪负载的变化，从而稳定电网电压，并改善供电质量。

晶闸管投切电容器基本原理图如图 5-11 所示，其中图 5-11(a)为基本电路单元，两个反并联晶闸管与无功补偿电容 C 串联，根据功率因数的要求将电容 C 接入电网或从电网断开。该支路中还串联着一个小电感 L，其作用是抑制电容器投入电网时可能产生的电流冲击，有时也与电容 C 一起构成谐波滤波器，用来减小或消除电网中某一特定频率的低次谐波电流，在简化电路图中通常不画出该电感。在实际应用中，为了提高对电网无功功率的控制精度，同时为了避免大容量的电容器组同时投入或切除对电网造成较大的冲击,一般将电容器分成几组,如图5-11(b)所示。

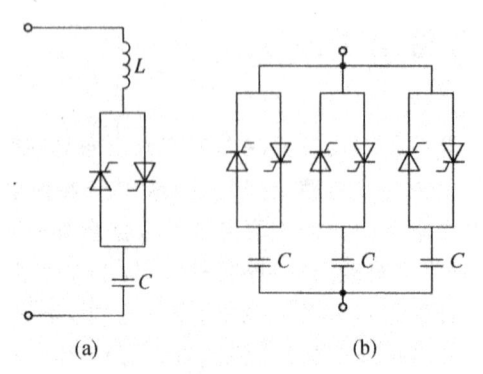

图 5-11 晶闸管投切电容器基本原理图
(a)基本电路单元;(b)分组投切简图

晶闸管交流开关是一种理想的快速交流开关,与传统的接触器-继电器系统相比,其主电路甚至包括控制电路都没有触头及可动的机械机构,因而,不存在电弧、触头磨损和熔焊等问题。晶闸管交流开关可以用很小的功率去控制大功率的主电路。晶闸管交流开关适用于操作频繁、可逆运行及有易燃气体的场合。晶闸管交流开关由于具有上述优点,而被广泛应用,并取得了良好的效果。

2.晶闸管交流开关中的常用触发电路

晶闸管交流开关有晶闸管反并联组成的交流开关和双向晶闸管组成的交流开关。原则上,用于晶闸管电路的各种触发电路,均可用于双向晶闸管电路。但晶闸管和双向晶闸管的触发方式有所区别。

双向晶闸管有I_+、I_-、$Ⅲ_-$、$Ⅲ_+$四种触发方式,常用的触发方式有I_+、I_-、$Ⅲ_-$三种。因此,设计双向晶闸管的触发电路时,应使其能满足各种触发方式对灵敏度的要求,以防止产生半周不导通或导通不充分的现象。

晶闸管交流开关经常采用本相电压强触发电路,如图5-12所示。

图5-12(a)为晶闸管反并联的交流开关的本相电压强触发电路。此触发电路的工作过程为:S闭合(接通)后,在交流电源正半周时晶闸管VT_1的A、K极之间的瞬时电压通过VD_1使VT_1导通。同理,交流电源负半周时晶闸管VT_2的A、K极瞬时电压通过VD_2使VT_2导通。图5-12(b)为双向晶闸管交流开关的本相电压强触发电路。本相电压强触发电路采用I_+、$Ⅲ_-$触发方式。此触发电路的工作过程为:S闭合(接通)后,在交流电源正半周时双向晶闸管VT的T_1、T_2之间的瞬时电压经电阻R加到门极G与T_2之间。此时G与T_2之间的电压将随交流电源电压上升而增高,这

样便使触发电流增大,直至元件导通。元件导通后,T_1、T_2 之间的电压立即降至 1~2V,从而使门极不会受强电压的威胁。同理在交流电源负半周时双向晶闸管 VT 的 T_1、T_2 之间的瞬时电压经电阻 R 加到 T_2 与 G 之间使 VT 导通。本相电压强触发电路中,双向晶闸管的门极上往往串联限流电阻尺。限流电阻尺不能选得过大,因为限流电阻选得过大时,需要有较大的本相触发电压才能使元件得到所需的触发电流,元件的导通将相应滞后。试验表明,R 取 20~150Ω 为宜。

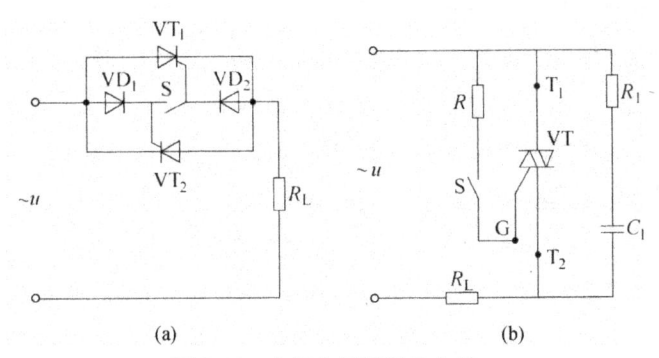

图 5-12 本相电压强触发电路
(a)晶闸管反并联电路;(b)双向晶闸管电路

本相电压强触发电路不但具有强触发功能,对触发电流很大的元件也能可靠触发,而且本相触发电压本身就是同步电压,解决了触发脉冲与主电路电压同步问题,从而使线路简单可靠,调试维修方便。

3. 正反向可逆晶闸管交流开关

正反向可逆晶闸管交流开关适用于正反向频繁可逆运行场合。正反向可逆晶闸管交流开关的电气原理图如图 5-13 所示。

(1)主电路

主电路采用 5 只双向晶闸管 VT_1~VT_5。三相交流电源经低压断路器 QF、快速熔断器 FU、双向晶闸管 VT_1~VT_5,接至交流电动机。当 VT_1、VT_2、VT_3 被触发导通时,交流电动机正转,运转指示灯(HL_2、HL_3、HL_4)亮;当 VT_2、VT_4、VT_5 被触发导通时,交流电动机反转,运转指示灯(HL_2、HL_3、HL_4)亦亮;VT_2 在交流电动机正反转时均导通。为了保证正向组 VT_1、VT_3 与反向组 VT_4、VT_5 不同时导通,设置了延时电路 YS,以防止交流电动机正反换向时相间短路。延时时间为 60~100ms。

在主电路中,双向晶闸管两端并联的 RC 吸收装置,对双向晶闸管起过电压保护和抑制 du/dt 的作用;用快速熔断器对双向晶闸管进行过电流保护。

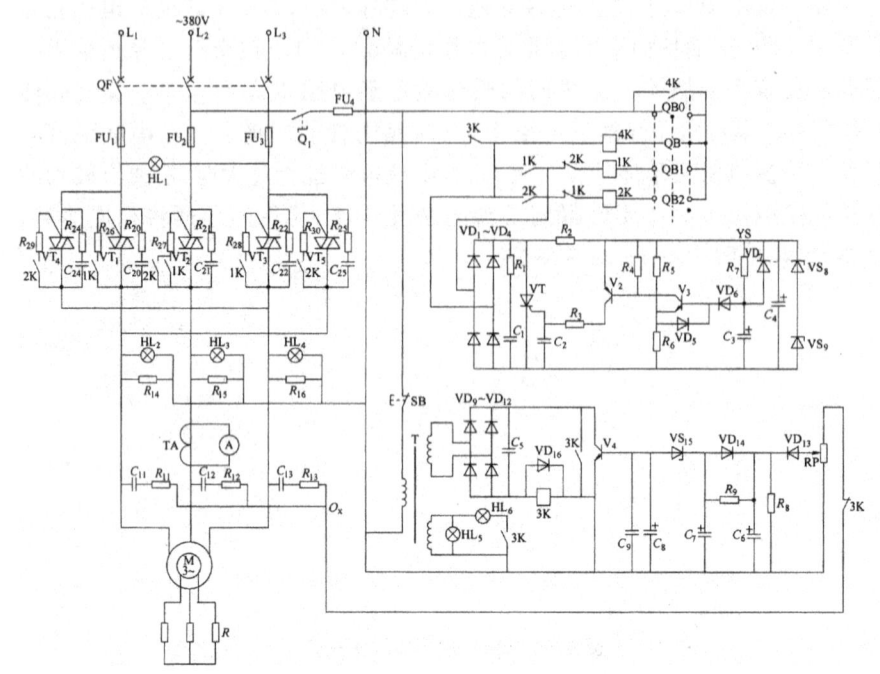

图 5-13 正反向可逆晶闸管交流开关的电气原理图

(2)控制电路

在控制电路中采用本相电压强触发电路。在图 5-13 中,QB 为主令开关,4K 为零位继电器。合上低压断路器和电源开关后,若 QB 在零位,则 4K 得电吸合并自保;当电源断电后又重新来电时,要待 QB 回到零位,使 4K 重新得电吸合并自保,交流电动机才能重新启动、运行。这样便不会在电源供电或供电中断后又重新来电时,因 QB 的手柄放在"开"的位置而出现交流电动机自行启动的不安全情况,从而实现了零位保护。当采用按钮或自动复位主令开关,不需要零位保护时,继电器 4K 可以取消。

当 QB 的手柄转到"正"位置时,QB1 闭合;经延时电路 YS 延时后,1K 吸合并自保,将延时电路 YS 短接;与此同时,1K 的常开触点接通正向组双向晶闸管 VT_1、VT_2、VT_3 的触发电路,使 VT_1、VT_2、VT_3 导通,交流电动机正向运转。当 QB 的手柄转到"反"位置时,QB1 断开,1K 释放,VT_1、VT_2、VT_3 断电,QB2 闭合;经 YS 延时后 2K 吸合并自保,短接 YS;与此同时,2K 的常开触点接通反向组双向晶闸管 VT_2、VT_4、VT_5 的触发电路,使 VT_1、VT_4、VT_5 导通,交流电动机先后经反接制动、反向启动,最后转入稳定运行。

延时电路 YS 的工作原理如下:

当 QB 的手柄转到"正"或"反"位置时,QB1 或 QB2 闭合,晶体管 V_3、

V_2 截止,晶闸管 VT 截止,这样,在 1K(2K)线圈自身阻抗和限流电阻 R_2 的作用下,1K(2K)线圈中只有很小电流流过,所以 1K(2K)不吸合。此时,电流经 1K(2K)的线圈送到整流桥 $VD_1 \sim VD_4$ 进行整流,而后再通过稳压管 VS_8、VS_9 进行稳压;稳压输出的电压,经电阻 R_7 对电容 C_3 充电。C_3 的电压升高,晶体管 V_3、V_2 导通、晶闸管 VT 也随之导通,从而使继电器 1K(2K)吸合,其常开触点闭合并自保,将延时电路 YS 的工作电源短接掉,使晶闸管 VT 的电流过零关断,电容 C_3 经两路即 VD_7—R_5—R_6 和 VD_6—V_3 的基射极—R_6 放电,延时电路 YS 复原,准备投入下次工作。

图 5-13 所示断相保护电路的工作原理如下:

断相保护信号取自 C_{11}—R_{11}、C_{12}—R_{12}、C_{13}—R_{13} 三条支路的公共交点 O_x。当三相交流电源输出无断相时,O_x 与电源中性线 N 之间的电压 U_{ox} 理论上为零。实际上,三相交流电源本身或负载不平衡,C_{11}—R_{11}、C_{12}—R_{12}、C_{13}—R_{13} 三条支路的参数不对称等情况都可能出现。这时,即使三相交流电源无断相,U_{ox} 也会不为零,但一般只有几伏。三相交流电源中有一相或两相断相时,U_{ox} 将显著升高,其值随负载交流电动机等的参数变化而变化。U_{ox} 经整流后作用于稳压管 VS_{15} 上,使之击穿;VS_{15} 击穿,使晶体管 V_4 导通,继电器 3K 吸合并自保,其常闭触点断开,切断继电器 1K、2K 的控制电路,并同时发出"缺相"事故信号,此时,双向晶闸管过零关断,切断交流电动机的电源,从而避免了交流电动机因缺相运行而烧毁。

第6章 无源逆变电路

6.1 逆变技术概述

将直流电变换成交流电的电路称为逆变电路,根据交流电的去向可以分为有源逆变和无源逆变。逆变技术的种类很多,按不同的标准进行分类,如图 6-1 所示。

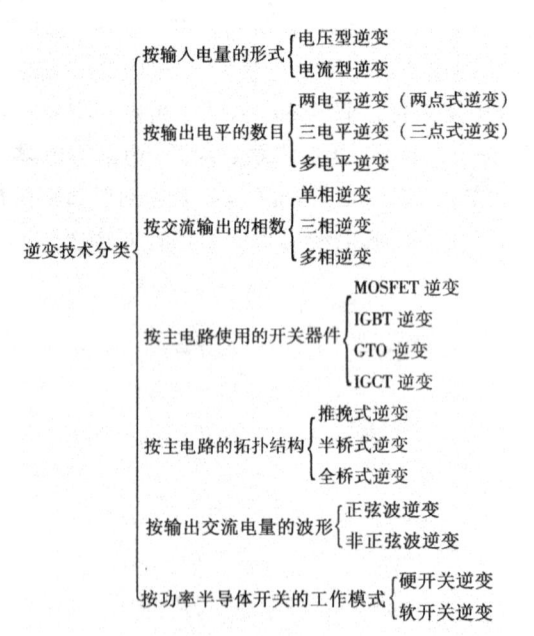

逆变技术分类：
- 按输入电量的形式：电压型逆变、电流型逆变
- 按输出电平的数目：两电平逆变（两点式逆变）、三电平逆变（三点式逆变）、多电平逆变
- 按交流输出的相数：单相逆变、三相逆变、多相逆变
- 按主电路使用的开关器件：MOSFET 逆变、IGBT 逆变、GTO 逆变、IGCT 逆变
- 按主电路的拓扑结构：推挽式逆变、半桥式逆变、全桥式逆变
- 按输出交流电量的波形：正弦波逆变、非正弦波逆变
- 按功率半导体开关的工作模式：硬开关逆变、软开关逆变

图 6-1 逆变技术的分类

各种形式的逆变技术有各自的特点和适用的领域,并在不同的电气自动化设备和产品中获得广泛的应用。

6.2 无源逆变电路的工作原理

6.2.1 逆变电路基本工作原理

以图 6-2(a)所示的单相桥式无源逆变电路为例,说明基本工作原理,图中 U_d 为直流电源电压,Z 为逆变电路的输出负载,$S_1 \sim S_4$ 为 4 个高速理想开关。该电路有两种工作状态:

1) S_1、S_4 闭合,S_2、S_3 断开,加在负载 Z 上的电压为 A 正 B 负,输出电压 $u_o = U_d$。

2) S_2、S_3 闭合,S_1、S_4 断开,加在负载 Z 上的电压为 A 负 B 正,输出电压 $u_o = -U_d$。

当以频率 f 交替切换 S_1、S_4 和 S_2、S_3 时,负载将获得交变电压,其波形如图 6-2(b)所示。于是将直流电压 U_d 变换成交流电压 u_o。改变电路中两组开关的切换频率 f,也就改变了输出交流电的频率。这就是逆变电路的基本原理。

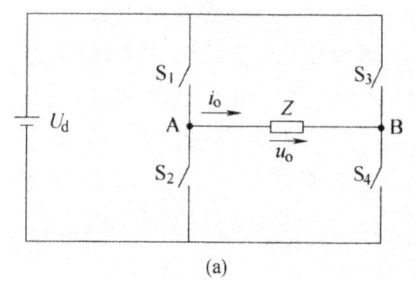

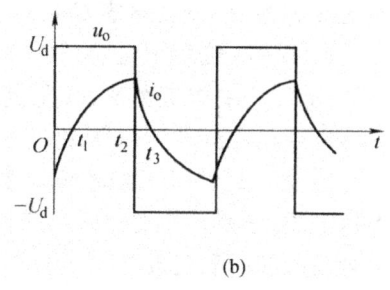

图 6-2 单相桥式无源逆变电路原理图及工作波形
(a)电路原理图;(b)工作波形

图 6-2(a)中的负载 Z 如为电阻时,负载电流 i_o 和 u_o 的波形相同,相位也相同;如果是阻感负载,负载电流 i_o 相位滞后于 u_o,如图 6-2(b)所示,在 $t=0$ 时,S_2、S_3 关断,S_1、S_4 导通,u_o 立刻由负变为正,因为负载电感的存在,电流 i_o 不能立即反向,依然从 B 流到 A,负载电感储存的能量向电源反馈,电流逐渐减小,在 t_1 时刻降为零。随后电流 i_o 正向上升(即从 A 流到 B)并增大,继续上升,直到 t_2 时刻 S_1、S_4 关断,S_2、S_3 导通,工作情况类似。

从输出功率的角度看,在区间 $0 \sim t_1$ 内,电压 u_o 和电流 i_o 的方向不同,输出瞬时功率为负,即负载向直流电源反馈能量;在区间 $t_1 \sim t_2$ 内,电压 u_o

和电流 i_o 的方向相同,输出瞬时功率为正,即直流电源向负载提供能量。

上面的开关 $S_1 \sim S_4$ 在实际电路中是由电力电子器件构成的电子开关,可由半控型的快速晶闸管构成,也可由 GTO、GTR、IGBT 等全控型器件构成。这些器件都是单向导电的,故实际电路的结构和工作过程更为复杂。

全控型电力电子器件可由门极(或基极/栅极)控制开通与关断,不需要复杂的换流电路,是构成逆变器的理想器件。

6.2.2 换流方式类别

在逆变电路工作过程中,电流会从 S_1 到 S_2、S_4 到 S_3 转移。电流从一条支路向另一条支路转移的过程称为换流,也称换相。换流并不是只在逆变电路中才有的概念,在前面各章的电路中都涉及换流问题。但在逆变电路中,换流及换流方式问题最为集中。

图 6-3(a)所示是基本的负载换流逆变电路,4 个桥臂均采用晶闸管,其负载为阻感性负载,与电容并联,电路工作在接近并联谐振状态而略呈容性,从而实现晶闸管的换流。同时电容的接入改善了负载功率因数,直流侧串入的大电感 L_d 使 i_d 基本没有脉动。

$t < t_1$ 时,VT_1、VT_4 导通,VT_2、VT_3 关断,u_o、i_o 均为正,VT_2、VT_3 承受电压即为 u_o,即为电容 C 两端电压。此时电容充电,极性为左正右负。

$t = t_1$ 时,触发 VT_2、VT_3 使其开通,电容放电经过 VT_1、VT_4,使流过 VT_1、VT_4 中的电流为零,u_o 加到 VT_1、VT_4 上使其承受反压而关断,电流从 VT_1、VT_4 换到 VT_2、VT_3。

触发 VT_2、VT_3 的时刻 t_1 必须在 u_o 过零前并留有足够裕量,保证 VT_1、VT_4 承受反压的时间大于其关断和恢复正向阻断能力所需的时间,才能使换流顺利完成。

从 VT_2、VT_3 到 VT_1、VT_4 的换流过程和上述 VT_1、VT_4 到 VT_2、VT_3 的换流过程类似。

电路的工作波形如图 6-3(b)所示。4 个臂开关的切换仅使电流路径改变,负载电流基本呈矩形波。负载工作在对基波电流接近并联谐振的状态,对基波阻抗很大,对谐波阻抗很小,则 u_o 波形接近正弦波。

第 6 章 无源逆变电路

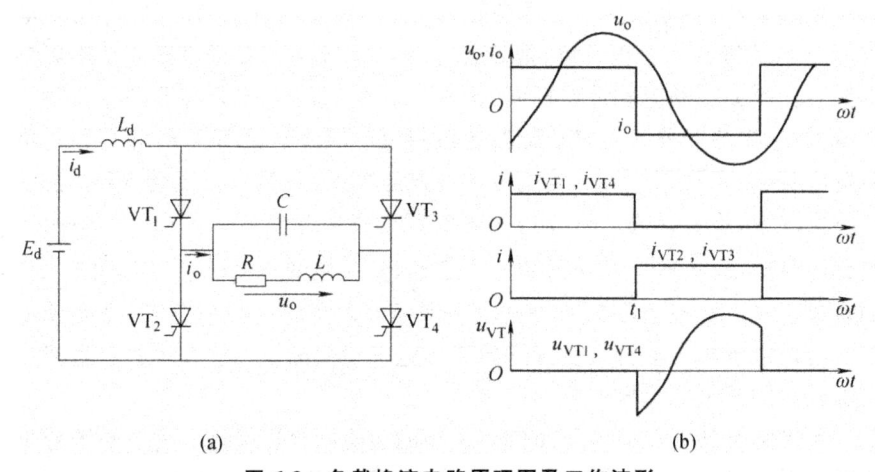

(a)

(b)

图 6-3 负载换流电路原理图及工作波形

(a)负载换流电路原理图;(b)工作波形

由换流电路内电容直接提供换流电压的方式称为耦合式强迫换流,其原理图如图 6-4 所示。通过换流电路内电容和电感耦合提供换流电压或换流电流的称为电感耦合式强迫换流,其原理如图 6-5 所示。

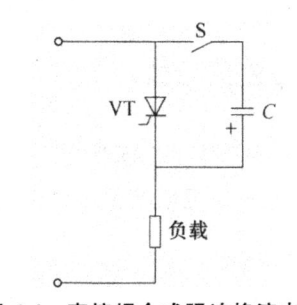

图 6-4 直接耦合式强迫换流电路

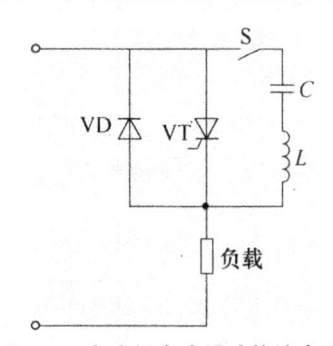

图 6-5 电感耦合式强迫换流电路

在图 6-5 中,若晶闸管 VT 处于通态时,开关 S 断开,通过电容充电电路给电容 C 充电的极性为上负下正,则 S 合上后,晶闸管在 LC 振荡第一个半周期内关断；若晶闸管 VT 通态时，开关 S 断开，通过电容充电电路给电容 C 充电的极性为上正下负，则 S 合上后，晶闸管在 LC 振荡第二个半周期内关断。因为在晶闸管导通期间，图中电容所充的电压极性不同。在第一种情况中，接通开关 S 后，LC 振荡电流将反向流过晶闸管 VT，与 VT 的负载电流相减，直到 VT 的合成正向电流减至零后，再流过二极管 VD。在后一种情况中，接通开关 S 后，LC 振荡电流先正向流过 VT 并和 VT 中原有负载电流叠加，经半个振荡周期 $\pi\sqrt{LC}$ 后，振荡电流反向流过 VT，直到 VT 的合成正向电流减至零后再流过二极管 VD。在这两种情况下，晶闸管都是在正向电流减至零且二极管开始流过电流时关断。二极管上的管压降就是加在晶闸管上的反向电压。

给晶闸管加上反向电压而使其关断的换流叫电压换流。先使晶闸管电流减为零，然后通过反并联二极管使其加反压的换流叫电流换流。

6.3 电压型逆变电路

6.3.1 单相半桥型逆变电路

半桥逆变电路简单，使用器件少。但输出电压幅值低，直流侧需两个电压均衡的电容串联。常用于几千瓦以下的小功率逆变电源。

1. 电路结构与工作波形

单相半桥电压型逆变电路及工作波形如图 6-6 所示，电路由两个导电臂构成，每个导电臂由一个可控器件和一个反并联二极管组成。直流侧有两个相互串联的足够大的电容 C_1 和 C_2，且 $C_1=C_2$，它们联结点是直流电源的中点。设感性负载连接在 A、O 两点之间，VT_1 和 VT_2 之间存在死区时间，以避免上、下直通，死区时间内两晶闸管均无驱动信号。

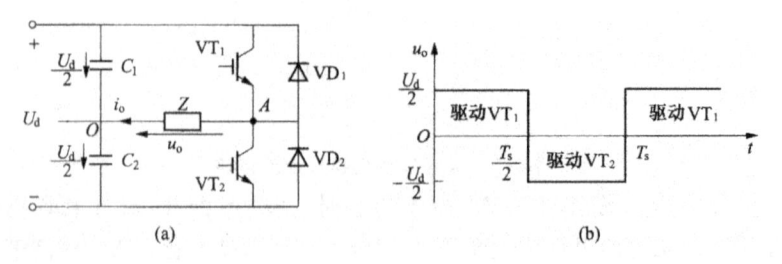

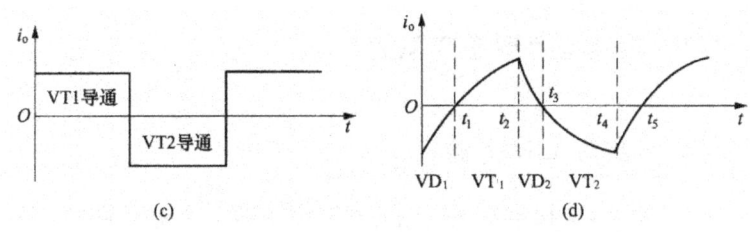

图 6-6 电压型单相半桥逆变电路及其工作波形
(a)单相半桥逆变电路；(b)负载电压波形；
(c)电阻负载电流波形；(d)RL 负载电流波形

2. 逆变电路工作过程

一个周期内，VT_1 和 VT_2 基极信号各有半周正偏、半周反偏，且互补。若负载为阻感负载，设 t_2 时刻以前，VT_1 有驱动信号导通，VT_2 截止，则 $U_o = \frac{U_d}{2}$。t_2 时刻关断 VT_1，同时给 VT_2 发出导通信号，感性负载电流 i_o 不能立即改向，由 VD_2 续流，$U_o = -\frac{U_d}{2}$。t_3 时刻 i_o 降至零，VD_2 截止，VT_2 导通，i_o 开始反向增大，此时仍然有 $U_o = -\frac{U_d}{2}$。在 t_4 时刻关断 VT_2，同时给 VT_1 发出导通信号，感性负载电流如不能立即改向，VD_1 先导通续流，此时 U_o 从 $-\frac{U_d}{2}$ 突变为 $\frac{U_d}{2}$。t_5 时刻 i_o 为零，VT_1 导通，$U_o = \frac{U_d}{2}$。

VT_1 或 VT_2 导通时，负载电流 i_o 和电压 u_o 同方向，直流侧向负载提供能量；VD_1 或 VD_2 导通时，i_o 和 u_o 反向，负载电流中储藏的能量向直流侧反馈。负载电感将吸收的无功能量反馈回直流侧，暂时储存在直流侧电容器中，起着缓冲无功能量的作用。续流二极管一方面使负载电流连续，另一方面是负载向直流侧反馈能量的通道，又称反馈二极管。

当可控器件是不具有门极可关断能力的晶闸管时，须附加强迫换流电路才能正常工作。

3. 数量关系

输出电压有效值为 $U_o = \sqrt{\frac{1}{T_s}\left[\int_0^{\frac{T_s}{2}}\left(\frac{U_d}{2}\right)^2 dt + \int_{\frac{T_s}{2}}^{T_s}\left(-\frac{U_d}{2}\right)^2 dt\right]} = \frac{U_d}{2}$，由傅里叶分析，输出电压瞬时值为 $u_o = \sum_{n=1,3,5,\cdots}^{\infty} \frac{2U_d}{n\pi}\sin(n\omega t)$，其中 $\omega = 2\pi f_s$ 为输出电压角频率。当 $n = 1$ 时其基波分量的有效值为 $U_{o1} = \frac{2U_d}{\sqrt{2}\pi} \approx 0.45 U_d$。

6.3.2 单相全桥型逆变电路

1. 电路结构与工作波形

如图 6-7 所示，单相全桥逆变电路可看成由两个半桥电路组合而成，共 4 个桥臂，VT$_1$ 和 VT$_4$ 为一对、VT$_2$ 和 VT$_3$ 为另一对，成对桥臂同时导通，两对交替各导通 π，VD$_1$～VD$_4$ 均为续流二极管。输入 U_d 还可并联一只大电容 C，起稳压作用。

单相全桥逆变电路输出电压 u_o 形和半桥电路的波形相同，也是矩形波，但幅值高出一倍，即 $U_m = U_d$；输出电流 i_o 波形和半桥电路的 i_o 形状也相同，但幅值增加一倍。

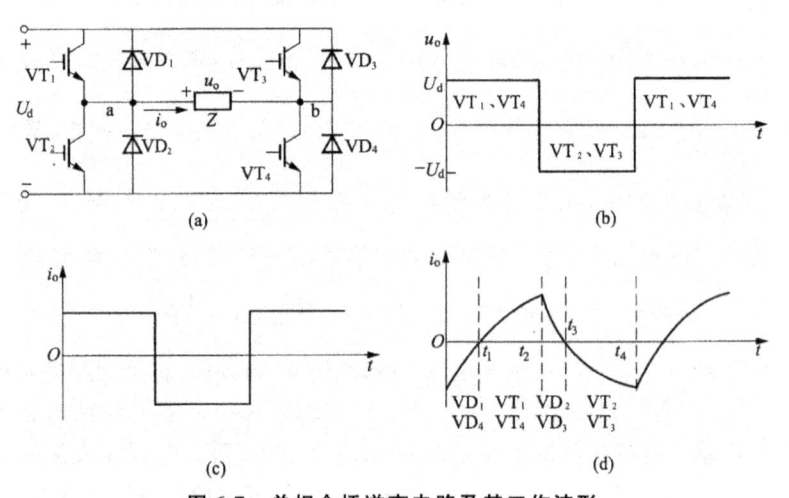

图 6-7 单相全桥逆变电路及其工作波形
(a)单相全桥逆变电路；(b)输出电压波形；
(c)电阻负载电流波形；(d)阻感负载电流波形

2. 电路工作分析

$t=0$ 之前，VT$_2$ 和 VT$_3$ 导通、VT$_1$ 和 VT$_4$ 关断，电源电压反向加在负载上，$u_o = -U_d$。$t=0$ 时刻，负载电流达到最大负值，VT$_2$ 和 VT$_3$ 关断，由于感性负载电流经 VD$_1$ 和 VD$_4$ 续流，VT$_1$ 和 VT$_4$ 承受反压而不能导通，负载电压 u_o 由 $-U_d$ 突变为 U_d。

在 $t=t_1$ 时刻，负载电流由负向到零，VD$_1$ 和 VD$_4$ 关断、VT$_1$ 和 VT$_4$ 导通，a 点电位 $U_a = U_d$，b 点电位 $U_b = 0$，负载电压 $u_o = U_d$，负载电流 i_o 由 a 流向 b 且正向增大。

在 $t=t_2$ 时刻,负载电流上升到正的最大值,VT₁ 和 VT₄ 关断、VT₂ 和 VT₃ 导通,同样,由于感性负载电流经 VD₂ 和 VD₃ 续流,负载电压 u_o 由 U_d 突变为 $-U_d$。

在 $t=t_3$ 时刻,负载电流由正向下降到零,VD₂ 和 VD₃ 关断、VT₂ 和 VT₃ 导通,负载电流反向增大,负载电压 $u_o=-U_d$。

在 $t=t_4$ 时刻,负载电流达到负的最大值,VT₂ 和 VT₃ 关断,而 VD₁ 和 VD₄ 续流,负载电压 u_o 再次由 $-U_d$ 突变为 U_d,完成一个工作周期。

3. 基本数量关系

单相全桥逆变电路的输出电压为方波,定量分析时,将 u_o 展开成傅氏级数,得 $u_o = \frac{4U_d}{\pi}\left(\sin\omega t + \frac{1}{3}\sin3\omega t + \frac{1}{5}\sin5\omega t + \cdots\right)$,其中基波分量的幅值 U_{o1m} 和有效值 U_{o1} 分别为 $U_{o1m} = \frac{4U_d}{\pi} \approx 1.27U_d$、$U_{o1} = \frac{2\sqrt{2}U_d}{\pi} \approx 0.9U_d$。

对于对半桥逆变电路,将式中 U_d 换成 $\frac{U_d}{2}$。上述 u_o 为正负电压各为 π 的方波时,改变输出电压有效值只能通过改变输出直流电压 U_d 来实现。

4. 移相调压

当阻感负载时,可以通过移相调压的方法来调节逆变电路输出电压,实际是调节脉宽。

各 IGBT 的栅极信号为 π 正偏、π 反偏,并且 VT₁ 和 VT₂ 栅极信号互补,VT₃ 和 VT₄ 栅极信号互补,但 VT₃ 的栅极信号比 VT1 不是落后 π,而只是落后 $\theta(0<\theta<\pi)$,即 VT₃、VT₄ 的栅极信号分别比 VT₂、VT₁ 的前移 $\pi-\theta$。输出电压是正负各为 θ 脉冲,因为只有同一对桥臂的两个元件栅极信号同时为正才有输出电压,如图 6-8 所示。

工作过程为:$t=0 \sim t_1$ 时,VT₁ 和 VT₄ 导通,$u_o=-U_d$。t_1 时刻 VT₃ 和 VT₄ 栅极信号反向,VT₄ 截止,因负载电感电流 i_o 不能突变,VT₃ 不能立即导通,VD₃ 续流,$u_o=0$。t_2 时刻 VT₁ 和 VT₂ 栅极信号反向,VT₁ 截止,而 VT₂ 不能立即导通,VD₂ 续流,和 VD₃ 构成电流通道,$u_o=-U_d$。到负载电流过零并开始反向时,VD₂ 和 VD₃ 截止,VT₂ 和 VT₃ 导通,u_o 仍为 $-U_d$。t_3 时刻 VT₃ 和 VT₄ 栅极信号再次反向,VT₃ 截止,而 VT₄ 不能立即导通,VD₄ 续流,u_o 再次为零。

可见改变 θ 可调节输出电压,有效值

$$U_o = \sqrt{\frac{1}{2\pi}[(U_d)^2\theta + (-U_d)^2\theta]} = \sqrt{\frac{\theta}{\pi}}U_d$$

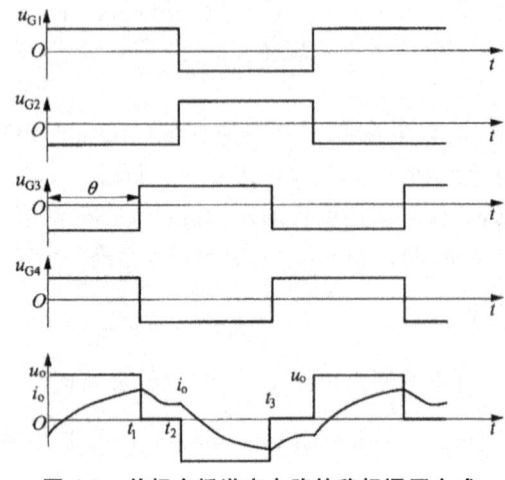

图 6-8 单相全桥逆变电路的移相调压方式

6.3.3 电压型三相桥式逆变电路

采用 IGBT 作为开关器件的电压型三相桥式逆变电路可看成由三个半桥或三个单相逆变电路组成,如图 6-9 所示。

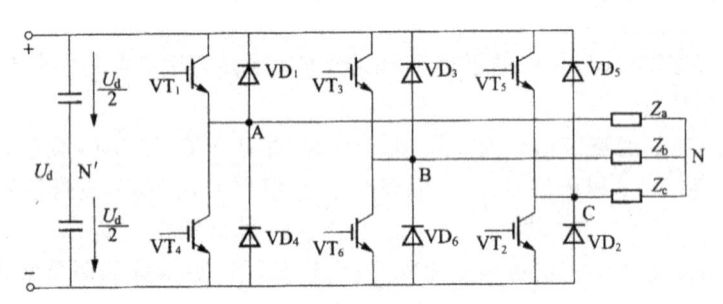

图 6-9 电压型三相桥式逆变电路

电压型三相桥式逆变电路为 π 导电方式,每个桥臂导电角度为 π,同一相上下两臂交替导电,各相开始导电的角度依次相差 $\frac{2\pi}{3}$。任一瞬间有三个桥臂同时导通,每次换流在同一相上下两臂间进行,也称纵向换流。如图 6-10 所示为该电路的工作波形,分析如下。

为分析方便,将一个工作周期分为 6 个区间,每区间占 $\frac{\pi}{3}$。图 6-10 中 A、B、C 三相的 PWM 控制通常共用一个三角波载波 u_{zb},三相调制信号 u_{rA}、u_{rB}、u_{rC} 一次相差 $\frac{2\pi}{3}$。A、B、C 各相功率开关器件的控制规律相同,现以

A 相为例。

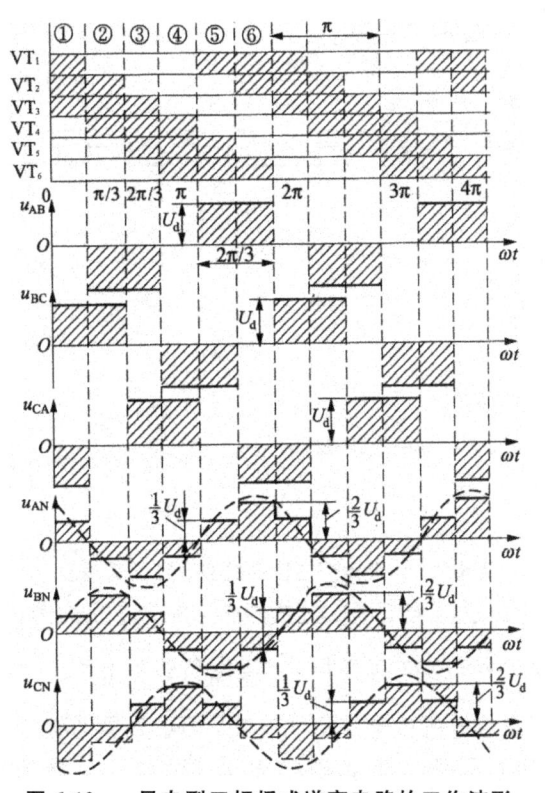

图 6-10 π 导电型三相桥式逆变电路的工作波形

当 $u_{rA} > u_{zb}$ 时,给上桥臂 VT$_1$ 以导通信号,给下桥臂 VT$_4$ 以关断信号,则 U 相相对于直流电源假象中点输出电压 $u_{AN'} = \dfrac{U_d}{2}$。当 $u_{rA} < u_{zb}$ 时,给 VT$_4$ 以导通信号,给 VT$_1$ 以关断信号,$u_{AN'} = -\dfrac{U_d}{2}$。VT$_1$ 与 VT$_4$ 的驱动信号始终互补,当给 VT$_1$(或 VT$_4$)加以导通信号时,可能 VT$_1$(或 VT$_4$)导通,也可能二极管 VD$_1$(或 VD$_4$)续流导通,这是由阻感负载中电流方向决定的,称为三相桥式电路的双极型调制特性。

由上分析知,$u_{AN'}$ 是幅值为的矩形波,B、C 两相亦然,依次相差 $\dfrac{2\pi}{3}$。负载线电压分别为 $u_{AB} = u_{AN'} - u_{BN'}$、$u_{BC} = u_{BN'} - u_{NN'}$、$u_{CA} = u_{CN'} - u_{AN'}$;负载相电压 u_{AN}、u_{BN} 和 u_{CN} 分别为 $u_{AN} = u_{AN'} - u_{NN'}$、$u_{BN} = u_{BN'} - u_{NN'}$、$u_{CN} = u_{CN'} - u_{NN'}$。其中负载中性点和电源中性点电压差为 $u_{NN'} = \dfrac{1}{3}(u_{AN'} + u_{BN'} + u_{CN'}) - \dfrac{1}{3}$ ($u_{AN} + u_{BN} + u_{CN}$),当三相负载对称时有 $u_{AN} + u_{BN} + u_{CN} = 0$,于是 $u_{NN'} = \dfrac{1}{3}$

($u_{AN'}+u_{BN'}+u_{CN'}$)。所以 $u_{NN'}$ 也是矩形波，其频率为 $u_{AN'}$ 的 3 倍，幅值为 $u_{AN'}$ 的 $\frac{1}{3}$，即 $\frac{U_d}{6}$，如图 6-11 所示。

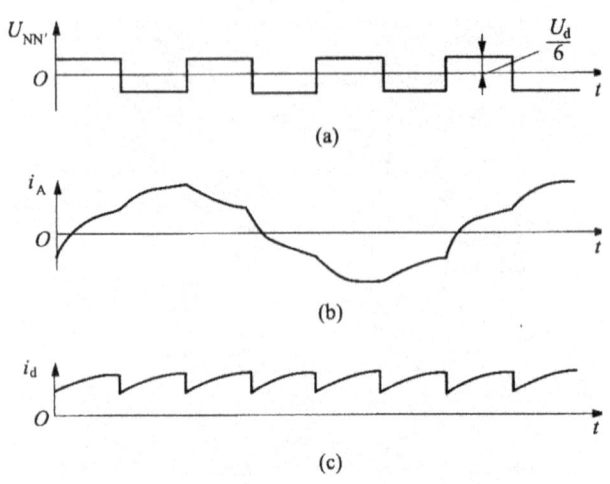

图 6-11　π 导电型三桥式逆变电路的其他波形

三相逆变输出电流与电压的分析相似，也以 A 相为例，当负载阻抗角 φ 一样，i_A 的波形和相位都有所不同，在阻感负载下 $\varphi < \frac{\pi}{3}$ 时，VT_1 从通态转换到断态时，因负载电感中电流不能突变，VD_4 先导通续流，待负载电流降为零，VT_4 才开始导通。负载阻抗角 φ 越大，VD_4 导通时间越长。在 $u_{NN'} > 0$ 时，若 $i_A < 0$ 则 VD_1 导通；若 $i_A > 0$ 则 VT_1 导通。在 $u_{NN'} < 0$ 时，若 $i_A > 0$ 则 VD_4 导通；若 $i_A < 0$ 则 VT_4 导通。

i_B、i_C 波形与 i_A 的相同，相位依次相差 $\frac{2\pi}{3}$，三个桥臂电流相 DHT，导通直流侧电流 i_d 的波形。

上述 π 导电方式逆变器中，采用"先断后通"的方法来防止同一相上下两桥臂的开关器件同时导通而引起直流侧电压短路，使得在通断信号之间留有一个短暂的死区时间。

每隔 $\frac{\pi}{3}$ 的各阶段等值电路图形及相电压、线电压的数值如表 6-1 所示，表中负载为三相星形对称负载：$Z_a = Z_b = Z_c$。

表 6-1 π导电型三相桥式逆变电路的工作状态

ωt		$0 \sim \frac{\pi}{3}$	$\frac{\pi}{3} \sim \frac{2\pi}{3}$	$\frac{2\pi}{3} \sim \pi$	$\pi \sim \frac{4\pi}{3}$	$\frac{4\pi}{3} \sim \frac{5\pi}{3}$	$\frac{5\pi}{3} \sim 2\pi$
导通开关管		$VT_1、VT_2、VT_3$	$VT_2、VT_3、VT_4$	$VT_3、VT_4、VT_5$	$VT_5、VT_6、VT_4$	$VT_5、VT_6、VT_1$	$VT_6、VT_1、VT_2$
负载等效电路							
相电压	u_{an}	$\frac{1}{3}U_d$	$-\frac{1}{3}U_d$	$-\frac{2}{3}U_d$	$-\frac{1}{3}U_d$	$\frac{1}{3}U_d$	$\frac{2}{3}U_d$
	u_{bn}	$\frac{1}{3}U_d$	$\frac{2}{3}U_d$	$\frac{1}{3}U_d$	$-\frac{1}{3}U_d$	$-\frac{2}{3}U_d$	$-\frac{1}{3}U_d$
	u_{cn}	$-\frac{2}{3}U_d$	$-\frac{1}{3}U_d$	$\frac{1}{3}U_d$	$\frac{2}{3}U_d$	$\frac{1}{3}U_d$	$-\frac{1}{3}U_d$
线电压	u_{an}	0	$-U_d$	$-U_d$	0	U_d	U_d
	u_{bn}	U_d	U_d	0	$-U_d$	$-U_d$	0
	u_{cn}	$-U_d$	0	U_d	U_d	0	$-U_d$

三相桥式逆变电路输出线电压 u_{AB} 展开成傅里叶级数得

$$u_{AB} = \frac{2\sqrt{3}U_d}{\pi}\left(\sin\omega t - \frac{1}{5}\sin5\omega t - \frac{1}{7}\sin7\omega t + \frac{1}{11}\sin11\omega t + \frac{1}{13}\sin13\omega t - \cdots\right)$$

$$= \frac{2\sqrt{3}U_d}{\pi}\left[\sin\omega t + \sum_n \frac{1}{n}(-1)^k\sin(n\omega t)\right]$$

式中，$n=6k\pm1$，k 为自然数。

输出线电压有效值 $U_{AB} = \sqrt{\frac{1}{2\pi}\int_0^{2\pi}u_{AB}^2\,d\omega t} = 0.816U_d$；输出线电压基波幅值 $U_{ABlm} = \frac{2\sqrt{3}U_d}{\pi} = 1.1U_d$；输出线电压基波有效值 $U_{ABl} = \frac{U_{ABlm}}{\sqrt{2}} = \frac{\sqrt{6}}{\pi}U_d = 0.78U_d$。

三相桥式逆变电路负载电压 u_{AN} 展开成傅里叶级数得

$$u_{AN} = \frac{2U_d}{\pi}\left(\sin\omega t + \frac{1}{5}\sin5\omega t + \frac{1}{7}\sin7\omega t + \frac{1}{11}\sin11\omega t + \frac{1}{13}\sin13\omega t + \cdots\right)$$

$$= \frac{2U_d}{\pi}\left[\sin\omega t + \sum_n \frac{1}{n}\sin(n\omega t)\right]$$

式中，$n=6k\pm1$，k 为自然数。

负载电压有效值 $U_{AN} = \sqrt{\dfrac{1}{2\pi}\displaystyle\int_0^{2\pi} u_{AN}^2 \mathrm{d}\omega t} = 0.471U_d$。

6.4 电流型逆变电路

6.4.1 电流型单相桥式逆变器

1. 电路结构

图 6-12(a)所示电路中的负载是一个中频电炉，图 6-12(b)所示实际为一个电磁感应线圈，用来加热置于线圈内的钢料。电路由四个晶闸管桥臂构成，每个桥臂均串联一个电抗器 L_T，用来限制晶闸管的电流上升率 $\dfrac{\mathrm{d}i}{\mathrm{d}t}$。桥臂 1、4 和桥臂 2、3 以 1000～2500Hz 的中频电流导通，从而使负载获得中频交流电。

2. 工作原理

当逆变桥对角晶闸管以一定频率交替触发导通时，负载感应线圈通入中频电流，线圈中产生中频交变磁通。如将金属（钢铁、铜、铝）放入线圈中，在交变磁场的作用下，金属中产生涡流与磁滞（钢铁）效应，使金属发热熔化，如图 6-12(b)所示。

图 6-13 是该逆变电路工作时的换流过程，图 6-14 是换流过程的波形。在交流电流的一个周期内，有两个稳定的导通阶段和两个换流阶段。$t_1\sim t_2$：VTH1 和 VTH4 稳定导通阶段，$i_o=I_d$，t_2 时刻前在 C 上建立了左正右负的电压。$t_2\sim t_4$：t_2 时刻触发 VTH2 和 VTH3 开通，进入换流阶段，L_T 使 VTH1、VTH4 不能立刻关断，电流有一个减小过程，VTH2、VTH3 电流有一个增大过程，4 个晶闸管全部导通，负载电压经两个并联的放电回路同时放电；t_2 时刻后，L_{T1}、VTH1、VTH3、L_{T3} 到 C，另一路经 L_{T2}、VTH2、VTH4、L_{T4} 到 C。当 $t=t_4$ 时，VTH1、VTH4 电流减至零而关断，换流阶段结束，称 $t_\gamma=t_4-t_2$ 为换流时间。i_o 在 t_3 时刻，即 $i_{VT1}=i_{VT2}$ 时刻过零，t_3 大体位于 t_2 和 t_4 的中点。

第 6 章 无源逆变电路

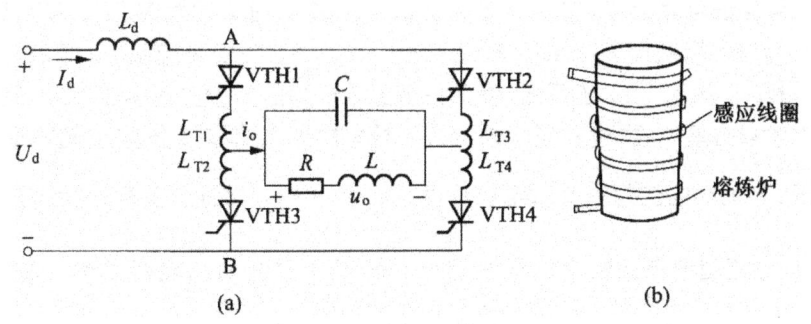

图 6-12 单相桥式电流型(并联谐振式)逆变电路
(a)原理图;(b)电磁感应线圈

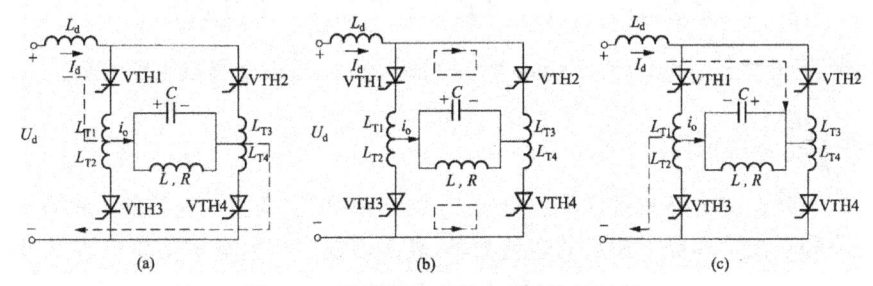

图 6-13 并联谐振式逆变电路换流过程
(a)VTH1、VTH4 导通;(b)换流期间四个 VTH 都导通;
(c)VTH2、VTH3 导通

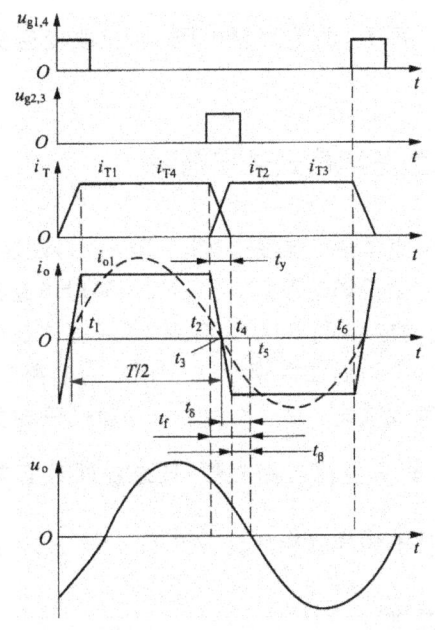

图 6-14 并联谐振式逆变电路的工作波形

147

为保证可靠换相,应在负载电压 u_o 过零前 t_f 时刻触发 VTH2、VTH3,称 t_f 为触发引前时间。从图 6-14 可知 $t_f=t_\gamma+t_\beta$,为安全起见,一般取 $t_\beta=(2\sim3)t_q$。从图 6-14 还可知,为了关断已导通的晶闸管实现换流,必须使整个负载电路呈容性(过补偿),即流入负载电路的电流基波分量 i_o 超前中频电压 u_o,负载电流超前负载电压的时间 $t_\delta=\frac{t_\gamma}{2}+t_\beta$。因此,负载的功率因数角,即电流超前电压的相位角为 $\varphi=\omega\left(\frac{t_\gamma}{2}+t_\beta\right)$,式中 ω 为电路工作角频率。

3. 中频电流、电压和输出功率的计算

忽略换相重叠时间 t_γ,则中频负载电流 i_o 为交变矩形波,用傅氏级数展开得:$i_o=\frac{4I_d}{\pi}\left(\sin\omega t+\frac{1}{3}\sin3\omega t+\frac{1}{5}\sin5\omega t+\cdots\right)$,式中基波电流有效值 $I_{o1}=\frac{2\sqrt{2}}{\pi}I_d\approx0.9I_d$。

忽略逆变电路本身和平波电抗 L_d 的功率损耗,则逆变电路输入的有功功率即直流功率等于输出的基波功率(高次谐波不产生有功功率),即 $P_o=U_dI_d=U_oI_{o1}\cos\varphi$,推得 $U_o=\frac{U_dI_d}{I_{o1}\cos\varphi}=\frac{1.11U_d}{\cos\varphi}$,代入到中频输出功率计算中,得 $P_o=\frac{U_o^2}{R_f}=1.23\frac{U_d^2}{\cos^2\varphi}\cdot\frac{1}{R_f}$,式中 R_f 为对应于某一逆变角 φ 时,负载阻抗的电阻分量。可见,调节直流电压 U_d 或改变逆变角 φ 仍均能改变中频输出功率的大小。

6.4.2 电流型三相桥式逆变电路

串联二极管式电流型逆变电路如图 6-15 所示,性能优于电压型,主要用于中大功率交流电动机调速系统。VTH1~VTH6 组成三相桥式逆变电路,连接于各臂之间的电容 $C_1\sim C_6$ 为换流电容(有的在交流负载侧并联三只电容器),和晶闸管串联的二极管 $VD_1\sim VD_6$ 为隔离二极管,作用是防止换流电容直接通过负载放电。Z_a、Z_b、Z_c 为电动机三相负载。该逆变电路为 $\frac{2\pi}{3}$ 导电型,与三相桥式整流电路相似,任意瞬间只有两只晶闸管同时导通,电动机正转时,管子的导通顺序为 VTH1~VTH6,触发脉冲间隔为 $\frac{\pi}{3}$,每个管子导通 $\frac{2\pi}{3}$ 电角度。

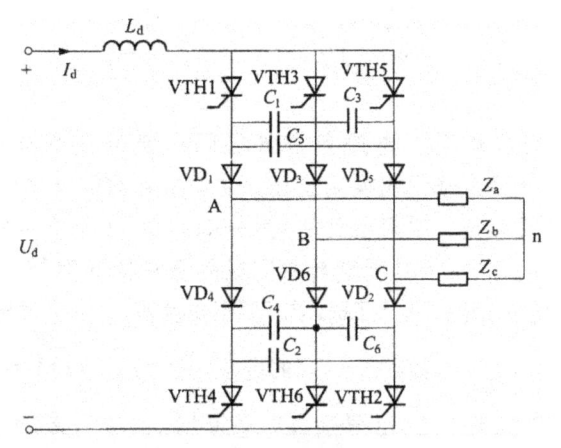

图 6-15 串联二极管式电流型三相桥式逆变电路

1. 工作波形

如图 6-16 所示，电流型三相桥式逆变电路的输出电流波形和负载性质无关，是正负脉冲各 $\frac{2\pi}{3}$ 的矩形波，基波有效值 $I_{A1}=\frac{\sqrt{6}}{\pi}I_d=0.78I_d$。输出电流和三相桥式整流带大电感负载时的交流电流波形相同，谐波分析表达式也相同。输出线电压波形和负载性质有关，若为电动机，则近似为正弦波。

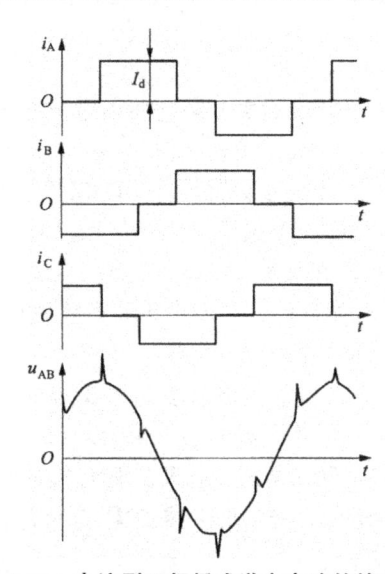

图 6-16 电流型三相桥式逆变电路的输出波形

换流期间引起电动机绕组电流迅速变化，漏感产生感应电动势，叠加于原有电压，故近似正弦的输出电压波形上，出现换流尖峰电压（毛刺），数值较大,选择 VT 耐压时必须考虑。

2. 换流过程

电流型三相桥式逆变电路各桥臂之间换流采用强迫换流方式,以 VTH1 向 VTH3 换流来说明换流过程。注意电容器的充电规律是:对共阳极组,与导通器件相连一端极性为正,另一端为负;不与导通的晶闸管相连的电容电压为零。共阴极晶闸管与共阳极晶闸管情况类似,只是电容器电压极性相反。此外,分析从 VTH1 向 VTH3 换流时的等效电容为 C_{13},它等效于 C_3 串 C_5 再并 C_1,若 $C_1 \sim C_6$ 的电容量均为 C,则 $C_{13} = \dfrac{3C}{2}$。

换流前 VTH1 和 VTH2 导通,C_{13} 电压 U_{C0} 左正右负,如图 6-17(a)所示。换流过程分为恒流放电和二极管换流两个阶段。

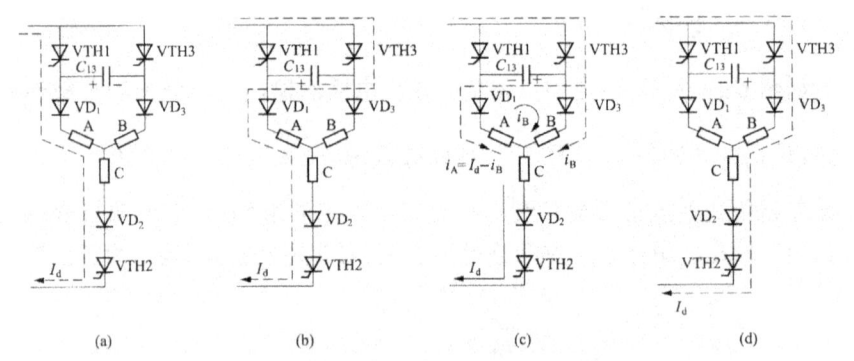

图 6-17 串联二极管式逆变电路换流过程各阶段的电流路径
(a)换流前;(b)晶闸管换流;(c)二极管换流;(d)正常运行

1)恒流放电阶段。恒流放电阶段即 VTH 换流阶段,如图 6-17(b)所示。t_1 时刻 VTH3 导通、VTH1 关断,I_d 从 VTH1 换到 VTH3,等效电容 C_{13} 通过 VD_1、A 相负载、C 相负载、VD_2、VTH2、直流电源和 VTH3 放电,电流恒为 I_d,故称恒流放电阶段。在 u_{C13} 下降到零之前,VTH1 承受反压,反压时间大于 t_q(关断时间)就能保证关断。

2)二极管换流阶段。二极管换流阶段如图 6-17(c)所示。t_2 时刻 C_{13} 降到零,之后 u_{C13} 反向充电。忽略负载电阻压降,则 VD_3 导通,电流为 i_B,VD_1 电流为 $i_A = i_d - i_B$ 和 VD_3 同时导通,进入二极管换流阶段。随着 C_{13} 电压增高,充电电流渐小,i_B 渐大,t_3 时刻 i_A 减到零,$i_B = I_d$,VD_1 承受反压而关断,二极管换流阶段结束。

3)稳定导通阶段。t_3 以后,VTH2、VTH3 稳定导通,如图 6-17(d)所示,完成从 VTH1 向 VTH3 换流的过程。

4)换流过程的波形。电感负载时,u_{C13}、i_A、i_B 及 u_{C1}、u_{C3}、u_{C5} 波形如图

6-18 所示。u_{C1} 和 u_{C13} 波形完全相同,从 U_{C0} 降为 $-U_{C0}$；C_3 和 C_5 是串联后再和 C_1 并联,电压变化幅度是 C_1 的一半,u_{C3} 从零到 $-U_{C0}$、u_{C5} 从 U_{C0} 到零,这些电压恰好符合相隔 $\frac{2\pi}{3}$ 后从 VTH3 到 VTH5 换流时的要求。

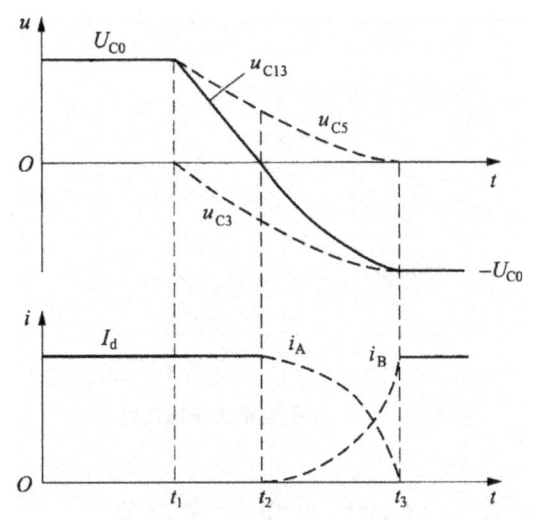

图 6-18 串联二极管晶闸管逆变电路换流过程波形

5) 无换向器电动机。图 6-19 为无换向器电动机基本电路,是电流型三相桥式逆变器驱动同步电动机,负载换流,工作特性和调速方式和直流电动机相似,但无换向器,工作波形如图 6-20 所示。

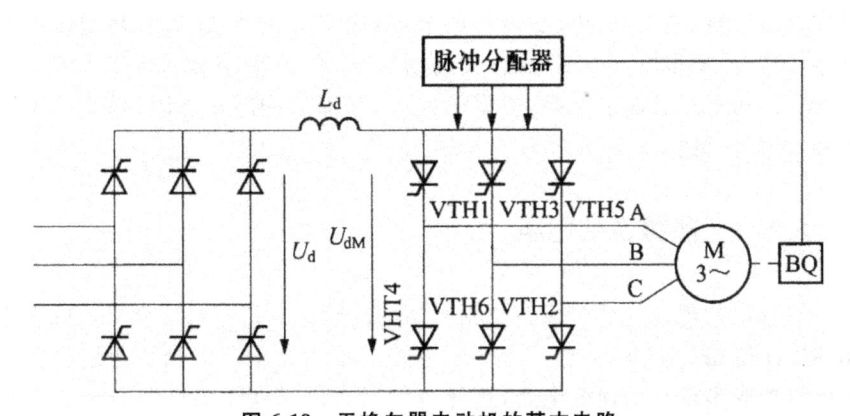

图 6-19 无换向器电动机的基本电路

图 6-19 中 BQ 为转子位置检测器,可检测磁极位置,决定何时给哪个 VTH 发出触发脉冲。

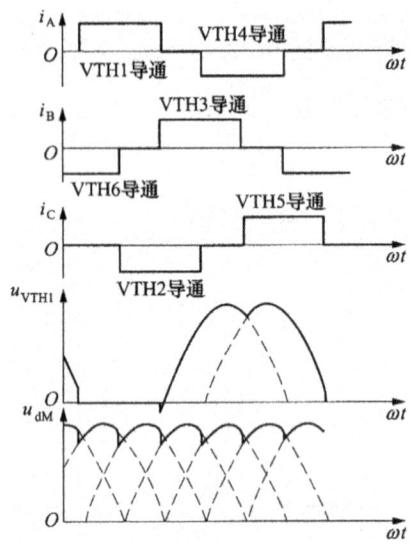

图 6-20 无换向器电动机电路工作波形

6.5 多重逆变电路和多电平逆变电路

多重逆变电路和多电平逆变电路两者具有共同的目标,都是追求输出电压(或电流)波形逼近正弦波。前者是利用两个或多个逆变电路进行合理组合,通过输出电压(或电流)波形的叠加,去逼近正弦波;后者是通过改变电路结构,构成多电平逆变电路,使输出电压(或电流)有较多电平去逼近正弦波。而逼近正弦波的结果,使谐波减少,从而达到净化能源、提高功率因数和效率的目的。

6.5.1 多重逆变电路

按一定的规律将两个或多个相同结构的整流电路进行组合可构成多重化的整流电路。同理,把若干个逆变电路的输出按一定的相位差组合起来也可以构成多重化的逆变电路,这样可使所含的某些主要谐波分量相互抵消,就可得到较为接近正弦波的波形。同时,这种连接方式也是扩大逆变电路输出容量的一种有效的技术措施和途径。

从电路输出的合成方式来看,多重逆变电路有串联多重和并联多重两种方式。串联多重是把几个逆变电路的输出串联起来,电压型逆变电路多用串联多重方式;并联多重是把几个逆变电路的输出并联起来,电流型逆变电路多用并联多重方式。图 6-21 和图 6-24 所示分别为三相电压型与电流型二重化逆变电路的基本结构。逆变电路多重化连接方式有变压器方式和电抗器方式,图 6-21 和图 6-26 所示分别为变压器方式和电抗器方式的示意图。

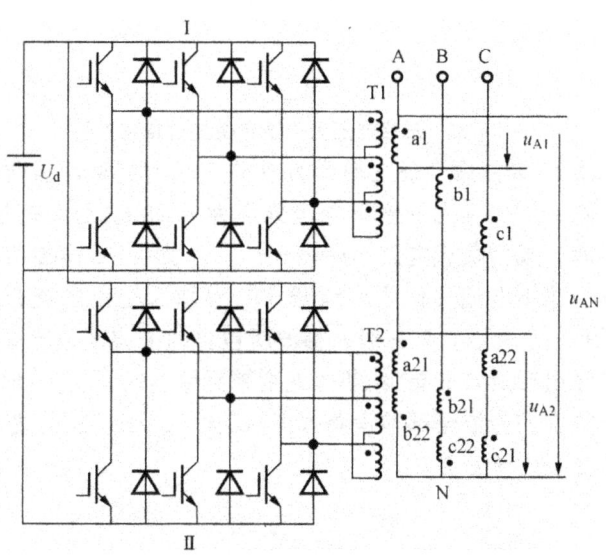

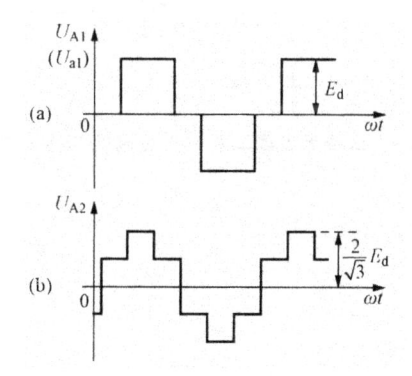

图 6-21　三相电压型二重化逆变电路的基本结构

下面以图 6-21 为例来说明多重化逆变电路的工作原理。T_1、T_2 二次侧基波电压合成情况的相量图如图 6-22 所示,图 6-23 给出了 u_{A1}、u_{A2} 和 u_{AN} 的波形图。可以看出,u_{AN} 比 u_{A1} 要接近正弦波。

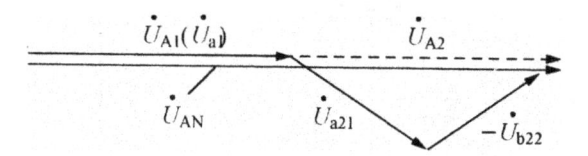

图 6-22　二次侧基波电压合成相量图

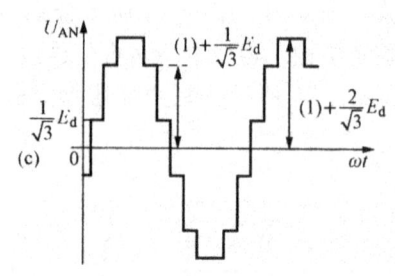

图 6-23　三相电压型二重化逆变电路波形图

图 6-24 所示为由两个逆变单元组成的三相电流型两重化逆变电路的基本结构。两个逆变单元的输出电流分别为 i_1 和 i_2，皆为矩形波，通过各自的变压器后合成为负载电流 i，$i=i_1+i_2$。T_1 为 Y/Y 连接，T_2 为 Y/△连接，因此，两个输出电流相位依次错开 30°，叠加后输出电流合成后为三级阶梯波，如图 6-25 所示。该三级阶梯波所包含的谐波次数比单个逆变单元两级阶梯波输出时所含的要少，单个逆变单元输出时所含的 $(6k\pm1)$ 次谐波中凡 k 为奇数次的谐波全部被消除掉了，仅含 $(12k\pm1)$ 次谐波，因此该电路输出的波形更接近于正弦波。

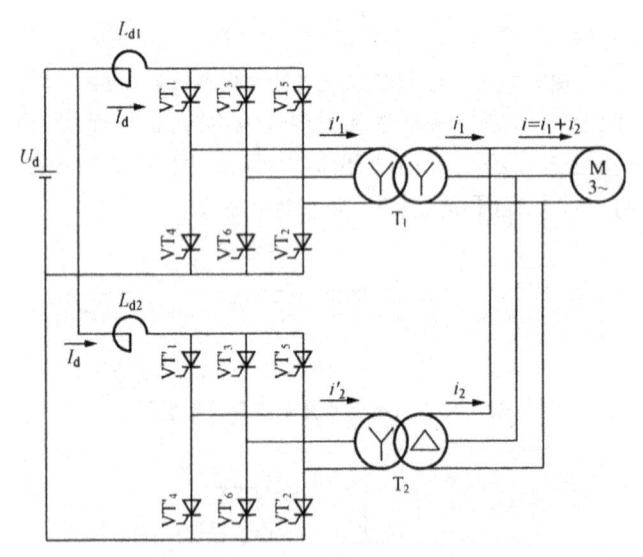

图 6-24　三相电流型二重化逆变电路的基本结构

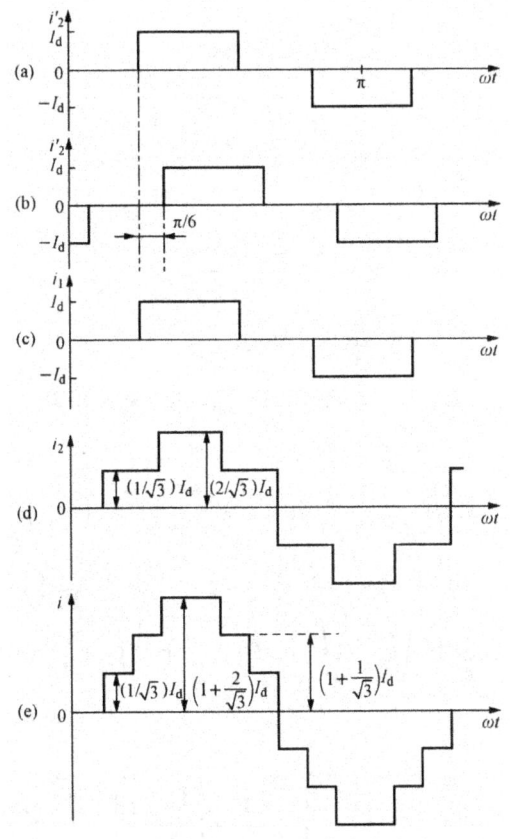

图 6-25　三相电流型二重化逆变电路波形图

同样,大容量 PWM 控制逆变电路也可采用多重化。采用 SPWM 技术理论上可以不产生低次谐波,因此,在构成多重化逆变电路时,一般不再以减少低次谐波为目的,而是为了提高等效开关频率,减少开关损耗,减少和载波有关的谐波分量。

图 6-26 是利用电抗器连接的二重化 PWM 型逆变电路的原理图,电路的输出从电抗器中心抽头处引出。图 6-26 中两个单元逆变电路的载波信号相互错开 180°,所得到的输出电压波形如图 6-27 所示。图 6-27 中,输出端相对于直流电源中点 N' 的电压 $u_{AN'} = (u_{A1N'} + u_{A2N'})/2$,已变为单极性 PWM 波了。输出线电压共有 0、$(\pm 1/2)U_d$、$\pm U_d$ 五个电平,比非多重化时谐波有所减少。

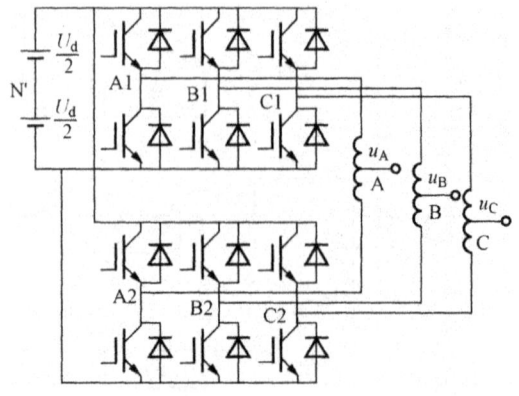

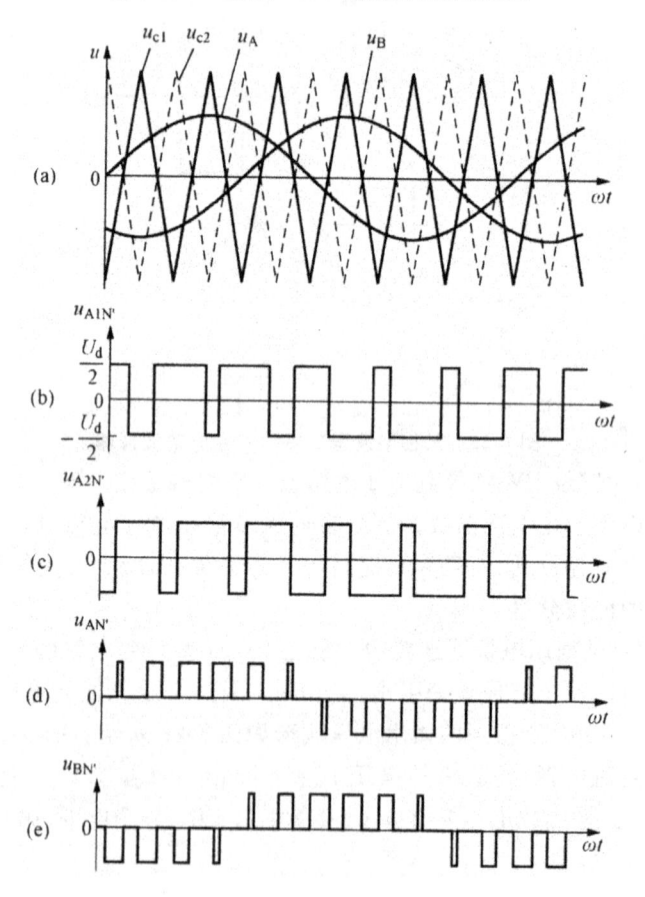

图 6-26　二重化 PWM 型逆变电路原理图

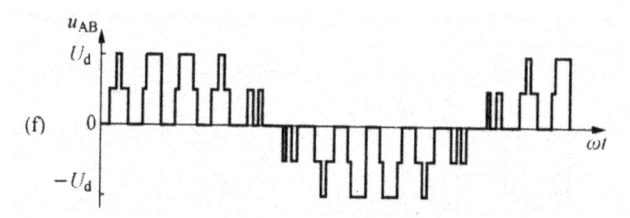

图 6-27 二重 PWM 型逆变电路输出波形

对于多重化电路中合成波形用的电抗器来说，所加电压的频率越高，所需的电感量就越小。而在多重化逆变电路中，电抗器上所加电压的频率为载波频率，比输出频率高得多，因此只要很小的电感就可以了。

二重化后，输出电压中所含谐波的角频率仍可表示为 $n\omega_c + k\omega_r$，但其中当 n 奇数时的谐波已全部被除去，谐波的最低频率在 $2\omega_c$ 附近，相当于电路的等效载波频率提高了一倍。

6.5.2 多电平逆变电路

多电平逆变电路有二极钳位、电容飞跨、混合钳位、通用钳位、层叠式多单元、H 桥串联、三相逆变器串联、开绕组双端供电等类型，在中高压大功率场合得到了广泛应用。

1. 三电平逆变器

三电平是指逆变器交流侧每相输出电压相对于直流侧电压有 3 种取值的可能，即正端电压、负端电压和中点零电位。

三电平逆变电路结构如图 6-28(a)所示，利用功率二极管钳位达到输出电位相对于中间直流回路有 3 个值的目的，如图 6-28(b)所示，三电平逆变器每一相主开关管数与续流二极管数都为 4、钳位二极管数为 2、电容数为 2，平均每个主管承受正向电压为 $\dfrac{E_d}{2}$。

比较图 6-28(a)、(b)可知，后者采用的钳位二极管不但能达到引出中点电位的目的，而且使主管的耐压值降低为中间直流回路电压的一半，并且功率二极管代替开关器件可降低成本。由于这种拓扑结构采用的是功率二极管钳位得到的中点电平，因此称之为中点钳位型结构(或二极管钳位型)。

(a)　　　　　　　　　　　　　　　(b)

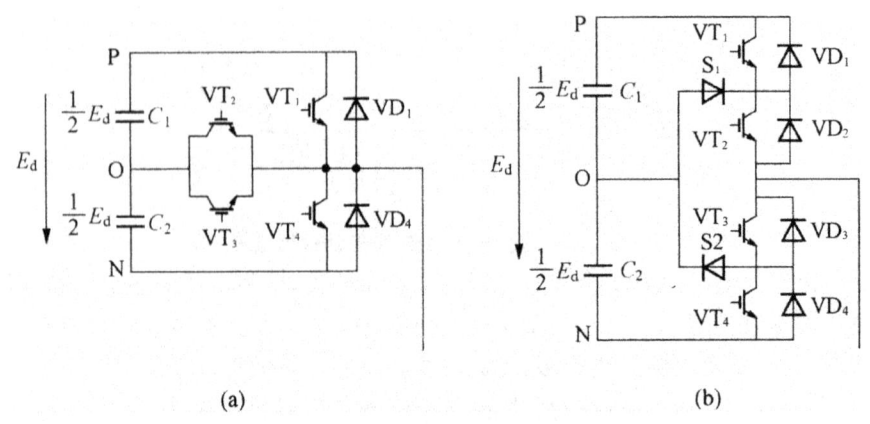

图 6-28　三电平逆变器一相电路的原理图

(a)德国学者提出的方案；(b)日本学者提出的方案

由电压空间矢量的定义，逆变器输出电压空间矢量为 $U_r = \frac{2}{3}(U_A + \lambda U_B + \lambda^2 U_C)$，式中 $\lambda = e^{j\frac{2\pi}{3}}$ 为矢量旋转因子；U_A、U_B、U_C 为逆变器输出相电压。

在电容分压均匀的前提下，把三电平逆变器输出电压代入电压矢量定义式，可得其矢量图，如图 6-29 所示。

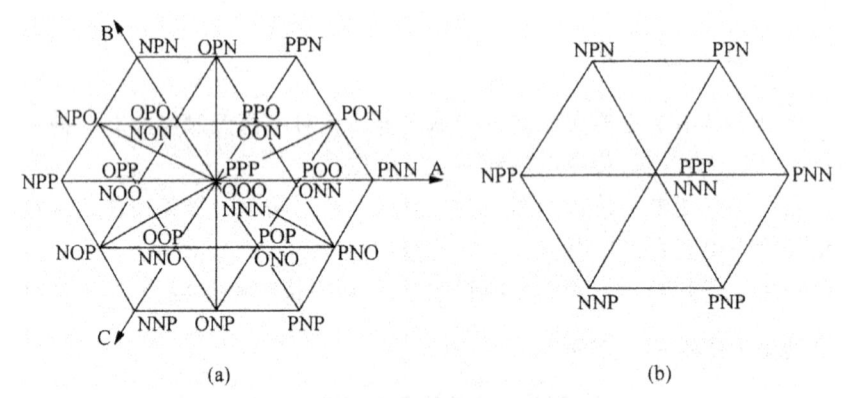

(a)　　　　　　　　　　　　　　　(b)

图 6-29　三电平与二电平逆变器电压空间矢量图

(a)三电平逆变器；(b)二电平逆变器

计算得知，三电平逆变器电压矢量中最长的矢量幅值为 $\frac{2}{3}E_d$，其他依次为 $\frac{1}{\sqrt{3}}E_d$、$\frac{1}{3}E_d$、0，共有 4 种矢量幅值。三电平逆变器共有 $3^3 = 27$ 种电压空间矢量，其中独立的电压矢量为 $1 + 1 \times 6 + 2 \times 6 = 19$ 个，依次连接相邻的 2 个电压空间矢量，并定义以原点（零矢量）为中心的最外边六边形为第 1

个,依次向内的为第 2 个、第 3 个(看成缩至为零的虚六边形,即零矢量),则三电平逆变器电压空间矢量图共含有 3 个六边形。第 1 个六边形的边上中点与顶点处是独立的电压矢量,第 2 个六边形顶点处重复矢量数为 2,第 3 个虚六边形原点重复矢量数为 3。把矢量幅值与之对应起来,可以很清楚地看出三电平电压矢量分布规律。对矢量图分析一般按照对称原则,只分析其中 $\frac{\pi}{6}$ 区域。对于三电平逆变器矢量图,$\frac{\pi}{6}$ 区域小三角形个数为 1+3=4。三电平逆变器输出相电压从波谷到波峰之间的电压等级数为 4×2+1=9;输出线电压的等级数为 2×2+1=5。而二电平逆变器对应的输出相电压的等级数为 4×1+1=5;输出线电压的等级数为 2×1+1=3。

同样的分析方法适用于多电平和二电平逆变器。二电平电压矢量如图 6-29(b)所示,共含 2 个六边形,第 1 个的顶点处是独立电压矢量,第 2 个虚六边形(原点)重复矢量数为 2;$\frac{\pi}{6}$ 区域小三角形个数为 1;含有 $2^3=8$ 种电压空间矢量,其中独立电压矢量为 7 个。

与三相两电平逆变电路相同,如图 6-30 所示三相三电平逆变电路也可以用开关变量 S_a、S_b、S_c 分别表示各桥臂的开关状态,不同的是这时 A、B、C 桥臂分别有三种开关状态,从而 S_a、S_b、S_c 为三态开关变量,如表 6-2 所示。

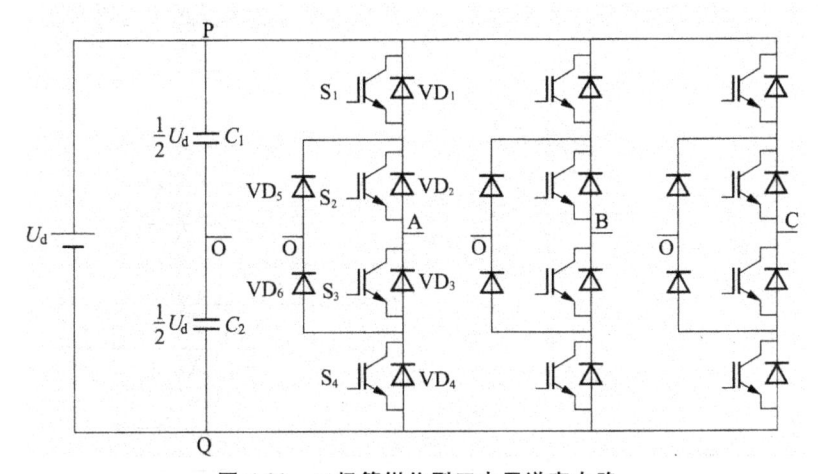

图 6-30 二极管钳位型三电平逆变电路

表 6-2　三电平(NPC)逆变电路 A 相开关状态

U_{AO}	S_{a1}	S_{a2}	S_{a3}	S_{a3}	S_a
$+\dfrac{U_D}{2}$	1	1	0	0	2
0	0	1	1	0	1
$-\dfrac{U_D}{2}$	0	0	1	1	0

因此，A 相输出端 A 对电源中点 O 的电压 U_{AO} 可以用 A 相开关量 S_a 结合输入直流电压 U_D 来表示：$U_{AO}=\dfrac{U_D}{2}(S_a-1)$；输出线电压可表示为 $U_{AB}=U_{AO}-U_{BO}=\dfrac{U_D}{2}(S_a-S_b)$。整理为

$$\begin{bmatrix} U_{AB} \\ U_{BC} \\ U_{CA} \end{bmatrix} = \dfrac{U_D}{2} \cdot \begin{bmatrix} 1 & -1 & 0 \\ 0 & 1 & -1 \\ -1 & 0 & 1 \end{bmatrix} \cdot \begin{bmatrix} S_a \\ S_b \\ S_c \end{bmatrix}$$

2. 五电平逆变器

把以二极管钳位型三电平逆变器拓扑结构扩充到五电平中去，可得到其一相拓扑结构如图 6-31(a)所示，五电平逆变器每一相主开关器件数与续流二极管数都为 8，钳位二极管数为 6，电容数为 4，平均每个主管承受正向电压为 $\dfrac{E_d}{4}$。

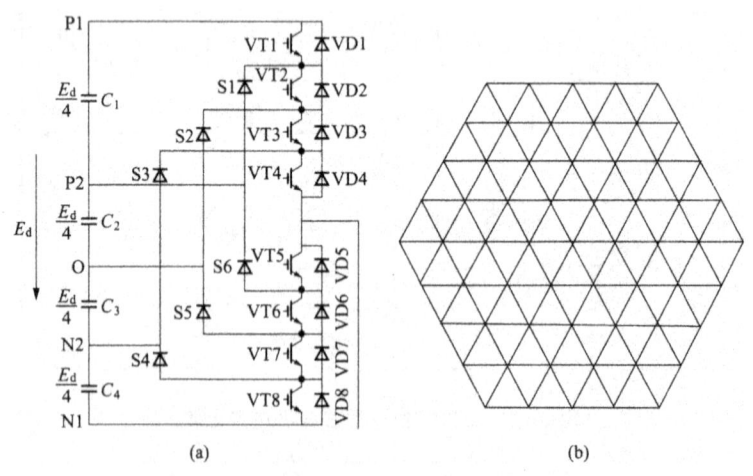

图 6-31　五电平逆变器原理图与电压矢量图

(a)五电平逆变器一相原理图；(b)五电平逆变器电压矢量图

利用电压空间矢量定义式，可得到电压分压均等时的五电平逆变器电

压矢量图,如图 6-31(b)所示。其中各种电压空间矢量幅值依次为 $\frac{2}{3}E_d$、$\frac{\sqrt{13}}{6}E_d$、$\frac{1}{\sqrt{3}}E_d$、$\frac{1}{2}E_d$、$\frac{\sqrt{7}}{6}E_d$、$\frac{1}{3}E_d$、$\frac{1}{2\sqrt{3}}E_d$、$\frac{1}{6}E_d$、0,共 9 种矢量幅值。

3. N 电平逆变器

把上面分析得到的二极管钳位型三电平逆变器拓扑结构进一步扩充到 N 电平逆变器中去,可得到如图 6-32(a)所示的一相拓扑结构图。N 电平逆变器每一相主管数为 $(N-1)\times 2$、钳位二极管数为 $(N-2)\times 2$、电容数为 $(N-1)$,平均每个主管正向耐压值为 $\frac{E_d}{N-1}$,N 为大于 2 的奇数。对于二点式 $(N-2)$,这些式子仍适用。

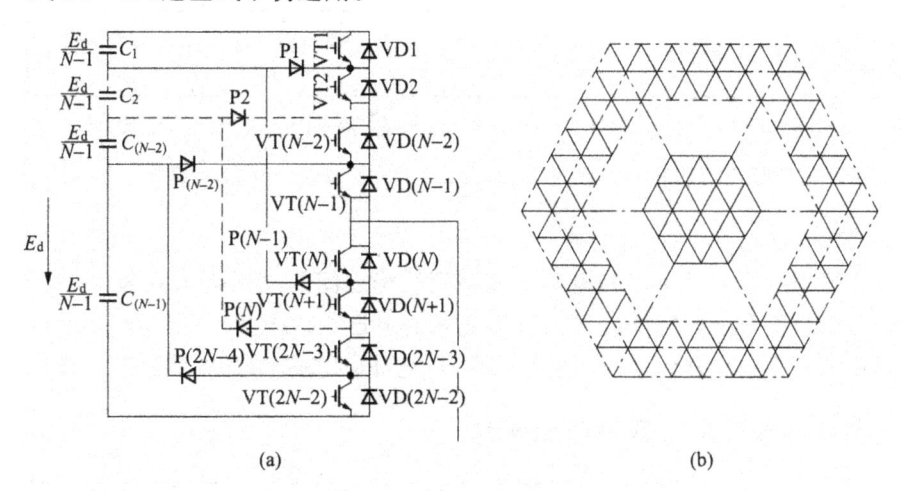

图 6-32　N 电平逆变器原理示意图与电压矢量示意图

(a) N 电平逆变器一相原理图;(b) N 电平逆变器电压矢量图

利用电压空间矢量定义式,可得如图 6-12(b)的 N 电平电压矢量图。N 电平逆变器共有 N^3 种电压空间矢量,其中独立的为 $1+(1+2+\cdots+N-1)\times 6=3N(N-1)+1$ 个。依次连接相邻的 2 个电压空间矢量,利用上面的说明,可知 N 电平逆变器电压空间矢量图共含有 N 个六边形。其中第 1 个六边形边上点与顶点处是独立的电压矢量,每条边上有 $N-1$ 种电压矢量;第 2 个六边形边上点与顶点处重复矢量数为 2,每条边上有 -2 种电压矢量;第 n 个六边形($n<N$)重复矢量数为 n,每条边上有 $N-n$ 种电压矢量;当 $n=N$ 时,第 N 个虚六边形就是原点零矢量,重复零矢量数为 N。对于 N 电平逆变器矢量图,$\frac{\pi}{6}$ 区域小三角形个数为 $1+3+\cdots+(2N-3)=$

$(N-1)^2$。

通过对三电平、五电平等逆变器的电压矢量幅值的分析,可以得到多电平逆变器的电压空间矢量幅值,如表6-3所示。

表6-3　N电平矢量幅值表达式

各矢量幅值	三电平/个	五电平/个	七电平/个	九电平/个	N电平/个
$K\sqrt{0^2+i^2+0\times i}, i=0,1,\cdots,N-1$	3	5	7	9	N
$K\sqrt{1^2+i^2+1\times i}, i=1,2,\cdots,N-2$	1	3	5	7	$N-2$
$K\sqrt{2^2+i^2+2\times i}, i=2,3,\cdots,N-3$		1	3	5	$N-4$
$K\sqrt{3^2+i^2+3\times i}, i=3,4,\cdots,N-4$			1	3	$N-6$
$K\sqrt{5^2+i^2+5\times i}, i=4,5,\cdots,N-5$				1	$N-8$
$K\sqrt{n^2+i^2+n\times i}, i=n,\cdots,N-1-n$					$N-2n$
矢量幅值个数	4	9	16	25	$\left[\dfrac{N+1}{2}\right]^2$

由表6-3可得N电平逆变器各矢量幅值通用表达式为$|U|=K\sqrt{j^2+i^2+j\times i}$,式中,$K=\dfrac{2}{3(N-1)}E_d$,$j=0,1,\cdots,\dfrac{N-1}{2}$、$i=j$,$\cdots,N-1-j$。

N电平逆变器输出相电压从波谷到波峰之间的电压等级数为$4\times(N-1)+1$,输出线电压从波谷到波峰之间的电压等级数为$2\times(N-1)+1$,至于多电平逆变器的工作原理可采用类似五电平逆变器的方法进行分析。

4. 多电平逆变器的改进措施

对于$N>3$的多电平逆变器,存在钳位二极管所需承受的耐压等级不一致的问题。以五电平逆变器为例,当上桥臂主管触发导通时,忽略管压降,上桥臂每个主管端电压可视为零(主管两端等电位),那么钳位二极管S_1、S_2、S_3所需承受的反相电压分别为$\dfrac{E_d}{4}$、$\dfrac{E_d}{2}$、$\dfrac{3E_d}{4}$,存在每个钳位二极管承受反相电压不一致的问题。同理,在下桥臂也存在这种问题。

为此对原拓扑结构加以改进,仍以五电平逆变器为例,如在S_2上串联相同等级的二极管,则每个管所需承受的反相电压均为$\dfrac{E_d}{4}$;在S_3上串联相同等级的2个二极管,则每个管所需承受的反相耐压值也均为$\dfrac{E_d}{4}$。对于下桥臂也采用类似的串联二极管的方法,从而解决承受反压不一致的问题。这样,五电平逆变器拓扑结构转变成如图6-31(a)所示形式。

这种改进方案仍存在一定问题，如 S_{10}、S_{11}、S_6 仅仅是简单的串联，但由于二极管开关特性的多样性，以及参数离散性，可能导致串联二极管上出现过电压，因而需要引入较大的 RC 缓冲网络，导致整个系统昂贵且体积庞大。为此，把图 6-33(a)所示的五电平逆变器电路进一步改进成如图 6-33(b)所示的电路，工作原理与前面分析的结果类似。

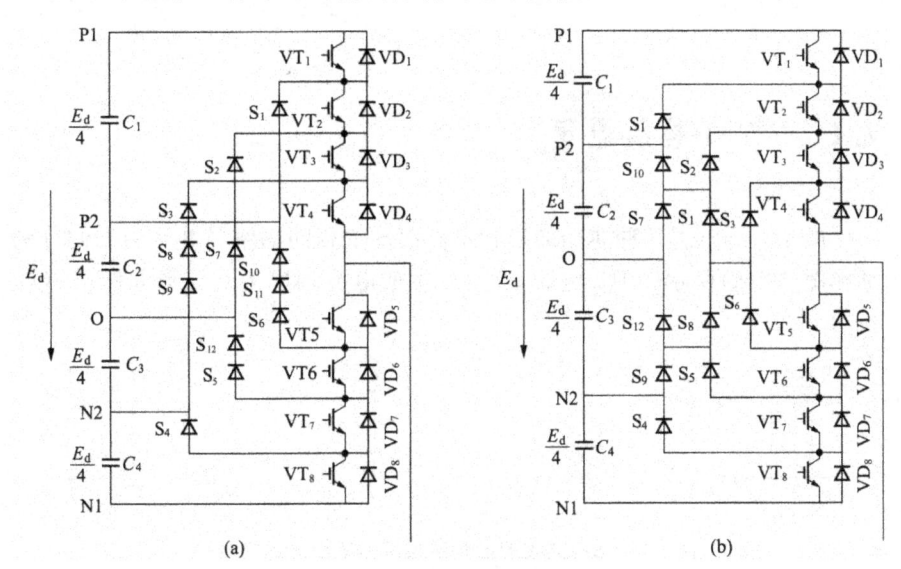

图 6-33 五电平逆变器改进方案

(a)改进前；(b)改进后

第7章 PWM 控制技术

7.1 PWM 控制原理

图 7-1 给出了几种典型的形状不同而冲量相同的窄脉冲。当它们分别加在图 7-2(a)所示的 RL 电路上时,产生的电流响应 $i(t)$ 波形如图 7-2(b)所示。

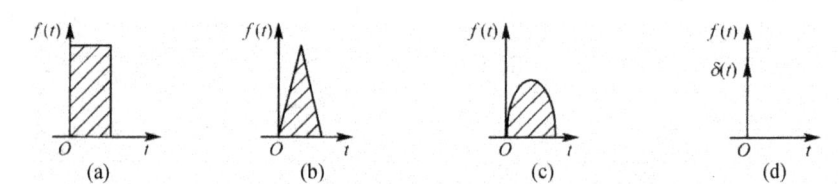

图 7-1 几种典型的形状不同而冲量相同的窄脉冲
(a)矩形波;(b)三角波;(c)正弦半波;(d)单位脉冲函数

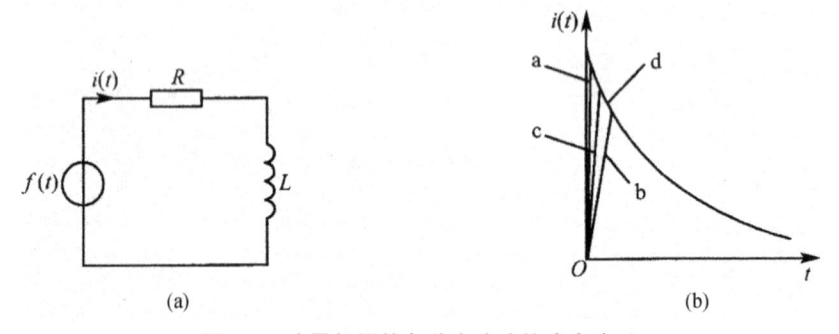

图 7-2 冲量相同的各种窄脉冲的响应波形
(a)RL 电路;(b)电流响应 $i(t)$ 波形

从波形上可以看出,在 $i(t)$ 的上升段,脉冲形状不同时,$i(t)$ 的形状也略有不同,但其下降段则几乎完全相同。如果周期性地施加上述脉冲,则响应 $i(t)$ 也是周期性的。

上述原理可以称为面积等效原理,它是 PWM 控制技术的重要理论基础。

下面用面积等效原理来分析如何用一系列等幅不等宽的脉冲来代替一个正弦半波。把图7-3(a)所示的正弦半波分成N等份,就可以把正弦半波看成是由N个彼此相连的脉冲序列所组成的波形。这些脉冲宽度相等,均为π/N,但幅度不等,而且脉冲的顶部不是水平直线,而是曲线,各脉冲的幅值按正弦规律变化。如果把上述脉冲序列用同样数量的等幅而不等宽的矩形脉冲来代替,使矩形脉冲的中点和相应正弦波部分的中点重合,且使矩形脉冲和相应正弦波部分面积(冲量)相等,就得到如图7-3(b)所示的脉冲序列,这就是PWM波形。可以看出,各脉冲的幅值相等,而脉冲的宽度是按正弦规律变化的。用同样的方法可以得到正弦波负半周的PWM波。像这种脉冲宽度按正弦规律变化,且和正弦波等效的PWM波常称为SPWM(Sinusoidal PWM)波形。当然脉冲越窄,脉冲数越多,低次谐波分量越少,越接近于正弦波。要改变等效输出正弦波的幅值时,只要按照同一比例系数改变上述各脉冲的宽度即可。

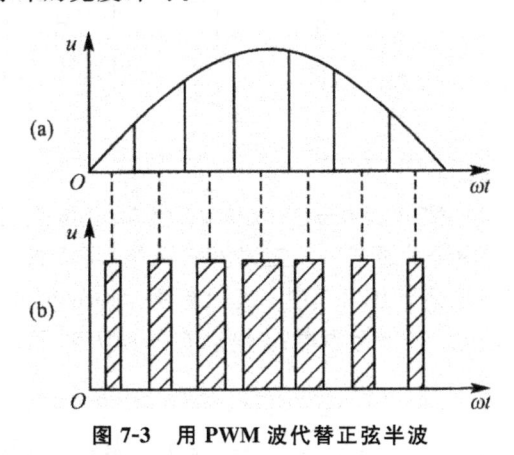

图7-3 用PWM波代替正弦半波

PWM波形可分为等幅PWM波和不等幅PWM波两种。不管是哪一种,都是基于面积等效原理进行控制的,因此其本质是相同的。在DC-DC和DC-AC变换电路中由直流电源供电,产生的PWM波通常是等幅PWM波。在AC-DC和AC-AC变换电路中由交流电源供电,产生的PWM波通常是不等幅PWM波。

7.2 PWM开关模型

7.2.1 PWM开关的基本定义

开关变换器通常是由线性时不变元件和开关网络(开关管和二极管)组

成。随着开关变换器中开关网络的不同组合,就有了不同的开关变换器拓扑。以非隔离式 DC-DC 变换器为例开关网络中的开关管和二极管可以等效为一个有源开关 S_1 和一个无源开关 S_2。有源开关直接被外部信号控制,无源开关间接地被有源开关的状态和电路的状态控制,有源开关和无源开关不同时导通。采用有源和无源开关等效后的基本变换器拓扑如图 7-4 所示。

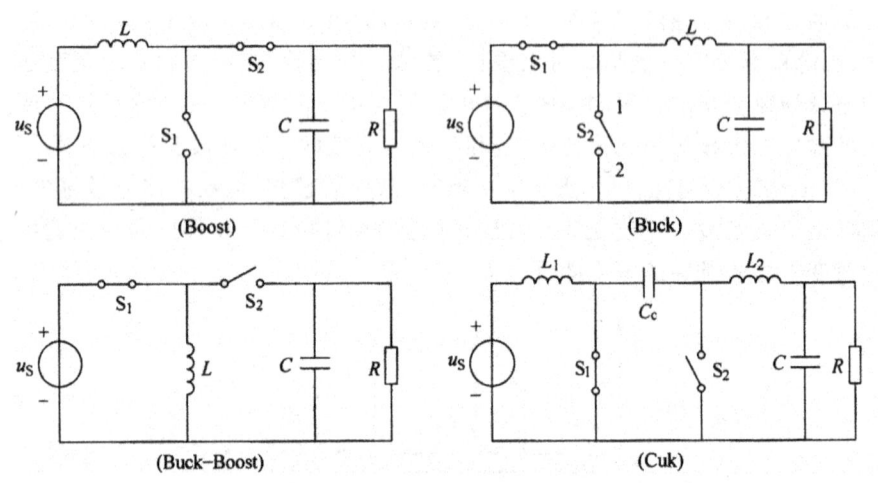

图 7-4 采用有源和无源开关等效后的基本变换器拓扑

有源开关和无源开关组成一个三端开关网络,可以进一步等效为一个三端开关,如图 7-5 所示。图 7-5 中 a 表示有源元件的端点,称为有源端;p 表示无源元件的端点,称为无源端;c 表示有源和无源元件的公共端的端点,称为公共端。

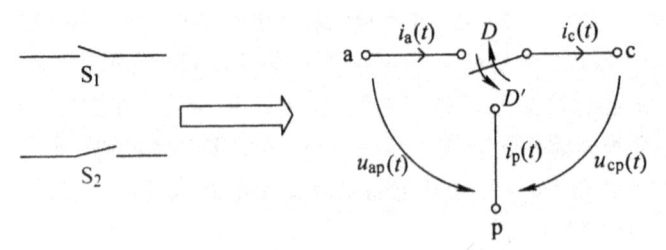

图 7-5 有源和无源开关等效为三端开关

图 7-6 所示的三端开关网络称为 PWM 开关。开关变换器中除 PWM 开关外都是线性无源器件,PWM 开关是执行 DC-DC 变换过程的元件,是唯一的非线性元件,代表了变换器的非线性特性。所有图 7-4 中的变换器拓扑在代入 PWM 开关等效后如图 7-6 所示。

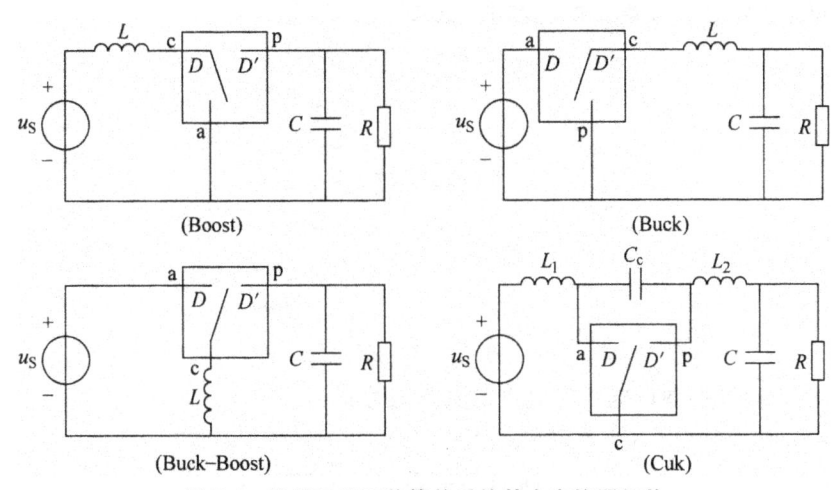

图 7-6　采用三端开关等效后的基本变换器拓扑

7.2.2　PWM 开关的端口特性

分析图 7-6 所示的 4 个基本变换器中的 PWM 开关,发现它们的端口电压和电流均满足一定关系,如图 7-7 所示。可见 PWM 开关的端口特性并不依赖于任何特定的变换器拓扑,或者说,如果仅通过端口特性分析不能确定此 PWM 开关是处于何种变换器之中。根据图 7-7,PWM 开关的端口特性可以用不变的端口方程来描述。

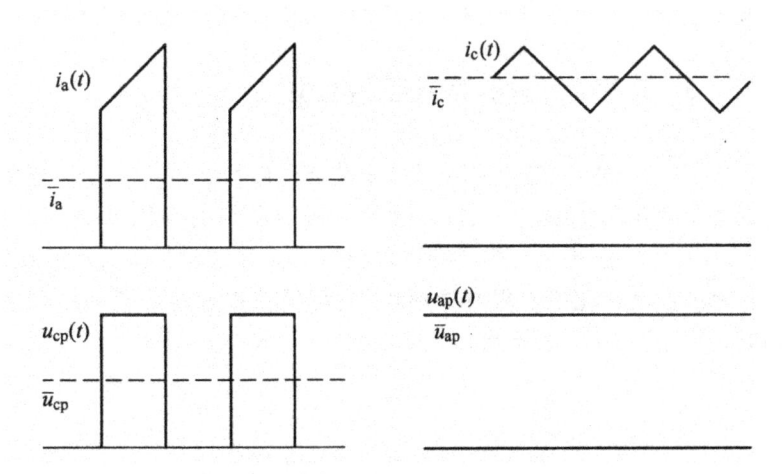

图 7-7　三端开关的端口电压电流波形

当 $0 \leqslant t \leqslant dT$ 时,有源开关闭合,无源开关关断,即 a 和 c 端连通;当 $dT \leqslant t \leqslant T$ 时,无源开关闭合,有源开关关断,从而 p 和 c 端相连。据此,可以得出 PWM 开关端口电压和电流瞬时量的方程：

$$\begin{cases} i_{\mathrm{a}}(t) = \begin{cases} i_{\mathrm{c}}(t) & 0 \leqslant t \leqslant dT \\ 0 & dT \leqslant t \leqslant T \end{cases} \\ i_{\mathrm{p}}(t) = \begin{cases} 0 & 0 \leqslant t \leqslant dT \\ i_{\mathrm{c}}(t) & dT \leqslant t \leqslant T \end{cases} \\ u_{\mathrm{cp}}(t) = \begin{cases} u_{\mathrm{ap}}(t) & 0 \leqslant t \leqslant dT \\ 0 & dT \leqslant t \leqslant T \end{cases} \\ u_{\mathrm{ac}}(t) = \begin{cases} 0 & 0 \leqslant t \leqslant dT \\ u_{\mathrm{ap}}(t) & dT \leqslant t \leqslant T \end{cases} \end{cases} \quad (7-1)$$

由式(7-1)可得端口电压和电流的关系表达式：

$$\begin{cases} i_{\mathrm{a}}(t) = d(t) i_{\mathrm{c}}(t) \\ u_{\mathrm{cp}}(t) = d(t) u_{\mathrm{ap}}(t) \end{cases}$$

这个方程组描述了 DC-DC 开关变换器中的整个开关变换过程。对此方程组进行平均化处理后得到端口电压和电流平均量的方程为

$$\begin{cases} i_{\mathrm{a}} = d i_{\mathrm{c}} \\ u_{\mathrm{cp}} = d u_{\mathrm{ap}} \end{cases} \quad (7-2)$$

如果对电压电流和占空比函数在稳态工作点附近进行小信号扰动，代入方程可得 PWM 开关的小信号方程：

$$\begin{aligned} \tilde{i}_{\mathrm{a}} &= D \tilde{i}_{\mathrm{c}} + I_{\mathrm{c}} \hat{d} \\ \hat{u}_{\mathrm{cp}} &= D \hat{u}_{\mathrm{ap}} + U_{\mathrm{ap}} \hat{d} \end{aligned} \quad (7-3)$$

$(D, I_{\mathrm{c}}, U_{\mathrm{ap}})$ 是 PWM 开关的稳态工作点，满足 $\tilde{i}_{\mathrm{a}} = D I_{\mathrm{c}}$ 和 $U_{\mathrm{cp}} = D U_{\mathrm{ap}}$。

7.2.3　PWM 开关的等效电路模型

由式(7-1)可知，三端 PWM 开关的电流、电压分别等效为受占空比控制的受控电流源和受控电压源，因为包含时间函数的乘积项 $d(t) i_{\mathrm{c}}(t)$ 和 $d(t) u_{\mathrm{ap}}(t)$，所以这是一个非线性平均模型。此模型同样为大信号模型，因为对信号的波动范围没有限制条件，由此可得三端 PWM 开关的大信号模型，其等效电路如图 7-8 所示。

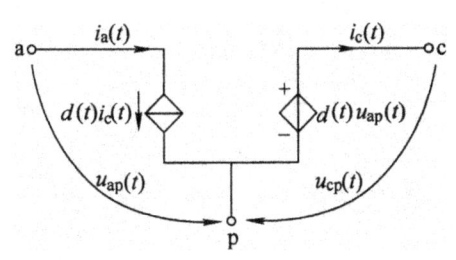

图 7-8 PWM 开关的大信号等效电路

根据式(7-2),在大信号模型的基础之上进行平均化后的 PWM 开关的等效电路如图 7-9 所示。而对于小信号扰动,根据式(7-3)的小信号模型,可以得到 PWM 开关的小信号等效电路模型,如图 7-10 所示。如果由一个变压器替换受控源,控制信号从公共端移到有源端,就得到了 PWM 开关的小信号等效电路的另一种形式,如图 7-11 所示。在稳态条件下,PWM 开关的大信号和小信号等效电路模型均可以简化为同一个变压器等效电路模型,如图 7-12 所示。

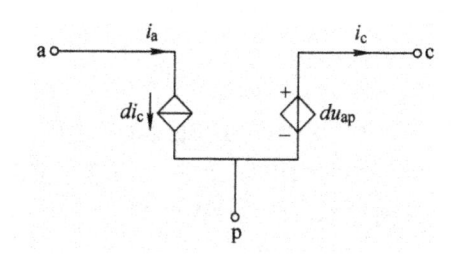

图 7-9 PWM 开关的平均等效电路

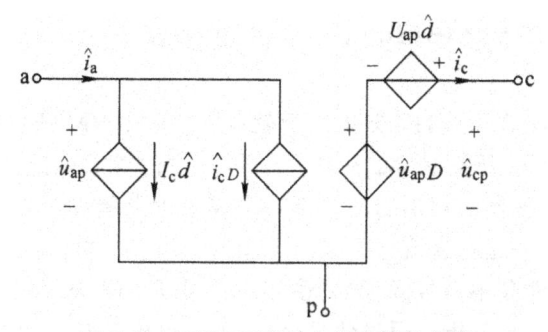

图 7-10 PWM 开关的小信号等效电路

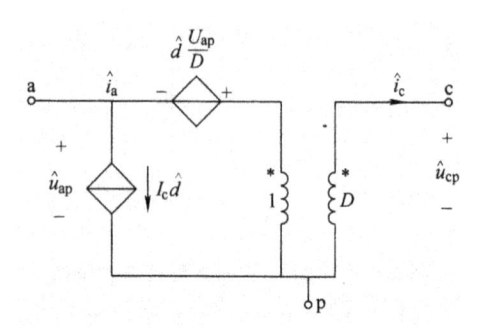

图 7-11　PWM 开关的包含变压器的小信号等效电路

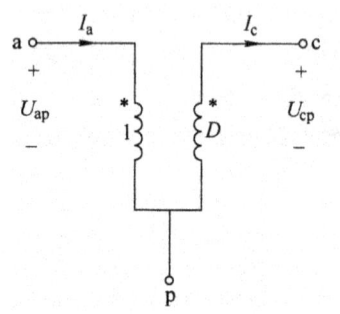

图 7-12　PWM 开关的稳态等效电路

以上总结了 PWM 开关的大信号、小信号和稳态模型的等效电路,下一节将以 Boost 电路为例阐述如何使用 PWM 开关的等效电路对开关变换器进行建模。

7.2.4　开关变换器的 PWM 开关模型

理解了 PWM 开关的等效电路后就可以使用 PWM 开关对开关变换器进行分析。PWM 开关模型的用法和晶体管中的等效电路的用法相同:首先,把 PWM 变换器所划出的三个端口与等效电路模型的三个端口一一对应进行替换,然后进行直流分析以确定稳态工作点。在进行直流分析时,不考虑电抗性元件和小信号源,然后使用小信号 PWM 开关模型进行稳态工作点附近的小信号分析。通过信号分析,可以得出最常用的控制-输出传递函数、输入-输出传递函数和输入-输出阻抗传递函数。下面以 Boost 电路为例来阐述本方法。

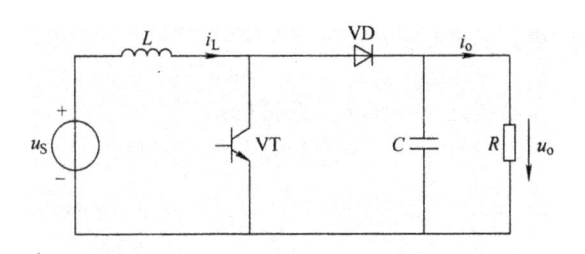

图 7-13　Boost 电路

先对电路进行稳态分析,将图 7-12 所示的等效电路代入图 7-13 所示 Boost 电路中,得到三端 Boost 等效模型如图 7-14 所示。

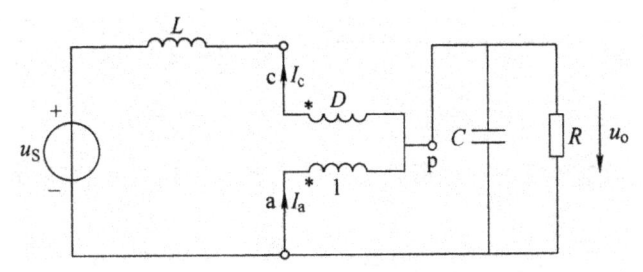

图 7-14　代入 PWM 开关稳态模型的等效电路

根据稳态关系 $I_a = DI_c$ 和 $U_{cp} = DU_{ap}$,代入电路可得稳态关系表达式

$$\begin{cases} U_o = \dfrac{1}{D'}U_S \\ I_L = \dfrac{1}{RD'^2}U_S \end{cases}$$

式中,$D' = 1 - D$。

若开关管用可控电流源描述,二极管用可控电压源描述,即用图 7-9 所示 PWM 开关的平均等效电路模型代入电路进行替换,可以得到如下变换器平均模型,如图 7-15 所示。

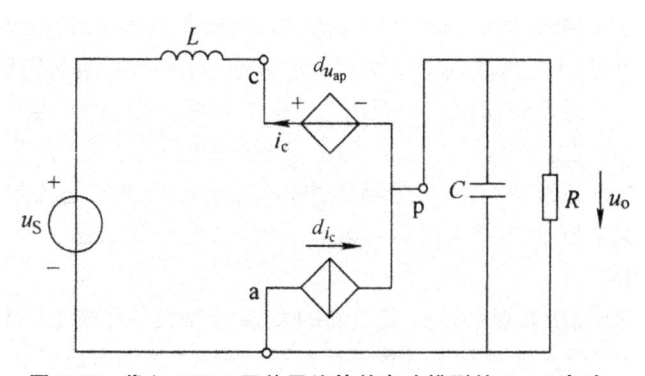

图 7-15　代入 PWM 开关平均等效电路模型的 Boost 电路

按照 PWM 开关的端口关系平均表达式 $\begin{cases} i_\mathrm{a}=di_\mathrm{c} \\ u_\mathrm{cp}=du_\mathrm{ap} \end{cases}$ 带入参数,对整个电路进行计算,就可以得到这个 Boost 变换器的状态方程:

$$\begin{bmatrix} \dot{i}_\mathrm{L} \\ \dot{u}_\mathrm{o} \end{bmatrix} = \begin{bmatrix} 0 & -\dfrac{1-d}{L} \\ \dfrac{1-d}{C} & -\dfrac{1}{RC} \end{bmatrix} \begin{bmatrix} i_\mathrm{L} \\ u_\mathrm{o} \end{bmatrix} + \begin{bmatrix} \dfrac{1}{L} \\ 0 \end{bmatrix} u_\mathrm{S}$$

此平均状态方程表达式与使用状态空间平均法所得出的完全相同。需要特别指出的是,在考虑电容和电感的等效串联电阻后所得出的状态方程

$$\begin{bmatrix} \dot{i}_\mathrm{L} \\ \dot{u}_\mathrm{o} \end{bmatrix} = \begin{bmatrix} -\dfrac{R_\mathrm{L}+(1-d)^2\dfrac{RR_\mathrm{c}}{R+R_\mathrm{c}}}{L} & -\dfrac{(1-d)R}{L(R+R_\mathrm{c})} \\ \dfrac{(1-d)R}{C(R+R_\mathrm{c})} & -\dfrac{1}{C(R+R_\mathrm{c})} \end{bmatrix} \begin{bmatrix} i_\mathrm{L} \\ u_\mathrm{o} \end{bmatrix} + \begin{bmatrix} \dfrac{1}{L} \\ 0 \end{bmatrix} u_\mathrm{S}$$

与使用状态空间平均法所得出的状态方程[式(375)]在系数矩阵上稍有不同:

$$\begin{bmatrix} \dot{i}_\mathrm{L} \\ \dot{u}_\mathrm{o} \end{bmatrix} = \begin{bmatrix} -\dfrac{R_\mathrm{L}+(1-d)\dfrac{RR_\mathrm{c}}{R+R_\mathrm{c}}}{L} & -\dfrac{(1-d)R}{L(R+R_\mathrm{c})} \\ \dfrac{(1-d)R}{C(R+R_\mathrm{c})} & -\dfrac{1}{C(R+R_\mathrm{c})} \end{bmatrix} \begin{bmatrix} i_\mathrm{L} \\ u_\mathrm{o} \end{bmatrix} + \begin{bmatrix} \dfrac{1}{L} \\ 0 \end{bmatrix} u_\mathrm{S}$$

式中,R_L 和 R_c 分别表示电感和电容的等效串联电阻(ESR)。

对平均方程进行小信号线性化处理后可以得到变换器的小信号模型,对此电路列写状态方程后进行拉普拉斯变换,就可以得到主要变量之间的小信号传递函数(推导略),结果与状态空间平均法相同。

图 7-16 是使用 PWM 开关的小信号等效电路替换后的 Boost 变换器。图 7-16(a)是 Boost 电路小信号模型图;输出增益反映的是输入扰动对输出的影响,因此推导时可令 $\hat{d}(s)=0$,从而得到如图 7-16(b)所示小信号模型图;输入阻抗反映的是输入电流扰动对输入电压的影响,因此推导时同样可令 $\hat{d}(s)=0$,从而得到如图 7-16(b)所示小信号模型图;输出阻抗反映的是输出电流扰动对输出电压的影响,因此推导时可令 $\hat{d}(s)=0$ 和 $\hat{u}_\mathrm{S}(s)=0$,从而得到如图 7-16(c)所示小信号模型图;控制增益反映的是控制变量 d(s) 对输出的影响,因此在推导时可令 $\hat{u}_\mathrm{S}(s)=0$,从而可得如图 7-16(d)所示的小信号模型图。

PWM 开关法为理解开关变换器的变换过程提供了方便,从电路的等效电路而非方程出发对变换过程进行阐述,是一种面向电路的方法,更适合在 Pspice、Saber 等电路仿真环境中对代入 PWM 开关的变换器等效电路进

行仿真分析而非对电路进行解析分析。

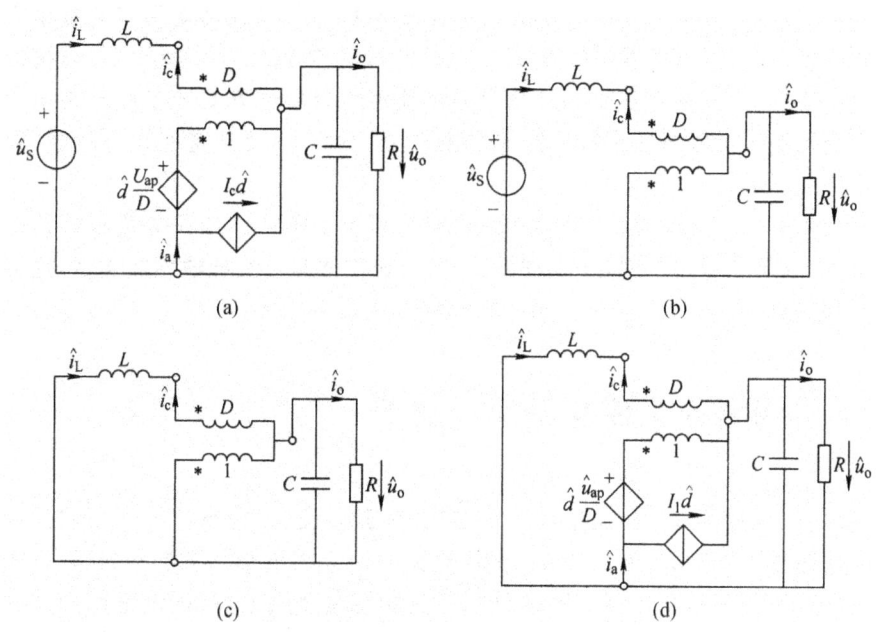

图 7-16 Boost 电路 PWM 开关小信号模型

由图 7-16 推导可得输出增益[图 7-16(b)]：

$$\left.\frac{\hat{u}_o(s)}{\hat{u}_S(s)}\right|_{\hat{d}(s)=0} = \frac{\dfrac{1}{D'}}{\dfrac{s^2LC}{D'^2}+s\dfrac{L}{RD'^2}+1}$$

控制增益[图 7-16(d)]：

$$\left.\frac{\hat{u}_o(s)}{\hat{d}(s)}\right|_{\hat{u}_S(s)=0} = \frac{\dfrac{U_S}{D'^2}\left(1-s\dfrac{L}{RD'^2}\right)}{\dfrac{s^2LC}{D'^2}+s\dfrac{L}{RD'^2}+1}$$

开环输入阻抗[图 7-16(b)]：

$$\left.\frac{\hat{u}_S(s)}{\hat{i}_L(s)}\right|_{\hat{d}(s)=0} = \frac{RD'^2\left(\dfrac{s^2LC}{D'^2}+s\dfrac{L}{RD'^2}+1\right)}{1+sRC}$$

开环输出阻抗[图 7-16(c)]：

$$\left.\frac{\hat{u}_o(s)}{\hat{i}_o(s)}\right|_{\hat{d}(s)=0,\hat{u}_S(s)=0} = \frac{sL}{s^2LC+D'^2}$$

以上演示了 PWM 开关法的原理和建模过程，并以 Boost 变换器为例进行了建模。PWM 开关法是一种简单的面向电路的方法，用它来分析开关变换器就如同用晶体管模型来分析电子放大器电路一样，PWM 开关被当作一个三端非线性器件,就如同晶体管代表了放大器中的非线性特性一样。因此,就如同为了研究放大器的小信号特性无须线性化系统的整个方程一样,在 PWM 变换器的小信号分析中采用本方法也无须线性化系统的所有方程,用此模型建立的开关变换器模型可以非常方便地应用于在电力电子通用设计程序中进行变换器的闭环分析设计而无须特别设计程序,因而简化了设计。

当变换器工作在不连续导通模式时,根据 PWM 三端开关及其端钮的电流、电压波形,可得另外一种模型,其分析方法与连续导通模式类似,这里不再赘述。

7.3 调制法生成的 SPWM 波形

以所期望的波形(这里是正弦波)作为调制波、以接受这个调制波的信号作为载波,利用二者的交点,来确定 SPWM 各段波形的宽度和间隔,就得到与正弦波等效面积的 PWM 波形。这种方法生成 SPWM 波形称为调制法 SPWM 波形。

7.3.1 单极性 SPWM 调制

单相桥式电压型正弦波逆变电路的原理电路如图 7-17 所示。设负载为阻感性负载,工作时 VT_1 和 VT_2 的通断状态互补,VT_3 和 VT_4 的通断状态也互补。具体的控制规律如下:在输出电压 u_o 的正半周,让 VT_1 保持通态,VT_2 保持断态,VT_3 和 VT_4 交替通断。由于负载电流比电压滞后,因此在输出电压 u_o 的正半周,有一段区间负载电流为正,一段区间负载电流为负。在负载电流为正的区间,VT_1 和 VT_4 都导通时,输出电压 u_o 等于直流电压 U_d;VT_1 导通、VT_4 关断时,负载电流通过 VT_1 和 VD_3 续流,$u_o=0$。在负载电流为负的区间,VT_1 和 VT_4 都加导通信号时,因 i_o 为负,故 i_o 实际上不流过 VT_1 和 VT_4,而从 VD_1 和 VD_4 流过,VT_1 和 VT_4 均不导通,$u_o=U_d$;当 VT_4 关断,VT_3 导通后,$-i_o$ 经 VT_3 和 VD_1 续流,$u_o=0$。这样,输出电压 u_o 总可以得到 U_d 和零两种电平。同样,在输出电压 u_o 的负半周,让 VT_2 保持通态,VT_1 保持断态,VT_3 和 VT_4 交替通断,也有一段区间负载电流为负,一段区间负载电流为正。输出电压总可以得到 $-U_d$ 和 0 两种电平。

控制 VT_3 和 VT_4 通断的方法:u_r 为正弦波调制信号,u_c 为三角波载波

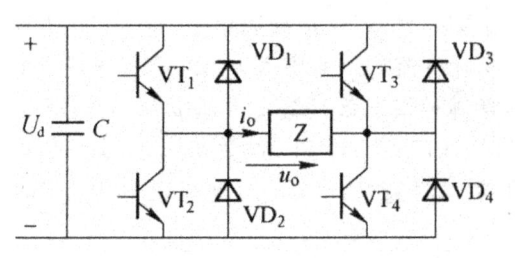

图 7-17 单相电压型正弦波逆变电路原理图

信号。在 u_r 的正半周为正极性的三角波,在 u_r 的负半周为负极性的三角波。在 u_r 和 u_c 的交点时刻控制开关元件的通断。在 u_r 的正半周,当 $u_r > u_c$ 时使 VT_4 导通,VT_3 关断,输出电压 $u_o = U_d$;当 $u_r < u_c$ 时使 VT_4 关断,VT_3 导通,$u_o = 0$。在 u_r 的负半周,当 $u_r < u_c$ 时使 VT_3 导通,VT_4 关断,$u_o = -U_d$;当 $u_r > u_c$ 时使 VT_3 关断,VT_4 导通,$u_o = 0$。这样,就得到了 SPWM 波形 u_o。

7.3.2 双极性 SPWM 调制

与单极性 SPWM 调制方式相对应的是双极性 SPWM 调制方式。采用双极性 SPWM 调制方式时,在正弦调制电压 u_r 的半个周期内,三角波载波电压 u_c 不再是单极性的,而是有正有负,所得的 SPWM 波也有正有负,如图 7-18 所示。图中的虚线 u_{o1} 表示 u_o 的基波分量。在正弦调制电压 u_r 的半个周期内,三角波载波电压 u_c 只在正极性或负极性一种极性范围内变化,所得到的 SPWM 波形也

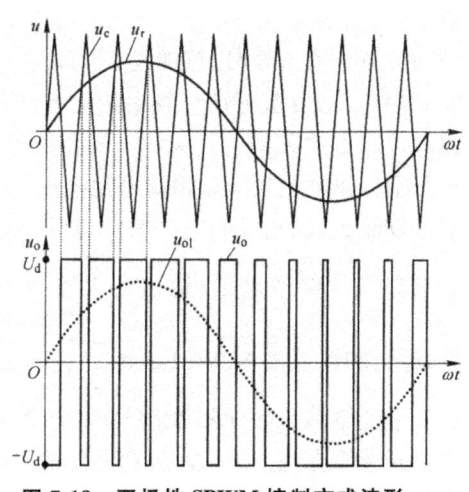

图 7-18 双极性 SPWM 控制方式波形

只在单个极性范围内变化。这种半周期内具有单一极性 SPWM 波形输出的调制方式称为单极性 SPWM 调制方式。这时三角波 u_c 和 SPWM 波形均有正、负极性变化,但是正半周内,正脉冲较负脉冲宽,负半周则反之。在调制波电压 u_r 的一个周期内,输出的 SPWM 波只有 $\pm U_d$ 两种电平,没有零电平。仍然在调制波信号 u_r 和载波信号 u_c 的交点时刻控制各开关器件的通断。在调制波信号 u_r 的正、负半周,对各开关器件的控制规律都相同。

即当 $u_r>u_c$ 时,给 VT$_1$ 和 VT$_4$ 加导通信号,给 VT$_2$ 和 WT$_3$ 加关断信号,这时如果负载的实际电流 $i_o>0$,则 VT$_1$ 和 VT$_4$ 导通,如果 $i_o<0$,则 VD$_1$ 和 VD$_4$ 导通,不管哪种情况都是输出电压 $u_o=U_d$。当 $u_r<u_c$ 时,给 VT$_2$ 和 VT$_3$ 加导通信号,给 VT$_1$ 和 VT$_4$ 加关断信号,这时如果负载的实际电流 $i_o<0$,则 VT$_2$ 和 VT$_3$ 导通,如果 $i_o>0$,则 VD$_2$ 和 VD$_3$ 导通,不管哪种情况都是 $u_o=U_d$。

7.3.3 三相桥式 SPWM 控制方式

在 SPWM 逆变电路中,使用最多的是图 7-19(a)所示的三相桥式逆变电路,这种电路一般都采用双极性控制方式。U、V 和 W 三相的 SPWM 控制通常共用一个三角波载波 u_c,用 3 个相位互差 120°的正弦波 u_{rU}、u_{rV}、u_{rW} 作为调制信号,以获得三相对称输出。U、V、W 三相功率开关管的控制规律相同,现以 U 相为例说明。当 $u_{rU}>u_c$ 时,给下桥臂 VT$_4$ 加关断信号,给上桥臂 VT$_1$ 加导通信号,则 U 相相对于直流电源侧中点 N′ 的输出电压 $u_{UN'}=U_d/2$;当 $u_{rU}<u_c$ 时,给上桥臂 VT$_1$ 加关断信号,给下桥臂 VT$_4$ 加导通信号,则 $u_{UN'}=-U_d/2$。VT$_1$ 和 VT$_4$ 的驱动信号是互补的,当给 VT$_1$(VT$_4$)加导通信号时,可能是 VT$_1$(VT$_4$)导通,也可能是二极管 VD$_1$(VD$_4$)续流导通,这由阻感性负载中的电流方向决定。V、W 两相的控制方式与 U 相的控制方式相同。由 $u_{UN'}-u_{VN'}$ 和 $u_{UN'}-u_{NN'}=u_{UN'}(u_{UN'}+u_{VN'}+u_{WN'})/3$ 可分别得出线电压 u_{UV} 和输出相电压 u_{UN} 的波形,如图 7-19(b)所示。从图中可以看到,输出端相对于直流电源中点的电压 $u_{UN'}$、$u_{VN'}$ 和 $u_{WN'}$ 的 SPWM 波只有 $\frac{\pm U_d}{2}$ 两种电平;输出线电压的 SPWM 波由 $\pm U_d$ 和 0 三种电平组成;输出相电压的 SPWM 波由 $\frac{\pm 2U_d}{3}$、$\frac{\pm U_d}{3}$ 和 0 五种电平组成。

逆变电路采用单极性调制时,在调制波的半个周期内,一侧桥臂上只有一个开关管导通,另一个开关管关断;而另一侧桥臂上、下两个开关管交替通断在每个主电路开关周期内,输出电压只在正和零(或负和零)间跳变,正、负两种电平不会同时出现在同一开关周期内。逆变电路采用双极性调制时,同一桥臂上、下两个开关管交替通断,处于互补工作方式;在每个主电路开关周期内,输出电压波形都会出现正和负两种极性的电平。单极性调制在输出电压谐波和电源电流谐波的性能上优于双极性调制,而双极性调制的直流电压利用率较高。

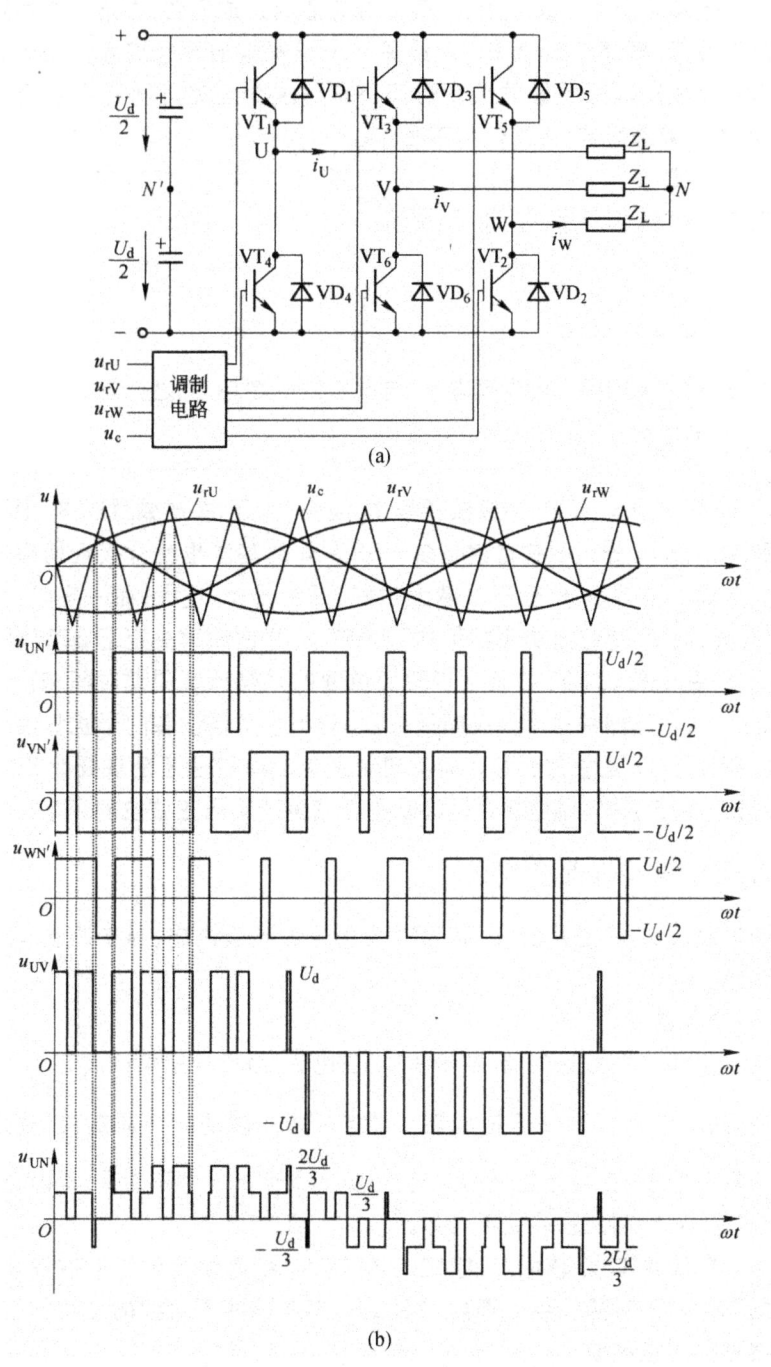

图 7-19　三相桥式 SPWM 逆变电路及工作波形

在双极性 SPWM 控制方式中,同一桥臂上、下两个桥臂的驱动信号是互补的。但实际上为了防止上、下两个臂直通而造成短路,在给一个桥臂施加关断信号后,再延迟 Δt 时间,才给另一个桥臂施加导通信号。延迟时间的长短主要由功率开关管的关断时间决定。这个延迟时间将会给输出的 SPWM 波形带来影响,使其偏离正弦波。

7.3.4 异步调制和同步调制

1. 载波比的控制

在 SPWM 控制中,载波频率 f_c 与调制波的频率 f_r 之比定义为载波比 N,即 $N=\dfrac{f_c}{f_r}\geqslant 9$。

从 SPWM 原理可知,当载波频率 f_c 越高时,开、关次数就越多,把期望的正弦调制波 u_r 分的段数也就越多。SPWM 的基波也就愈接近期望的正弦波。然而载波频率 f_c 也不是越大越好,因为若 f_c 过大,在一定时,载波比 N 就大,而 N 能超出功率器件的开关频率;载波频率决定了 SPWM 开、关周期 T_s 的长短,而 T_s 必须大于微机控制的采样计算周期时间;若 f_c 过大,T_s 过小,功率器件来不及关断而失控;对周边其他设备的干扰程度也会增大。所以 f_c 不是愈大愈好。而从调制法生成单极性还是双极性 SPWM 波形可知,改变正弦调制波频率,就改变变流装置输出正弦波的频率。

2. 同步调整和异步调制

依据载波比 N 是否恒值,SPWM 控制分为同步调制、异步调制和分段同步调制。

(1)异步调制

在异步调制中,正弦调制波频率 f_r 变化时,而保持三角载波频率 f_c 固定不变,故载波比 $N=\dfrac{f_c}{f_r}$ 不是恒值。这样在调制波的半个周期内,输出脉冲的个数不固定,脉冲相位也不固定,正负半周期的脉冲不对称,同时,半周期内前后 1/4 周期的脉冲也不对称。

当调制波频率 f_c 较低时,载波比 N 较大,半周期内的脉冲数较多,正负半周期脉冲不对称和半周期内前后 1/4 周期脉冲不对称的影响都较小,输出波形接近正弦波。

当调制波频率 f_r 增大时,载波比 N 就减小,半周期内的脉冲数减少,输出脉冲的不对称性影响就变大,还会出现脉冲的跳动。同时,变流装置输出波形和正弦波之间的差异也变大,输出特性变坏,三相输出的对称性也变差。因此,异步调制适用于调制波低频控制。

(2) 同步调制

载波比 N 为恒值,并使调制波的频率 f_r 与载波频率 f_c 保持同步变化,维持 N 为恒值不变。由于载波比 N 不变,所以调制波半个周期内输出的脉冲数是固定的,脉冲相位也是固定的。为了使单相的正弦波形正、负半周镜对称,载波比 N 应取为奇数。对于三相正弦调制波,采用一个三角载波,为使三相变流装置输出波形严格对称还应取载波比 N 为 3 的整数倍,故通常取三角载波频率 f_c 为正弦调制波频率 9 倍以上,否则谐波的影响就大,这适用于 SPWM 波高频控制。

(3) 分段同步调制

把调制波的频率 f_r 划分若干个频率段,每个频率段内都保持载波比 N 恒定,不同频率段的载波比不同。

在高频段采用较低的载波比,以使载波频率 f_c 不致过高;

在低频段采用较高的载波比,以使载波频率 f_c 不致过低,否则对负载工作产生不利影响。

各频率段的载波比应取 3 的整数倍且为奇数倍。

分段同步调制时,在不同的频率段内,载波频率的变化范围应保持一致,f_c 大约在 1.4~2kHz 之间。图 7-20 给出了分段同步调制的载波比的例子。

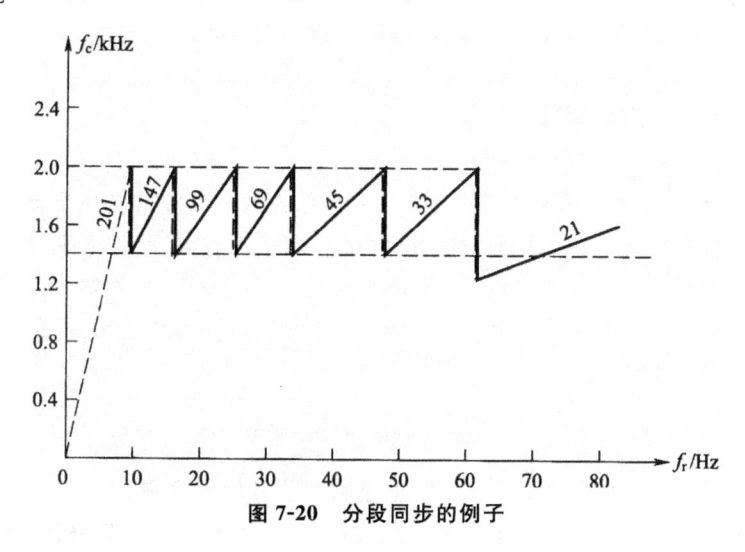

图 7-20 分段同步的例子

3. 调制比的控制

在 SPWM 控制中,正弦调制波的幅值 u_{rm} 与三角载波的幅值 u_{cm} 之比,即调制比 $\frac{u_{rm}}{u_{cm}} < 1$。

u_{rm} 的大小决定 SPWM 控制的脉冲宽度,即功率器件导通时间。u_{rm} 愈大,脉宽愈宽,功率器件导通时间愈长,变流装置输出正弦值愈大。改变调制波的幅值 u_{rm} 大小,可改变变流装置输出正弦值的大小。

但是 M 总是要求小于 1 的。因为 u_{rm} 若接近三角载波幅值 u_{cm} 时,在三角载波幅值附近的脉冲关断时间会很小,导致关断速度较慢的功率器件来不及关断,从而使相邻脉冲相连,失去控制,谐波大增。所以 SPWM 控制中,调制比(或称幅值比)M 是不能大于、等于 1,而是在 0～1 之间。

7.4 软件生成 SPWM 波形

根据 SPWM 逆变电路的基本原理和控制方法,可以用模拟电路构成三角波载波和正弦调制波发生器,用比较器来确定它们的交点,在交点时刻对功率开关管的通断进行控制,这样就可以得到 SPWM 波。但这种模拟电路的缺点是结构复杂、可靠性低、灵活性差,输出波形优化困难,难以实现精确控制。目前 SPWM 波的产生和控制可以用微型计算机来完成。

7.4.1 自然采样法

按照 SPWM 控制的基本原理,可在正弦波和三角波的自然交点时刻控制功率开关管的通断,这种生成 SPWM 波形的方法称为自然采样法。图 7-21 给出用自然采样法生成 SPWM 波的方法。图中取三角波相邻两个正峰值之间为一个周期 T_c,为了简化计算,可设三角波峰值为标幺值,即 $U_{cm} = 1$,则正弦调制波为

$$u_r = U_{rm}\sin\omega_r t = \frac{U_{rm}}{1}\sin\omega_r t = \frac{U_{rm}}{U_{cm}}\sin\omega_r t = M\sin\omega_r t$$

式中,M 为调制度,$0 \leqslant M < 1$;ω_r 为正弦调制信号的角频率。

从图 7-21 可以看出,在三角波载波的一个周期 T_c 内,下降段、上升段和正弦调制波各有一个交点,分别为 A 和 B,对应的时刻分别为 t_A 和 t_B。t_A 和 t_B 两点之间即为脉冲宽度 δ。这两个交点对于三角载波的中心线是不

对称的,以三角载波的负峰值点为中心,脉冲宽度 δ 分成 δ_1 和 δ_2,$\delta=\delta_1+\delta_2$。在三角波载波的一个周期 T_c 内,脉冲宽度 δ 前的时间为 δ',脉冲宽度 δ 后的时间为 δ''。

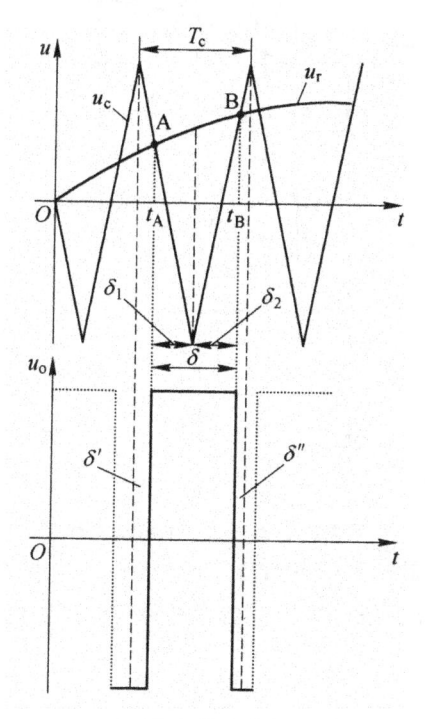

图 7-21 三角波载波的自然采样法

按相似三角形的几何关系可知

$$\frac{2}{T_c/2}=\frac{1+M\sin\omega_r t_A}{\delta_1}$$

同理可得

$$\frac{2}{T_c/2}=\frac{1+M\sin\omega_r t_B}{\delta_2}$$

整理得

$$\delta=\delta_1+\delta_2=\frac{T_c}{2}\left[1+\frac{M}{2}(\sin\omega_r t_A+\sin\omega_r t_B)\right]$$

但是这种方法计算量过大,因而在工程上实际使用并不多。除了用三角波作为载波,还可以采用锯齿波作为载波。图 7-22 说明了采用锯齿波作为载波的自然采样法。

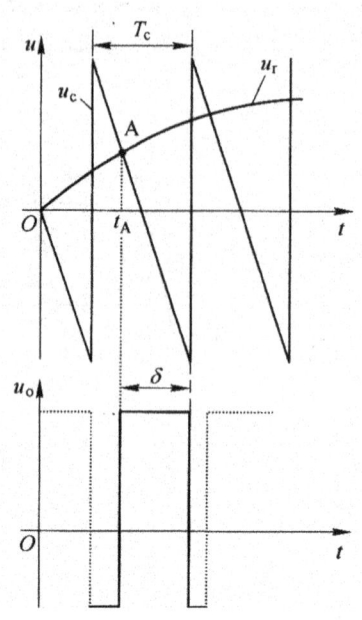

图 7-22 锯齿波载的自然采样法

自然采样法是最基本的 SPWM 波生成法,它以 SPWM 控制的基本原理为出发点,可以准确地计算出各功率开关管的通断时刻,所得的波形很接近正弦波。

7.4.2 规则采样法

规则采样法如图 7-23 所示。图中,三角载波负峰点时刻 t_e,由 t_e 时刻向上做直线交于正弦调制波 E 点,再过 E 点作一水平直线分别交于三角载波于 A 点和 B 点,用 A 点的时刻 t_A 控制功率器件的导通;用 B 点时刻 t_B 控制功率器件的关断。从图中可知,AB 不是弧线,而是水平直线。且在正弦波两侧,由三角载波负峰点作用而得,脉宽时间 $t_2 = t'_2 + t''_2 = 2t''_2 = 2t'_2$,即 $t'_2 = t''_2$,这是规则采样法的主要特征。

依相似直角三角形的关系可得脉宽时间

$$t_2 = \frac{T_c}{2}(1 + M\sin\omega_r t_e) \tag{7-4}$$

T_c 两边与脉宽时间 t_2 两边的间隙时间 t_1 与 t_3 也是相等的,且

$$t_1 = t_3 = \frac{1}{2}(T_c - t_2)$$

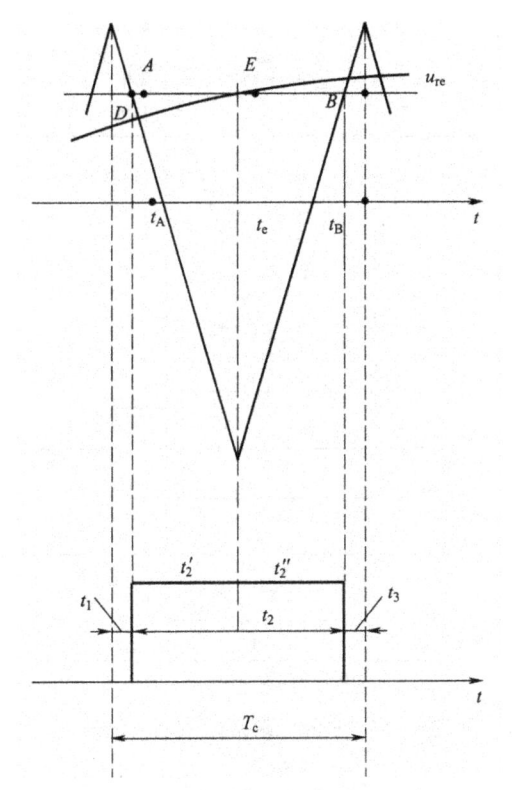

图 7-23 规则采样法生成 SPWM 波形

从上述分析可见，规律采样法计算量比自然采样法计算量少多了。

7.4.3 三相 SPWM 波形软件生成法

三相正弦调制波，时差 120°，分别为 A、B、C，共用一个三角载波 u_r，如图 7-24 所示。用规则采样作图法，由三角载波 D 负峰点向上作直线交于 D 点，对应时间为 t_D。各相对应时间如图 7-24 所示分别为 t_{a1}、t_{b1} 和 t_{c1} 及 t_{a3}、t_{b3} 和 t_{c3}。

脉宽时间分别为 t_{a1}、t_{b2} 和 t_{c2}。但 SPWM 周期时间均是 T_c。这是因为共用一个三角载波所致。

用式(7-4)计算 t_{a2}、t_{b2} 和 t_{c2} 脉宽时间，再求三相脉宽时间总和时，按式(7-4)有

$$t_{a1}+t_{b2}+t_{c2}=\frac{T_c}{2}\{(1+M\sin\omega_r t_D)+[1+M\sin(\omega_r t_D-120°)]$$
$$+[1+M\sin(\omega_r t_D+120°)]\}$$

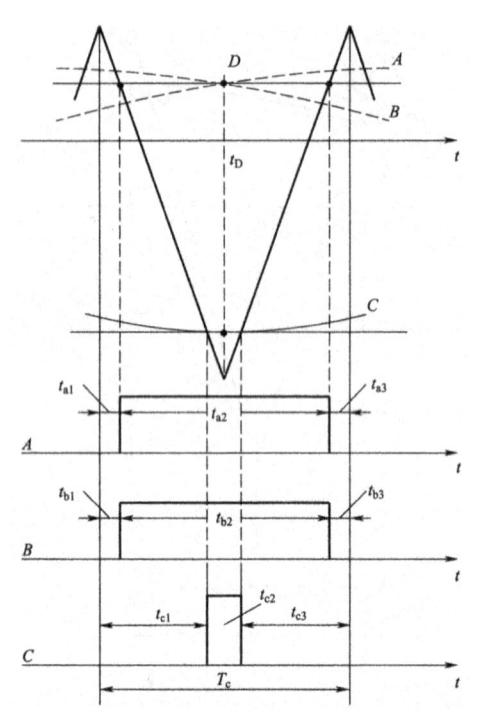

图 7-24 三相规则采样 SPWM 波形

则

$$t_{a1}+t_{b2}+t_{c2}=\frac{3}{2}T_c \tag{7-5}$$

因为上述求和式子中，右边第一项相同，加起来为 3 倍；第二项由于同一时刻三相正弦波电压之和为零，故由式(7-4)可得式(7-5)。从图可见，脉宽时间 t_{a2}、t_{b2} 和 t_{c2} 是不相等的。

脉冲两侧的间隙时间相等，即

$$t_{a1}+t_{b1}+t_{c1}=t_{a3}+t_{b3}+t_{c3}=\frac{3}{4}T_c$$

三相间隙时间总和为

$$t_{a1}+t_{b1}+t_{c1}+t_{a3}+t_{b3}+t_{c3}=3T_c-(t_{a2}+t_{b2}+t_{c2})=\frac{3}{2}T_c$$

在数字控制中，用计算机实时产生 SPWM 波形，正是基于上述的采样定理和计算公式。

在微型计算机实时 SPWM 控制时，先在内存中存储正弦函数和 $\frac{T_c}{2}$ 值。控制时取出正弦值与所需的调制比 M 做乘法运算，再依给定的载波频率取出对应的 $\frac{T_c}{2}$ 值，与 $M\sin\omega_r t_D$ 做乘法运算，然后运用加、减、移位即可算出脉

宽时间 t_2 和间隙时间 t_1 和 t_3。将上述运算所得脉冲数据送入微型计算机定时器中,利用定时的中断接口电路,送出相应的高电平和低电平,产生一系列的 SPWM 脉冲波,从而控制功率器件的开通与关断。这就是微型计算机实时 SPWM 控制。

7.4.4 低次谐波消去法

图 7-25 是三相桥式 SPWM 逆变电路中一相输出端子相对于直流侧中点的电压波形,此处载波比 $N=7$。为了减少谐波并简化控制,需尽量使波形具有对称性。

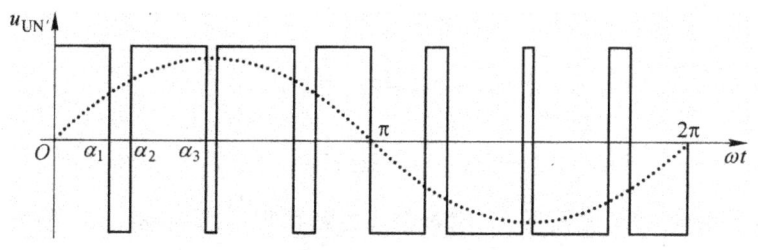

图 7-25 低次谐波消去法的输出电压波形

1) 为了消除偶次谐波,应使正、负两半周期波形镜对称,即

$$u(\omega t) = -u(\omega t + \pi) \tag{7-6}$$

2) 为了消除谐波中的余弦项,简化计算过程,应使正(或负)半周期内前后 1/4 周期以 $\frac{\pi}{2}$ 为轴线对称,即

$$u(\omega t) = u(\pi - \omega t) \tag{7-7}$$

同时满足式(7-6)和式(7-7)的波形称为 1/4 周期对称波形。这种波形可用傅里叶级数表示为

$$u(\omega t) = \sum_{n=1,3,5,\cdots}^{\infty} a_n \sin\omega t$$

式中,$a_n = \frac{4}{\pi} \int_0^{\frac{\pi}{2}} u(\omega t) \sin\omega t \, \mathrm{d}(\omega t)$。

因为图 7-25 是 1/4 周期对称波形,所以在半个周期内的 6 个开关时刻(不包括 0 和 π 时刻)中,能够独立控制的只有 α_1、α_2、α_3 三个时刻。该波形的 a_n 为

$$a_n = \frac{4}{\pi} \Bigg[\int_0^{\alpha_1} \frac{U_\mathrm{d}}{2} \sin n\omega t \, \mathrm{d}(\omega t) - \int_{\alpha_1}^{\alpha_2} \frac{U_\mathrm{d}}{2} \sin n\omega t \, \mathrm{d}(\omega t) \\ + \int_{\alpha_2}^{\alpha_3} \frac{U_\mathrm{d}}{2} \sin n\omega t \, \mathrm{d}(\omega t) - \int_{\alpha_3}^{\frac{\pi}{2}} \frac{U_\mathrm{d}}{2} \sin n\omega t \, \mathrm{d}(\omega t) \Bigg]$$

$$= \frac{2U_d}{n\pi}\left[(-\cos n\omega t)\big|_0^{\alpha_1} - (-\cos n\omega t)\big|_{\alpha_1}^{\alpha_2}\right.$$

$$\left. + (-\cos n\omega t)\big|_{\alpha_2}^{\alpha_3} - (-\cos n\omega t)\big|_{\alpha_3}^{\frac{\pi}{2}}\right]$$

$$= \frac{2U_d}{n\pi}(1 - 2\cos n\alpha_1 + 2\cos n\alpha_2 - 2\cos n\alpha_3), n = 1,3,5,\cdots$$

上式中含有 α_1、α_2、α_3 三个可以控制的变量。根据需要确定基波分量 a_1 的值，再令两个不同的 $a_n=0$，就可以建立 3 个方程，联立求解可得 α_1、α_2、α_3，这样即可以消去两种特定频率的谐波。通常在三相对称电路的线电压中，相电压所含的 3 次谐波相互抵消，因此可以考虑消去 5 次和 7 次谐波。这样，可得如下联立方程：

$$a_1 = \frac{2U_d}{\pi}(1 - 2\cos\alpha_1 + 2\cos\alpha_2 - 2\cos\alpha_3)$$

$$a_5 = \frac{2U_d}{5\pi}(1 - 2\cos 5\alpha_1 + 2\cos 5\alpha_2 - 2\cos 5\alpha_3) = 0$$

$$a_7 = \frac{2U_d}{7\pi}(1 - 2\cos 7\alpha_1 + 2\cos 7\alpha_2 - 2\cos 7\alpha_3) = 0$$

对于给定的基波幅值 a_1，求解上述方程可得一组 α_1、α_2、α_3。基波幅值 a_1 改变时，α_1、α_2、α_3 也相应改变。

上面是在输出电压的半周期内开关管导通和关断各 3 次时的情况。一般来说，如果在输出电压半周期内开关管开通和关断各 k 次，则共有 k 个自由度可以控制。除去用一个自由度来控制基波幅值外，可以消除 $k-1$ 种谐波。

应当指出，低次谐波消去法可以很好地消除指定的低次谐波，但是剩余未消去的较低次谐波的幅值可能会相当大。不过，因为其次数比所消去的谐波次数高，因而较容易滤除。

7.4.5 电流滞环控制 SPWM

图 7-26 给出了采用滞环比较方式的电流跟踪型 SPWM 逆变电路中一相的输出电流、电压波形。把正弦参考电流 i_o^* 与实际输出电流 i_o 的偏差 ΔI，经滞环比较器后，控制开关管 VT_1 和 VT_2 的通断，在正弦参考电流的正半波，当 VT_1（或 VD_1）导通时，i_o 增大；当 VT_2（或 VD_2）导通时，i_o 减小，将跟随误差限定在允许的 $\pm\Delta I$ 范围内。如 t_1 时刻，$i_o^* - i_o \geqslant \Delta I$，滞环比较器输出正电平信号，驱动上桥臂开关管 VT_1 导通，使 i_o 增大；直到 t_2 时刻，$i_o = i_o^* + \Delta I$，$i_o^* - i_o = -\Delta I$ 滞环比较器翻转，输出负电平信号，关断 VT_1，并开通 VT_2，此时因为电流仍然为正，$i_o > 0$，所以是 VD_2 导通续流，VT_2 承

受反压无法导通,i_o逐渐减小;到t_3时刻,i_o降到滞环的下限值,又重复VT_1导通,以此迫使该相负载电流i_o跟随给定参考电流i_o^*变化。同理,在正弦参考电流的负半波,当VT_2(或VD_2)导通时,i_o增大;当VT_1(或VD_1)导通时,i_o减小。

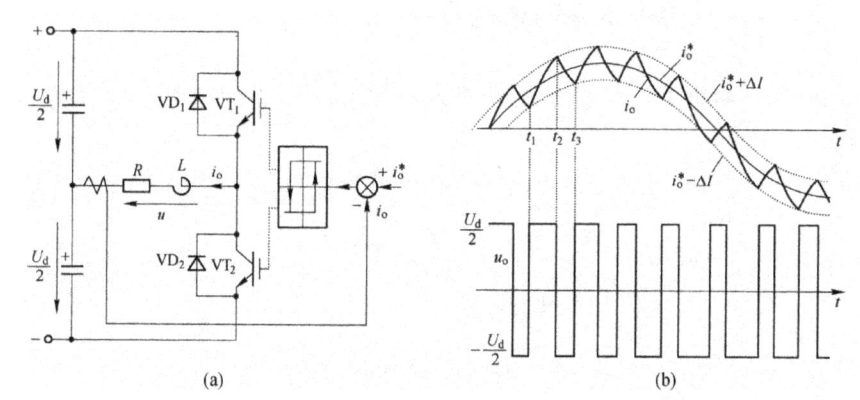

图 7-26 电流滞环跟踪型 SPWM 逆变电路及工作波形

这样,通过环宽为$2\Delta I$的滞环比较器的控制,逆变电路输出电压为双极性 PWM 波形,输出电流i_o就在$i_o^*\pm\Delta I$的范围内呈锯齿状跟踪正弦参考电流i_o^*。这个滞环的环宽对逆变电路的跟踪性能和工作状态有较大的影响。这时逆变电路功率开关器件工作在高频开关状态,环宽越窄,允许偏差ΔI越小,电流跟踪精度越高,但功率开关器件的开关频率也越高,开关损耗随之增大,并有可能超过器件的最高开关频率限制。环宽过宽时,功率开关器件的动作频率比较低,开关损耗比较小,但电流跟踪误差也会增大。

电流跟踪型 SPWM 逆变电路实际上是一个电压型 SPWM 逆变电路加一个电流闭环构成的 bang-bang 控制系统,可以提供一个瞬时电流可控的交流电源。由于实际电流波形围绕给定正弦波作锯齿波变化,与负载无关,故常称电流源型 PWM 逆变电路,也称电流跟踪控制 PWM 逆变电路。由于电流被严格限制在参考正弦波周围的允许误差范围内,故对防止过电流十分有利。

7.5 电压空间矢量 PWM 控制

软件法生成 SPWM 波形实质上均是以一组经过调制的幅值相等、宽度不等的有序脉冲信号替代正弦波调制信号,用开关量取代模拟量来控制功率器件的通、断。电压空间矢量 PWM(Voltage Space Vector PWM,SVP-

WM)控制。SVPWM 控制是 1988 年 Holt2 和 Stadend 提出的。与 SPWM 控制不同,它是依据三相电压空间矢量切换的要求,直接控制三相变换电路的开关管的通、断。

7.5.1 三相电压空间矢量概述

图 7-27 给出了三相异步电动机定子三相绕组空间互差 120°示意分布图。

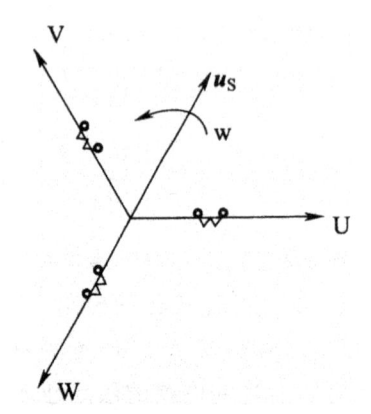

图 7-27 三相空间 120°绕组分布图

三相绕组又同时施加时间互差 120°的交流电压。即

$$\left.\begin{array}{l}u_\mathrm{U}=U_\mathrm{m}\cos\omega t\\ u_\mathrm{V}=U_\mathrm{m}\cos(\omega t-120°)\\ u_\mathrm{W}=U_\mathrm{m}\cos(\omega t-240°)=U_\mathrm{m}\cos(\omega t+120°)\end{array}\right\} \quad (7\text{-}8)$$

式中,U_m 为相电压幅值,则三相电压空间矢量按下式加以定义

$$\boldsymbol{u}_\mathrm{s}=u_\mathrm{U}+\alpha u_\mathrm{V}+\alpha^2 u_\mathrm{W} \quad (7\text{-}9)$$

式中,

$$\alpha=\mathrm{e}^{\mathrm{j}120°}$$

将相电压表达式(7-8)代入式(7-9),整理可得

$$\boldsymbol{u}_\mathrm{s}=\frac{3}{2}U_\mathrm{m}\mathrm{e}^{\mathrm{j}\omega t} \quad (7\text{-}10)$$

从式(7-10)可知,三相电压空间矢量 $\boldsymbol{u}_\mathrm{s}$ 是以 ω 角速度旋转的矢量,对应不同时刻它处在空间不同位置,如图 7-27 中三相电压空间矢量 $\boldsymbol{u}_\mathrm{s}$ 的位置,是三相绕组的轴线电压矢量合成的三相电压空间矢量。

7.5.2 电压空间矢量(SVPWM)对功率器件的控制

图 7-28 给出了三相 SVPWM 控制电路图。

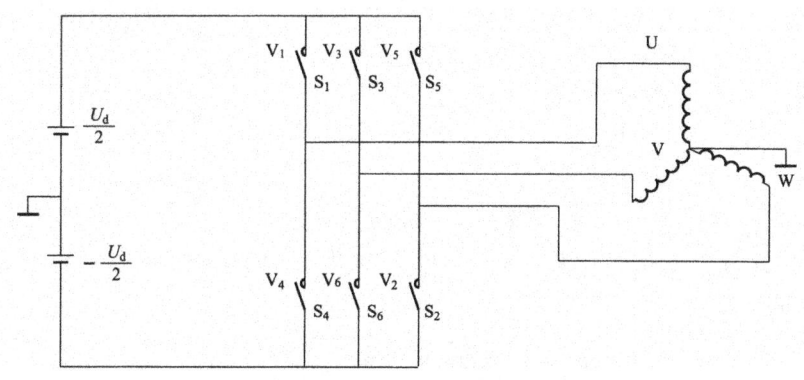

图 7-28 三相 SVPWM 控制电路图

从图中可知,三相空间互差 120°的绕组星形联结,由六个开关通、断,将直流电压 $\pm\dfrac{U_d}{2}$ 变为交流电压。

为了简单起见,六个功率开关器件($V_1 \sim V_6$)都用开关符号表示。为使三相绕组对称工作,必须三相同时供电;即在任一时刻一定有处于不同桥臂下的三个器件同时导通,而相应桥臂的另三个功率器件则处于关断状态。这样,从电路图 7-28 可知,功率器件共有八种工作状态,即 V_6、V_1、V_2 通;V_1、V_2、V_3 通;V_2、V_3、V_4 通,V_3、V_4、V_5 通;V_4、V_5、V_6 通;V_5、V_6、V_1 通和 V_1、V_3、V_5 通及 V_4、V_6、V_2 通等 8 种工作状态。

如果把上桥臂器件导通用 1 表示;下桥臂器件导通用 0 表示,并依 UVW 相序依次排列,则上述八种状态可相应表示为 100;110;010;011;001;101;111 及 000 八个数字,或称八组开关模式。其中开关模式 111 表示图 7-28 三个上桥臂器件(V_1、V_3、V_5)同时导通,U、V、W 三相线组短接,电压为零;若开关模式为 000,表示图 7-28 三个下桥臂器件(V_4、V_6、V_2)同时导通,U、V、W 三相绕组也短接,电压也为零。故称 111 和 000 模式为零电压空间矢量模式,用 V_7 和 V_0 表示电压空间矢量。其余六个开关模式分别对应 $u_1(100)$;$u_2(110)$;$u_3(010)$;$u_4(011)$;$u_5(001)$ 和 $u_6(101)$,称为非零电压空间矢量。

下面,求六个非零电压空间矢量。

图 7-29(a)所示为(100)开关模式,即开关管($V_{1,2,6}$ 导通),求电压空间矢量 u_1,如图 7-29(b)所示。

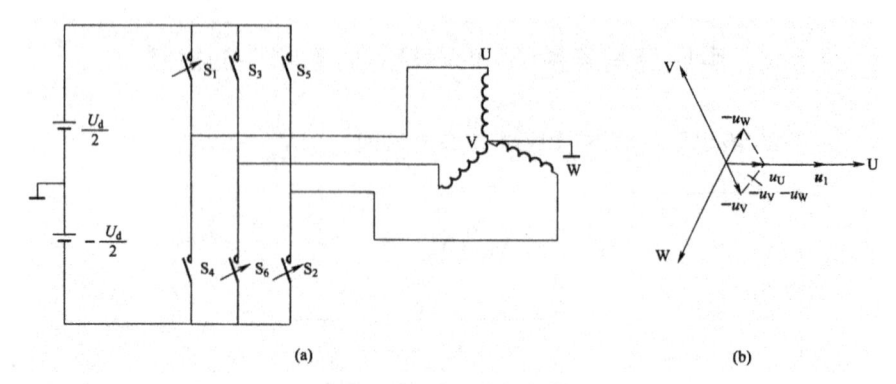

图 7-29 电压空间矢量

(a)(100)模式;(b)(100)u_1 电压空间矢量

此模式

$$u_U = \frac{U_d}{2}, u_V = u_W = -\frac{U_d}{2}$$

绕组空间位置相差 120°,由矢量合成法,得三相合成电压空间矢量 u_1,u_1 方向与 U 轴一致,幅值为 U_d。

因为

$$u_1 = u_U + u_V \cos 60° + u_W \cos 60° = \frac{U_d}{2} + 2 \cdot \frac{U_d}{4} = U_d$$

又

$$\begin{aligned}
u_1(100) &= \frac{U_d}{2}(1 - e^{j120°} - e^{j240°}) \\
&= \frac{U_d}{2}[1 - (\cos 120° + j\sin 120°) - (\cos 240° + j\sin 240°)] \\
&= \frac{U_d}{2}\left[1 - \left(-\frac{1}{2} + j\frac{\sqrt{3}}{2}\right) - \left(-\frac{1}{2} - j\frac{\sqrt{3}}{2}\right)\right] \\
&= U_d e^{j0°}
\end{aligned}$$

可见电压空间矢量 u_1 为幅值 U_d,相位角为 0°,与 U 轴重合。电压空间矢量 u_2,其开关模式为 110,开关管 V_1、V_2、V_3 导通,三相合成电压空间矢量 u_2 如图 7-30 所示。

模式 110,$u_U = u_V = \frac{U_d}{2}, u_W = -\frac{U_d}{2}$

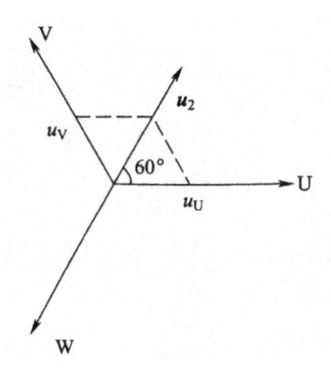

图 7-30 模式(110)u_2 矢量图

电压空间矢量 u_2,其幅值为 U_d,相位为 $\frac{\pi}{3}$,即距 A 轴旋转 $\frac{\pi}{3}$ 的方向。

同理可求出 u_3,开关模式 010,即开关管 V_2、V_3、V_4 通,三相合成电压空间矢量为 $u_3 = U_d e^{j\frac{2\pi}{3}}$,其方向与 V 轴一致。依次类推 8 种开关模式,8 个电压空间矢量 u_1、u_2……u_7 和 u_7 及 u_0。汇总表 7-1。

表 7-1 三相电压空间矢量

开关模式	导通代码	导通开关管	u_U	u_V	u_W	电压空间矢量 u_S
100	$S_{6,1,2}$	V_6、V_1、V_2	$\frac{U_d}{2}$	$-\frac{U_d}{2}$	$-\frac{U_d}{2}$	$u_1 = U_d e^{j0°}$
110	$S_{1,2,3}$	V_1、V_2、V_3	$\frac{U_d}{2}$	$\frac{U_d}{2}$	$-\frac{U_d}{2}$	$u_2 = U_d e^{j\frac{\pi}{3}}$
010	$S_{2,3,4}$	V_2、V_3、V_4	$-\frac{U_d}{2}$	$\frac{U_d}{2}$	$-\frac{U_d}{2}$	$u_3 = U_d e^{j\frac{2\pi}{3}}$
011	$S_{3,4,5}$	V_3、V_4、V_5	$-\frac{U_d}{2}$	$\frac{U_d}{2}$	$\frac{U_d}{2}$	$u_4 = U_d e^{j\pi}$
001	$G_{4,5,6}$	V_4、V_5、V_6	$-\frac{U_d}{2}$	$-\frac{U_d}{2}$	$\frac{U_d}{2}$	$u_5 = U_d e^{j\frac{4\pi}{3}}$
101	$S_{5,6,1}$	V_5、V_6、V_1	$\frac{U_d}{2}$	$-\frac{U_d}{2}$	$\frac{U_d}{2}$	$u_6 = U_d e^{j\frac{5\pi}{3}}$
111	$S_{1,3,5}$	V_1、V_3、V_5	0	0	0	$u_7 = 0$(原点)
000	$S_{4,6,2}$	V_4、V_6、V_2	0	0	0	$u_0 = 0$(原点)

从表 7-1 可见,在 2π 周期内,六个电压空间矢量 $u_1 \sim u_6$ 依次相差 $\frac{\pi}{3}$ 电角度,幅值均为 U_d,按开关模式依次经历一次。若每一个电压空间矢量的起点都定在原点 0,则 $u_1 \sim u_6$ 呈放射状,就把 2π 圆周分成六个扇区,如图

7-31(a)所示。

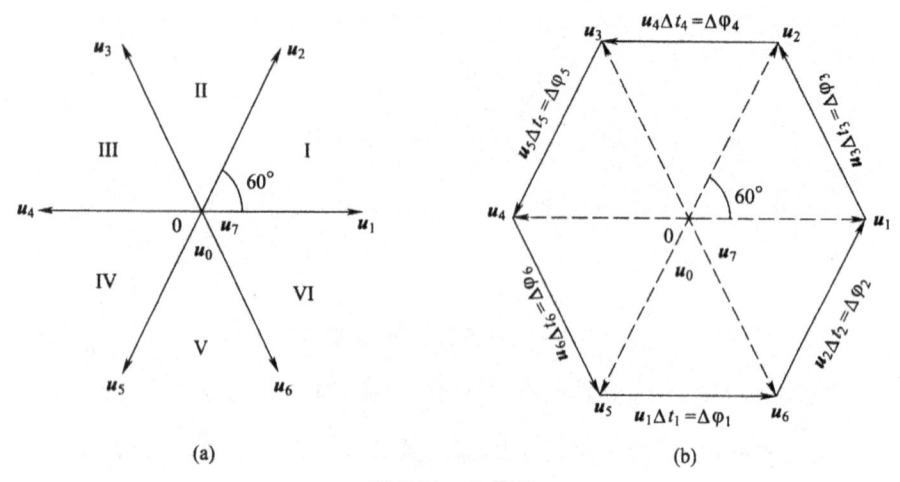

图 7-31 矢量图
(a)六扇区矢量;(b)六边形电压矢量

若将 $u_1 \sim u_6$ 首尾相接,则矢量就如图 7-31(b)所示的封闭的正六边形 零矢量 u_0 及 u_7 位于原点 0。

又依三相异步电动机,当转速不是很低时,定子绕组电阻压降较小可以略去,则有

$$u_s = iR + \frac{d\varphi}{dt} \approx \frac{d\varphi}{dt} \text{ 或 } \varphi = \int u_s dt$$

写成磁链增量形式 $u_s \Delta t = \Delta \varphi$ 如图 7-31(b)所示。

它表明,在任一个开关模式期间($\frac{\pi}{3}$ 期间)合成的电压空间矢量 u_s 的作用下,会产生磁链增量 $\Delta \varphi$,$\Delta \varphi$ 的幅值与 u_s 的作用时间 Δt 成正比;其方向与 u_s 一致,且沿电压空间矢量 $u_1 \sim u_6$ 的六边形以 ω 匀速旋转。此磁链是六边形轨迹。不是圆形磁链轨迹。如何使变流器产生的磁链,能无限逼近圆形旋转轨迹呢?如果在 2π 输出周期中,电压空间矢量数从 6 个增为 $6k$ 个($k=1,2,3$),则相应的磁链增量 $\Delta \varphi$ 的轨迹,就是一个 $6k$ 条折线的多边形。当 k 值大时,$\Delta \varphi$ 轨迹就将趋近于圆形。

7.6 PWM 波形的分类

PWM 控制技术用于电力电子变流电路中,就是对功率开关管通断控制的技术。类似于晶闸管采用正弦波或锯齿波同步的触发电路,PWM 是

控制晶闸管导通的技术。

PWM 控制技术用于电力电子变流电路中,可分为如下几种类型:

1. DC-DC 直流斩波电路中,是等幅等宽 PWM 波形

在这种电路中,是将直流电压"斩"成一系列脉冲,改变脉冲的占空比获得所需的输出电压。改变脉冲占空比就是对脉冲宽度进行调制,只是因为输入电压和所需要的输出电压都是直流电压,因此脉冲既是等幅,也是等宽的。仅仅是对脉冲的占空比进行控制。

2. AC-AC 交流变压变频电路中的 PWM 波形

(1)斩控式交流调压电路中 PWM 是等宽不等幅 SPWM 波形

在这种变流电路中,是采用 PWM 控制技术进行交流调压。因为该调压电路输入电压和输出电压都是正弦波交流电压,二者频率相同,只是输出电压的幅值要根据需要来调节。因此斩控后得到的 PWM 脉冲的幅值是按正弦波规律变化的,但各脉冲的宽度是相等的,脉冲的占空比根据所需要的输出输入电压比来调节。

(2)矩阵式变频电路中 PWM 是不等幅也不等宽的 PWM 波形

矩阵式变频电路中,其输入电压和输出电压都是正弦波交流电压,但二者频率不同,而且输出电压是由不同的输入线电压组合而成的,因此 PWM 脉冲既不等幅,也不等宽。

3. DC-AC 逆变电路中 PWM 是等幅不等宽的 SPWM 波形

PWM 控制技术在 DC-AC 逆变电路中应用最为广泛。正是有赖于在逆变电路中的应用,PWM 控制技术才发展的比较成熟。在 DC-AC 逆变电路中采用各脉冲的幅值相等,而宽度是按正弦规律变化的,即 PWM 波形和正弦半波是等效的,称为 SPWM 波形。这里 SPWM 波是由直流电源产生的,所以 PWM 波是等幅的。

对于电压型全控器件逆变电路,由于具有恒压源性质,所以当全控器件通断时采用 SPWM 控制技术是等幅正弦脉宽 SPWM 电压脉冲列波形;当电流型逆变电路具有恒流源性质,控制全控器件通断是采用 SPWM 电流脉冲列波形也是等幅,脉宽按正弦规律变化的等效 SPWM 波形,由载波与调制波交点产生脉冲列 SPWM 波形。

载波的周期决定 SPWM 脉冲列周期,即全控器件一个通断周期 T_s。调制波幅值决定脉冲列导通的时间长短,调制波的频率决定逆变电路输出交流电压(或电流)的频率。

4. AC-DC 整流电路中 PWM 是等幅、不等脉宽的 PWM 波形

把逆变电路中的 SPWM 控制技术用于 AC-DC 整流电路就是 PWM 整流电路，也是 SPWM 控制技术从逆变电路中移植到整流电路中而形成 PWM 整流电路，所以也是电压型整流电路采用等幅、脉宽按正弦规律变化的电压型 SPWM 波形；对电流型整流电路采用 SPWM 电流波形。上述不管是等幅 PWM 波，还是不等幅 PWM 波，都是基于窄脉冲面积相等（等效）原理进行控制的，其本质是相同的。

5. SVPWM 控制技术

电压空间矢量 PWM(SVPWM)控制技术是依据 PWM 变流器空间电压(电流)矢量切换来控制变流器功率开关管通断，应用于 PWM 逆变电路和整流电路中。SVPWM 与 SPWM 控制相比，具有如下不同：

1) 与 SPWM 控制相比，SVPWM 可提高直流电压（或电流）利用率 15%，降低功率开关管通态损耗。

2) 在相同的波形品质条件下，SVPWM 控制具有较低的开关频率，从而有效地降低了功率开关管的开关损耗。

3) SVPWM 控制具有更好的动态性能，动态响应快。

第8章 软开关技术

8.1 软开关概述

8.1.1 硬开关和软开关

1. 硬开关

图 8-1 为硬开关电路及其理想化波形。从图中可以看出,理想的电压、电流波形,应该呈方波状,在开通或关断时垂直上升或下降。

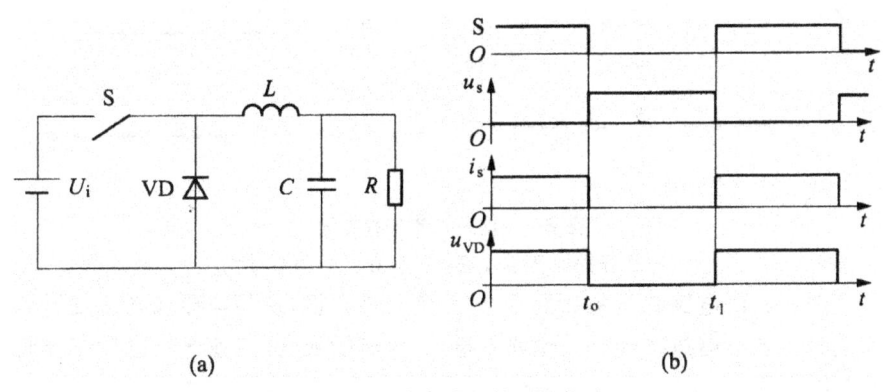

图 8-1 硬开关电路及其理想化波形
(a)电路图;(b)理想化波形

图 8-2 为硬开关的开通和关断过程中电压和电流均不为零,出现了重叠,产生显著的开关损耗。同时,波形出现明显的过冲,产生了开关噪声。

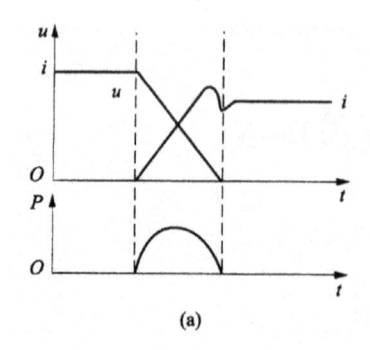

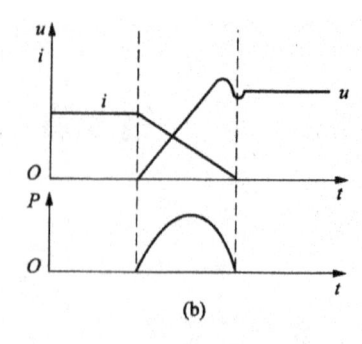

图 8-2　硬开关的开关过程

(a)硬开关的开通过程；(b)硬开关的关断过程

2. 软开关

软开关的开关过程如图 8-3 所示。

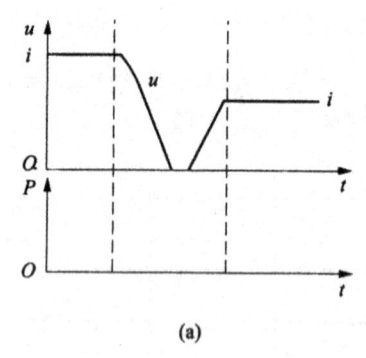

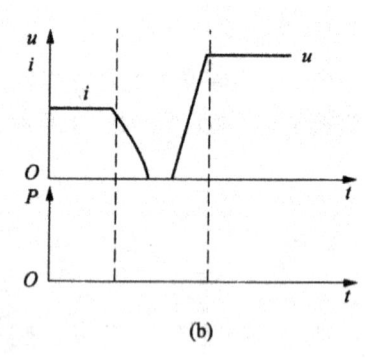

图 8-3　软开关的开关过程

(a)软开关的开通过程；(b)软开关的关断过程

图 8-4(a)电路中 S 关断后 I_r 与 C 间发生谐振，从而电压和电流波形类似正弦半波。谐振减缓开关过程中电压、电流的变化，且使 S 端电压在开通前就降为零。

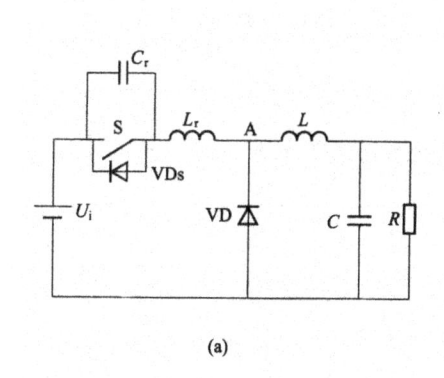

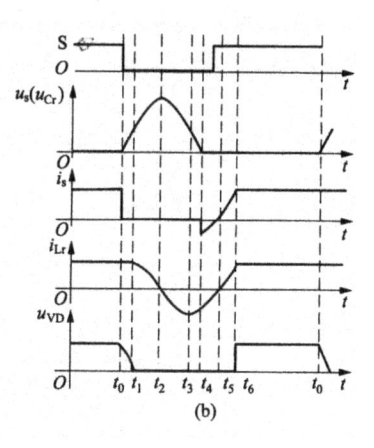

图 8-4 零电压开关准谐振电路及波形

(a)电路图；(b)理想波形

8.1.2 零电压开关与零电流开关

1)零电压开通。使开关开通前其两端电压为零,则开关开通时就不会产生损耗和噪声。

2)零电流关断。使开关关断前其电流为零,则开关关断时也不会产生损耗和噪声。

在很多情况下,不再指出开通或关断,仅称零电压开关和零电流开关。零电压开通和零电流关断要靠电路中的谐振来实现。

1)零电压关断。与开关并联的电容能使开关关断后电压上升延缓,从而降低关断损耗。

2)零电流开通。与开关相串联的电感能使开关开通后电流上升延缓,降低了开通损耗。

简单地利用并联电容实现零电压关断和利用串联电感实现零电流开通一般会给电路造成总损耗增加、关断过电压增大等负面影响,是得不偿失的,没有应用价值。

8.2 软开关电路的分类

根据开关元件开通和关断时电压电流状态,分为零电压电路和零电流电路两大类;根据软开关技术发展历程可以将软开关电路分成准谐振电路、零开关 PWM 电路和零转换 PWM 电路。每一种软开关电路都可用于降压型、升压型等不同电路,可从基本开关单元导出具体电路(图 8-5)。

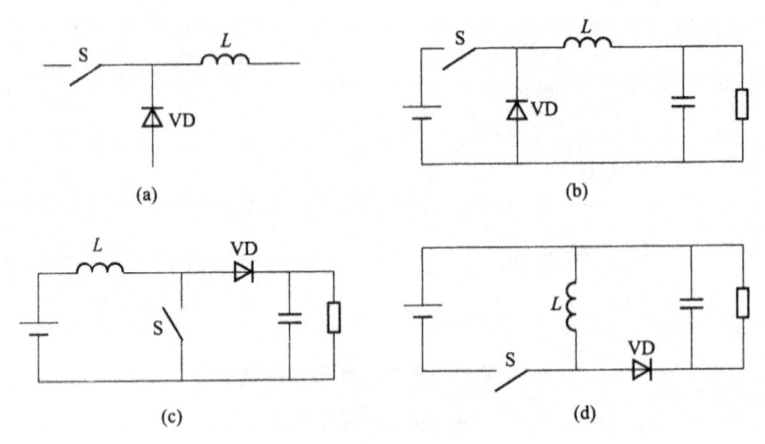

图 8-5 基本开关单元的概念

(a)基本开关单元;(b)降压斩波器中的基本开关单元;
(c)升压斩波器中的基本开关单元;(d)升降压斩波器中的基本开关单元

8.2.1 准谐振电路

准谐振电路中电压或电流的波形为正弦半波,因此称为准谐振,这是最早出现的软开关电路(图 8-6)。

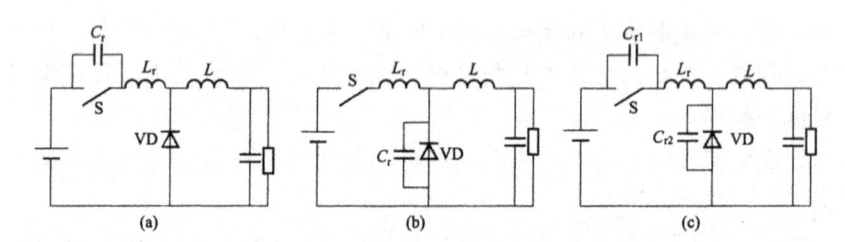

图 8-6 准谐振电路的基本开关单元

(a)零电压开关准谐振电路(ZVS QRC);
(b)零电流开关准谐振电路(ZCS QRC);(c)零电压开关多谐振电路(ZVS MRC)

8.2.2 零开关 PWM 电路

零开关 PWM 电路如图 8-7 所示。

(a)

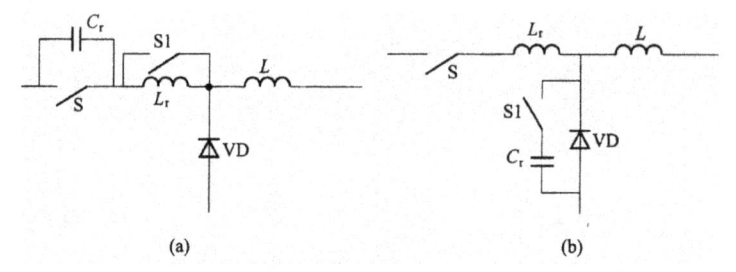

(b)

图 8-7 零开关 PWM 电路的基本开关单元
(a)零电压开关 PWM 电路(ZVS PWM)；
(b)零电流开关 PWM 电路(ZVS PWM)

8.2.3 零转换 PWM 电路

采用辅助开关控制谐振的开始时刻,但谐振电路是与主开关并联的。零转换 PWM 电路如图 8-8 所示。

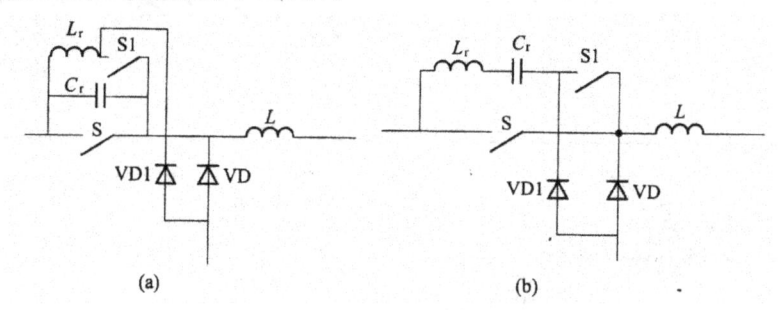

(a)

(b)

图 8-8 零转换 PWM 电路的基本开关单元
(a)零电压转换；(b)零电压转换

8.3 典型的软开关电路

8.3.1 准谐振软开关电路

1. 零电流开关准谐振变换

图 8-9 给出了一种 Buck 零电流准谐振变换器的原理图。谐振电路的特征参数定义如下:特征阻抗 $Z_r = \sqrt{\dfrac{L_r}{C_r}}$;谐振的角频率 $\omega = \dfrac{1}{\sqrt{C_r L_r}}$;谐振频率为 $f_r = \dfrac{\omega}{2\pi} = \dfrac{1}{2\pi \sqrt{C_r L_r}}$;谐振周期为 $T_r = 2\pi \sqrt{C_r L_r}$。

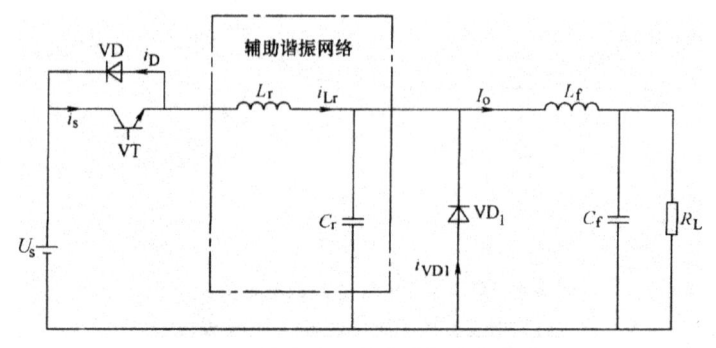

图 8-9 零电流开关准谐振变换电路

假定 $t<0$ 时，VT 处于断态，VD_1 续流。$i_S=i_{Lr}=0, u_{Cr}=0$，把一个开关周期中的通、断过程分为 5 个过程，等效电路图如图 8-10 所示，其电压、电流波形如图 8-11 所示。

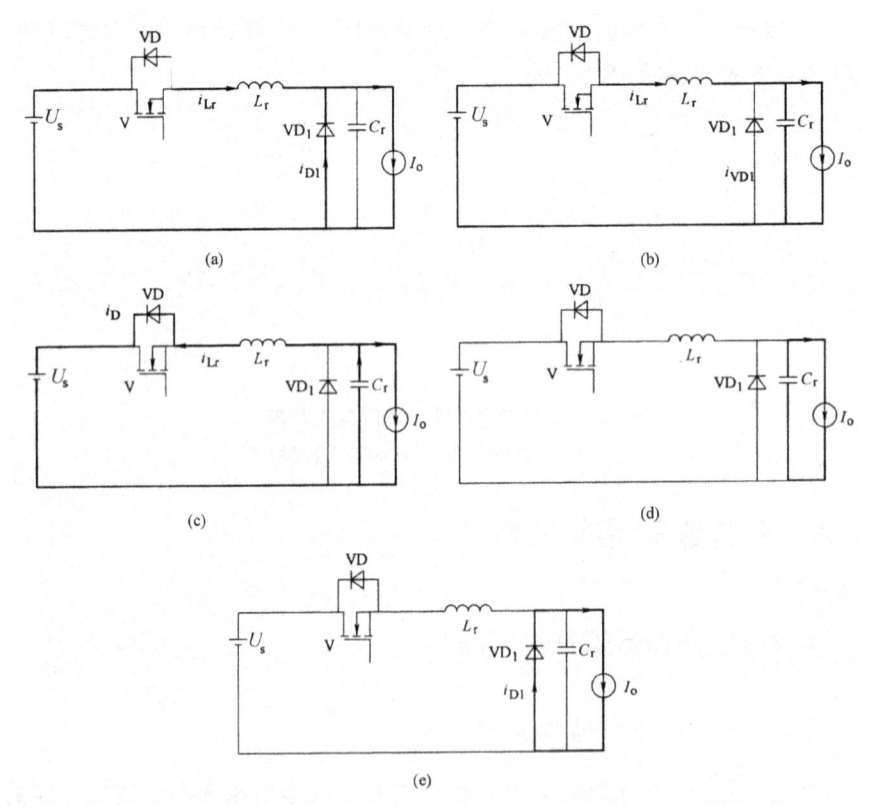

图 8-10 Buck ZCS QRC 个开关模态等效电路

(a) $[t_0,t_1]$ 电感充电阶段；(b) $[t_1,t_{1b}]$ 谐振阶段之一；

(c) $[t_{1b},t_2]$ 谐振阶段之二；(d) $[t_2,t_3]$ 电容放电阶段；

(e) $[t_3,t_4]$ 自然续流阶段

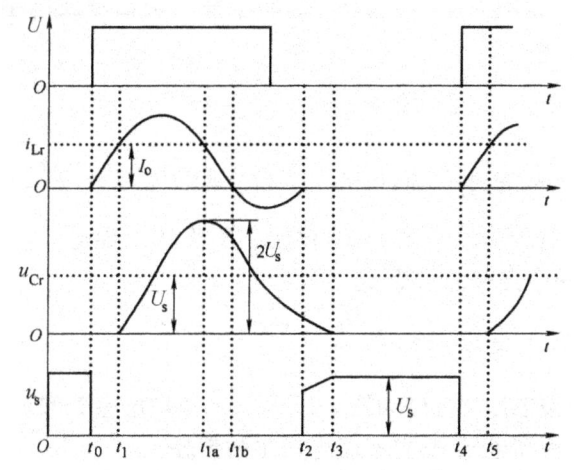

图 8-11 零电流开通准谐振变换器波形

模式 1：对应于 $[t_0, t_1]$ 时间段，$t=0$ 时，VT 导通，加在电感上的电压为输入电压 U_S，电流 i_{Lr} 从零线性上升到 I_o，VT 为零电流开通，$i_{D1}=I_o-i_{Lr}$ 从 I_o 下降到零，二极管 VD 自然关断。

$$i_{Lr}(t)=\frac{U_S}{L_r}(t-t_0),\ i_{D1}(t)=I_o-\frac{U_S}{L_r}(t-t_0)$$

开关模态 1 持续的时间为：

$$t_{01}=\frac{L_r I_o}{U_S}$$

模式 2：对应于 $[t_1, t_2]$ 时间段，从 t_1 时刻开始，$L_r C_r$ 谐振工作，电压和电流为：

$$i_{Lr}(t)=I_o+\frac{U_S}{Z_r}\sin\omega(t-t_1),\ u_{Cr}(t)=U_S[1-\cos\omega(t-t_1)]$$

式中，$Z_r=\sqrt{\frac{L_r}{C_r}}$；$\omega=\frac{1}{\sqrt{C_r L_r}}$。再经过一半的谐振周期，达到 t_{1a} 时刻，i_{Lr} 减小到 I_o，此时 $u_{Cr}=2U_S$。在 t_2 时刻，谐振电容电压 u_{Cr} 为：

$$u_{Cr}(t)=U_S\left[1-\sqrt{1-\left(\frac{Z_r I_o}{U_S}\right)^2}\right]$$

在 t_{1b} 时刻，i_{Lr} 减小到零，V 的反并联二极管导通续流，i_{Lr} 继续反方向流动。在 t_2 时刻 i_{Lr} 再次到零，在 $[t_{1b}, t_2]$ 区间，开关 V 两端电压钳位在零，因此可以实现零电流关断。在零电流下关断的谐振电路参数关系式：

$$L_r>\frac{1}{2\pi f_r}\frac{U_S}{I_{omax}},\ C_r>\frac{1}{2\pi f_r}\frac{I_{omax}}{U_S}$$

模式 2 持续的时间为 $t_{12}=\frac{1}{\omega}\left[2\pi-\arcsin\frac{Z_r I_o}{U_S}\right]$。

模式 3：对应于 $[t_2,t_3]$ 时间段，由于 $i_{Lr}=0$，输出滤波电感电流全部通过 C_r 流动，u_{Cr} 为：

$$u_{Cr}(t)=u_{Cr}(t_2)-\frac{I_o}{C_r}(t-t_2)$$

在 t_3 时刻，u_{Cr} 减小到零，模式 3 持续的时间为 $t_{23}=\dfrac{C_r u_{Cr}(t_2)}{I_o}$。

模式 4：对应于 $[t_3,t_4]$ 时间段，续流二极管 VD_1 导电，到 $t=t_4$ 时，V 再次开通，经历一个完整的周期 T_S。

2. 零电压开关准谐振电路

零电压开关准谐振电路如图 8-12 所示。假设电感 L 和电容 C 很大，可以等效为电流源和电压源，并忽略电路中的损耗。

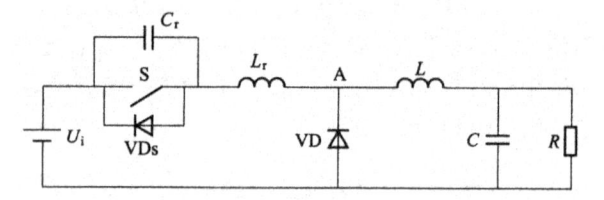

图 8-12 零电压开关准谐振电路原理图

零电压开关准谐振电路的理想化波形如图 8-13 所示。

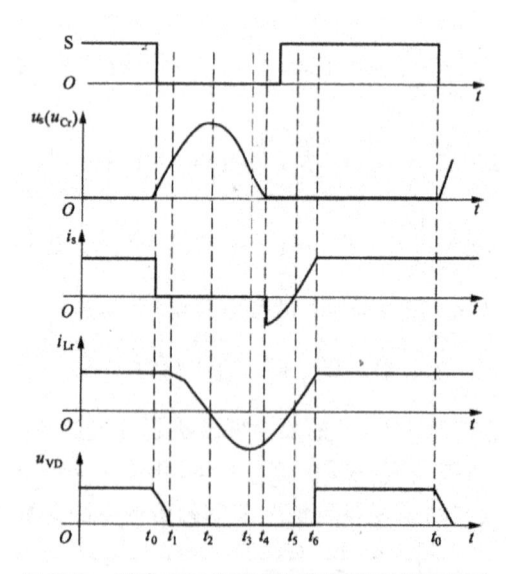

图 8-13 零电压开关准谐振电路的理想化波形

3. 谐振直流环

谐振直流环电路原理图如图 8-14 所示,应用于交-直-交变换电路的中间直流环节(DC-Link)。

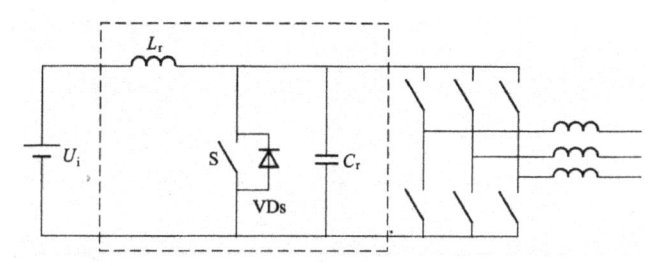

图 8-14 谐振直流环电路原理图

阐述谐振直流环电路的工作过程,先将其等效为图 8-15。

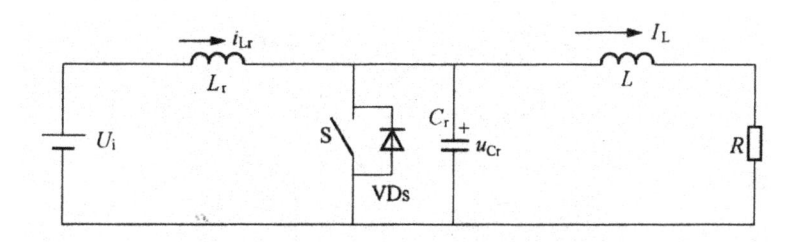

图 8-15 谐振直流环电路的等效电路

4. 多谐振开关变换器

这里以零电压开关多谐振变换器说明多谐振工作原理,如图 8-16 所示。

在一个开关周期 T_S 中,变换器有 4 个开关模态,图 8-17 是 4 个模态等效电路模式,为了分析方便,假设:1)所有器件为理想器件;2)$L_f \gg L_r$;3)L_f 足够大,电流始终为 I_o,因此 I_f、C_f、R 可以等效为恒流源。

阴影部分
为VD导通

(b)

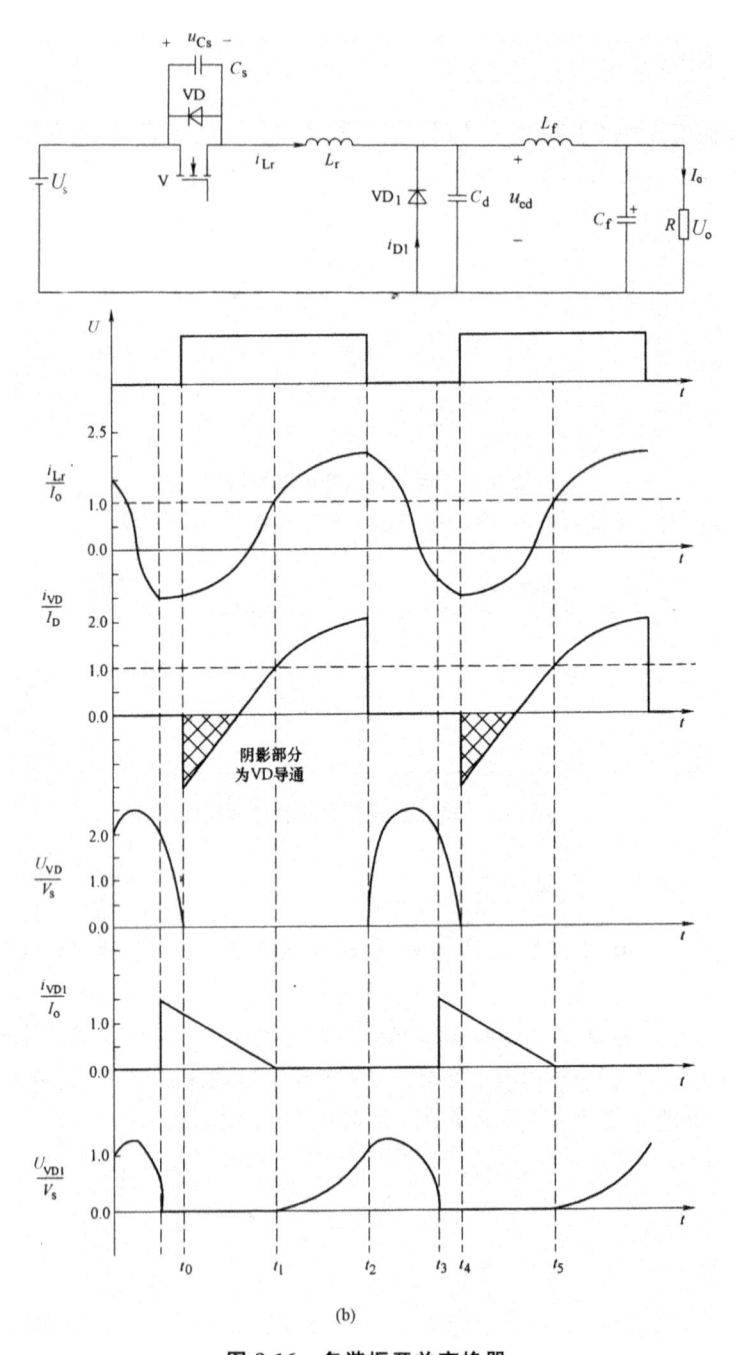

图 8-16　多谐振开关变换器
(a)Buck ZVS MRC 电路原理图；(b)Buck ZVS MRC 主要波形图

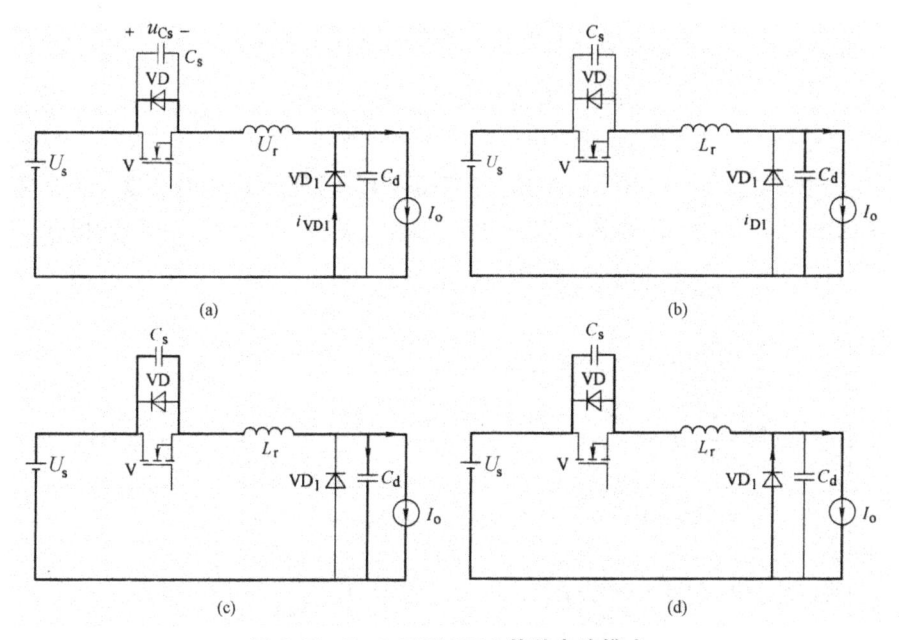

图 8-17 Buck ZVS MRC 等效电路模式

(a) $[t_0, t_1]$ 模式；(b) $[t_1, t_2]$ 模式；
(c) $[t_2, t_3]$ 模式；(d) $[t_3, t_4]$ 模式

定义：

1) 特征阻抗：$Z_{rsd} = \sqrt{\dfrac{L_r}{C_e}}$，$Z_{rd} = \sqrt{\dfrac{L_r}{C_d}}$，$Z_{rs} = \sqrt{\dfrac{L_r}{C_s}}$，其中 $C_e = \dfrac{C_s C_d}{C_s + C_d}$；

2) 谐振角频率：$\omega_{rsd} = \dfrac{1}{\sqrt{L_r C_e}}$，$\omega_{rd} = \dfrac{1}{\sqrt{L_r C_d}}$，$\omega_{rs} = \dfrac{1}{\sqrt{L_r C_s}}$。

模式 1 $[t_0, t_1]$，线性阶段，如图 8-17(a) 所示。

在 t_0 时刻，开关管 V 导通，此时谐振电感电流 i_{Lr} 流经 V 的反并联二极管 VD，V 两端电压为零，因此 V 为零电压导通。在此开关模式中，i_{Lr} 小于负载电流 I_o，其差值 $I_o - i_{Lr}$ 从二极管 VD_1 中流过。加在谐振电感两端的电压为输入电压，i_{Lr} 线性增加

$$\begin{cases} i_{Lr}(t) = \dfrac{U_s}{L_r}(t - t_0) + I_{Lr}(t_0) \\ u_{Cs} = 0 \\ u_{Cd} = 0 \end{cases}$$

在 t_1 时刻，$i_{Lr}(t_1) = I_o$，续流二极管 VD_1 自然截止。

模式 2 $[t_1, t_2]$，谐振阶段之一，如图 8-17(b) 所示。

在此开关模态中，谐振电感 L_r 和谐振电容 C_d 谐振工作：

$$\begin{cases} i_{Lr}(t) = I_o + \dfrac{U_S}{Z_{rD}}\sin\omega_{rd}(t-t_1) \\ u_{Cd} = U_S[1-\cos\omega_{rd}(t-t_1)] \\ u_{Cs} = 0 \end{cases}$$

模式 3 $[t_2,t_3]$，谐振阶段之二，如图 8-17(c)所示。在 t_2 时刻，开关管 V 关断，谐振电容 C_s 也参加谐振，此时 C_s、C_d 和 L_r 三个元件共同谐振：

$$\begin{cases} i_{Lr}(t) = I_{Lr}\cos\omega_{rsd}(t-t_2) + \dfrac{I_o C_s}{C_s+C_d}[1-\cos\omega_{rsd}(t-t_2)] \\ \qquad + \left[U_S - u_{cd}(t_2) + \dfrac{C_s}{C_d}u_{cd}(t_2)\right]\dfrac{1}{Z_{rsd}}\sin\omega_{rsd}(t-t_2) \\ u_{Cs}(t) = \dfrac{1}{\omega_{rsd}C_s}I_{Lr}\sin\omega_{rsd}(t-t_2) + \dfrac{I_o}{C_s+C_d}(t-t_2) - \dfrac{1}{\omega_{rsd}}\dfrac{I_o}{C_s+C_d}\sin\omega_{rsd}(t-t_2) \\ \qquad + [U_S - u_{cd}(t_2)]\dfrac{C_d}{C_s+C_d}[1-\cos\omega_{rsd}(t-t_2)] \\ u_{Cd}(t) = u_{Cd}(t_2) + \dfrac{1}{\omega_{rsd}C_d}I_{Lr}(t_2)\sin\omega_{rsd}(t-t_2) - \dfrac{I_o}{\omega_{rsd}}\dfrac{I_o}{C_s+C_d}\sin\omega_{rsd}(t-t_2) \\ \qquad - \dfrac{I_o}{C_s+C_d}(t-t_2) + [U_S - u_{cd}(t_2)]\dfrac{C_d}{C_s+C_d}[1-\cos\omega_{rsd}(t-t_2)] \end{cases}$$

在 t_3 时刻，谐振电容 $u_{Cd}=0$，续流二极管 VD_1 导通。

模式 4 $[t_3,t_4]$，谐振阶段之三，如图 8-17(d)所示。

在此开关模态中，谐振电感 L_r 和谐振电容 C_r 谐振工作：

$$\begin{cases} i_{Lr}(t) = [U_S - u_{cd}(t_3)]\dfrac{1}{Z_{rs}}\sin\omega_{rs}(t-t_3) + I_{Lr}\cos\omega_{rs}(t-t_3) \\ u_{Cs}(t) = u_{Cs}(t_3)\cos\omega_{rs}(t-t_3) + Z_{rs}I_{Lr}(t_3)\sin\omega_{rs}(t-t_3) \\ u_{Cd} = 0 \end{cases}$$

在 t_4 时刻，谐振电容的电压下降到零，V 的反并联二极管 VD 导通，此时开通 V，即为零电压导通。

8.3.2 零开关 PWM 软开关电路

1. 零电流 PWM 变换电路

Buck ZCS-PWM 变换器的原理图如图 8-18 所示，波形如图 8-19 所示，谐振电路的特征参数定义如下：

特征阻抗：$Z_r = \sqrt{L_r/C_r}$；谐振的角频率：$\omega = \dfrac{1}{\sqrt{C_r L_r}}$。

谐振频率为 $f_r = \dfrac{\omega}{2\pi} = \dfrac{1}{2\pi}\sqrt{C_r L_r}$；谐振周期为 $T_r = 2\pi\sqrt{C_r L_r}$。

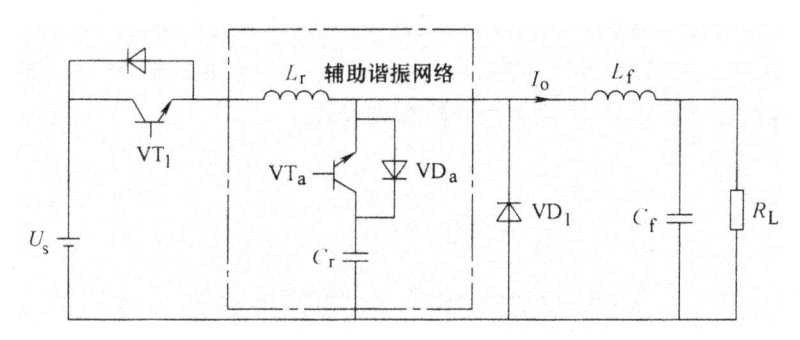

图 8-18 Buck ZCS-PWM 变换器原理图

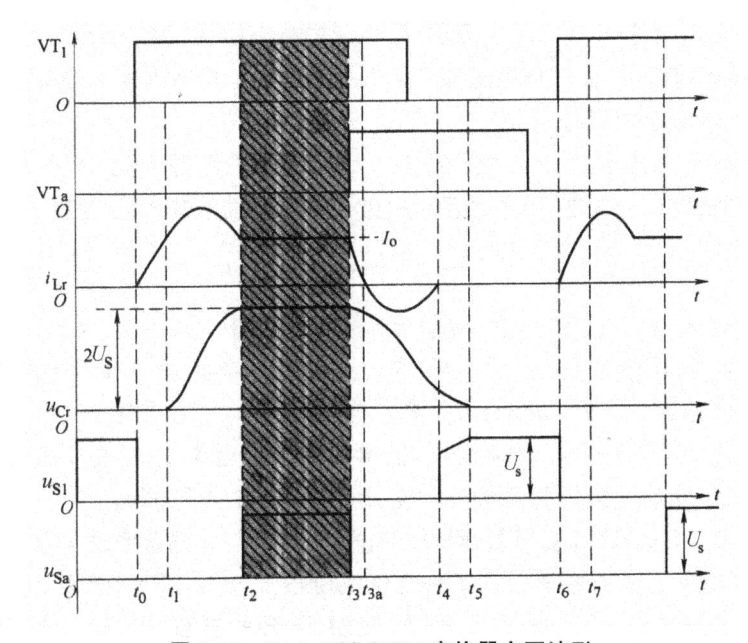

图 8-19 Buck ZCS-PWM 变换器主要波形

图中 L_r 和 C_r 是谐振电感和谐振电容。VT_1 是主开关，VT_a 是辅助开关。其中辅助谐振网络由 L_r、C_r 和 VT_a 构成。

模式 1：对应于 $[t_0, t_1]$ 时间段，在 t_0 时刻以前，主开关 VT_1 和辅助开关 VT_a 是关断的，输出滤波电感电流 I_o 通过二极管 VT_1 续流，谐振电感电流 i_{Lr} 和谐振电容电压 u_{Cr} 也为零。在 t_0 时刻，主开关 VT_1 开通，加在 L_r 上的电压为电源电压 U_S，电流 i_{Lr} 从零开始上升，因此 VT_1 可以在零电流条件下开通，而 VT_1 中的电流线性下降。

$$i_{Lr}(t) = \dfrac{U_S}{L_r}(t - t_0)$$

$$i_{D1}(t) = I_o - \frac{U_S}{L_r}(t - t_0)$$

在 t_1 时刻，电流 i_{Lr} 上升到 I_o，此时 $i_{D1} = 0$，VD_1 自然关断。

模式2：对应于 $[t_1, t_2]$ 时间段，从 t_1 时刻开始，辅助二极管 VD_a 自然导通，$L_r - C_r$ 谐振工作，电压和电流的表达式为：

$$i_{Lr}(t) = I_o + \frac{U_S}{Z_r}\sin\omega(t - t_1)$$

$$u_{Cr} = U_S[1 - \cos\omega(t - t_1)]$$

式中，$Z_r = \sqrt{\frac{L_r}{C_r}}$；$\omega = \frac{1}{\sqrt{L_r C_r}}$ 再经过一半的谐振周期，i_{Lr} 减小到 I_o，此时 $u_{Cr} = 2U_S$。

模式3：对应于 $[t_2, t_3]$ 时间段，在此开关模态中，辅助二极管 VD_a 自然截止，谐振电容 C_r 没有放电通道，其电压 $u_{Cr} = 2U_S$ 保持不变。谐振电感电流 $i_{Lr}(t) = I_o$ 保持不变。

模式4：对应于 $[t_3, t_4]$ 时间段，在 t_3 时刻，辅助开关 VT_a 开通，$L_r - C_r$ 再次谐振工作，谐振电容 C_r 上存储的电荷通过辅助开关 VT_a 释放。此时

$$i_{Lr}(t) = I_o - \frac{U_S}{Z_r}\sin\omega(t - t_1)$$

$$u_{Cr} = U_S[1 + \cos\omega(t - t_1)]$$

模式5：对应于 $[t_4, t_5]$ 时间段，在此开关模态中，$i_{Lr} = 0$，负载电流全部流过谐振电容 C_r，在 t_5 时刻，谐振电容电压 $u_{Cr} = 0$，VD_1 导通。

模式6：对应于 $[t_5, t_6]$ 时间段，输出滤波电感电流 I_o 通过续流二极管 VD_1 流通，辅助开关 VT_a 可以在零电流/零电压条件下关断。

Buck ZCS PWM 变换器通过控制辅助开关 VT_a，把谐振过程分为两个阶段，在这两个阶段中间插入了一个恒流阶段。Buck ZCS QRC 变换器采用频率控制方案，而 Buck ZCS PWM 变换器，开关模态3和模态6实际和基本 Buck 变换器是一样的，而模式1和2为实现 ZCS 创造条件，开关模态4是实现 ZCS 的开关模态，开关模态5是实现 ZCS 必须附加的开关模式。Buck ZCS QRC 变换器中，谐振元件一直参与变换器工作，在 Buck ZCS PWM 变换器中，谐振元件自身的相对损耗较小。

2. 零电压 PWM 变换电路

ZCS-PWM 变换器是在 ZCS QRC 变换器的基础上，给谐振电容串联一个辅助开关构成。根据对偶原理，如果在 ZVS QRC 的基础上，给谐振电感并联一个辅助开关（包括它的反并联二极管），就得到一组 ZVS-PWM 变

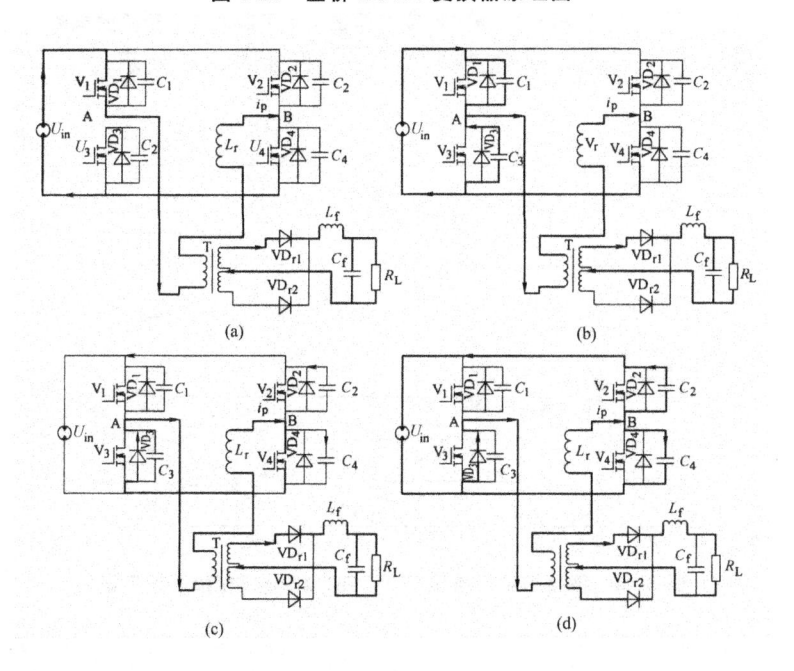

换器。

移相全桥 ZVS PWM DC-DC 变换器主电路如图 8-20 所示,在一个开关周期中有 12 种开关模态,各种开关模式等效原理图如图 8-21 所示。

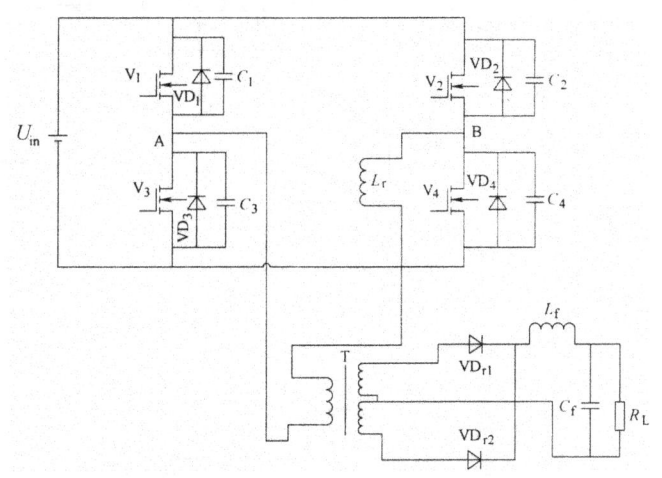

图 8-20 全桥 DC-DC 变换器原理图

(a)

(b)

(c)

(d)

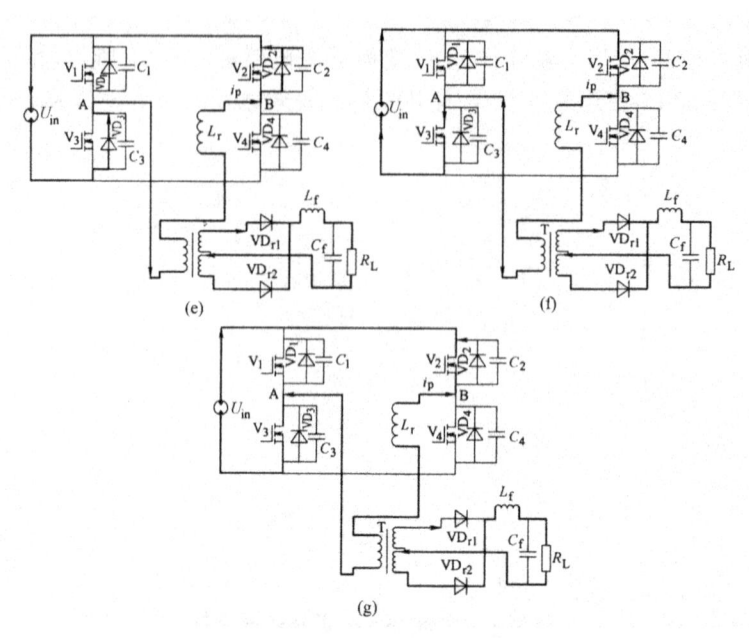

图 8-21　移相全桥 ZVS-PWM DC-DC 变换器在正半周期内各个阶段的电路等效图

移相全桥 ZVS DC-DC 变换器工作波形图如图 8-22 所示。

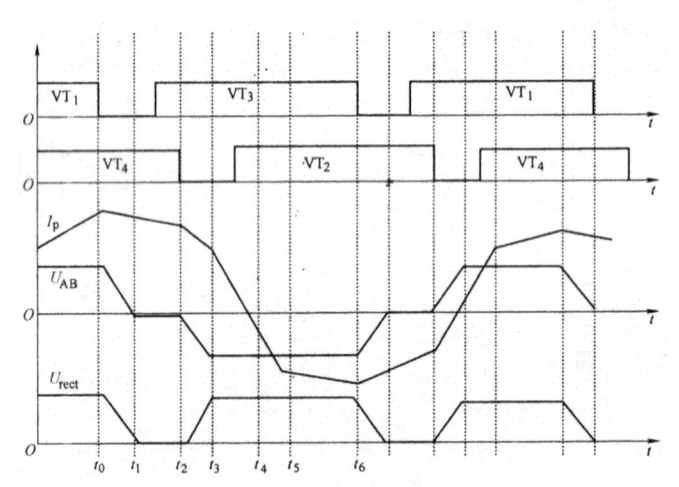

图 8-22　移相控制零电压 PWM DC-DC 全桥变换器波形图

8.3.3 零转换 PWM 软开关电路

另外一类可以实现 PWM 功能的变换器是所谓的零电压转换变换器 (Zero-Voltage-Transition, ZVT) 和零电流转换器 (Zero-Current-Transition, ZCT)。

Boost ZVT Converter 的电路拓扑如图 8-23 所示，波形图如图 8-24 所示。

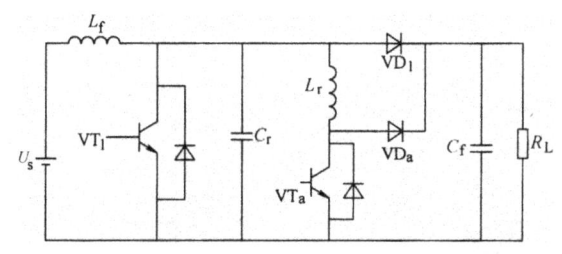

图 8-23 升压型零电压转换 PWM 电路的原理图

模式 1：对应于 $[t_0, t_1]$ 时间段，在 t_0 时刻以前，主开关 VT_1 和辅助开关 VT_a 都处于关断状态，二极管 VD_1 导通，在 t_0 时刻，开通辅助开关 VT_a。谐振电感中的电流 i_{Lr} 开始上升，其上升的斜率为 $\frac{di_{Lr}}{dt} = \frac{U_o}{L_r}$，而二极管 VD_1 中的电流开始下降，其下降的斜率为 $\frac{di_{D1}}{dt} = -\frac{U_o}{L_r}$，在 t_1 时刻，i_{Lr} 上升到电感电流 I_i，i_{Lr} 减小到零，VD_1 自然截止，模式 1 结束，该模式持续的时间为：

$$t_{01} = \frac{L_r I_i}{U_o}$$

模式 2：对应于 $[t_1, t_2]$ 时间段，在此开关模态中，L_r-C_r 开始谐振，电流 i_{Lr} 继续，谐振电容电压 u_{Cr} 开始下降：

$$i_{Lr}(t) = I_i + \frac{U_o}{Z_a}\sin\omega(t-t_1), u_{Cr}(t) = U_o[1-\cos\omega(t-t_1)]$$

式中，$Z_r = \sqrt{\frac{L_r}{C_r}}$；$\omega = \frac{1}{\sqrt{C_r L_r}}$。当谐振电容 C_r 上的电压下降到零时，主开关 VT_1 的反并联二极管导通续流。

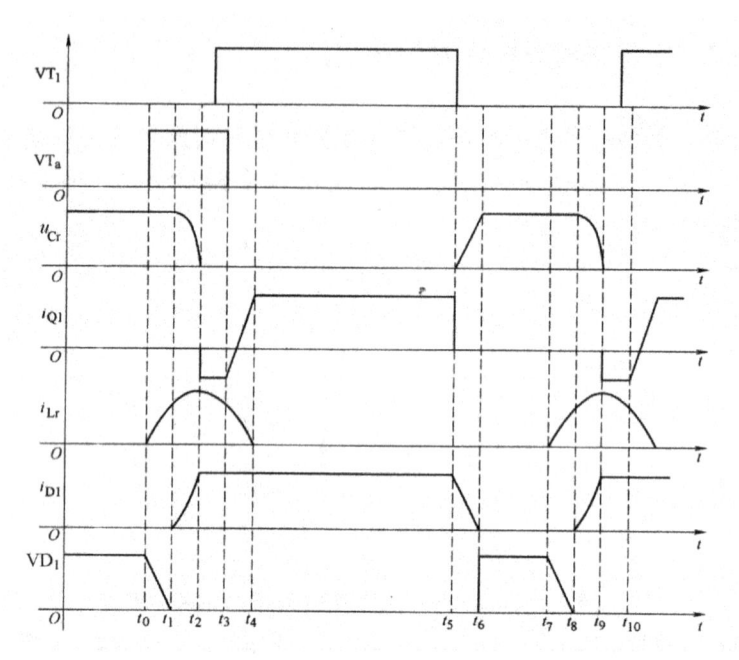

图 8-24 升压型零电压转换 PWM 电路的理想化波形

模式 3：对应于 $[t_2,t_3]$ 时间段，主开关 VT_1 的反并联二极管导通，电流 i_{Lr} 通过该二极管续流，此时 VT_1 零电压开通。

模式 4：对应于 $[t_3,t_4]$ 时间段，辅助开关 VT_a 关断，而且 VT_a 是在电流不为零的条件下关断，故 VD_a 导通续流，辅助开关 VT_a 两端的电压立即上升到输出电压 U_o，因此辅助开关 VT_a 是在硬开关条件下关断，此时 L_r 两端的电压为 $-U_o$。i_{Lr} 线性下降，VT_1 中的电流线性上升。

$$i_{Lr}(t)=I_{Lr}(t_3)-\frac{U_o}{L_r}(t-t_3), i_{Q1}(t)=-\frac{U_o}{Z_a}+\frac{U_o}{L_r}(t-t_3)$$

在 t_4 时刻，电流 i_{Lr} 下降到零，VT_1 中的电流为 I_i。

模式 5：对应于 $[t_4,t_5]$ 时间段，主开关 VT_1 导通，VD_a 和 VT_1 都关断，滤波电容给负载供电。

模式 6：对应于 $[t_5,t_6]$ 时间段，在 t_5 时刻，关断 VT_1，此时给谐振电容 C_r 充电，谐振电容电压 u_{Cr} 线性上升。

$$u_{Cr}=\frac{I_i}{C_r}(t-t_5)$$

由于 C_r 的上升需要一个过程，因此，主开关 VT_1 是在零电压条件下关断。在 t_6 时刻，C_r 上的电压上升到 U_o，VD_1 开始导通。

模式 7：对应于 $[t_6,t_7]$ 时间段，电源 U_S 通过 L_f 给滤波电容 C_r 供电。在 t_7 时刻，辅助开关 VT_a 开通，进入下一个周期。

8.3.4 移相全桥型零电压开关 PWM 电路

移相全桥型零电压开关 PWM 电路如图 8-25 所示。

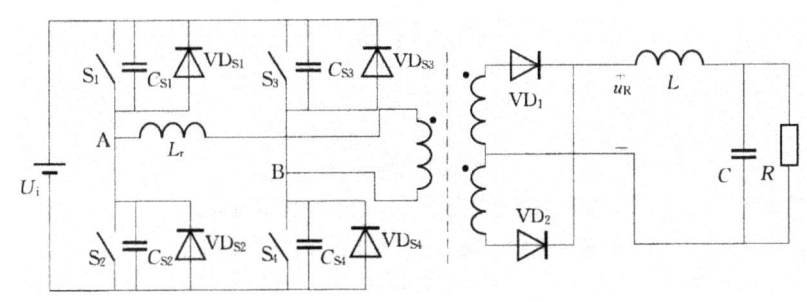

图 8-25 移相全桥零电压开关 PWM 电路

同硬开关全桥电路相比,并没有增加辅助开关等元件,而是仅仅增加了一个谐振电感 L_r,就使电路中 4 个开关器件都在零电压的条件下开通。全桥各臂元件均由开关器件 S 及反并联的续流二极管 VD 组成,各个 C 为开关器件的结电容,与谐振电感 L_r 构成谐振元件。负载 R 通过变压器连接至全桥输出端,VD_1、VD_2 构成全波整流输出电路。各桥臂元件按以下规律工作:

1)一个开关周期 T 之内,每个开关元件导通时间略小于 $T/2$,关断时间略大于 $T/2$。

2)为防止同桥臂上下元件直流短路,设置了开关切换死区时间。

3)两对元件开关 S_1 与 S_4 和 S_2 与 S_3,S_1 的波形比 S_4 超前 $0\sim T/2$ 时间,而 S_2 的波形比 S_3 超前 $0\sim T/2$ 时间,因此称 S_1 和 S_2 为超前桥臂,而称 S_3 和 S_4 为滞后桥臂。

在假定开关器件为理想的条件下,并忽略电路中的损耗,移相全桥零电压开关 PWM 电路的等效电路如图 8-26 所示,主要工作波形如图 8-27 所示。

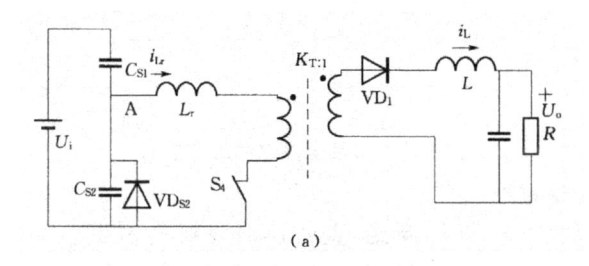

(a)

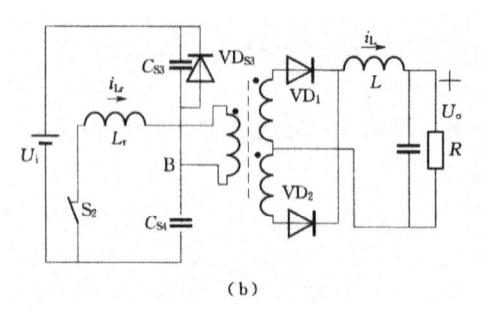

图 8-26 等效电路

(a)移相全桥电路在 $t_1 \sim t_2$ 阶段的等效电路；

(b)移相全桥电路在 $t_3 \sim t_4$ 阶段的等效电路

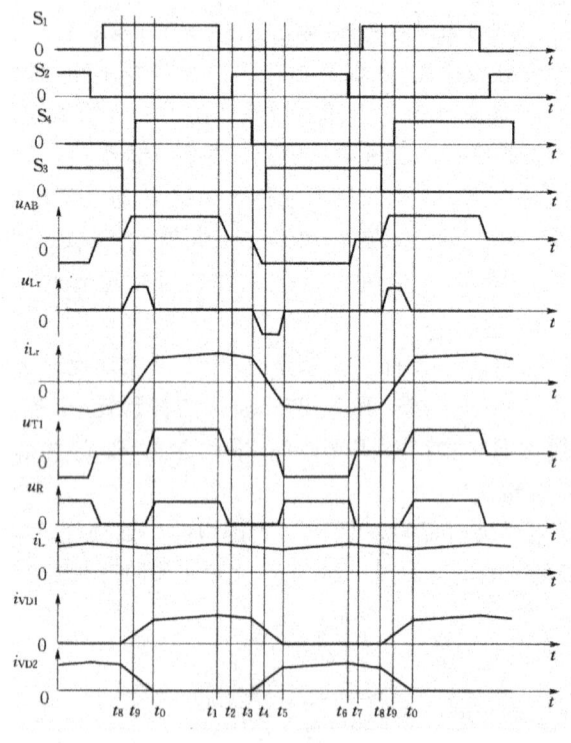

图 8-27 移相全桥电路工作波形

其工作过程如下：

1) $t_0 \sim t_1$ 时段：S_1 与 S_4 导通，直到 t_1 时段刻 S_1 关断。

2) $t_1 \sim t_2$ 时段：$t = t_1$ 时刻，开关 S_1 关断（S_4 依然导通），形成如图 8-26(a)所示等效电路，电容 C_{s1}、C_{s2} 与电感 L_r、L（通过变压器作用）形成谐振回路。S_1 关断的 t_1 时刻谐振开始，$u_{cs1} = 0$，A 点电压 $u_A = u_{cs2} = E$ 加在负载上，电流 i_{Lr} 对 C_{r1} 充电，u_{cs1} 上升。当 $u_{cs1} = E$ 时，$u_A = 0$，VD_{s2} 导通，电流 i_{Lr} 通

过 VD_{s2} 续流。

3) $t_2 \sim t_3$ 时段：$t=t_2$ 时刻，因此时 S_2 的反并联二极管 VD_{s2} 处于导通状态，使开关 S_2 获得零电压条件，S_2 开通。

4) $t_3 \sim t_4$ 时段：$t=t_3$ 时刻，开关 S_4 关断，等效电路如图 8-26(b)所示。此时变压器副边电流由 VD_1 换流至 VD_2。由于有电感存在引起换流重叠，VD_1、VD_2 同时导通，变压器原、副边电压均为零，相当于短路，因此 C_{s3}、C_{s4} 与电感 L_r 构成谐振回路。谐振过程中，i_{Lr} 不断减小，B 点电压不断上升，最终使 B 点电压达到电压电源 E，与 S_3 的反并联二极管 VD_{s3} 导通。将 S_3 两端电压维持至零，为 S_3 实现零电压导通创造条件。这种状态维持到 t_4 时刻 S_3 开通。实现 S_3 的零电压开通。

5) $t_4 \sim t_5$ 时段：$t=t_4$ 时刻，开关 S_3 开通，谐振电流 i_{Lr} 仍在减小。i_{Lr} 下降至过零反向增大，$t=t_5$ 时刻 $i_{Lr} = I_L/K_T$（K_T 为变压器的变比）。变压器副边 VD_1 的电流下降到零而关断，VD_1、VD_2 换流结束，负载电流 i_L 全部由 VD_2 提供，至此一个开关周期过程结束。电路工作的另一开关半周期与此完全对称。

移相控制全桥零电压 PWM 电路多用于中、小功率的直流变换之中，电路简单，无须增加辅助开关便可使 4 个桥臂开关元件实现零电压开通。

8.4 软开发技术新进展

软开关技术的发展是受到其应用领域对于电源装置不断提高的技术要求而推动的，特别是以计算机产业、通信产业为代表的 IT 产业，对于效率和体积的要求达到了近乎苛刻的地步：顺应这一需求，软开关技术出现了以下几个重要的发展趋势。

1) 新的软开关电路拓扑的数量仍在不断增加，软开关技术的应用也越来越普遍。

2) 在开关频率接近甚至超过 1MHz、对效率要求又很高的场合，曾经被遗忘的谐振电路又重新得到应用，并且表现出很好的性能。

3) 采用几个简单、高效的开关电路，通过级联、并联和串联构成组合电路，替代原来的单一电路成为一种趋势。在不少应用场合，组合电路的性能比单一电路显著提高。

第 9 章　电力电子开关变换器的拓扑设计

9.1　开关变换器拓扑的对偶设计

9.1.1　平面电路的对偶及其对偶规则

如何利用平面电路的对偶性来研究和设计开关变换器的拓扑及电路，正是本节研究的主要内容。

1. 电路的几何描述

电路拓扑是指电路的几何图形，而电路的几何图形的特性和规律则可以采用图论的方法加以研究。在图论中，线段称为支路，点称为节点。下面扼要介绍有关图论的几个基本概念。

1) 图：由若干个点(节点)和线(支路)组成的几何结构，可抽象地表示某个具体的电路。

2) 图论：即图的理论，它是研究拓扑学的重要工具。

3) 支路：即几何图中节点与节点之间的连接线，在电路中对应于一个元件。

4) 平面几何图：只有节点和线段组成的平面图，它的各条支路除连接的节点外不再交叉。平面几何图以下简称为几何图。

5) 有向几何图：即线段标有方向的几何图，其中线段所标方向对应于电路元件中的电流或电压方向。

6) 网孔：即几何图中一个自然的"孔"，而在"孔"限定的区域内不再有支路。

7) 外网孔：即平面图周界形成的外侧回路。

8) 节点：即几何图中线段与线段之间的连接点，在电路中对应于元件之间的连接线。

9) 参考节点：即基准节点，几何图中其他节点都以此节点来确定其方向性,它一般对应于电路中的电位参考点。

2. 电路对偶条件

几何图相互对偶的充分必要条件:若存在两个几何图,并称为图 G 和图 G^*,则图 G 和图 G^* 相互对偶的充分必要条件是:

1)图 G 的网孔(包括外网孔)和图 G^* 的节点(包括参考节点)间有一一对应关系。

2)图 G 中两个相邻网孔的公共支路与图 G^* 中相应两节点间的支路有一一对应关系。

3. 对偶电路求解

给定一个电路 N,若要求出该电路的对偶电路 N^*,则对偶电路求解的具体步骤如下:

1)给定一个电路 N,通过电路可以画出此电路的有向几何图 G。
2)根据此有向几何图 G 画出对偶的有向几何图 G^*。
3)将对偶的有向几何图 G^* 变换成对偶电路 N^*。

9.1.2 开关变换器对偶设计

对偶变换在电路的分析和设计中已有较多的应用,但以往一直较少应用于开关变换器拓扑的设计与分析中,主要原因是功率器件不仅是非线性元件而且还具有极性,即含功率器件的支路电流有一定的方向。然而以前一直没有一个完善的规则来确定对偶功率器件的电流方向,这在很大程度上限制了对偶原理在开关变换器中的应用。针对这一问题,科学家归纳出了包括功率器件在内的开关变换器相关元件的对偶规则,使得对偶原理在开关变换器中得到了成功的应用。下面先针对功率器件以及变压器等开关变换器常用元件,逐一介绍其对偶规则,然后再讨论开关变换器的对偶设计。

1. 常用元件对偶规则

(1)理想二极管的对偶规则

假设理想的二极管正向电压和反向电流均为零,并且不吸收或产生任何瞬时功率。因此,根据对偶原理,理想二极管的对偶元件的"正向"电流和"反向"电压均为零,同时也不吸收或产生任何瞬时功率。值得注意的是,对偶元件的"正向"参考方向与元件参考方向相一致。很明显,具有这种特性的器件为另一种理想的二极管,与原理想二极管相比,只是极性方向相反。因此,当二极管导通时,它的对偶二极管必然是关断的;反之亦然。具体对偶图形及特性见表 9-1。

表 9-1　对偶图形及特性

初始开关的符号和名称	对偶开关的符号和名称
VD	VT
VD*	VT
VT*	VD*
VD	VD*
VT	VD
SCR	SCR 对偶

(2)理想功率开关管的对偶规则

理想功率开关管为第一象限(电压、电流)可控的理想开关,这种理想开关和理想二极管一样,其正向电压和反向电流均为零,并且开关的通断由其控制信号决定。

具体对偶图形及特性见表 9-1。这样,在开关变换器中,假如原电路的占空比为 D,则对偶电路占空比应为 $D^* = 1 - D$。这表明:若原变换器电路工作在某一导通时间段上时,其对偶电路则同时工作在相应的关断时间段上。

(3)变压器的对偶规则

变压器是隔离型开关变换器中主要元件。其中,理想变压器是指没有任何损耗、无穷大的励磁电感、没有漏感且不能储能的变压器。全耦合变压器是指没有任何损耗、耦合系数为1、有限励磁电感且可以储能的变压器。以下分别讨论两种变压器的对偶变换。

1)理想变压器及其对偶。理想变压器具有无穷大的励磁电感,且没有漏感,因此励磁电感支路的励磁电流为零,相当于开路。图9-1(a)是一个利用理想变压器构成的电路,其理想变压器的变比是 $N:1$。

为了简化分析,假设一次绕组与二次绕组有一公共端。通过图9-1(a)的变压器电路不难列出其电路的基本方程和对偶方程如下:

$$基本方程\begin{cases}U_1=NU_2\\U_1=U_S\\NI_1=I_2\end{cases},对偶方程\begin{cases}I_1=NI_2\\I_1=I_S\\NU_1=U_2\end{cases}$$

对偶方程对应的对偶电路仍然还是一个变压器电路,其电路如图9-1(b)所示,但是对偶变压器的变比为 $1:N$。

此外,还可以通过对偶的有向几何图来分析图9-1(a)电路。图9-1(a)的有向几何图如图9-1(c)所示,图9-1(d)表示了有向几何图的对偶变换过程,通过对偶变换即可得到图9-1(e)对偶的有向几何图,如图9-1(e)所示。该图正是图9-1(b)所示电路的有向几何图。

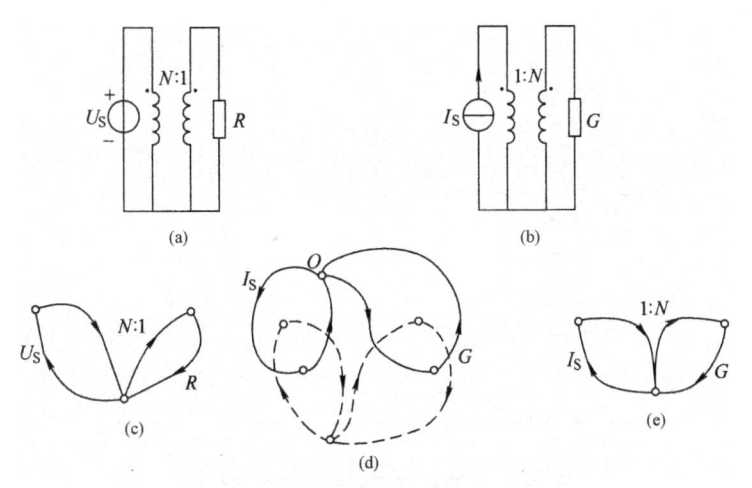

图9-1 理想变压器的对偶求解过程

(a)原电路 N;(b)对偶变换电路图 $N*$;(c)原电路的有向几何图 G;
(d)有向几何图 G 的对偶过程;(e)对偶的有向几何图 $G*$

通过图9-1所示的有向几何图方向的变换过程不难看出:将原理想变

压器含一次绕组的有向支路按逆时针方向旋转 90°,即可得到对偶变压器一次绕组的有向支路;将原变压器二次绕组有向支路按顺时针方向旋转 90°,即可得到对偶变压器二次绕组有向支路,这就是理想变压器的有向对偶规则。

2)全耦合变压器及其对偶。其电路如图 9-2(a)所示。对全耦合变压器进行对偶变换,其对偶变换步骤如下:

步骤一:将图 9-2(a)全耦合变压器加上电压源和负载构成一个简单电路,并假设全耦合变压器一次绕组和二次绕组有一公共端相连接,如图 9-2(b)所示。

步骤二:将图 9-2(b)所示的电路图转化为有向几何图,如图 9-2(c)所示。

步骤三:对图 9-2(c)所示的有向几何图进行对偶变换,变换过程如图 9-2(d)所示。

步骤四:变换后得到图 9-2(c)所示的对偶有向几何图,如图 9-2(e)所示。

步骤五:将图 9-2(e)所示的有向几何图转化为电路图,如图 9-2(f)所示。

步骤六:将图 9-2(f)中的电流源和负载去掉,可得图 9-2(g)所示的全耦合变压器的对偶电路。

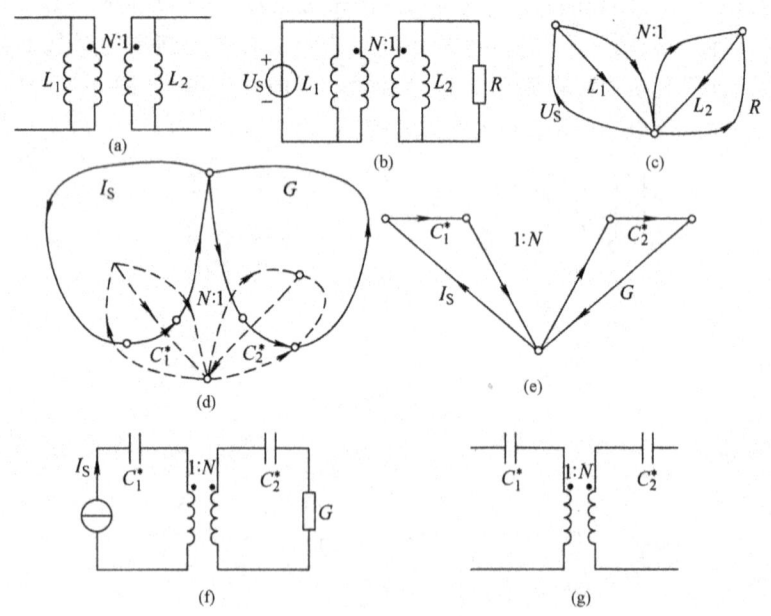

图 9-2 全耦合变压器的对偶求解过程

(a)全耦合变压器;(b)含有全耦合变压器的电路 N;(c)电路 N 的有向几何图 G;
(d)有向几何图 G 的对偶变换过程;(e)对偶的有向几何图 G^*;
(f)对偶电路图 N^*;(g)全耦合变压器对偶图

通过以上对偶变换的讨论,不难列出上述两种变压器的对偶关系,见表 9-2。

表 9-2 变压器对偶关系

变压器	原电路	对偶电路
理想变压器	变比 $N:1$	变比 $1:N$
全耦合变压器	$N:1$ 理想变压器 一次侧、二次侧并联电感 分别为 L_1 及 L_2	$1:N$ 理想变压器 一次侧、二次侧串联电容 分别为 C_1 及 C_2

2. 开关变换器的对偶设计

对开关变换器的对偶变换,只是对上述相关器件对偶规则的综合应用。这样就可以通过已知的开关变换器,设计出对偶的开关变换器了。

在实际应用时,有些开关变换器电路元件较多、结构复杂,如果通过有向几何图的对偶变换,会导致有向几何图的支路较多,拓扑图形复杂,因而容易出错。

随着开关变换器电路中元器件数的增多,相应的有向几何图就变得较为复杂,这给对偶变换过程带来不便。所以,有必要对复杂的变换器进行适当的简化后再进行对偶变换,从而使对偶变换相对简便,且不易出错。

通常,不含有变压器的开关变换器所有元器件数超过 10 个或含有变压器的开关变换器元器件数超过 8 个的均可视为复杂开关变换器。显然,不含变压器的元件数不超过 10 或含有变压器的元件数不超过 8 的开关变换器可视为简单的开关变换器。一般而言,简单的开关变换器的对偶变换可根据上述常规的对偶变换步骤直接变换,无须任何化简过程;而对于复杂开关变换器的对偶过程,需将复杂开关变换器的局部支路简化,从而减少元件的数量以达到减少有向几何图支路的目的。

3. 含有基本变换单元的开关变换器的对偶设计

表 9-3 为基本开关变换器对偶关系。由表 9-3 可以看出,一些基本的开关变换器是对偶的,如 Buck 变换器与 Boost 变换器对偶,Buck-Boost 变换器与 Cuk 变换器对偶,Sepic 变换器与 Zeta 变换器对偶,零电压谐振开关与零电流谐振开关对偶。以这些基本的对偶变换器,通过它们的级联组合可得到各种不同的对偶组合变换器,如 Buck-Buck Boost 变换器对偶变换器就是 Boost-Cuk 变换器,而这些基本的变换器均含有基本变换单元。基

本变换单元共有 6 种类型，即 Buck 型、Boost 型、Buck-Boost 型、Cuk 型、Sepic 型和 Zeta 型，它们的对偶关系与基本变换器的对偶关系类似。因此，在对含有基本变换单元的开关变换器的对偶设计中就可以把基本变换单元看作一个支路直接对偶变换成对偶的基本变换单元。在图论中把电路中的每个元器件用一条线段代替，元器件与元器件之间的连接用节点表示。而基本变换单元有 4 个端口，相当于一条线对应于 4 个端点，这在基本几何学中是不成立的，但这种对应关系在几何拓扑学中却是成立的。这样，对偶变换就不能通过有向几何图进行变换，而可以以基本的元件及支路的串、并联对偶规则直接从电路图对应地画出其对偶图。

表 9-3 基本开关变换器对偶关系

原电路	对偶电路	原电路	对偶电路
Buck 变换器	Boost 变换器	Sepic 变换器	Zeta 变换器
Buck-Boost 变换器	Cuk 变换器	零电流谐振变换器	零电压谐振变换器

9.2 开关变换器拓扑的三端开关模型法设计

上一节所讨论的对偶法其主要思想是以对偶原理为基础，对开关变换器基本元器件的对偶规则进行了阐述，并对开关变换器进行对偶变换以得到不同的电路拓扑。而本节以特定的三端开关模型为基础，来讨论开关变换器的拓扑设计问题。这一方法称为三端开关模型法。

三端开关模型法简化了开关变换器的设计，但这种方法只限于含有基本的"三端开关"的变换器电路的拓扑设计。然而，三端开关模型法更有利于对开关变换器性能的改进设计，如开关变换器的软开关拓扑设计，这一方法主要着重于对开关变换器中的基本三端开关单元本身性能的改进，进而达到对开关变换器性能改善的目的。

9.2.1 基本 DC-DC 开关变换器"三端开关"模型电路

图 9-3(a)、(b)、(c) 分别是基本的 Buck、Boost、Buck-Boost 开关变换器。进一步研究这三种基本开关变换器中的功率开关管和二极管的连接特征不难发现，这些基本开关变换器中的功率开关管和二极管的结构完全一致，即"三端开关"（图中点画线框所示）。显然这些基本的开关变换器实际

上就是"三端开关"与电容、电感、电源和负载等组合而成。

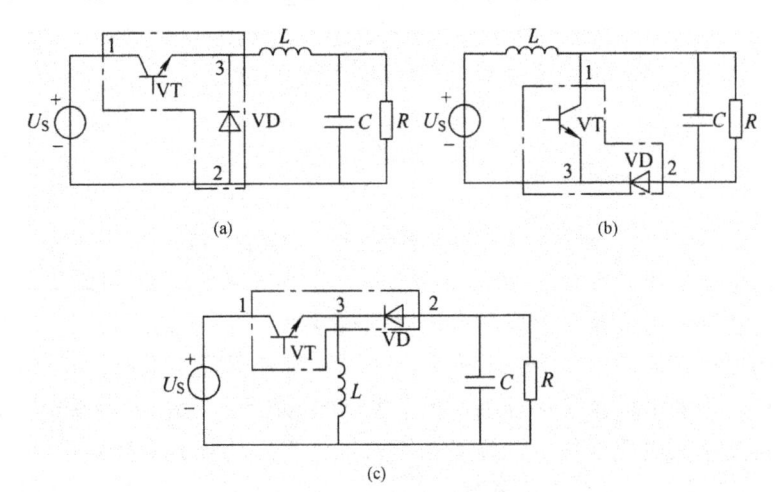

图 9-3 基本开关变换器

(a)Buck 变换器；(b)Boost 变换器；(c)Buck-Boost 变换器

针对图 9-3,若以"三端开关"为基础,并将电感用恒流源代替,而电容则用恒压源代替,就得到如图 9-4(a)、(b)、(c)所示的相应变换器的模型电路。

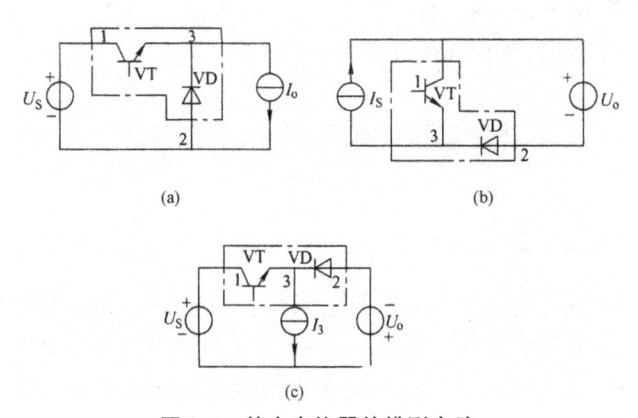

图 9-4 基本变换器的模型电路

(a)Buck 变换器模型电路；(b)Boost 变换器模型电路；

(c)Buck-Boost 变换器模型电路

观察图 9-4 可以发现:这些基本开关变换器中的"三端开关"的端口连接有一定的规律,即有源端口(端口 1)和无源端口(端口 2)之间都接有电压源,而公共端(公共端)都接有电流源。这一规律可以用图 9-5 所示的含有"三端开关"的模型电路进行描述,并称该模型电路为开关变换器的三端开关模型电路。

将端口 3 的电流源接到端口 2,即可得到 Buck 变换器模型电路；将端

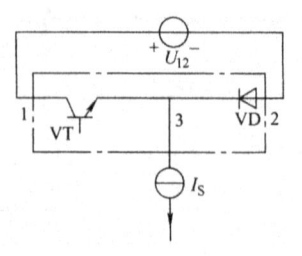

图 9-5　开关变换器的三端开关模型电路

口 3 的电流源接到端口 1，即可得到 Boost 变换器模型电路；将端口 1、2 所接的电压源分解成两个串联的电压源，而将端口 3 的电流源接到 1、2 端口两个串联电压源中间，即可得到 Buck-Boost 变换器模型电路。显然，三端开关模型中的电压源可以分解为多个串联的电压源，因此，若将端口 3 的电流源接到串联电压源的不同位置就可以得到不同的开关变换器模型电路。另外，若将端口 3 的电流源分解成几个并联的电流源，这样端口 3 的几个电流源就存在不同的连接形式，将这些电流源的输出端接到端口 1、端口 2 或者端口 1、2 之间的串联电压源之间。总之，通过这一系列不同的连接组合，就可以设计出多种不同的开关变换器模型电路，再根据开关变换器模型电路中，电压源、电流源所处的位置(输入、中间或输出)不同，将其用不同的元器件替代，最终得到所设计的开关变换器拓扑。

9.2.2　三端开关模型的软开关变换电路

1. 准谐振软开关三端开关模型电路

由于准谐振变换器可以实现零电压开通、零电流关断，这样便大大降低了开关变换器的开关损耗，同时又容易使开关变换器实现高频化，以减小体积。另外，要实现谐振，必须使三端开关模型中的功率开关具有双向开关特性。

一般而言，准谐振网络分为零电流准谐振网络和零电压准谐振网络。实际上，由于两者准谐振网络的对偶性，只要求讨论一种准谐振网络，而另一种准谐振网络则可以通过对偶原理相应地求出。为此，可先研究零电压准谐振变换器(ZVS QRC)，把零电压谐振网络加到图 9-5 所示的三端开关模型电路上，即可得到图 9-6 所示的两种零电压准谐振的三端开关模型电路。

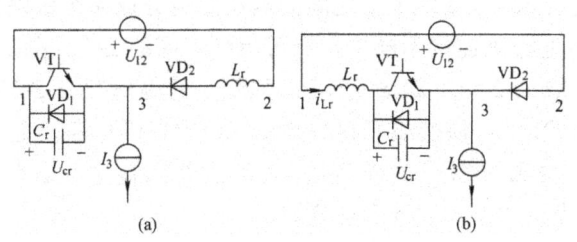

图 9-6　ZVS QRC 三端开关模型电路

(a)ZVS QRC 三端开关模型电路 1；(b)ZVS QRC 三端开关模型电路 2

图 9-6 所示的两个模型电路的区别在于电容、电感的位置不同。图 9-6(a)电路中的电感和电容分别在端口 3 的两侧，而图 9-6(b)的电容和电感在端口 3 的同一侧，但两种电路的工作原理是一样的。显然，利用图 9-6 所示的 ZVS QRC 三端开关模型电路，并进行相应的结构变换即可得到相应的 ZVS QRC。例如，将端口 3 的电流源接到端口 2，即是 Buck ZVS QRC；将端口 3 的电流源接到端口 1，即是 Boost ZVS QRC。另外，若将端口 3 的电流源分解成多个并联电流源，而将端口 1、2 间的电压源也分解成多个串联电压源，并将端口 3 的电流源支路接不同位置即可得到不同的 ZVS QRC。

图 9-7 就是根据图 9-6 所示的 ZVS QRC 三端开关模型电路对偶所得到的两种相应的 ZCS QRC 三端开关模型电路。

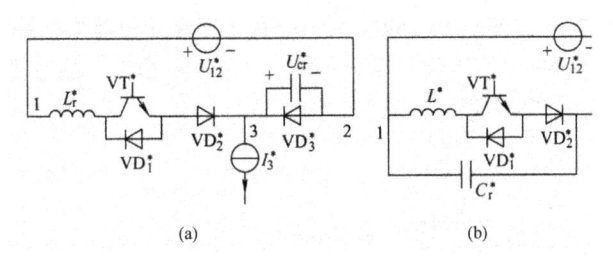

图 9-7　ZCS QRC 三端开关模型电路

(a)ZCS QRC 三端开关模型电路 1；(b)ZCS QRC 三端开关模型电路 2

显然，这两个模型电路的主要区别仍在于电容、电感的位置不同，但两个电路的工作原理是相同的。值得注意的是，图 9-6 电路中的功率双向开关由于采用了功率开关管反并联二极管形式，因而为电流准双向开关，而图 9-7 电路中的功率双向开关由于采用了功率开关管串联二极管形式，因而为电压双向开关，两者互为对偶。

显然，利用图 9-7 所示的 ZCS QRC 三端开关模型电路，并进行相应的结构变换即可得到相应的 ZCS QRC 电路。例如，将图 9-7 端口 3 的电流源接到端口 2 即是 Buck ZCS QRC 的模型电路；将图 9-7 端口 3 的电流源接到端口 1，即是 Boost ZCS QRC 的模型电路。另外，若将图 9-7 端口 3 分成多个并联的电流源,而端口1、2之间的电压源也分成多个串联的电压源,再将端口3的各电流源连接不同位置即可得到不同的 ZCS QRC 电路。

同理,由 Buck-Boost ZVS QRC 对偶变换可得到 Cuk ZCS QRC 电路,由 Sepic ZVS QRC 对偶变换可得到 Zeta ZCS QRC 电路。显然,如果较好地掌握了对偶法和三端开关模型法,就可以熟练地进行各种 ZVS QRC、ZCS QRC 变换器的拓扑设计和变换。

2. 有源钳位——软开关变换器模型电路

针对准谐振变换器在谐振过程中功率开关管的电压应力和电流应力增大的不足,可以考虑在功率开关管上并联有源钳位(AC-Actively Clamped)电路以抑制电压或电流应力的增加。这种有源钳位电路一般由钳位双向功率开关管和钳位电容组成。在进行有源钳位软开关变换器拓扑设计时,只需将有源钳位电路叠加到准谐振变换器中即可,图9-8(a)给出了 AC ZVS 三端开关模型电路。

这种有源钳位电路结构的优点就是能保持电路零电压开通,并当谐振电压达到钳位电压时,对钳位开关导通,使电压钳位,从而有效地减小了主功率开关的电压应力;同时还能采用网络控制,并保持频率恒定,以减小 EMI。

同样,根据对偶变换就可以得到 AC ZCS 三端开关模型电路,如图9-8(b)所示。显然,利用 AC ZVS 三端开关模型电路,将端口3的电流源与不同的端口相连接可得到不同的 ACZVS 变换器。

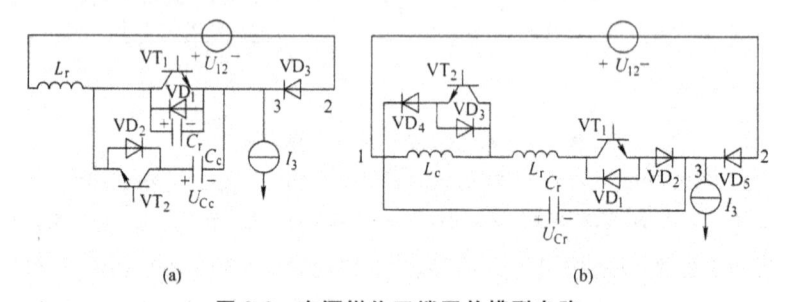

图 9-8 有源钳位三端开关模型电路

(a) AC ZVS 三端开关模型电路;(b) AC ZCS 三端开关模型电路

9.2.3 PWM 软开关变换器模型电路

常规的准谐振变换器一般只能采用频率调制(FM)方式,由于频率的不断变化,容易引起电磁干扰;其次,在谐振过程中,电流、电压应力增大,导致损耗增大,同时各功率元件的电压等级也必须提高。为此,可以引入定频的 PWM 软开关控制模式。实际上,只要在准谐振三端开关模型电路基础上引入一个能控制谐振电感电流和谐振电容电压的环节即可实现 PWM 软开关控制,显然可在这一环节中加入一个辅助的功率开关管以控制谐振过程。因此,根据零电压开关和零电流开关的不同,称这类软开关变换器为 ZVS PWM 或 ZCS PWM 变换器。图 9-9(a)是 ZVS PWM 三端开关模型电路,谐振网络中的谐振电感 L_r 和谐振电容 C_r 分别放在端口 3 的两侧,而辅助功率开关管则加在谐振电感 L_r 的两端,利用端口 3 电流源的不同接法,可得到不同的 PWM ZVS 变换器模型电路。

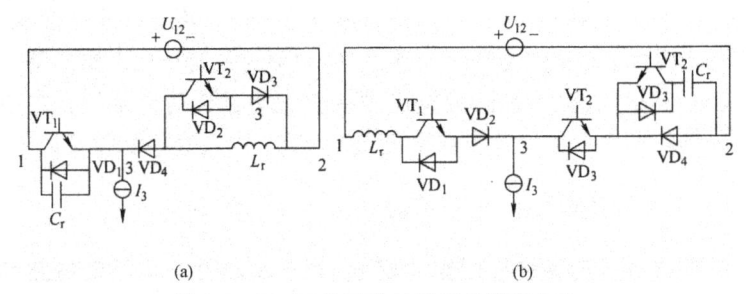

图 9-9　PWM 软开关三端开关模型电路
(a)ZVS PWM 三端开关模型电路;(b)ZCS PWM 三端开关模型电路

另外,根据 ZVS PWM 三端开关模型电路的对偶变换,还可以得到 ZCS PWM 三端开关模型电路,如图 9-9(b)所示。同理,将端口 3 的电流源接到不同位置即可得到不同的 ZCSPWM 变换器模型电路。观察图 9-9(b)不难发现:在 ZCS PWM 三端开关模型电路中,谐振网络中的谐振电感 L_r 和谐振电容 C_r 也分别接在端口 3 的两侧。

9.3　开关变换器的拓扑叠加设计

叠加定理是分析和解决线性电路问题的一种重要方法。在线性电路中,多个电压源和电流源组成的电路的某一支路的电压或电流可等效为各电压源和电流源单独作用时该支路电压或电流的代数和,如图 9-10 所示。

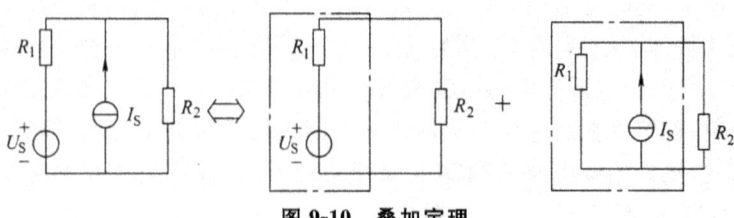

图 9-10 叠加定理

9.3.1 DC-DC 开关变换器级联叠加时的功率开关单元拓扑简化

采用级联叠加规则，理论上可得到各种复杂的 DC-DC 开关变换器，但所得到的 DC-DC 开关变换器中的器件（如功率开关管、电容、电感等）较多，并可能存在冗余的器件，因而希望能进一步省略器件简化结构。本节讨论开关变换器级联叠加时功率开关单元简化规则，以及这些简化规则的应用。

1. 功率开关单元的等效规则

为了使级联的开关变换器结构紧凑、体积减小并简化驱动电路和提高可靠性，可以考虑将两个开关变换器单元中的功率开关管进行等效合并，以进一步简化拓扑结构。

图 9-11 是两个基本开关变换器级联叠加后两个功率开关管部分的等效电路。S_1 是属于 CU_1 单元的功率开关，S_2 是属于 CU_2 单元的功率开关，S_1、S_2 是同步工作的（即同时开通、同时关断），并且假设 S_1、S_2 有一个公共的节点。这样，两个变换器就通过开关的级联而叠加组合到一起。根据公共节点的位置不同，可分为 4 种开关级联类型：S-S(Source-Source)型、D-D(Drain-Drain)型、D-S(Drain-Source)型、S-D(Source-Drain)型。如 S-S 型结构，即以第一级功率开关管的源极和第二级功率开关管的源极为公共节点组成的级联结构，其他类型结构依此类推。图 9-11 中，U_1 是 S_1 关断时功率开关管两端的电压，U_2 是 S_2 关断时功率开关管两端的电压。而 I_1 和 I_2 分别是 S_1、S_2 开通时流过的电流。

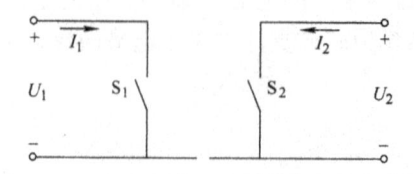

图 9-11 含两个功率开关管的开关变换器

第 9 章　电力电子开关变换器的拓扑设计

(1) S-S 型等效规则

图 9-12(a) 是两个功率开关管级联的 S-S 型结构。图中 VT$_1$ 和 VT$_2$ 虽然是同步工作的，但两者又相互独立。如果将 VT$_1$ 和 VT$_2$ 合并，则必然导致输入、输出间的相互作用。为此，可利用二极管来钳位隔离，以消除输入、输出间的相互作用。功率开关管 S-S 型级联的等效电路如图 9-12(b) 所示。图 9-12(b) 中，VT$_{12}$ 是 VT$_1$、VT$_2$ 合并后的功率开关管，VD$_1$、VD$_2$ 为钳位隔离二极管。当 VT$_{12}$ 关断时，VD$_1$、VD$_2$ 截止，从而使电压 U_1、U_2 隔离；当 VT$_{12}$ 导通时，$U_1 = U_2 = 0$。显然，图 9-12(b) 与图 9-12(a) 电路是等效的，而图 9-47(b) 只需一个功率开关管，从而使 DC-DC 开关变换器电路得以简化。

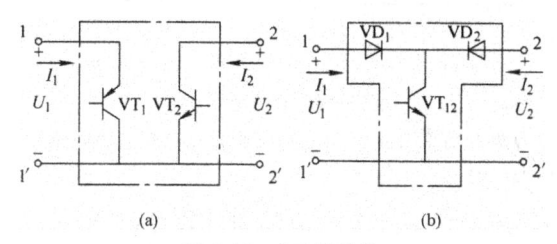

图 9-12　S-S 型结构
(a) 两个功率开关管 S-S 型结构；(b) S-S 型等效结构

(2) D-D 型等效规则

图 9-13(a) 是两个功率开关管级联的 D-D 型结构，这种结构和 S-S 型结构相似，只是它的公共节点不同，因此同样可以把这两个同步的功率开关管等效为一个功率开关管，并利用两个二极管 VD$_1$、VD$_2$ 进行钳位隔离，如图 9-13(b) 所示。当 VT$_{12}$ 关断时，VD$_1$、VD$_2$ 截止，从而使电压 U_1、U_2 隔离；当 VT$_{12}$ 导通时，$U_1 = U_2 = 0$，显然，图 9-13(b) 与图 9-13(a) 电路是等效的。

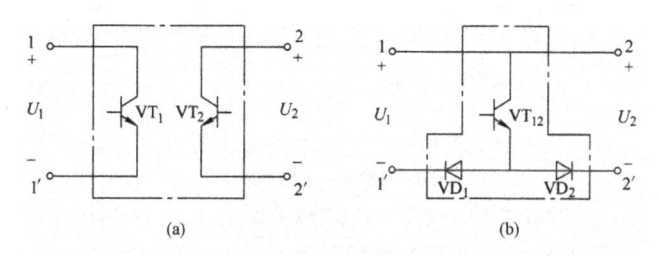

图 9-13　D-D 型结构
(a) 两个功率开关管 D-D 型结构；(b) D-D 型等效结构

(3) D-S 型等效规则

图 9-14(a) 是两个功率开关管级联的 D-S 型结构，由于两个功率开关

管是同步的,当 VT_1、VT_2 导通时,其输入、输出回路导通;当 VT_1、VT_2 关断时,其输入、输出回路断开。若将 VT_1、VT_2 合并,即可用图 9-14(b)所示的单功率开关管 VT_{12} 电路等效。图 9-14(b)中,当 VT_{12} 关断时,VD_1、VD_2 截止,其输入、输出回路断开;当 VT_{12} 导通时,VD_1、VD_2 导通,其输入、输出回路导通。显然,图 9-14(b)与图 9-14(a)等效,而图 9-14(b)中的二极管 VD_1、VD_2 起着隔离输入、输出电流的作用。

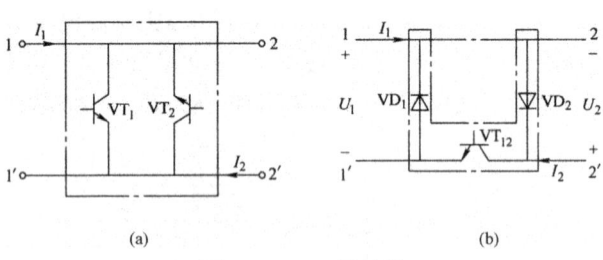

图 9-14 D-S 型结构

(a)两个功率开关管 D-S 型结构;(b)D-S 型等效结构

(4)S-D 型等效规则

图 9-15(a)是两个功率开关管级联的 S-D 型结构,其工作原理与 D-S 型结构的类似,只是电流方向相反,两功率开关管合并后的等效电路如图 9-15(b)所示。其中,VT_{12} 是两开关合并后的功率开关管,VD_1、VD_2 是钳位隔离二极管。当 VT_{12} 关断时,VD_1、VD_2 截止,其输入、输出回路断开;当 VT_{12} 导通时,VD_1、VD_2 导通,其输入、输出回路导通。可见,图 9-15(b)与图 9-15(a)电路等效,而图 9-15(b)中的二极管 VD_1、VD_2 仍然起隔离输入、输出电流的作用。

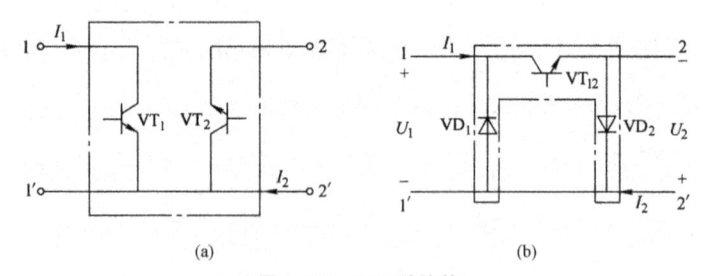

图 9-15 S-D 型结构

(a)两个功率开关管 S-D 型结构;(b)S-D 型等效结构

在上述 4 种变换器功率开关管级联类型合并后的等效模型中,合并后省去一个功率开关管,却增加了两个二极管。但是在具体的 DC-DC 开关变换器电路中,一般可进一步省略二极管:如 S-S 型的等效图中,如果 $U_1 > U_2$,则 VD_1 一直正偏而导通,所以 VD_1 不起作用,从而可以省略;如果 $U_1 < U_2$,则 VD_2 一直正偏而导通,因此 VD_2 可以省略;但如果 $U_1 = U_2$,则 VD_1 和 VD_2

都不起作用,因而都可以省略。D-D 型和 S-S 型类似,也可以省去至少一个二极管。对于 D-S 型的结构,也有以下三种情况,如果 $I_1>I_2$,则 VD_1 总是截止的,因而可以省略;如果 $I_1<I_2$,则 VD_2 总是截止的,因而可以省略;但如果 $I_1=I_2$ 时,则 VD_1、VD_2 都可以省略。总之,在一定的电压、电流关系约束条件下,以上 4 种类型等效电路中的二极管一般可省略一只,从而使电路得以进一步简化。

2. DC-DC 开关变换器级联叠加及功率开关单元的简化举例

图 9-16(a)、(b)分别是一个 Buck 变换器电路和一个 Boost 变换器电路,试利用叠加法设计一个 Buck-Boost 变换器并进行功率开关单元的化简。

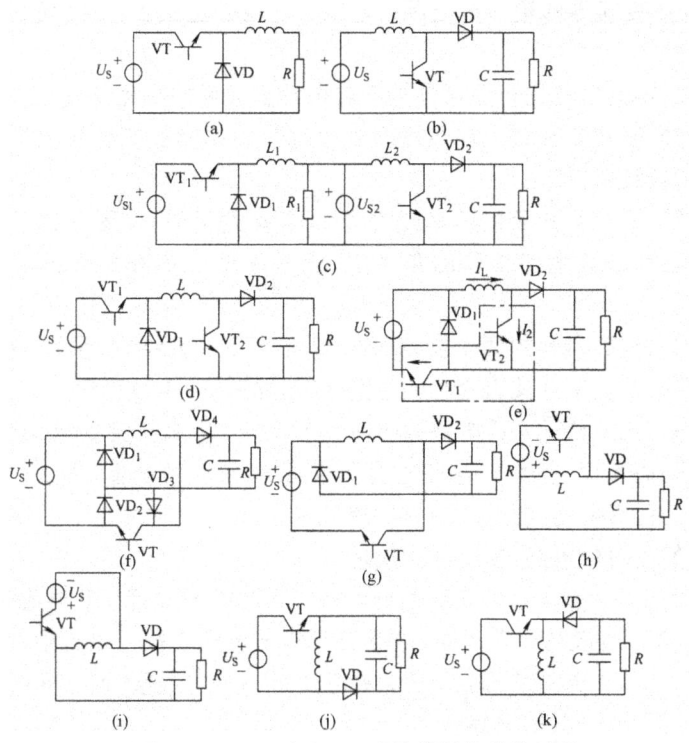

图 9-16 Buck 和 Boost 变换器叠加简化过程

针对给出的 Buck 变换器和 Boost 变换器,显然 Buck 变换器只能实现降压功能,而 Boost 变换器则只能实现升压功能。为了使 DC-DC 开关变换器既能实现降压又能实现升压功能,可以通过级联的方法将两者叠加起来,然后对相应的功率开关单元进行简化以求得最终的 Buck-Boost 变换器。具体步骤如下:

1)根据拓扑叠加法设计的基本规则对两者进行叠加：

①直接将 Buck 变换器的输出和 Boost 变换器的输入连接起来,如图 9-16(c)所示。

②根据叠加规则1,这两个变换器的基本变换单元都需要保留。

③根据叠加规则2,保留 Buck 变换器的输入部分。

④根据叠加规则3,保留 Boost 变换器的输出部分。

⑤根据叠加规则4,由于 Buck 变换器是电流型输出,Boost 变换器是电流型输入,因而将 Buck 变换器的输出滤波电感 L_1 和 Boost 变换器的输入滤波电感 L_2 合二为一;删除 Buck 变换器的负载 R;删除 Boost 变换器的输入电源 US。

⑥根据叠加规则5,Buck 变换器的输出负载的电压的极性是上正下负,而 Boost 变换器的输入电压源的电压极性也是上正下负,因而两者是相互匹配的。

⑦对所得的电路进行适当分析不难确定叠加后的电路正确、合理。

2)根据 DC-DC 开关变换器级联叠加时开关单元的拓扑简化规则对叠加后的变换器进行简化：

①将图 9-16(d)所示的功率开关管 VT_1 移到下端,如图 9-16(e)所示。其目的是在不影响电路工作的条件下,使得两个功率开关管具有一个公共端。

②图 9-16(e)所示的两个功率开关管组成 D-S 型结构,利用 D-S 型等效规则,将两个功率开关管用等效电路代替,如图 9-16(f)所示。

③对图 9-16(f)所示的电路进行分析和简化:功率开关管闭合时,由于通过功率开关管 VT_1 和 VT_2 的电流是相同的,所以二极管 VD_2、VD_3 都可以省略。简化后的电路如图 9-16(g)所示。

3)对简化后的电路进行分析、整理：

①对图 9-16(g)所示的电路进行分析。当功率开关管 VT 导通时,电感 L 储能;当功率开关管 VT 关断,电感 L 释放能量给负载。电路中的两个二极管 VD_1、VD_2 始终是串联的,可将其等效为一个二极管 VD,再将电路重新布局,得到图 9-16(h)电路。

②为使功率开关管与电压源的正极相连。对图 9-16(h)所示电路进行整理再将电压源和功率开关管调换位置,即得到如图 9-16(i)所示电路。

③为使输入电压源的电压极性上正下负,把电路结构整体翻转180°,得到如图 9-16(j)所示电路。

④为了使输入端和输出端共地,将图 9-16(j)中的二极管上移,得到简化的最终电路,如图 9-16(k)所示。

第 9 章 电力电子开关变换器的拓扑设计

显然,图 9-16(k)所示的电路就是基本的 Buck-Boost 电路。这说明通过基本开关变换器的级联叠加和化简即可获得所需的开关变换器。

9.3.2 DC-AC 开关变换器基本单元的拓扑叠加设计

1. DC-AC 基本单元的串并联拓扑叠加设计

DC-AC 开关变换器的基本单元是一个取消电容中点输出的 DC-AC 开关变换器的半桥拓扑,如图 9-17 所示。与 DC-DC 开关变换器类似,也可以采用叠加法的思想,即把这基本单元通过串联和并联两种方式进行叠加,如图 9-18 和图 9-19 所示。显然,将图 9-17 所示的 DC-AC 半桥基本单元并联就构成了单相输出的二电平 DC-AC 全桥开关变换器;而对于图 9-19 所示的半桥基本单元串联结构,若将其输出再并联叠加一个半桥基本单元,则能构成一个三电平 DC-AC 开关变换器桥臂拓扑,如图 9-20 所示。

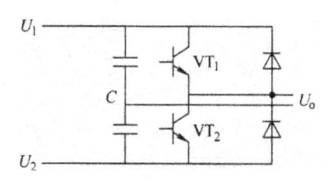

图 9-17 开关变换器半桥基本单元

那么如何采用半桥基本单元的叠加获得任意电平输出的 DC-AC 开关变换器桥臂拓扑呢?实际上,在图 9-20 所示的三电平半桥开关变换器桥臂拓扑的基础上,再并联叠加一组三个半桥基本单元的串联支路后就可以形成四电平 DC-AC 开关变换器拓扑。依此类推,若在一个 $n-1$ 电平的 DC-AC 开关变换器桥臂拓扑的基础上并联叠加一组 $n-1$ 个半桥基本单元的串联支路,就可以获得一个多电平输出的 DC-AC 开关变换器桥臂拓扑。采用这种叠加结构的多电平 DC-AC 变换器拓扑称为多电平 DC-AC 开关变换器的统一拓扑,如图 9-21 所示。可见,这是一种层层叠加的"塔形"拓扑结构。从图 9-21 可以看出,这种多电平 DC-AC 开关变换器桥臂的统一拓扑实际上是由图 9-21 所示的 DC-AC 开关变换器半桥基本单元的串、并联叠加而成。显然,若采用不同结构的基本单元就可以获得不同的多电平拓扑。图 9-22 是以二极管钳位式三电平为基本单元叠加而成的多电平 DC-AC 开关变换器桥臂的拓扑结构;图 9-23 是以电容钳位式三电平为基本单元叠加而成的多电平 DC-AC 开关变换器桥臂的拓扑结构。可见,它们都具有"塔形"的拓扑结构特征。

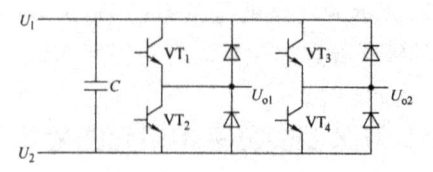

图 9-18　DC-AC 开关变换器半桥基本单元的并联

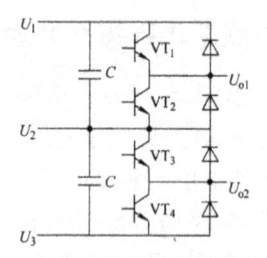

图 9-19　DC-AC 开关变换器半桥基本单元的串联

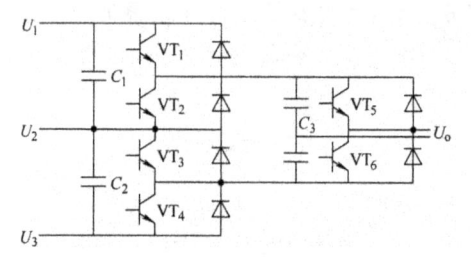

图 9-20　二电平 DC-AC 开关变换器半桥基本单元的串并联
　　　　——三电平 DC-AC 开关变换器桥臂

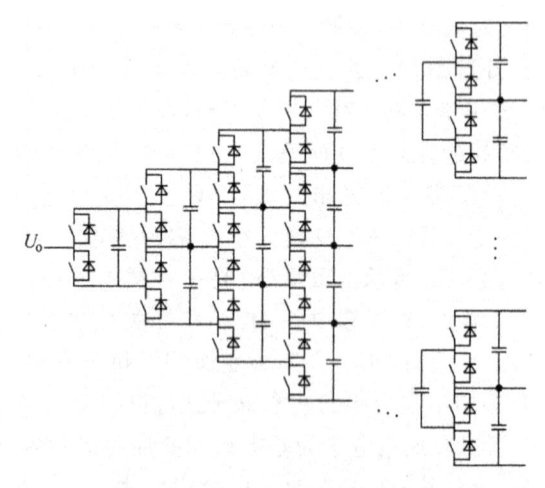

图 9-21　基于半桥基本单元叠加的多电平拓扑结构

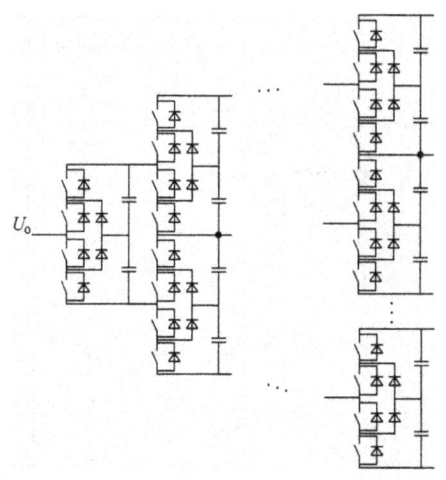

图 9-22　基于二极管钳位式三电平基本单元叠加的多电平拓扑结构

当然，还可以把上述的基本单元混合使用。例如，可以把半桥基本单元和二极管钳位式三电平基本单元混合，也可以把二极管钳位式三电平基本单元和电容钳位式三电平基本单元混合，从而可得到多种"塔形"结构的多电平拓扑结构。

从以上具有"塔形"结构桥臂的多电平 DC-AC 开关变换器的拓扑分析不难发现：随着电平数的增多，器件呈指数上升，系统非常复杂，所以超过五电平以后，这样的拓扑结构工程设计时一般不予考虑。

(2) 全桥基本单元的级联拓扑叠加设计

多电平变换器的另一种基本结构为级联型多电平拓扑结构，它采用若干个低压 DC-AC 开关变换器全桥基本单元直接级联的方式以实现高压多电平输出。该结构在级联数足够时，输出谐波含量小，工程上称为完美无谐波变换器，其电路结构如图 9-24 所示。

图 9-24 所示的拓扑结构采用了多个全桥基本单元，并互相级联而组成，因此称为级联多电平 DC-AC 变换器。显然，这种级联多电平 DC-AC 变换器避免了大量的钳位二极管和电压平衡电容，在得到相同电平数的前提下，所需功率开关管相对较少。另外，级联型多电平拓扑结构电路中的功率开关管一般在基频下开通、关断，因此损耗小、效率高，易采用软开关技术，并且不存在电容电压平衡问题。但是，它需要多个独立的直流电源，且不易实现四象限运行。总之，这种结构容易实现多电平，一般在 7 电平、9 电平甚至 11 电平都有广泛应用。尤其是该级联拓扑已成为大容量 SVG 装置的最典型主电路拓扑之一。

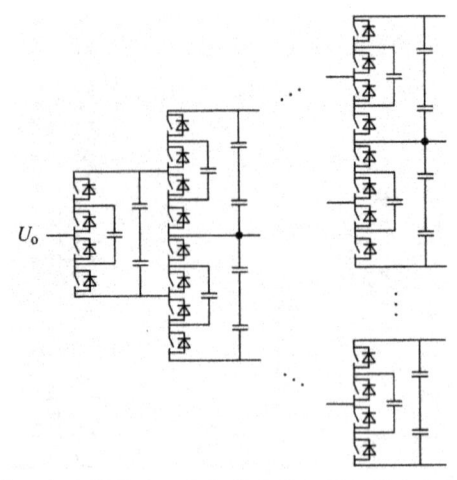

图 9-23　基于电容钳位式三电平基本单元叠加的多电平拓扑结构

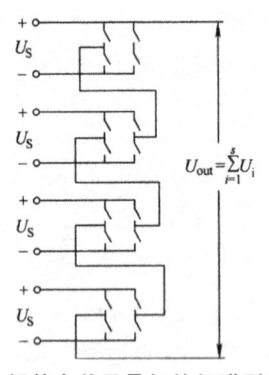

图 9-24　基于全桥基本单元叠加的级联型多电平拓扑结构

(3) 混合型 DC-AC 开关变换器拓扑叠加设计

实际上，不同基本单元结构的多电平 DC-AC 变换器都各有其优缺点，那么是否可以采用"取长补短"的方法，并利用不同的基本单元结构进行叠加，以获得较好性能的 DC-AC 变换器拓扑呢？理论上显然是可行的，称这种拓扑叠加方案为混合型拓扑叠加设计。

1) 混合型二极管钳位式三电平基本单元＋电容钳位式三电平基本单元。

将二极管钳位式三电平基本单元和电容钳位式三电平基本单元并联，即构成混合 1 型电路拓扑，如图 9-25 所示。这种电路拓扑性能上包含着二极管钳位式和飞跨电容式三电平的特点，既避免了动态均压问题，也使开关方式灵活，对功率器件保护能力较强；既能控制有功功率，又能控制无功功率。

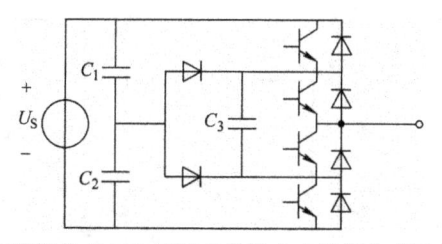

图 9-25　二极管钳位式三电平基本单元＋电容钳位式三电平基本单元

2)混合 2 型——二极管钳位式三电平基本单元＋级联型。

将数个二极管钳位式基本单元进行级联便构成了混合 2 型电路拓扑,如图 9-26 所示。此电路既保留了二极管钳位式多电平的优点,也保留了级联型的特点。当级联数足够时,该结构能够较大幅度地降低输出谐波含量,因此这种基于二极管钳位式的级联式多电平逆变技术堪称为双完美无谐波结构。

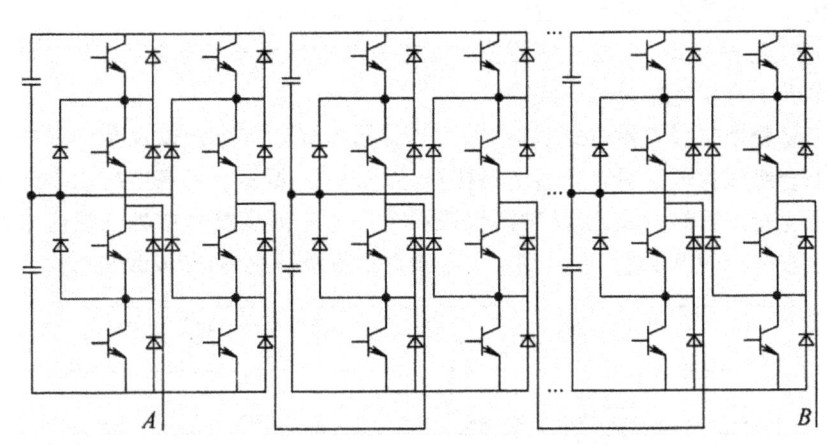

图 9-26　二极管钳位式三电平基本单元＋级联型

但是这种电路使用了大量的功率开关管以及钳位二极管,从而增加了逆变装置的生产成本。

3)混合 3 型——电容钳位式三电平基本单元＋级联型。

利用数个电容钳位式基本单元进行级联便构成了混合 3 型电路拓扑,如图 9-27 所示。

这种电路同时包含着飞跨电容式和级联式多电平变换器拓扑的特点,也是一种双完美无谐波结构。电路中省去了大量的钳位二极管,但钳位电容数量明显上升,另外钳位电容还存在启动时的充电问题。

4)混合 4 型——二极管钳位式三电平基本单元＋电容钳位式三电平基本单元＋级联型。

将数个二极管钳位式基本单元以及电容钳位式基本单元混合级联构成

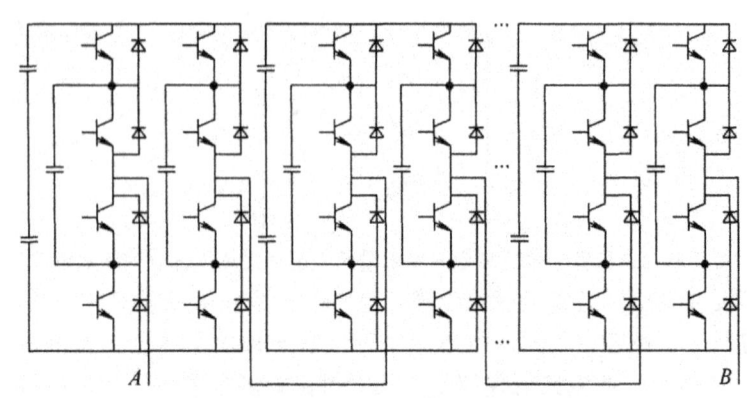

图 9-27　电容钳位式三电平基本单元＋级联型

了混合 4 型电路拓扑,如图 9-28 所示。这种拓扑结构可以降低独立直流电源数量,融入上述二极管钳位式、电容钳位式、全桥级联式多电平拓扑结构的优点。但是由于控制上过于复杂,工程上很少采用。

5)混合 5 型——二极管钳位式三电平基本单元＋飞跨电容式三电平基本单元＋全桥基本单元＋级联型。

将数个二极管钳位式基本单元、电容钳位式基本单元以及全桥基本单元混合级联构成了混合 5 型电路拓扑,如图 9-29 所示。与基本的级联式多电平逆变拓扑结构相比,这种混合级联式多电平逆变技术中独立直流电源电压按一定规则选取,可以使输出电压波形等级数更多,谐波含量更低。

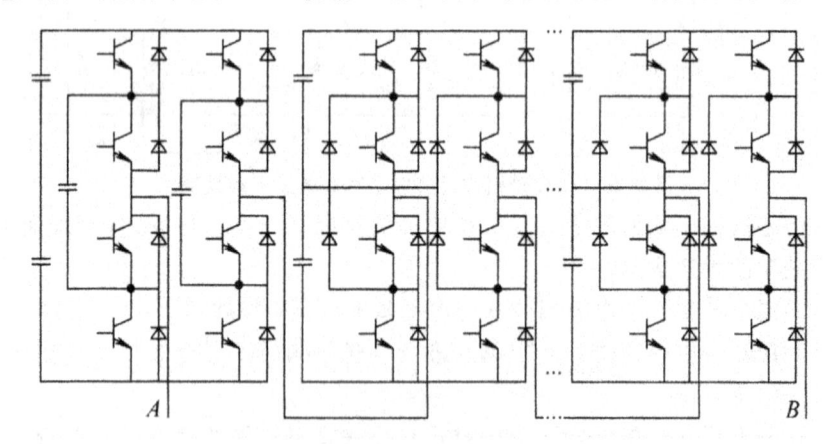

图 9-28　二极管钳位式三电平基本单元＋电容钳位式
三电平基本单元＋级联型

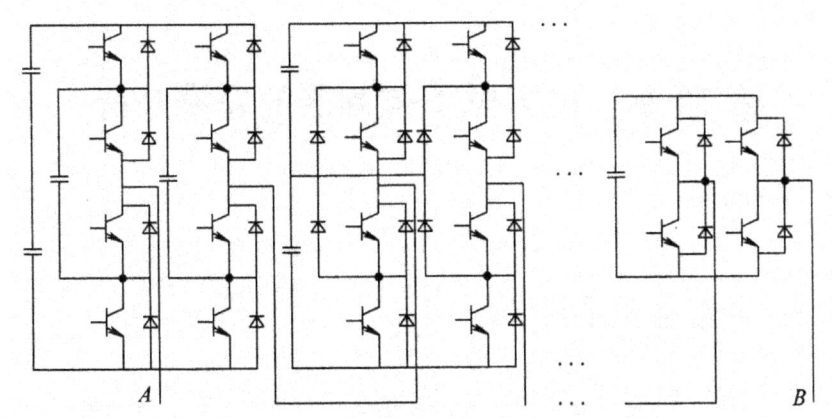

第 9 章 电力电子开关变换器的拓扑设计

图 9-29　二极管钳位式三电平基本单元＋飞跨电容式
三电平基本单元＋全桥基本单元＋级联型

第10章 电力电子控制器的建模分析

10.1 状态空间平均法

状态空间描述是对系统的一种内部描述。对开关变换器的动态过程使用状态空间描述时,在一个开关周期内不同换流过程对应不同的换流电路,而每种换流电路均可由一组状态方程进行描述,可见,开关变换器的状态方程是时变非线性方程。显然,对于系统整个开关周期的描述,就需要两组或两组以上的方程,使分析与求解过于复杂。为解决此问题,美国学者 R. D. Middlebrook 提出了状态空间平均法,通过对开关变换器开关过程的平均化,可将一个非线性、时变的开关电路系统转变为一个等效的线性时不变电路系统,因而可以用一个统一的线性系统来进行描述,从而可以使用线性系统理论进行系统分析与设计。

10.1.1 开关变换器的状态方程

由于功率器件的开关作用,在一个开关周期内,开关变换器的状态描述需要两组或两组以上不同的方程,分别描述不同换流电路的状态。下面以 Boost 电路为例阐述其开关状态及其状态方程的建立过程。

图 10-1(a)为 Boost 变换器电路,状态变量为电感电流和电容电压,即 $\boldsymbol{x}=[i_L(t) \ u_o(t)]^T$;输入电压为输入变量,即 $u=u_s(t)$;输出电压为输出变量,即 $y=u_o(t)$。

当开关管 VT 导通时,二极管 VD 截止,换流电路如图 10-1(b)所示,此电路的状态方程可列写为

$$\begin{cases} \dot{\boldsymbol{x}} = \boldsymbol{A}_1 \boldsymbol{x} + \boldsymbol{B}_1 u \\ y = \boldsymbol{C}_1^T \boldsymbol{x} \end{cases}$$

式中,$\boldsymbol{A}_1 = \begin{bmatrix} 0 & 0 \\ 0 & -\dfrac{1}{RC} \end{bmatrix}$,$\boldsymbol{B}_1 = \begin{bmatrix} \dfrac{1}{L} \\ 0 \end{bmatrix}$,$\boldsymbol{C}_1^T = \begin{bmatrix} 0 & 1 \end{bmatrix}$。

第 10 章 电力电子控制器的建模分析

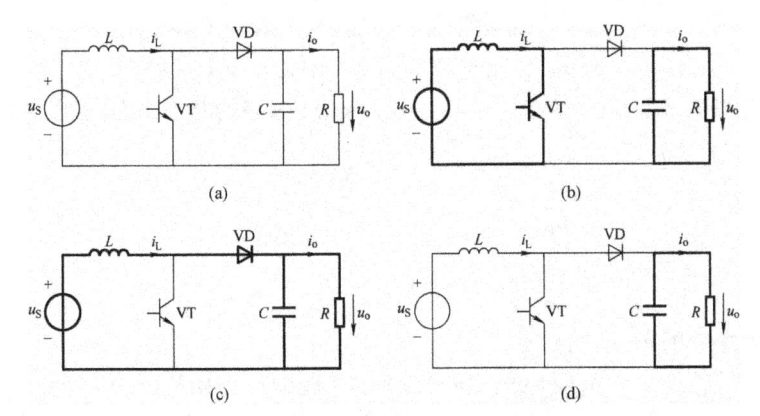

图 10-1 Boost 变换器及其各开关换流状态

当开关管 VT 关断,二极管 VD 导通,电感电流 $i_L > 0$,若电流连续,换流电路如图 10-1(c)所示,此电路的状态方程可列写为

$$\begin{cases} \dot{x} = A_2 x + B_2 u \\ y = C_2^T x \end{cases}$$

式中,$A_2 = \begin{bmatrix} 0 & -\dfrac{1}{L} \\ \dfrac{1}{C} & -\dfrac{1}{RC} \end{bmatrix}$, $B_2 = \begin{bmatrix} \dfrac{1}{L} \\ 0 \end{bmatrix}$, $C_2^T = [0]$。

当开关管 VT 关断,若电流断续,即 $i_L = 0$,二极管 VD 截止,换流电路如图 10-1(d)所示,此电路的状态方程可列写为

$$\begin{cases} \dot{x} = A_3 x + B_3 u \\ y = C_3^T x \end{cases}$$

式中,$A_3 = \begin{bmatrix} 0 & 0 \\ 0 & -\dfrac{1}{RC} \end{bmatrix}$, $B_3 = \begin{bmatrix} 0 \\ 0 \end{bmatrix}$, $C_3^T = [0]$。

当 Boost 电路工作于前两种状态,即开关管和二极管轮流导通时,电感电流 i_L 是连续的,可称为电流连续工作模式(CCM);而当 Boost 电路有三种工作状态时,即除了开关管和二极管轮流导通外,还有开关管和二极管都不导通的状态,电感电流 i_L 是不连续的,可称为电流不连续工作模式(DCM)。

对开关变换器一个开关周期内不同换流电路的状态方程进行统一描述。以电流连续工作模式为例说明状态空间平均法的建模过程,定义开关函数 $k(t)$ 和 $k'(t)$ 如下:

$$k(t) = \begin{cases} 1 & \text{开关管 VT 导通,二极管 VD 关断时} \\ 0 & \text{开关管 VT 关断,二极管 VD 导通时} \end{cases}$$

· 241 ·

$$k'(t)=\begin{cases}1 & \text{二极管 VD 关断,开关管 VT 导通时}\\ 0 & \text{二极管 VD 导通,开关管 VT 关断时}\end{cases}$$

在引入开关函数 $k(t)$ 和 $k'(t)$ 后,前述 Boost 电路的状态方程可描述为

$$\begin{cases}\dfrac{\mathrm{d}i_L}{\mathrm{d}t}=\dfrac{u_s}{L}k(t)+\dfrac{(u_s-u_o)}{L}k'(t)\\ \dfrac{\mathrm{d}u_o}{\mathrm{d}t}=\dfrac{u_o}{RC}k(t)+\left[\dfrac{1}{C}i_L-\dfrac{u_o}{RC}\right]k'(t)\\ y=u_o\end{cases}$$

整理为矩阵的形式,得

$$\begin{cases}\dot{\boldsymbol{x}}=(\boldsymbol{A}_1k(t)+\boldsymbol{A}_2k'(t))\boldsymbol{x}+(\boldsymbol{B}_1k(t)+\boldsymbol{B}_2k'(t))\boldsymbol{u}\\ y=(\boldsymbol{C}_1^{\mathrm{T}}k(t)+\boldsymbol{C}_2^{\mathrm{T}}k'(t))\boldsymbol{x}\end{cases} \quad (10\text{-}1)$$

显然在引入开关函数以后,状态方程得到了统一,但观察式(10-1),由于存在两变量的乘积项,并且开关函数随时间 t 变化,所以统一描述后的状态方程本质上仍然是一个非线性方程,而且是时变方程。

10.1.2 状态空间平均法建模步骤

下面将以连续导通模式时的 Boost 变换器为例,采用规则化平均电路建模方法介绍状态空间平均法建模的具体步骤。

1. 变量的平均化

由于开关管的通断,开关变换器中的大多数变量都是突变的,因而是时变的,如图 10-2(a)所示;对两个状态进行平均化以后,时变的变量转化为连续的变量,如图 10-2(b)所示。

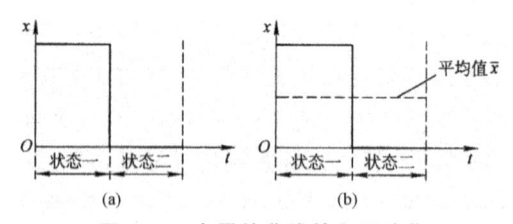

图 10-2 变量的非线性和平均化

(a)时变量;(b)时变量进行平均化

观察式(10-1),状态系数矩阵 $\boldsymbol{A}_1$、$\boldsymbol{A}_2$、$\boldsymbol{B}_1$、$\boldsymbol{B}_2$、$\boldsymbol{C}_1$、$\boldsymbol{C}_2$ 均为常量,因此要建立系统的状态空间平均模型,就必须首先对状态变量和开关函数进行平均化。

定义变量周期平均运算:$\bar{x}(t)=\dfrac{1}{T}\displaystyle\int_{t-T}^{t}x(\tau)\mathrm{d}\tau$。

$x(t)$为需要平均的状态变量，$\bar{x}(t)$为状态变量的周期平均值。

$$\bar{d}(t)=\bar{k}(t)=\frac{1}{T}\int_{t-T}^{t}k(\tau)\mathrm{d}\tau$$

通常$\overline{x(t)y(t)}\neq\bar{x}(t)\bar{y}(t)$，但如果变量同时满足变化幅度足够小和变化速度足够慢那么有$\overline{x(t)y(t)}\approx\bar{x}(t)\bar{y}(t)$。

根据以上平均算子性质，假设一个开关周期中状态变量和输入变量的变化足够小，则对式(10-1)进行周期平均运算，得：

$$\begin{aligned}\bar{x}&=\overline{[A_1k(t)+A_2k'(t)]x}+\overline{[B_1k(t)+B_2k'(t)]u}\\&=[A_1\bar{k}(t)+A_2\bar{k}'(t)]\bar{x}+[B_1\bar{k}(t)+B_2\bar{k}'(t)]\bar{u}\end{aligned} \quad (10-2)$$

对开关函数进行平均化：

$$\bar{k}(t)=\frac{1}{T}\int_{t-T}^{t}k(\tau)\mathrm{d}\tau=\frac{1}{T}\int_{t-T}^{t-T+dT}k(\tau)\mathrm{d}\tau=d$$

$$\bar{k}'(t)=\frac{1}{T}\int_{t-T}^{t}k'(\tau)\mathrm{d}\tau=\frac{1}{T}\int_{t-T+dT}^{t}k'(\tau)\mathrm{d}\tau=1-d$$

代入式(10-2)得

$$\bar{x}=[A_1d+A_2(1-d)]\bar{x}+[B_1d+B_2(1-d)]\bar{u} \quad (10-3)$$

同理：

$$\bar{y}=(C_1^{\mathrm{T}}d+C_2^{\mathrm{T}}(1-d))\bar{x} \quad (10-4)$$

基本的状态空间平均方程为 $\begin{cases}\bar{x}=A\bar{x}+B\bar{u}\\\bar{y}=C^{\mathrm{T}}\bar{x}\end{cases}$

系数矩阵A、B、C、D，加权公式为 $\begin{cases}A=dA_1+(1-d)A_2\\B=dB_1+(1-d)B_2\\C^{\mathrm{T}}=dC_1^{\mathrm{T}}+(1-d)C_2^{\mathrm{T}}\end{cases}$

由上所述，平均化解决了状态变量时变问题。

2. 求解稳态方程

根据稳态方程$\bar{x}=0$，令$\bar{x}=X$，$\bar{y}=Y$，$d=D$，$\bar{u}=U$，大写表示稳态值，得到

$$\begin{cases}AX+BU=0\\Y=C^{\mathrm{T}}X\end{cases} \quad (10-5)$$

根据式(10-5)，可以得到状态变量的稳态解

$$\begin{cases}X=-A^{-1}BU\\Y=-C^{\mathrm{T}}A^{-1}BU\end{cases}$$

3. 求解动态方程

当需要研究系统的动态过程时,可以在系统稳态工作点(X,Y)附近引入扰动量$(\hat{x},\hat{y})$。令瞬时值

$$d=D+\hat{d} \quad x=X+\hat{x} \quad u=U+\hat{u} \quad y=Y+\hat{y}$$

式中,D为稳态占空比值;$\hat{d}$为占空比扰动量;X为稳态状态变量;$\hat{x}$为状态变量扰动量;U为稳态输入量;$\hat{u}$为输入变量扰动量;Y为稳态输出变量;$\hat{y}$为输出变量扰动量。

代入式(10-3)和式(10-4),并分离稳态量,整理后得

$$\begin{cases} \dot{\hat{x}}=A\hat{x}+B\hat{u}+\hat{d}[(A_1-A_2)X+(B_1-B_2)U]+(A_1-A_2)\hat{x}\hat{d} \\ \qquad +(B_1-B_2)\hat{u}\hat{d} \\ \overline{\hat{y}}=C^T\overline{\hat{x}}+\overline{\hat{d}}(C_1^T-C_2^T)X+(C_1^T-C_2^T)\overline{\hat{x}\hat{d}} \end{cases} \tag{10-6}$$

式(10-6)即为描述变换器动态行为的状态方程,不难看出,式(10-6)是一个非线性方程(因为包含变量的乘积,如$\hat{x}\hat{d}$和$\hat{u}\hat{d}$)。

4. 线性化

为利用线性系统理论进行分析,需要对非线性方程进行线性化处理,假定$\hat{u}/U\ll 1, \hat{d}/D\ll 1, \hat{x}/X\ll 1$,非线性方程中变量乘积项可被忽略,由此而得到的线性方程在系统的稳态工作点附近可以近似描述此非线性系统。

忽略式(10-6)中的二次项$\hat{x}\hat{d}$和$\hat{u}\hat{d}$,将稳态量和扰动量分离,得出基于稳态工作点附近扰动的小信号模型。

$$\begin{cases} \dot{\hat{x}}=A\hat{x}+B\hat{u}+\hat{d}[(A_1-A_2)X+(B_1-B_2)U] \\ \hat{y}=C^T\hat{x}+\hat{d}(C_1^T-C_2^T)X \end{cases} \tag{10-7}$$

式(10-7)实际上是一种开关变换器的动态低频小信号模型,显然,此方程为线性常微分方程。由式(10-7)可以推导出开关变换器的传递函数,进而运用线性系统理论进行分析。

5. 求解传递函数

假设$\hat{x}(0)=0$,对式(10-7)进行拉普拉斯变换,得到s域表达式:

$$\begin{cases} S\hat{x}(s)=A\hat{x}(s)+B\hat{u}_s(s)+[(A_1-A_2)X+(B_1-B_2)U_s]\hat{d}(s) \\ \hat{y}(s)=C^T\hat{x}(s)+(C_1^T-C_2^T)X\hat{d}(s) \end{cases}$$

$$\tag{10-8}$$

对式(10-8)进行求解可得

$$\overline{\hat{x}}(s)=(sI-A)^{-1}B\overline{\hat{u}}_s(s)+(sI-A)^{-1}[(A_1-A_2)X+(B_1-B_2)U_s]\hat{d}(s)$$

$$\hat{y}(s) = \boldsymbol{C}^{\mathrm{T}}(s\boldsymbol{I}-\boldsymbol{A})^{-1}\boldsymbol{B}\hat{u}_{\mathrm{S}}(s)$$
$$+ \{\boldsymbol{C}^{\mathrm{T}}(s\boldsymbol{I}-\boldsymbol{A})^{-1}[(\boldsymbol{A}_1-\boldsymbol{A}_2)\boldsymbol{X}+(\boldsymbol{B}_1-\boldsymbol{B}_2)\boldsymbol{U}_{\mathrm{S}}]$$
$$+ (\boldsymbol{C}_1^{\mathrm{T}}-\boldsymbol{C}_2^{\mathrm{T}})\boldsymbol{X}\}\hat{d}(s) \tag{10-9}$$

式中,I 为单位矩阵,输入量 $u=u_{\mathrm{S}}(t)$。由式(10-9)可解得诸多传递函数

$$\left.\frac{\hat{x}(s)}{\hat{u}_{\mathrm{S}}(s)}\right|_{\hat{d}(s)=0} = (s\boldsymbol{I}-\boldsymbol{A})^{-1}\boldsymbol{B} \tag{10-10}$$

$$\left.\frac{\hat{y}(s)}{\hat{u}_{\mathrm{S}}(s)}\right|_{\hat{d}(s)=0} = \boldsymbol{C}^{\mathrm{T}}(s\boldsymbol{I}-\boldsymbol{A})^{-1}\boldsymbol{B} \tag{10-11}$$

$$\left.\frac{\hat{x}(s)}{\hat{d}(s)}\right|_{\hat{u}_{\mathrm{S}}(s)=0} = (s\boldsymbol{I}-\boldsymbol{A})^{-1}[(\boldsymbol{A}_1-\boldsymbol{A}_2)\boldsymbol{X}+(\boldsymbol{B}_1-\boldsymbol{B}_2)\boldsymbol{U}_{\mathrm{S}}] \tag{10-12}$$

$$\left.\frac{\hat{y}(s)}{\hat{d}(s)}\right|_{\hat{u}_{\mathrm{S}}(s)=0} = \boldsymbol{C}^{\mathrm{T}}(s\boldsymbol{I}-\boldsymbol{A})^{-1}[(\boldsymbol{A}_1-\boldsymbol{A}_2)\boldsymbol{X}+(\boldsymbol{B}_1-\boldsymbol{B}_2)\boldsymbol{U}_{\mathrm{S}}]+(\boldsymbol{C}_1^{\mathrm{T}}-\boldsymbol{C}_2^{\mathrm{T}})\boldsymbol{X}$$
$$\tag{10-13}$$

10.1.3 连续导通模式下的状态空间平均法

以 Boost 变换器为例讨论电感电流连续时,即 Boost 变换器连续导通时状态空间平均法的建模过程。

1. 分段线性方程

在连续导通模式下,Boost 变换器存在两种工作状态,即开关管 VT 导通状态和开关管 VT 关断状态,分别对应图 10-1(b)和图 10-1(c)。当开关管导通时,其换流电路如图 10-1(b),根据基本 KVL 和 KCL 定理,得出相应的状态方程:

$$\begin{cases} \dot{\boldsymbol{x}} = \boldsymbol{A}_1\boldsymbol{x} + \boldsymbol{B}_1 u \\ y = \boldsymbol{C}_1^{\mathrm{T}}\boldsymbol{x} \end{cases} \tag{10-14}$$

式中,$\boldsymbol{A}_1 = \begin{bmatrix} 0 & 0 \\ 0 & -\dfrac{1}{RC} \end{bmatrix}$,$\boldsymbol{B}_1 = \begin{bmatrix} \dfrac{1}{L} \\ 0 \end{bmatrix}$,$\boldsymbol{C}_1^{\mathrm{T}} = \begin{bmatrix} 0 & 1 \end{bmatrix}$。

当开关管 VT 关断时,其换流电路如图 10-1(c)所示,根据基本 KVL 和 KCL 定理,得出相应的状态方程如下:

$$\begin{cases} \dot{\boldsymbol{x}} = \boldsymbol{A}_2\boldsymbol{x} + \boldsymbol{B}_2 u \\ y = \boldsymbol{C}_2^{\mathrm{T}}\boldsymbol{x} \end{cases}$$

式中，$A_2 = \begin{bmatrix} 0 & -\dfrac{1}{L} \\ \dfrac{1}{C} & -\dfrac{1}{RC} \end{bmatrix}$，$B_2 = \begin{bmatrix} \dfrac{1}{L} \\ 0 \end{bmatrix}$，$C_2^T = [0]$。

2. 平均化

以上两个不同开关状态下的状态方程可以通过占空比 d 进行加权平均，根据加权公式可将两个状态方程统一成一个状态方程，即

$$\begin{cases} \dot{\bar{x}} = A\bar{x} + B\bar{u} \\ \bar{y} = C^T \bar{x} \end{cases}$$

上式就是平均后的系统状态方程，式中

$$A = dA_1 + (1-d)A_2 = \begin{bmatrix} 0 & -\dfrac{1-d}{L} \\ \dfrac{1-d}{C} & -\dfrac{1}{RC} \end{bmatrix}, B = dB_1 + (1-d)B_2 = \begin{bmatrix} \dfrac{1}{L} \\ 0 \end{bmatrix}$$

$$C^T = dC_1^T + (1-d)C_2^T = [0]$$

上述平均化后的状态方程实际上就是 Boost 变换器的一种低频模型。

3. 求稳态工作点

稳态时，状态变量满足 $\dot{\bar{x}} = \dot{X} = 0$，$x = X = [I_L \quad U_o]^T$，$\bar{u} = U_S$，$\bar{y} = U_o$，$\bar{d} = D$ 根据(10-14)得出方程的稳态解

$$\begin{bmatrix} I_L \\ U_o \end{bmatrix} = -A^{-1}BU = -\dfrac{1}{\dfrac{D'^2}{LC}} \begin{bmatrix} -\dfrac{1}{RC} & \dfrac{D'}{L} \\ -\dfrac{D'}{C} & 0 \end{bmatrix} \begin{bmatrix} \dfrac{1}{L} \\ 0 \end{bmatrix} U_S = \begin{bmatrix} \dfrac{1}{RD'^2} \\ \dfrac{1}{D'} \end{bmatrix} U_S$$

式中，$D' = 1 - D$。

4. 求解动态方程

在稳态工作点 (X, U, Y, D) 附近引入扰动量 $(\hat{x}, \hat{u}, \hat{y}, \hat{d})$，即 $d = D + \hat{d}$，$x = X + \hat{x}$，$u = U_S + \hat{u}$ 后，忽略二次项 $\hat{x}\hat{d}$ 和 $\hat{u}\hat{d}$，得出 Boost 变换器的动态方程为

$$\begin{cases} \dot{\hat{x}} = A\hat{x} + B\hat{u} + \hat{d}[(A_1 - A_2)X] \\ \hat{y} = C^T \hat{x} \end{cases}$$

式中，$X = \begin{bmatrix} I_L \\ U_o \end{bmatrix}$，$\hat{x} = \begin{bmatrix} \hat{i}_L \\ \hat{u}_o \end{bmatrix}$，$A = \begin{bmatrix} 0 & -\dfrac{1-D}{L} \\ \dfrac{1-D}{C} & -\dfrac{1}{RC} \end{bmatrix}$，$B = \begin{bmatrix} \dfrac{1}{L} \\ 0 \end{bmatrix}$，

$$\boldsymbol{C}^\mathrm{T} = \begin{bmatrix} 0 & 1 \end{bmatrix}, \boldsymbol{A}_1 - \boldsymbol{A}_2 = \begin{bmatrix} 0 & \dfrac{1}{L} \\ -\dfrac{1}{C} & 0 \end{bmatrix}。$$

显然,上述动态方程实际上是 Boost 变换器的低频小信号模型。

5. 求解传递函数

为了进一步定量分析 Boost 变换器的动态特性,有必要求解出各相关变量间传递关系,根据式(10-10)到式(10-13),可推导出如下传递函数,即

输出增益:$\left.\dfrac{\hat{u}_\mathrm{o}(s)}{u_\mathrm{S}(s)}\right|_{\hat{d}(s)=0} = \dfrac{\dfrac{1}{D'}}{\dfrac{s^2 LC}{D'^2} + s\dfrac{L}{RD'^2} + 1}$

控制增益:$\left.\dfrac{\hat{u}_\mathrm{o}(s)}{\hat{d}(s)}\right|_{\hat{u}_\mathrm{S}(s)=0} = \dfrac{\dfrac{U_\mathrm{S}}{D'^2}\left(1 - s\dfrac{L}{RD'^2}\right)}{\dfrac{s^2 LC}{D'^2} + s\dfrac{L}{RD'^2} + 1}$

开环输入阻抗:$\left.\dfrac{\hat{u}_\mathrm{o}(s)}{\hat{i}_\mathrm{o}(s)}\right|_{\hat{d}(s)=0} = \dfrac{RD'^2\left(\dfrac{s^2 LC}{D'^2} + s\dfrac{L}{RD'^2} + 1\right)}{1 + SRC}$

开环输出阻抗:$\left.\dfrac{\hat{u}_\mathrm{o}(s)}{\hat{i}_\mathrm{o}(s)}\right|_{\hat{d}(s)=0} = \dfrac{s\dfrac{L}{D'^2}}{\dfrac{s^2 LC}{D'^2} + s\dfrac{L}{RD'^2}} + 1$

以上以连续导通模式下的 Boost 变换器为例,用状态空间平均法得出了 Boost 变换器的低频小信号模型。根据这一模型,可以进一步推导出重要变量之间的传递函数,从而为 Boost 变换器的系统分析提供基础。

10.1.4 不连续导通模式时的状态空间平均法

上面讨论了连续导通模式时的 Boost 变换器的状态空间平均法建模过程,但是,当电感电流不连续时,Boost 变换器则多出了一个换流电路状态,即开关管 VT 和二极管 VD 均不导通,此时电感中的电流为零。因此,对于整个 Boost 而言,电感电流在一个开关周期内断续,即 Boost 变换器工作在不连续导通模式。由于增加了一个换流电路状态,其分析方法与连续状态时有所不同。下面给出 Boost 变换器不连续导通模式时的状态空间法建模步骤。

1. 列写分段线性方程

在不连续导通模式下,根据 Boost 变换器开关管 VT 和二极管 VD 的导通和关断,电路有三种换流状态,分别对应图 10-1(b)和图 10-1(c)和图 10-1(d),响应的电感电流波形如图 10-3 所示。

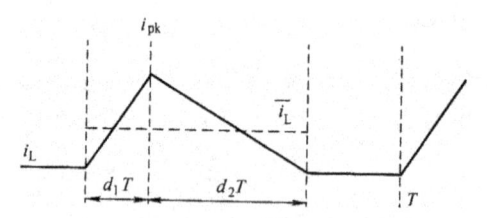

图 10-3 DCM 时的电感电流波形

在电流断续状态下,可分别列写出响应的三个电路的状态方程如下:

$$\begin{cases} \dot{x}=A_1x+B_1u, t\in[0,d_1T] \\ \dot{x}=A_2x+B_2u, t\in[d_1T,(d_1+d_2)T] \\ \dot{x}=A_3x+B_3u, t\in[(d_1+d_2)T,T] \end{cases} \quad (10\text{-}15)$$

式中,d_1 和 d_2 分别是当开关管 VT 导通、二极管 VD 截止和开关管 VT 截止、二极管 VD 导通时的占空比,$x=[i_L(t) \quad u_o(t)]$ 为状态变量。考虑到电感电流不连续,即得到附加约束条件

$$i_L(0)=i_L((d_1+d_2)T)=0$$

$$i_L(0)=0, t\in[(d_1+d_2)T,T]$$

根据不同工作状态时的基本电路定律,即可得出三个状态方程的系数矩阵 A_1、A_2、A_3、B_1、B_2、B_3 分别如下:

$$A_1=\begin{bmatrix} 0 & 0 \\ 0 & -\dfrac{1}{RC} \end{bmatrix}, B_1=\begin{bmatrix} \dfrac{1}{L} \\ 0 \end{bmatrix}, t\in[0,d_1T]$$

$$A_2=\begin{bmatrix} 0 & -\dfrac{1}{L} \\ \dfrac{1}{C} & -\dfrac{1}{RC} \end{bmatrix}, B_2=\begin{bmatrix} \dfrac{1}{L} \\ 0 \end{bmatrix}, t\in[d_1T,(d_1+d_2)T]$$

$$A_3=\begin{bmatrix} 0 & 0 \\ 0 & -\dfrac{1}{RC} \end{bmatrix}, B_3=\begin{bmatrix} 0 \\ 0 \end{bmatrix}, t\in[d_1T,(d_1+d_2)T]$$

2. 平均化

根据状态空间平均步骤,代入以上各个状态矩阵得

$$A = d_1 A_1 + d_2 A_2 + (1 - d_1 - d_2) A_3 = \begin{bmatrix} 0 & -\dfrac{d_2}{L} \\ \dfrac{d_2}{C} & -\dfrac{1}{RC} \end{bmatrix}$$

$$B = d_1 B_1 + d_2 B_2 + (1 - d_1 - d_2) B_3 = \begin{bmatrix} \dfrac{d_1 + d_2}{L} \\ 0 \end{bmatrix}$$

于是，平均后的系统状态方程可表示为

$$\bar{x} = \begin{bmatrix} 0 & -\dfrac{d_2}{L} \\ \dfrac{d_2}{C} & -\dfrac{1}{RC} \end{bmatrix} \bar{x} + \begin{bmatrix} \dfrac{d_1 + d_2}{L} \\ 0 \end{bmatrix} \bar{u} \qquad (10\text{-}16)$$

值得注意的是，与连续导通模式下不同，此时需要考虑式(10-16)的约束条件，即此时状态变量 $\bar{i}_L$ 应取 $(d_1 + d_2)T$ 时间段的平均值，结合图 10-4，$\bar{i}_L$ 的取值可推导如下：

由于开关频率 f_S 较大，可假设电感电流在 $(d_1 + d_2)T$ 时间段按直线规律变化。电流 i_L 的值在 $d_1 T$ 时刻内满足 $u_S - 0 = L \dfrac{di_L}{dt}$，于是在 $d_1 T$ 时刻末 $i_{pk} = \dfrac{1}{L} \int_{d_1 T}^{0} u_S dt$，因而在 $(d_1 + d_2)T_S$ 时间段电感电流的平均值可表述为

$$\bar{i}_L = \dfrac{1}{2L} \int_{d_1 T}^{0} u_S dt = \dfrac{d_1 T}{2L} \bar{u}$$

于是式(10-15)的约束条件可重新表述为

$$\begin{cases} \dfrac{d \bar{i}_L}{dt} = 0 \\ \bar{i}_L = \dfrac{d_1 T}{2L} \bar{u} \end{cases} \qquad (10\text{-}17)$$

式(10-16)与式(10-17)一起成了电感电流断续模式下 Boost 变换器的状态空间平均方程。

3. 求解稳态工作点

稳态时，状态变量满足：$\bar{\dot{x}} = \dot{X} = 0$，$X = [I_L \quad U_o]^T$，$\bar{u} = U_S$，$\bar{y} = U_o$，$d_{1,2} = D_{1,2}$。于是稳态方程可表述为

$$0 = \begin{bmatrix} 0 & -\dfrac{D_2}{L} \\ \dfrac{D_2}{C} & -\dfrac{1}{RC} \end{bmatrix} X + \begin{bmatrix} \dfrac{D_1 + D_2}{L} \\ 0 \end{bmatrix} U_s$$

求解得
$$\begin{cases} U_o = \dfrac{D_1 + D_2}{D_2} U_s \\ I_L = \dfrac{U_o}{RD_2} \end{cases} \tag{10-18}$$

稳态情况下,约束条件(10-17)的第一个方程自然满足,第二个方程可表述为

$$I_L = \dfrac{D_1 T}{2L} U_s \tag{10-19}$$

联立式(10-18)和式(10-19)可得

$$D_2 = \dfrac{K}{D_1} \dfrac{1 + \sqrt{1 + 4D_1^2/K}}{2}$$

式中,$K = \dfrac{2L}{RT}$ 为无量纲参数。

稳态时 Boost 电路的电压传输比为

$$M = \dfrac{U_o}{U_s} \dfrac{1 + \sqrt{1 + 4D_1^2/K}}{2}$$

4. 求解动态方程

当需要研究系统的动态过程时,在稳定工作点附近引入扰动量,令瞬时值为

$$u = U_s + \hat{u} \quad d_1 = D_1 + \hat{d}_1 \quad d_2 = D_2 + \hat{d}_2$$
$$d_3 = D_3 + \hat{d}_3 \quad x = X + \hat{x}$$

其中占空比满足

$$D_1 + D_2 + D_3 = 1$$
$$d_1 + d_2 + d_3 = 1$$

于是

$$\hat{d}_3 = -(\hat{d}_1 + \hat{d}_2)$$

将以上诸式代入状态空间平均方程式并简化

$$\hat{\dot{x}} = A\hat{x} + B\hat{u} + [(A_1 - A_3)X + (B_1 - B_3)U_s]\hat{d}_1$$
$$+ [(A_2 - A_3)X + (B_2 - B_3)U_s]\hat{d}_2 + (A_1 - A_3)\hat{d}_1\hat{x}$$
$$+ (A_2 - A_3)\hat{d}_2\hat{x} + (B_1 - B_3)\hat{d}_1\hat{u} + (B_2 - B_3)\hat{d}_2\hat{u} \tag{10-20}$$

$$\begin{cases} \dfrac{d \bar{i}_L}{dt} = 0 \\ \bar{i}_L = \dfrac{T}{2L}(U_S \hat{d}_1 + D_1 \hat{u} + \hat{d}_1 \hat{u}) \end{cases} \quad (10\text{-}21)$$

其中，$\boldsymbol{A} = \begin{bmatrix} 0 & -\dfrac{D_2}{L} \\ \dfrac{D_2}{C} & -\dfrac{1}{RC} \end{bmatrix}$，$\boldsymbol{B} = \begin{bmatrix} \dfrac{D_1+D_2}{L} \\ 0 \end{bmatrix}$，$\boldsymbol{A}_1 - \boldsymbol{A}_3 = \begin{bmatrix} 0 & 0 \\ 0 & 0 \end{bmatrix}$，

$\boldsymbol{A}_2 - \boldsymbol{A}_3 = \begin{bmatrix} 0 & -\dfrac{1}{L} \\ \dfrac{1}{C} & 0 \end{bmatrix}$，$\boldsymbol{B}_1 - \boldsymbol{B}_3 = \begin{bmatrix} \dfrac{1}{L} \\ 0 \end{bmatrix}$，$\boldsymbol{B}_2 - \boldsymbol{B}_3 = \begin{bmatrix} \dfrac{1}{L} \\ 0 \end{bmatrix}$。

忽略式(10-20)、式(10-21)中所包含的二次项 $\hat{d}_1 \hat{\boldsymbol{x}}$、$\hat{d}_2 \hat{\boldsymbol{x}}$、$\hat{d}_1 \hat{u}_S$、$\hat{d}_2 \hat{u}_S$，再将稳态量分离，即可得出相应的小信号线性方程式

$$\hat{\bar{\boldsymbol{x}}} = \begin{bmatrix} 0 & -\dfrac{D_2}{L} \\ \dfrac{D_2}{C} & -\dfrac{1}{RC} \end{bmatrix} \hat{\bar{\boldsymbol{x}}} + \begin{bmatrix} \dfrac{D_1+D_2}{L} \\ 0 \end{bmatrix} \hat{\bar{u}} + \begin{bmatrix} \dfrac{1}{L} \\ 0 \end{bmatrix} U_S \hat{\bar{d}}_1 + \left\{ \begin{bmatrix} 0 & -\dfrac{1}{L} \\ \dfrac{1}{C} & 0 \end{bmatrix} \boldsymbol{X} + \begin{bmatrix} \dfrac{1}{L} \\ 0 \end{bmatrix} U_S \right\} \hat{\bar{d}}_2$$

$$(10\text{-}22)$$

$$\begin{cases} \dfrac{d \bar{i}_L}{dt} = 0 \\ \bar{i}_L = \dfrac{T}{2L}(U_S \hat{d}_1 + D_1 \hat{u}) \end{cases} \quad (10\text{-}23)$$

考虑到式(10-19)，约束条件式(10-23)可进一步表述为

$$\begin{cases} \dfrac{d \bar{i}_L}{dt} = 0 \\ \bar{i}_L = I_L \left(\dfrac{1}{D_1} \hat{d}_1 + \dfrac{1}{U_S} \hat{u} \right) \end{cases} \quad (10\text{-}24)$$

联立式(10-22)到式(10-24)可得

$$\hat{d}_2 = \dfrac{1}{(M-1)U_S} [-D_2 \hat{u}_o + (D_1 + D_2) \hat{u} + U_S \hat{d}_1]$$

$$C \dfrac{d \hat{u}_o}{dt} = -\dfrac{1}{R} \hat{u}_o + D_2 \bar{i}_L + I_L \hat{d}_2$$

5. 求解传递函数

输出增益 $\hat{u}_o(s)/\hat{u}(s)$：$\left. \dfrac{\hat{u}_o(s)}{\hat{u}(s)} \right|_{\hat{d}(s)=0} = \dfrac{M}{1 + sRC\left(\dfrac{M-1}{2M-1}\right)}$

控制增益 $\hat{u}_o(s)/\hat{d}_1: \dfrac{\hat{u}_o(s)}{\hat{d}_1(s)}\bigg|_{\hat{u}(s)=0} = \dfrac{\dfrac{2U_o}{2M-1}\sqrt{\dfrac{M-1}{KM}}}{1+sRC\left(\dfrac{M-1}{2M-1}\right)}$

开环输入阻抗: $\dfrac{\hat{u}(s)}{\hat{i}_L(s)}\bigg|_{\hat{d}(s)=0} = R\dfrac{1+sRC\left(\dfrac{M-1}{2M-1}\right)}{M^2\left(1+s\dfrac{MRC}{2M-1}\right)}$

开环输出阻抗: $\dfrac{\hat{u}_o(s)}{\hat{i}_o(s)}\bigg|_{\hat{u}(s)=0,\hat{d}(s)=0} = R\dfrac{\dfrac{M-1}{2M-1}}{1+s\dfrac{M-1}{2M-1}RC}$

这一小节以 Boost 电路为例,用状态空间平均法得出了开关变换器电路在不连续导通模式(DCM)下的小信号模型,并推导出一些重要传递函数。可以看出,较之开关变换器电路在连续导通模式(CCM)下的小信号模型,其表达式较为复杂。

10.2 等效变压器法

10.2.1 开关电路的等效变压器描述

如图 10-4(a)所示,当 VT$_1$ 导通时,开关函数 $s(t)=1$,此时开关 VT$_1'$ 断开,开关函数 $s'(t)=0$。反之,当 VT$_1'$ 导通时,开关函数 $s'(t)=1$,此时 VT$_1$ 断开,开关函数 $s(t)=0$,显然 $s(t)=0$。进一步研究 VT$_1$、VT$_1'$ 交替工作过程发现,用自耦变压器来替代 VT$_1$、VT$_1'$,则两者可完全等效,如图 10-4(b)所示。在等效变压器等值电路中,自耦变压器的匝比 $n(t)/n'(t)$ 是时变的,且能以开关函数 $s(t)$、$s'(t)$ 直接描述。显然,在上述 Buck 变换器中 $n(t)=s'(t)$、$n'(t)=s(t)$、$n(t)+n'(t)=1$。

进一步简化分析,当开关频率足够高时,忽略 PWM 谐波分量,并以一个开关周期中 $s(t)$、$s'(t)$ 变化的平均值——PWM 占空比 d、d' 来替代时变匝比,即 $n(t)=d'$、$n'(t)=d$,从而获得等效变压器描述的 Buck 变换器平均模型,如图 10-4(c)所示,进一步考虑直流稳态工作点,即 $n(t)=D'$、$n'(t)=D$,则其等效变压器直流模型电路如图 10-4(d)所示。

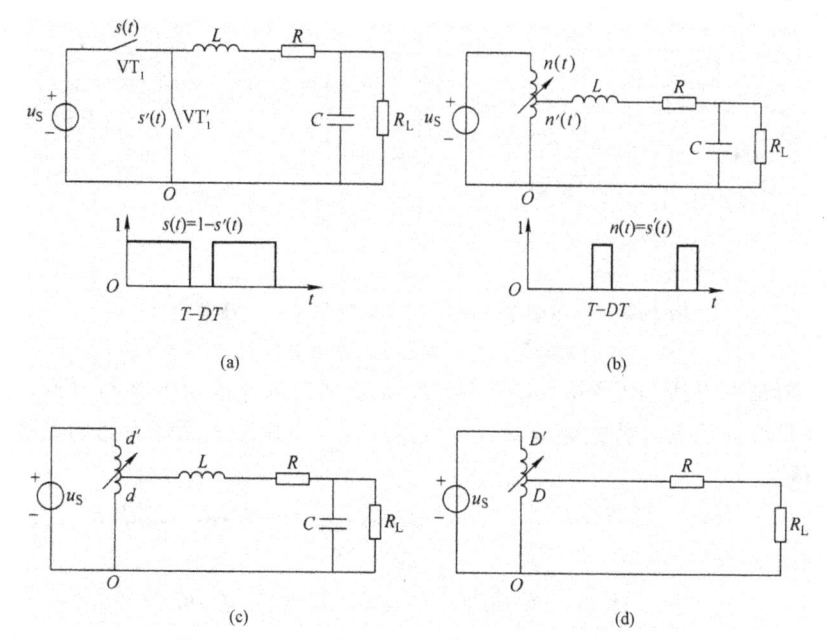

图 10-4 Buck 型 DC-DC 变换器等效变压器电路

(a)原理电路;(b)等效变压器电路;
(c)等效变压器平均模型电路;(d)等效变压器直流模型电路

同理,可获得 Boost 型 DC-DC 变换器的等效变压器模型电路,如图 10-5 所示。

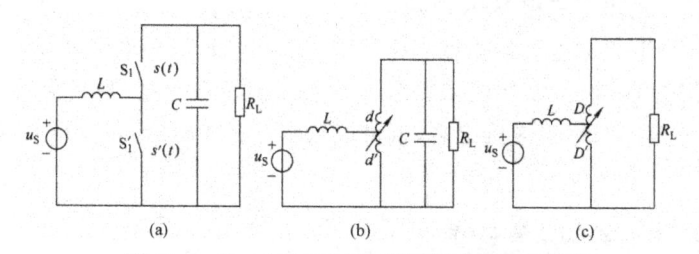

图 10-5 Boost 型 DC-DC 变换器等效电压模型

(a)原理图;(b)等效变压器平均模型;(c)等效变压器直流模型

对于 PWM DC-AC(AC-DC)变换器,同样也可以用等效变压器替换桥路中的开关元件,图 10-6 示出了电压源型 PWM DC-AC 变换器等效变压器变换,图中 $d_a d_b d_c$、$d'_a d'_b d'_c$ 为对应开关的 PWM 占空比。

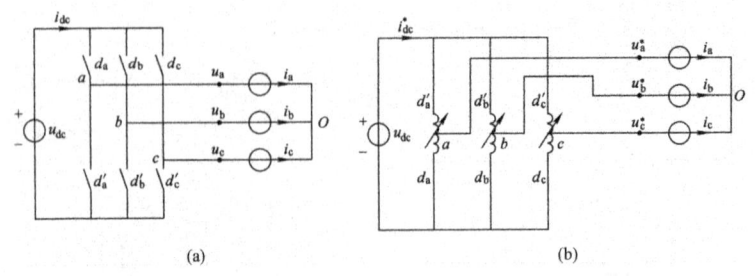

图 10-6 电压型 PWM DC-AC 变换器等效变压器变换

(a)原理图；(b)等效变压器模型电路

要证明电压型 PWM DC-AC 变换器等效变压器模型电路与原理电路等效只要证明其外特性等效即可。由图 10-6(a)并考虑原理电路的低频特性，得

$$i_{dc}=i_a d_a+i_b d_b+i_c d_c, u_a=u_{dc}d_a, u_b=u_{dc}d_b, u_c=u_{dc}d_c$$

而从图 10-6(b)易得

$$i_{dc}^*=i_a d_a+i_b d_b+i_c d_c, u_a^*=u_{dc}d_a, u_b^*=u_{dc}d_b, u_c^*=u_{dc}d_c$$

10.2.2 三相 VSR 等效变压器 dq 模型电路

1. 三相 VSR 子电路的划分

图 10-7 给出了三相 VSR 原理电路及子电路的划分。为获得 (d,q) 坐标系中三相 VSR 等效变压器模型电路，可将三相 VSR 原理电路分成 A～E 五个子电路进行分析。如果能求得各子电路 dq 等效电路，则只需将各子电路的 dq 等效电路适当连接起来，就可以获得三相 VSR 等效变压器 dq 模型电路。

2. 各子电路 dq 等效变换

(1)三相电动势源子电路——A 子电路 dq 变换

设三相 VSR 交流电动势 $\boldsymbol{E}_{abc}$、电流 $\boldsymbol{I}_{abc}$ 分别为

$$\boldsymbol{E}_{abc}=\begin{bmatrix}e_a\\e_b\\e_c\end{bmatrix}=\sqrt{\frac{2}{3}}e_m\begin{bmatrix}\cos(\omega t+\varphi_1)\\\cos(\omega t-120°+\varphi_1)\\\cos(\omega t+120°+\varphi_1)\end{bmatrix}$$

$$\boldsymbol{I}_{abc}=\begin{bmatrix}i_a\\i_b\\i_c\end{bmatrix}=\sqrt{\frac{2}{3}}i_m\begin{bmatrix}\cos(\omega t+\varphi_0)\\\cos(\omega t-120°+\varphi_0)\\\cos(\omega t+120°+\varphi_0)\end{bmatrix}$$

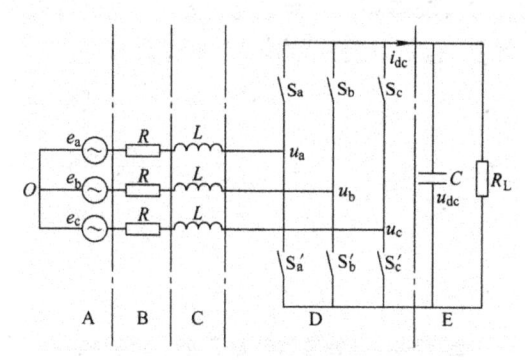

图 10-7 三相 VSR 原理电路及子电路划分

式中，φ_1 为电网电动势初始相位角；φ_0 为三相 VSR 网侧电流初始相位角；$\sqrt{\dfrac{2}{3}}e_m$、$\sqrt{\dfrac{2}{3}}i_m$ 为 E_{abc}、I_{abc} 峰值。

将三相静止对称坐标系 (a,b,c) 变换成同步旋转坐标系 $(d,q,0)$，若旋转坐标系 q 轴与静止坐标系 a 轴间初始相角为 φ，则正交旋转变换矩阵 $\boldsymbol{C}_{3s2r}$ 为

$$\boldsymbol{C}_{3s2r}=\sqrt{\dfrac{2}{3}}\times\begin{bmatrix}\cos(\omega t+\varphi) & \cos(\omega t-120°+\varphi) & \cos(\omega t+120°+\varphi) \\ \sin(\omega t+\varphi) & \sin(\omega t-120°+\varphi) & \sin(\omega t+120°+\varphi) \\ \dfrac{1}{\sqrt{2}} & \dfrac{1}{\sqrt{2}} & \dfrac{1}{\sqrt{2}}\end{bmatrix}$$

(10-24)

$\boldsymbol{C}_{3s2r}$ 是正交变换矩阵，则

$$\boldsymbol{C}_{3s2r}^{-1}=\boldsymbol{C}_{3s2r}^{T}=\sqrt{\dfrac{2}{3}}\times\begin{bmatrix}\cos(\omega t+\varphi) & \sin(\omega t+\varphi) & \dfrac{1}{\sqrt{2}} \\ \cos(\omega t-120°+\varphi) & \sin(\omega t-120°+\varphi) & \dfrac{1}{\sqrt{2}} \\ \cos(\omega t+120°+\varphi) & \sin(\omega t+120°+\varphi) & \dfrac{1}{\sqrt{2}}\end{bmatrix}$$

因此，经坐标变换后得

$$\boldsymbol{E}_{dq0}=\begin{bmatrix}e_q & e_d & e_0\end{bmatrix}^T=\boldsymbol{C}_{3s2r}\boldsymbol{E}_{abc}=e_m\begin{bmatrix}\cos(\varphi_1-\varphi) \\ -\sin(\varphi_1-\varphi) \\ 0\end{bmatrix}$$

$$\boldsymbol{I}_{dq0}=\begin{bmatrix}i_q & i_d & i_0\end{bmatrix}=\boldsymbol{C}_{3s2r}\boldsymbol{I}_{abc}=i_m\begin{bmatrix}\cos(\varphi_0-\varphi) \\ -\sin(\varphi_0-\varphi) \\ 0\end{bmatrix}$$

式中，e_m、i_m 为 E_{dq0}、I_{dq0} 峰值；e_0、i_0 为三相电动势、电流零轴分量。

三相电动势源子电路 dq 变换如图 10-8 所示。

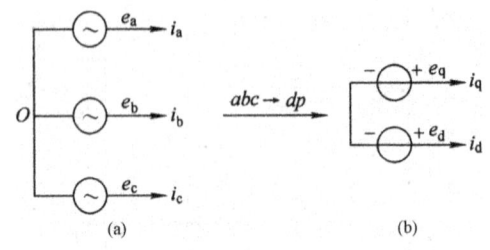

图 10-8 三相电动势源子电路 dq 变换

(a)三相电动势源电路；(b)电动势源子电路 dq 变换等效电路

(2)三相电阻子电路——B 子电路 dq 变换

设三相静止对称坐标系 (a,b,c) 中的三相对称电路电阻电压为

$$U_{Rabc}=[u_{Ra},u_{Rb},u_{Rc}]^T$$

经过坐标变换后，两相同步旋转坐标系 (d,q) 中的电阻电压为

$$U_{Rdq0}=[u_{Rd},u_{Rq},u_{R0}]^T=C_{3s2r}U_{Rabc}=C_{3s2r}RI_{abc}=RI_{dq0}$$

式中，u_{R0} 为三相电阻电压的零轴分量。

因此，三相电阻子电路 dq 变换等效电路如图 10-9 所示。

(3)三相电感子电路——C 子电路 dq 变换

设三相静止对称坐标系 (a,b,c) 中，三相对称电感电压为

$$U_{Labc}=[u_{La},u_{Lb},u_{Lc}]^T$$

经过坐标变换后，两相同步定转坐标 $(d,q,0)$ 中的电感电压为

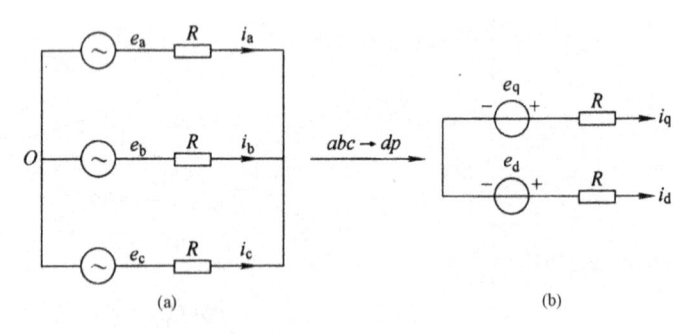

$$U_{Ldq0}=[u_{Lq},u_{Ld},u_{L0}]^T$$

图 10-9 三相电阻子电路 dq 变换

(a)三相电阻电路；(b)电阻子电路 dq 等效电路

式中，u_{L0} 为三相电感电压的零轴分量。

$$L(I_{abc})'=U_{Labc} \tag{10-25}$$

引入旋转坐标变换，则

将式(10-26)代入式(10-25),得

$$\boldsymbol{I}_{abc}=\boldsymbol{C}_{3s2r}^{-1}\boldsymbol{I}_{dq0} \tag{10-26}$$

$$L[(\boldsymbol{C}_{3s2r}^{-1})'\boldsymbol{I}_{dq0}+\boldsymbol{C}_{3s2r}^{-1}(\boldsymbol{I}_{dq0})']=\boldsymbol{U}_{Labc} \tag{10-27}$$

化简式(10-27),得

$$L(\boldsymbol{I}_{dq0})'=-L\boldsymbol{C}_{3s2r}(\boldsymbol{C}_{3s2r}^{-1})'\boldsymbol{I}_{dq0}+\boldsymbol{C}_{3s2r}\boldsymbol{U}_{Labc}$$

$$=-L\omega\begin{bmatrix}0&1&0\\-1&0&0\\0&0&0\end{bmatrix}\boldsymbol{I}_{dq0}+\boldsymbol{U}_{Labc}$$

写成 d、q 分量形式

$$\begin{cases}L(i_q)'=-\omega L i_d+u_{Lq}\\L(i_d)'=\omega L i_q+u_{Ld}\end{cases} \tag{10-28}$$

由于三相电流零轴分量 $i_0=(i_a+i_b+i_c)/3=0$,故

$$L(i_q)'=u_{L0}=0$$

根据式(10-28)并对照回转器特性,即可获得三相电感 dq 等效电路,如图 10-10 所示。

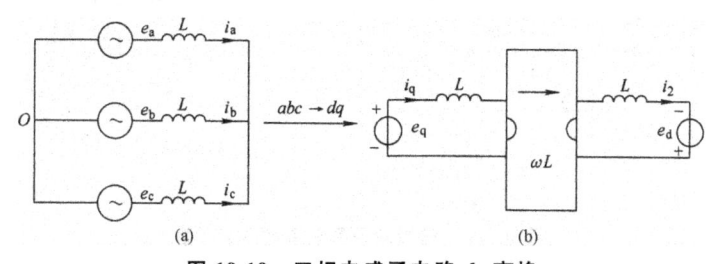

图 10-10　三相电感子电路 dq 变换
(a)三相电感电路;(b)电感子电路 dq 变换等效电路

(4)三相逆变桥子电路——D 子电路 dq 变换

电压型 PWM DC-AC 变换器等效变压器模型电路[见图 10-10(b)]开关函数模型中的开关函数可由 PWM 占空比进行描述,对于三相对称系统,可采用开关函数的基波分量分析 VSR 的低频特性,若开关函数基波矩阵为 $\boldsymbol{D}=[d_a,d_b,d_c]^T$,且设

$$\boldsymbol{D}=\begin{bmatrix}d_a\\d_b\\d_c\end{bmatrix}=\sqrt{\frac{2}{3}}d_m\begin{bmatrix}\cos(\omega t+\varphi_2)\\\cos(\omega t-120°+\varphi_2)\\\cos(\omega t+120°+\varphi_2)\end{bmatrix} \tag{10-29}$$

式中,φ_2 为开关函数基波分量初始相位角;$\sqrt{\frac{2}{3}}d_m$ 为开关函数基波峰值。

再由电压型逆变桥 PWM 的调制原理得

$$\boldsymbol{U}_{abc}=u_{dc}\boldsymbol{D}\quad i_{dc}=\boldsymbol{D}^T\boldsymbol{I}_{abc} \tag{10-30}$$

引入旋转坐标变换后,式(10-30)变为

$$C_{3s2r}U_{abc}=u_{dc}(C_{3s2r}D)=U_{dp0} \quad (10\text{-}31)$$

$$i_{dc}=D^{T}I_{abc}=D^{T}C_{3s2r}^{-1}I_{dq0}=[C_{3s2r}D]^{T}I_{dq0} \quad (10\text{-}32)$$

式中,$U_{abc}=[u_a,u_b,u_c]^{T}$;$U_{dp0}=[u_q,u_d,u_0]^{T}$。

将式(10-24)和式(10-29)代入式(10-31)和式(10-32),解得同步旋转坐标系(d,q)中的电压型逆变桥交流侧电压 u_q、u_d 及直流侧电流 i_{dc} 为

$$\begin{cases} u_q=d_m\cos(\varphi_2-\varphi)u_{dc} \\ u_d=-d_m\sin(\varphi_2-\varphi)u_{dc} \\ i_{dc}=d_m\cos(\varphi_2-\varphi)i_q-d_m\sin(\varphi_2-\varphi)i_d \end{cases} \quad (10\text{-}33)$$

由式(10-33)不难建立三相电压型 PWM 逆变桥面坐标系等效变压器模型电路,如图 10-11(b)所示。

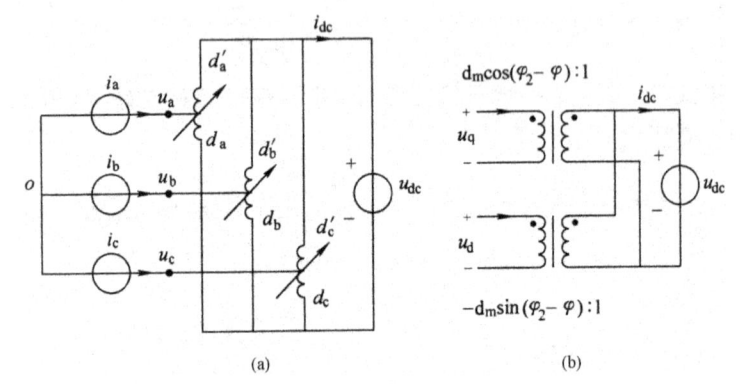

图 10-11 三相电压型逆变桥 dq 变换
(a)三相电压型逆变桥坐标系(a,b,c)等效变压器模型电路;
(b)三相电压型逆变桥坐标系(d,q)等效变压器模型电路

(5)RLC 直流 E 子电路 dq 变换

由于 RLC 直流子电路已是直流回路,因而无须进行 dq 变换,这样直流子电路拓扑结构及参数保持不变。

3.三相 VSR 等效电路的重构

将上述分解的三相 VSR 子电路 A~E,依据电流、电压等效原则进行适当连接,从而获得三相 VSR 等效变压器 dq 变换模型电路,如图 10-12 所示。

值得注意的是,以上三相 VSR 等效变压器 dq 变换模型电路只考虑了开关函数的基波分量,因而只是一种低频等效模型电路。

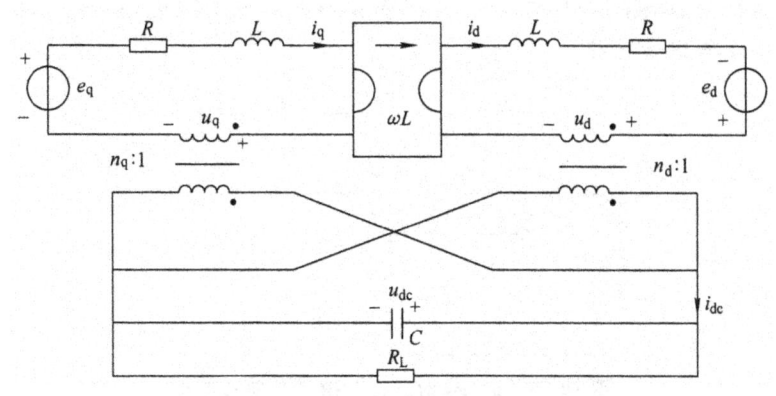

图 10-12 三相 VSR 等效变压器 dq 变换

10.2.3 三相 VSR 动静态特性分析

1. 关于三相 VSR 等效变压器 dq 模型电路的简化

对于三相 VSR 等效变压器 dq 模型电路,有两种简化方法,这两种简化方法均取决于旋转变换矩阵 $\boldsymbol{C}_{3s2r}$ 中初始相角 φ 的选择。

1) 当选择 $\varphi=\varphi_1$ 时,即旋转变换矩阵 $\boldsymbol{C}_{3s2r}$ 中初始相角与电网电动势初始相角相等。在这种情况下,$e_d=-\sin(\varphi_1-\varphi)=0$,因而等效电路得到简化,如图 10-13 所示。此时,简化电路比原等效模型电路(图 10-11)少了电动势 e_d,且 $e_q=e_m\cos(\varphi_1-\varphi)=e_m$。

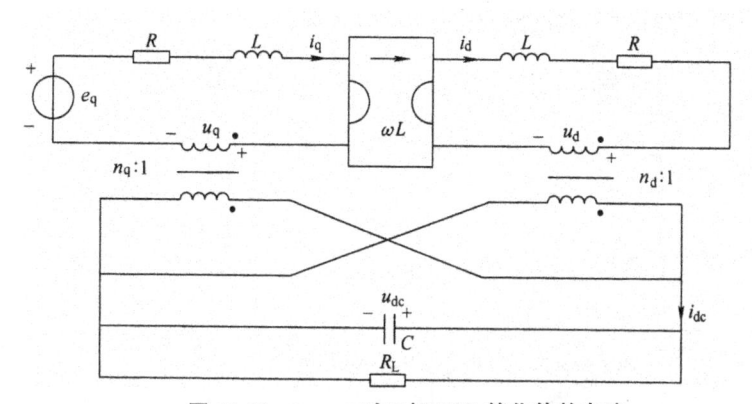

图 10-13 $\varphi=\varphi_1$ 时三相 VSR 简化等效电路

$$n_q=d_m\cos(\varphi_2-\varphi_1) \quad n_d=-d_m\sin(\varphi_2-\varphi_1)$$

2) 当选择 $\varphi=\varphi_2$ 时,即旋转变换矩阵 $\boldsymbol{C}_{3s2r}$ 中初始相角与开关函数基波分量初始相角相等。在这种情况下,由于 $-d_m\sin(\varphi_2-\varphi)=0$,因而等效电路得到简化,如图 10-14 所示。此时简化电路比原等效电路(见图 10-13)少了一个等效变压器。

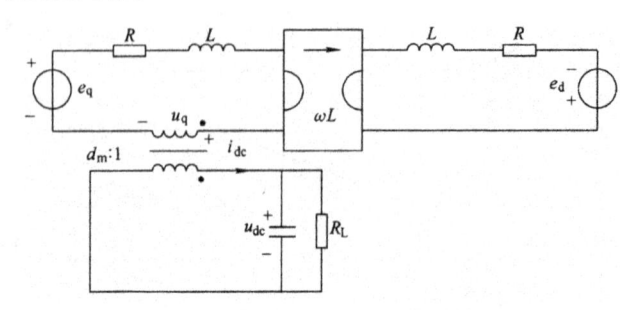

图 10-14 $\varphi=\varphi_2$ 时三相 VSR 简化等效电路

$$e_q = e_m \cos(\varphi_1 - \varphi) \quad e_d = -e_m \sin(\varphi_1 - \varphi)$$

2. $\varphi=\varphi_1$ 简化时三相 VSR 等效受控源模型电路构成

当 $\varphi=\varphi_1$ 时,三相 VSR 简化等效模型电路如图 10-13 所示。为了便于电路分析,将变压器回转器等分别以受控源等效,如图 10-15 所示。

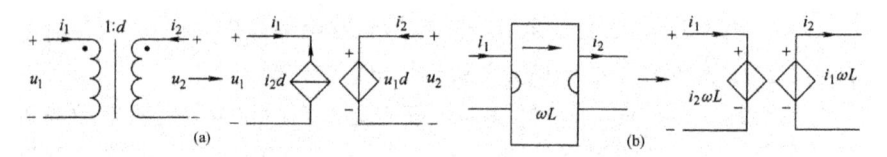

图 10-15 变压器、回转器等效受控源变换
(a)理想变压器变换;(b)回转器变换

将图 10-15 等效受控源电路代入图 10-13 中,可得 $\varphi=\varphi_1$ 简化时的三相 VSR 受控源等效模型电路,如图 10-16 所示。

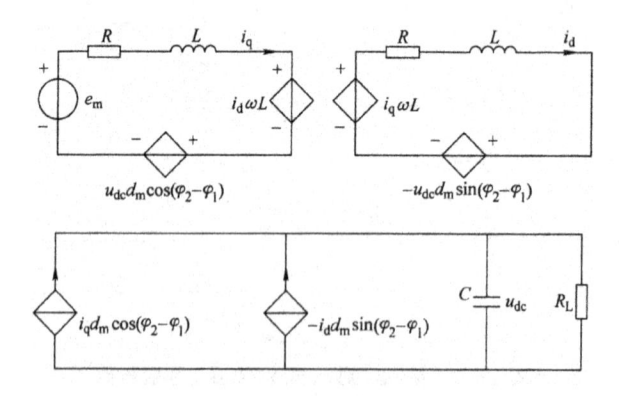

图 10-16 $\varphi=\varphi_1$ 简化时三相 VSR 等效受控源模型电路

3. $\varphi_2 = \varphi_1$ 简化时三相 VSR 微偏线性化等效受控源模型电路

图 10-30 研究了中各受控源微偏线性等效模型。

1) 受控电压源:$i_d \omega L$。考虑 i_d、ω 两变量扰动,即

$$(\bar{i}_d + \hat{i}_d)(\bar{\omega}L + \hat{\omega}L) = (\bar{i}_d \bar{\omega} + \bar{i}_d \hat{\omega} + \hat{i}_d \bar{\omega} + \hat{i}_d \hat{\omega})L$$

忽略高次项 $\hat{i}_d \hat{\omega}$,则

$$(\bar{i}_d + \hat{i}_d)(\bar{\omega}L + \hat{\omega}L) \approx \bar{i}_d \bar{\omega}L + \bar{i}_d \hat{\omega}L + \hat{i}_d \bar{\omega}L = A_{10} + A_{11}\hat{\omega} + A_{12}\hat{i}_d$$

式中 $\begin{cases} A_{10} = \bar{i}_d \bar{\omega}L \\ A_{11} = \bar{i}_d L \\ A_{12} = \bar{\omega}L \end{cases}$

2) 受控电压源:$i_q \omega L$。考虑 i_q、ωL 两变量扰动,并忽略高次项,得

$$(\bar{i}_q + \hat{i}_q)(\bar{\omega}L + \hat{\omega}L) \approx A_{20} + A_{21}\hat{\omega} + A_{22}\hat{i}_q$$

式中 $\begin{cases} A_{20} = \bar{i}_q \bar{\omega}L \\ A_{21} = \bar{i}_q L \\ A_{22} = \bar{\omega}L \end{cases}$

3) 受控电压源:$-u_{dc} d_m \sin(\varphi_2 - \varphi_1)$,令 $\Delta\varphi = \varphi_2 - \varphi_1$,考虑 u_{dc}、d_m、$\Delta\varphi$ 变量扰动,且忽略高次项,得

$$-(\bar{u}_{dc} + \hat{u}_{dc})(\bar{d}_m + \hat{d}_m)\sin(\Delta\bar{\varphi} + \Delta\hat{\varphi}) \approx A_{30} + A_{31}\Delta\hat{\varphi} + A_{32}\hat{d}_m + A_{33}\hat{u}_{dc}$$

式中 $\begin{cases} A_{30} = -\bar{u}_{dc}\bar{d}_m \sin(\Delta\bar{\varphi}) \\ A_{31} = -\bar{u}_{dc}\bar{d}_m \cos(\Delta\bar{\varphi}) \\ A_{32} = -\bar{u}_{dc}\sin(\Delta\bar{\varphi}) \\ A_{33} = \bar{d}_m \sin(\Delta\bar{\varphi}) \end{cases}$

4) 受控电压源:$u_{dc} d_m \cos(\varphi_2 - \varphi_1)$,令 $\Delta\varphi = \varphi_2 - \varphi_1$,考虑 u_{dc}、d_m、$\Delta\varphi$ 变量扰动,且忽略高次项,得

$$(\bar{u}_{dc} + \hat{u}_{dc})(\bar{d}_m + \hat{d}_m)\cos(\Delta\bar{\varphi} + \Delta\hat{\varphi}) \approx A_{40} + A_{41}\Delta\hat{\varphi} + A_{42}\hat{d}_m + A_{43}\hat{u}_{dc}$$

式中 $\begin{cases} A_{40} = -\bar{u}_{dc}\bar{d}_m \cos(\Delta\bar{\varphi}) \\ A_{41} = -\bar{u}_{dc}\bar{d}_m \sin(\Delta\bar{\varphi}) \\ A_{42} = -\bar{u}_{dc}\cos(\Delta\bar{\varphi}) \\ A_{43} = \bar{d}_m \cos(\Delta\bar{\varphi}) \end{cases}$

5) 受控电压源:$i_q d_m \cos(\varphi_2 - \varphi_1)$,令 $\Delta\varphi = \varphi_2 - \varphi_1$,考虑 i_q、d_m、$\Delta\varphi$ 变量扰动,且忽略高次项,得

$$(\bar{i}_{dc} + \hat{i}_{dc})(\bar{d}_m + \hat{d}_m)\cos(\Delta\bar{\varphi} + \Delta\hat{\varphi}) \approx A_{50} + A_{51}\Delta\hat{\varphi} + A_{52}\hat{d}_m + A_{53}\hat{i}_q$$

式中
$$\begin{cases} A_{50}=-\bar{i}_q\,\bar{d}_m\cos(\Delta\bar{\varphi}) \\ A_{51}=-\bar{i}_q\,\bar{d}_m\sin(\Delta\bar{\varphi}) \\ A_{52}=-\bar{i}_q\cos(\Delta\bar{\varphi}) \\ A_{53}=\bar{d}_m\cos(\Delta\bar{\varphi}) \end{cases}$$

6)受控电压源：$i_d d_m \sin(\varphi_2-\varphi_1)$，令 $\Delta\varphi=\varphi_2-\varphi_1$，考虑 i_d、d_m、$\Delta\varphi$ 变量扰动，且忽略高次项，得

$$-(\bar{i}_d+\hat{i}_d)(\bar{d}_m+\hat{d}_m)\cos(\Delta\bar{\varphi}+\Delta\hat{\varphi})\approx A_{60}+A_{61}\Delta\hat{\varphi}+A_{62}\hat{d}_m+A_{63}\bar{i}_d$$

式中
$$\begin{cases} A_{60}=-\bar{i}_d\,\bar{d}_m\sin(\Delta\bar{\varphi}) \\ A_{61}=-\bar{i}_d\,\bar{d}_m\cos(\Delta\bar{\varphi}) \\ A_{62}=-\bar{i}_d\sin(\Delta\bar{\varphi}) \\ A_{63}=-\bar{d}_m\sin(\Delta\bar{\varphi}) \end{cases}$$

7)电动势源：$e_d=e_m$，考虑 e_m 扰动，则

$$e_d=\bar{e}_m+\hat{e}_m$$

根据以上计算，可得 $\varphi=\varphi_1$，简化时的三相 VSR 微偏线性化等效受控源模型电路，如图 10-17 所示。

$$\hat{E}_1=-\hat{e}_m+A_{11}\hat{\omega}+A_{12}\hat{i}_d+A_{41}\Delta\hat{\varphi}+A_{42}\hat{d}_m+A_{43}\hat{u}_{dc} \qquad (10\text{-}32)$$

$$\hat{E}_2=A_{21}\hat{\omega}+A_{22}\hat{i}_q-A_{31}\Delta\hat{\varphi}-A_{32}\hat{d}_m-A_{33}\hat{u}_{dc} \qquad (10\text{-}33)$$

$$\hat{I}=(A_{51}+A_{61})\Delta\hat{\varphi}+(A_{52}+A_{62})\hat{d}_m+A_{53}\hat{i}_q+A_{63}\hat{i}_d \qquad (10\text{-}34)$$

$$\bar{E}_1=-\bar{e}_m+A_{40}+A_{10}$$

$$\bar{E}_2=A_{20}-A_{30}$$

$$\bar{I}=A_{50}+A_{60}$$

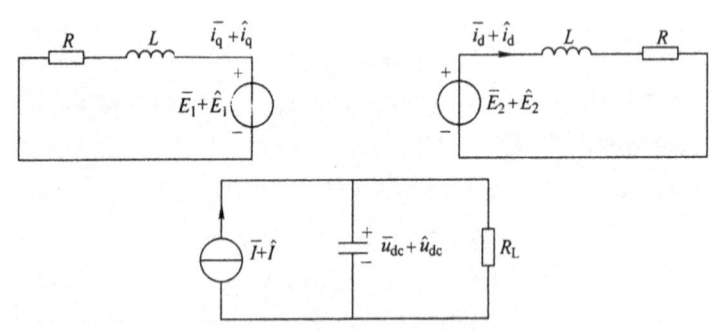

图 10-17　$\varphi=\varphi_1$ 简化时三相 VSR 微偏线性化等效受控源模型电路

4. $\varphi=\varphi_1$ 简化时三相 VSR 动态特性分析

根据线性叠加原理，令 $\bar{E}_1=\bar{E}_2=\bar{I}=0$，即可建立 $\varphi=\varphi_1$，简化时的三相

VSR 动态等效电路,如图 10-18 所示。

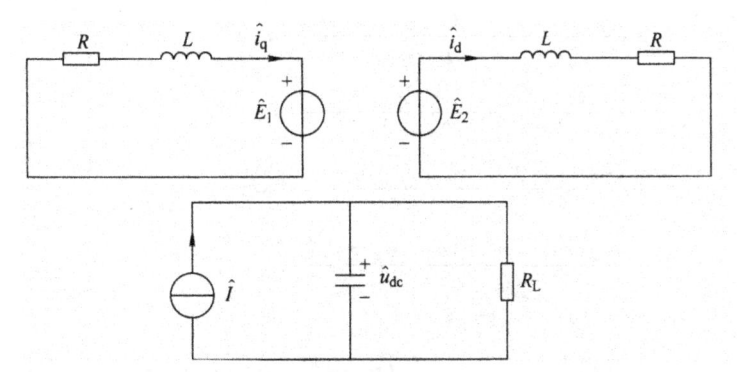

图 10-18 $\varphi = \varphi_1$ 简化时三相 VSR 动态等效电路

取各扰动量 $\hat{x} \in (\hat{\omega}, \overline{e}_m, \Delta\hat{\varphi}, \hat{d}_m)$ 对直流电压 $\hat{u}_{dc}$ 的传递函数。在求取某一扰动传递函数时,其余扰动量均可令其为零。

1) $G_\omega(s) = \dfrac{\hat{u}_{dc}(s)}{\hat{\omega}(s)}\bigg|_{\Delta\hat{\varphi}=\hat{d}_m=\overline{e}_m=0}$,将 $\Delta\hat{\varphi} = \hat{d}_m = \overline{e}_m = 0$ 代入式(10-32)、式(10-33)以及式(10-34),得

$$\hat{E}_1(s) = A_{11}\hat{\omega}(s) + A_{12}\overline{i}_d(s) + A_{43}\hat{u}_{dc}(s) \tag{10-35}$$

$$\hat{E}_2(s) = A_{21}\hat{\omega}(s) + A_{22}\overline{i}_d(s) - A_{33}\hat{u}_{dc}(s) \tag{10-36}$$

$$\overline{I}(s) = A_{53}\overline{i}_q(s) + A_{63}\overline{i}_d(s) \tag{10-37}$$

由图 10-18 可知,

$$\begin{cases} \hat{u}_{dc}(s) = \overline{I}(s)G_{RC}(s) \\ G_{RC}(s) = \dfrac{R_L}{sR_LC+1} \end{cases} \tag{10-38}$$

将(10-37)代入(10-38),得

$$\hat{u}_{dc}(s) = A_{53}G_{RC}(s)\overline{i}_q(s) + A_{63}G_{RC}(s)\overline{i}_d(s) \tag{10-39}$$

另一方面

$$\overline{i}_q(s) = -G_{RL}(s)\hat{E}_1(s) \tag{10-40}$$

$$\overline{i}_d(s) = G_{RL}(s)\hat{E}_2(s) \tag{10-41}$$

式中,$G_{RL}(s) = \dfrac{1}{R+sL}$。

将式(10-35)代入(10-40),得

$$\overline{i}_q(s) = -G_{RL}(s)A_{11}\hat{\omega}(s) - G_{RL}(s)A_{12}\overline{i}_d(s) - G_{RL}(s)A_{43}\hat{u}_{dc}(s) \tag{10-42}$$

将(10-36)代入(10-41),化简得

$$\overline{i}_d(s) = G_{RL}A_{21}\hat{\omega}(s) + G_{RL}A_{22}\overline{i}_d(s) - G_{RL}A_{33}\hat{u}_{dc}(s) \tag{10-43}$$

联立式(10-42)和式(10-43),并计算得

$$\begin{cases} \overline{\hat{i}_q}(s) = \dfrac{-G_{RL}(s)[A_{11}+G_{RL}(s)A_{21}A_{12}]}{1+G_{RL}^2(s)A_{12}A_{21}}\hat{\omega}(s) \\ \qquad\quad +\dfrac{G_{RL}(s)[G_{RL}(s)A_{12}A_{33}-A_{43}]}{1+G_{RL}^2(s)A_{12}A_{21}}\hat{u}_{dc}(s) \\ \overline{\hat{i}_d}(s) = \dfrac{-G_{RL}(s)[A_{21}-G_{RL}(s)A_{22}A_{11}]}{1+G_{RL}^2(s)A_{12}A_{21}}\hat{\omega}(s) \\ \qquad\quad -\dfrac{G_{RL}(s)[G_{RL}(s)A_{22}A_{43}+A_{33}]}{1+G_{RL}^2(s)A_{12}A_{21}}\hat{u}_{dc}(s) \end{cases} \quad (10\text{-}44)$$

将(10-44)代入(10-39),化简得

$$G_{\overline{\hat{\omega}}}(s) = \dfrac{\hat{u}_{dc}(s)}{\hat{\omega}(s)}\bigg|_{\overline{\Delta\hat{\varphi}}=\overline{\hat{d}_m}=\overline{\hat{e}_m}=0} = \dfrac{G_{RL}(s)[A_{53}\alpha_{11}(s)+A_{63}\alpha_{13}(s)]}{1-G_{RC}(s)[A_{53}\alpha_{12}(s)+A_{63}\alpha_{14}(s)]} \quad (10\text{-}45)$$

式中

$$\begin{cases} \alpha_{11}(s) = \dfrac{-G_{RL}(s)[A_{11}+G_{RL}(s)A_{21}A_{12}]}{1+G_{RL}^2(s)A_{21}A_{22}} \\ \alpha_{12}(s) = \dfrac{G_{RL}(s)[G_{RL}(s)A_{12}A_{33}-A_{43}]}{1+G_{RL}^2(s)A_{21}A_{22}} \\ \alpha_{13}(s) = \dfrac{G_{RL}(s)[A_{21}-G_{RL}(s)A_{22}A_{11}]}{1+G_{RL}^2(s)A_{21}A_{22}} \\ \alpha_{14}(s) = \dfrac{-G_{RL}(s)[G_{RL}(s)A_{22}A_{43}+A_{33}]}{1+G_{RL}^2(s)A_{21}A_{22}} \end{cases}$$

2) $G_{\overline{\Delta\hat{\varphi}}}(s) = \dfrac{\hat{u}_{dc}(s)}{\Delta\hat{\varphi}(s)}\bigg|_{\overline{\hat{\omega}}=\overline{\hat{d}_m}=\overline{\hat{e}_m}=0}$

将 $\overline{\hat{\omega}}=\overline{\hat{d}_m}=\overline{\hat{e}_m}=0$ 代入式(10-32)到(10-34),得

$$\hat{E}_1(s) = A_{12}\overline{\hat{i}_d}(s) + A_{41}\Delta\hat{\varphi}(s) + A_{43}\hat{u}_{dc}(s) \quad (10\text{-}46)$$

$$\hat{E}_2(s) = A_{22}\hat{\omega}(s) - A_{31}\Delta\hat{\varphi}(s) - A_{33}\hat{u}_{dc}(s) \quad (10\text{-}47)$$

$$\overline{\hat{I}}(s) = A_{53}\overline{\hat{i}_q}(s) + A_{63}\overline{\hat{i}_d}(s) \quad (10\text{-}48)$$

将式(10-48)代入式(10-38),得

$$\hat{u}_{dc}(s) = G_{RC}(s)(A_{51}+A_{61})\Delta\hat{\varphi}(s) + G_{RC}(s)A_{53}\overline{\hat{i}_q}(s) + G_{RC}(s)A_{63}\overline{\hat{i}_d}(s) \quad (10\text{-}49)$$

将式(10-46)和式(10-47)分别代入式(10-40)和式(10-41),并计算得

$$\begin{cases} \widehat{\overline{i_q}}(s) = \dfrac{G_{RL}(s)[G_{RL}(s)A_{31}A_{12}-A_{41}]}{1+G_{RL}^2(s)A_{12}A_{21}}\Delta\widehat{\varphi}(s) \\ \qquad + \dfrac{G_{RL}(s)[G_{RL}(s)A_{12}A_{33}-A_{43}]}{1+G_{RL}^2(s)A_{12}A_{21}}\widehat{u}_{dc}(s) \\ \widehat{\overline{i_d}}(s) = \dfrac{-G_{RL}(s)[G_{RL}(s)A_{22}A_{11}+A_{31}]}{1+G_{RL}^2(s)A_{12}A_{22}}\Delta\widehat{\varphi}(s) \\ \qquad - \dfrac{G_{RL}(s)[G_{RL}(s)A_{22}A_{43}+A_{33}]}{1+G_{RL}^2(s)A_{12}A_{21}}\widehat{u}_{dc}(s) \end{cases} \quad (10\text{-}50)$$

将式(10-50)代入式(10-49)

$$G_{\overline{\Delta\varphi}}(s) = \dfrac{\widehat{u}_{dc}(s)}{\Delta\widehat{\varphi}(s)}\bigg|_{\overline{\widehat{\omega}}=\overline{\widehat{d}_m}=\overline{\widehat{e}_m}=0} = \dfrac{G_{RC}(s)[A_{51}+A_{61}+A_{53}\alpha_{11}(s)+A_{63}\alpha_{13}(s)]}{1-G_{RC}(s)[A_{53}\alpha_{12}(s)+A_{63}\alpha_{14}(s)]}$$

$$(10\text{-}51)$$

式中

$$\begin{cases} \alpha_{21}(s) = \dfrac{G_{RL}(s)[G_{RL}(s)A_{31}A_{12}-A_{41}]}{1+G_{RL}^2(s)A_{12}A_{22}} \\ \alpha_{22}(s) = \dfrac{G_{RL}(s)[G_{RL}(s)A_{12}A_{33}-A_{43}]}{1+G_{RL}^2(s)A_{12}A_{22}} \\ \alpha_{23}(s) = \dfrac{-G_{RL}(s)[G_{RL}(s)A_{22}A_{41}+A_{31}]}{1+G_{RL}^2(s)A_{12}A_{22}} \\ \alpha_{24}(s) = \dfrac{-G_{RL}(s)[G_{RL}(s)A_{22}A_{43}+A_{33}]}{1+G_{RL}^2(s)A_{12}A_{22}} \end{cases}$$

3) $G_{\overline{d}_m}(s) = \dfrac{\widehat{u}_{dc}(s)}{\widehat{d}_m}\bigg|_{\overline{\Delta\widehat{\varphi}}=\overline{\widehat{\omega}}=\overline{\widehat{e}_m}=0}$

将 $\Delta\widehat{\varphi}=\widehat{\omega}=\overline{\widehat{e}_m}=0$ 代入式(10-32)到(10-34),得

$$\widehat{E}_1(s) = A_{42}\widehat{d}_m(s) + A_{12}\overline{i}_d(s) + A_{43}\overline{v}_{dc}(s) \qquad (10\text{-}52)$$

$$\widehat{E}_2(s) = -A_{32}\widehat{d}_m(s) + A_{22}\overline{i}_q(s) - A_{33}\overline{v}_{dc}(s) \qquad (10\text{-}53)$$

$$\overline{I}(s) = (A_{52}+A_{62})\widehat{d}_m(s) + A_{53}\overline{i}_q(s) + A_{63}\overline{i}_d(s) \qquad (10\text{-}54)$$

将(10-54)代入(10-38),得

$$\widehat{u}_{dc}(s) = G_{RC}(s)(A_{52}+A_{62})\widehat{d}_m(s) + G_{RC}(s)A_{53}\overline{i}_q(s) + G_{RC}(s)A_{63}\overline{i}_d(s)$$

$$(10\text{-}55)$$

将式(10-52)和式(10-53)代入式(10-40)和式(10-41),并计算得

$$\begin{cases} \overline{i}_q(s) = -G_{RL}(s)(A_{42}\widehat{d}_m(s)+A_{12}\overline{i}_d(s)+A_{43}\widehat{u}_{dc}(s)) \\ \overline{i}_d(s) = G_{RL}(s)(-A_{32}\widehat{d}_m(s)+A_{22}\overline{i}_q(s)-A_{33}\widehat{u}_{dc}(s)) \end{cases} \quad (10\text{-}56)$$

将式(10-56)代入式(10-55),并简化得

$$G_{\hat{d}_m}(s)=\dfrac{\hat{u}_{dc}(s)}{\hat{d}_m}\bigg|_{\overline{\Delta\varphi}=\overline{\omega}=\overline{e}_m=0}=\dfrac{G_{RC}(s)[A_{52}+A_{62}+A_{53}\alpha_{31}(s)+A_{63}\alpha_{33}(s)]}{1-G_{RC}(s)[A_{53}\alpha_{32}(s)+A_{63}\alpha_{34}(s)]}$$

(10-57)

式中
$$\begin{cases}\alpha_{31}(s)=\dfrac{G_{RL}(s)[G_{RL}(s)A_{12}A_{32}-A_{42}]}{1+G_{RL}^2(s)A_{12}A_{22}}\\[2pt]\alpha_{32}(s)=\dfrac{G_{RL}(s)[G_{RL}(s)A_{12}A_{33}-A_{43}]}{1+G_{RL}^2(s)A_{12}A_{22}}\\[2pt]\alpha_{33}(s)=\dfrac{-G_{RL}(s)[G_{RL}(s)A_{22}A_{42}+A_{32}]}{1+G_{RL}^2(s)A_{12}A_{22}}\\[2pt]\alpha_{34}(s)=\dfrac{-G_{RL}(s)[G_{RL}(s)A_{22}A_{43}+A_{33}]}{1+G_{RL}^2(s)A_{12}A_{22}}\end{cases}$$

4) $G_{\overline{e}_m}(s)=\dfrac{\hat{u}_{dc}(s)}{\overline{e}_m}\bigg|_{\overline{\Delta\varphi}=\overline{d}_m=\overline{\omega}=0}$

将 $\overline{\Delta\varphi}=\hat{d}_m=\overline{\omega}=0$ 代入式(10-32)到(10-34),得

$$\hat{E}_1(s)=-\overline{e}_m(s)+A_{12}\overline{i}_d(s)+A_{43}\hat{u}_{dc}(s) \tag{10-58}$$

$$\hat{E}_2(s)=A_{22}\overline{i}_q(s)-A_{33}\hat{u}_{dc}(s) \tag{10-59}$$

$$\overline{I}(s)=A_{53}\overline{i}_q(s)+A_{63}\overline{i}_d(s) \tag{10-60}$$

将式(10-60)代入式(10-38),得

$$\hat{u}_{dc}(s)=G_{RC}(s)A_{53}\overline{i}_q(s)+G_{RC}(s)A_{63}\overline{i}_d(s) \tag{10-61}$$

将式(10-58)和式(10-59)代入式(10-40)和式(10-41),并计算得

$$\begin{cases}\overline{i}_q(s)=\dfrac{G_{RL}(s)}{1+G_{RL}^2(s)A_{12}A_{21}}\overline{e}_m(s)+\dfrac{G_{RL}(s)[G_{RL}(s)A_{12}A_{33}-A_{43}]}{1+G_{RL}^2(s)A_{12}A_{21}}\hat{u}_{dc}(s)\\[2pt]\overline{i}_d(s)=\dfrac{G_{RL}^2(s)A_{22}}{1+G_{RL}^2(s)A_{12}A_{22}}\overline{e}_m(s)+\dfrac{G_{RL}(s)[G_{RL}(s)A_{22}A_{43}-A_{33}]}{1+G_{RL}^2(s)A_{12}A_{21}}\overline{u}_{dc}(s)\end{cases}$$

(10-62)

将式(10-62)代入式(10-61),并化简得

$$G_{\overline{e}_m}(s)=\dfrac{\hat{u}_{dc}(s)}{\overline{e}_m}\bigg|_{\overline{\Delta\varphi}=\overline{d}_m=\overline{\omega}=0}=\dfrac{G_{RC}(s)[A_{53}\alpha_{41}(s)+A_{63}\alpha_{43}(s)]}{1-G_{RC}(s)[A_{53}\alpha_{42}(s)+A_{63}\alpha_{44}(s)]}$$

(10-63)

式中
$$\begin{cases} \alpha_{41}(s) = \dfrac{G_{RL}(s)}{1+G_{RL}^2(s)A_{12}A_{22}} \\ \alpha_{42}(s) = \dfrac{G_{RL}(s)[G_{RL}(s)A_{12}A_{33}-A_{43}]}{1+G_{RL}^2(s)A_{12}A_{22}} \\ \alpha_{43}(s) = \dfrac{G_{RL}^2(s)A_{22}}{1+G_{RL}^2(s)A_{12}A_{22}} \\ \alpha_{44}(s) = \dfrac{G_{RL}(s)[G_{RL}(s)A_{22}A_{43}-A_{33}]}{1+G_{RL}^2(s)A_{12}A_{22}} \end{cases}$$

通过上述有关变量扰动的传递函数求解,并由叠加原理就可以最终求解三相 VSR 直流输出电压微偏扰动的动态响应,即

$$\hat{u}_{dc}(s) = G_{\hat{\omega}}(s)\hat{\omega}(s) + G_{\widehat{\Delta\varphi}}(s)\widehat{\Delta\varphi}(s) + G_{\hat{d}_m}(s)\hat{d}_m(s) + G_{\hat{e}_m}(s)\hat{e}_m(s) \tag{10-64}$$

5. $\varphi = \varphi_1$ 简化时三相 VSR 静态特性分析

在稳态工作点工作时,忽略三相 VSR 网侧电阻 R,且将电感短路、电容开路,即获得 $\varphi = \varphi_1$ 简化时三相 VSR 静态等效电路,如图 10-19 所示。

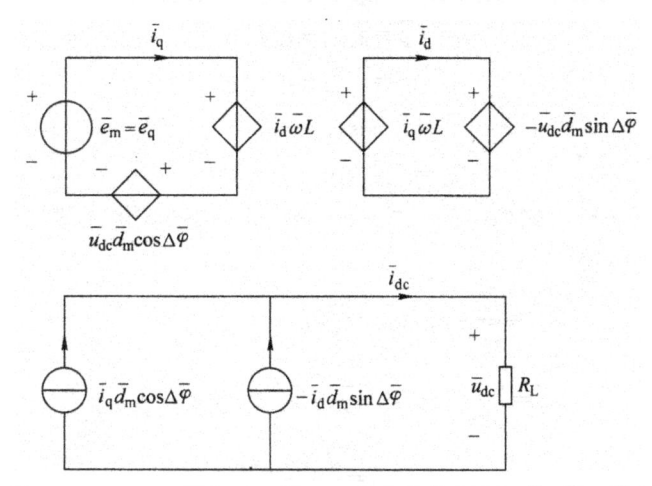

图 10-19　$\varphi = \varphi_1$ 简化时三相 VSR 静态等效电路($\Delta\overline{\varphi} = \overline{\varphi}_2 - \overline{\varphi}_1$)

1) 直流电压增益 $G_u = \overline{u}_{dc}/\overline{e}_m$,由图 10-19 知

$$\overline{i}_d = \frac{1}{\omega L}[\overline{e}_m - \overline{u}_{dc}\overline{d}_m\cos(\Delta\overline{\varphi})] \tag{10-65}$$

$$\overline{i}_q = -\frac{1}{\omega L}\overline{u}_{dc}\overline{d}_m\sin(\Delta\overline{\varphi}) \tag{10-66}$$

$$\overline{u}_{dc} = [\overline{i}_q\overline{d}_m\cos(\Delta\overline{\varphi}) - \overline{i}_d\overline{d}_m\sin(\Delta\overline{\varphi})]R_L \tag{10-67}$$

将式(10-65)和式(10-66)代入式(10-67),并化简得

$$G_{u}=\frac{\overline{u}_{dc}}{\overline{e}_{m}}=\frac{\sin(-\Delta\overline{\varphi})}{\overline{\omega}L}\overline{d}_{m}R_{L}=\frac{\sin(\overline{\varphi}_{1}-\overline{\varphi}_{2})}{\overline{\omega}L}\overline{d}_{m}R_{L} \qquad (10\text{-}68)$$

2)电流源特性。由图 10-33 得

$$\overline{i}_{dc}=\frac{\overline{u}_{dc}}{R_{L}} \qquad (10\text{-}69)$$

将式(10-68)代入式(10-69),化简得

$$\overline{i}_{dc}=\frac{\overline{e}_{m}\sin(\overline{\varphi}_{1}-\overline{\varphi}_{2})}{\overline{\omega}L}\overline{d}_{m} \qquad (10\text{-}70)$$

三相 VSR 直流侧可简化成图 10-20 所示的静态等效电路。

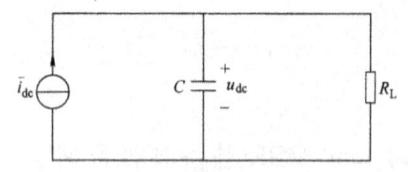

图 10-20　三相 VSR 直流侧静态等效电路

3)输入功率 p、g 及功率因数。$\varphi=\varphi_{1}$ 同步旋转坐标系 (d,g) 中,三相 VSR 输入有功功率 p 及无功功率 q 的静态值 $\overline{p}$、$\overline{q}$ 表达式为

$$\overline{p}=\overline{e}_{q}\overline{i}_{q}+\overline{e}_{d}\overline{i}_{d} \qquad (10\text{-}71)$$

$$\overline{q}=\overline{e}_{q}\overline{i}_{d}-\overline{e}_{d}\overline{i}_{q} \qquad (10\text{-}72)$$

当 $\varphi=\varphi_{1}$ 时

$$\begin{cases}\overline{e}_{q}=\overline{e}_{m}\cos(\varphi_{1}-\varphi)=\overline{e}_{m}\\ \overline{e}_{d}=-\overline{e}_{m}\sin(\varphi_{1}-\varphi)=0\end{cases} \qquad (10\text{-}73)$$

将式(10-73)、式(10-65)、式(10-66)、式(10-68)代入式(10-71)和式(10-72),计算得

$$\begin{cases}\overline{p}=\dfrac{\overline{e}_{m}^{2}}{\overline{\omega}L}\alpha\sin^{2}(\overline{\varphi}_{1}-\overline{\varphi}_{2})\\ \overline{q}=\dfrac{\overline{e}_{m}}{\overline{\omega}L}[1-\alpha\sin(\overline{\varphi}_{1}-\overline{\varphi}_{2})\cos(\overline{\varphi}_{1}-\overline{\varphi}_{2})]\end{cases} \qquad (10\text{-}74)$$

式中

$$\alpha=\frac{\overline{d}_{m}^{2}R_{L}}{\overline{\omega}L} \qquad (10\text{-}75)$$

显然,三相 VSR 静态功率因数 $\overline{\lambda}$ 为

$$\overline{\lambda}=\frac{\overline{p}}{(\overline{p}^{2}+\overline{q}^{2})^{1/2}}=\frac{\alpha\sin^{2}(\overline{\varphi}_{1}-\overline{\varphi}_{2})}{[1-\alpha\sin2(\overline{\varphi}_{1}-\overline{\varphi}_{2})+\alpha^{2}\sin^{2}(\overline{\varphi}_{1}-\overline{\varphi}_{2})]^{1/2}}$$

$$(10\text{-}76)$$

式(10-74)和式(10-76)表明:通过控制参数 α,$(\overline{\varphi}_{1}-\overline{\varphi}_{2})$ 即可控制三相 VSR 的输入有功功率,因而三相 VSR 功率因数 $\overline{\lambda}$ 得以控制。若使三相 VSR 获得单位功率因数整流控制,则要求 $\overline{\lambda}=1$,$q=0$ 这样,由式(10-74)计算得

第 10 章 电力电子控制器的建模分析

$$1-\alpha\sin(\bar{\varphi}_1-\bar{\varphi}_2)\cos(\bar{\varphi}_1-\bar{\varphi}_2)=0$$

或
$$(\bar{\varphi}_1-\bar{\varphi}_2)=\frac{1}{2}\arcsin\left(\frac{2}{\alpha}\right) \tag{10-77}$$

将式(10-77)代入式(10-68),则得三相 VSR 在单位功率因数整流控制条件下的直流侧电压表达式为

$$\bar{u}_{dc}\mid_{\bar{\lambda}=1}\frac{R_L}{\omega L}\bar{e}_m\bar{d}_m\sin\left[\frac{1}{2}\arcsin\left(\frac{2\overline{\omega L}}{d_m^2 R_L}\right)\right]=\frac{\bar{e}_m}{\bar{d}_m}\alpha\sin\frac{1}{2}\left[\arcsin\left(\frac{2}{\alpha}\right)\right] \tag{10-78}$$

当 $\alpha\gg 2$ 时,
$$\bar{u}_{dc}\mid_{\bar{\lambda}=1}\approx\frac{\bar{e}_m}{\bar{d}_m} \tag{10-79}$$

上述分析说明,若取得单位功率因数控制($\bar{\lambda}=1$),则三相 VSR 直流侧电压 $\bar{u}_{dc}\mid_{\bar{\lambda}=1}\approx\bar{e}_m/\bar{d}_m\geqslant\bar{e}_m$。这一结果使三相 VSR 体现出 Boost 变换器特性,且直流侧电压 $\bar{u}_{dc}$ 对负载电阻 R_L 变化不敏感。

以上讨论要求 $\alpha\gg 2$,若 $\alpha<2$,则无法实现单位功率因数控制,即 $\bar{\lambda}<1$。为此,可寻求最大功率因数控制,即要求 $\bar{q}/\bar{p}$ 比值最小即可。由式(10-74)和式(10-75)计算得

$$\frac{\bar{q}}{\bar{p}}=\frac{1}{\alpha}\left[\csc^2(\bar{\varphi}_1-\bar{\varphi}_2)-\cot(\bar{\varphi}_1-\bar{\varphi}_2)\right] \tag{10-80}$$

容易计算,当 $\alpha<2$ 且 $\bar{\varphi}_1-\bar{\varphi}_2=\arcsin 2/(\alpha^2+4)^{1/2}$ 时,$\bar{q}/\bar{p}$ 比值取得最小值,此时三相 VSR 取得最大功率因数控制,且满足

$$\bar{\lambda}_{\max}=\frac{4\alpha}{\alpha^2+4}\bar{\alpha}=\frac{d_m^2 R_L}{\omega L} \tag{10-81}$$

当直流侧负载电阻开路,即 $R_L\to\infty$ 时,$(\bar{\varphi}_1-\bar{\varphi}_2)\to 0$,若不考虑桥路损耗,三相 VSR 可等效成一个无功补偿器,此时输入有功功率 $\bar{p}$ 变为

$$\bar{p}\to 0$$

另外,当 $R_L\to\infty$、$(\bar{\varphi}_1-\bar{\varphi}_2)\to 0$ 时,则由式(10-74)、式(10-75)可计算出此时三相 VSR 无功功率 $\bar{q}$ 为

$$\bar{q}=\frac{\bar{e}_m^2}{\omega L_{eq}}(1-b)b=\frac{\bar{d}_m\bar{u}_{dc}}{\bar{e}_m} \tag{10-82}$$

可见,通过对参数 b 的控制,就可以控制三相 VSR 的无功功率 $\bar{q}$。而当 $\bar{u}_{dc}$、$\bar{e}_m$ 恒定时,为控制 $\bar{q}$,只需控制 $\bar{d}_m$ 即可。显然,当 $b<1$ 时,$\bar{q}>0$,三相 VSR 网侧可等效成理想电感;而当 $b\geqslant 1$ 时 $\bar{q}\leqslant 0$,三相 VSR 网侧可等效成理想电容,即

$$\bar{q}=\begin{cases}\dfrac{\bar{e}_m^2}{\omega L_{eq}},L_{eq}=\dfrac{L}{1-b}\\-\omega C_{eq}\bar{e}_m^2,C_{eq}=\dfrac{b-1}{\omega^2 L}\end{cases} \tag{10-83}$$

· 269 ·

式中，L_{eq}为等效电感；C_{eq}为等效电容。

以上讨论了$\varphi=\varphi_1$时对于三相VSR等效变压器dq模型电路的简化，用同样的方法可得出$\varphi=\varphi_2$时三相VSR等效变压器dq模型电路的简化。

10.3 开关变换器离散平均模型

图10-21是一个微控制器控制电力电子装置的框图，其中，采样器的作用是把连续时间变量$e(t)$转换为离散时间变量$e(kt)$，保持器的作用是把离散时间变量$u(kt)$转换为连续时间变量$u(t)$。

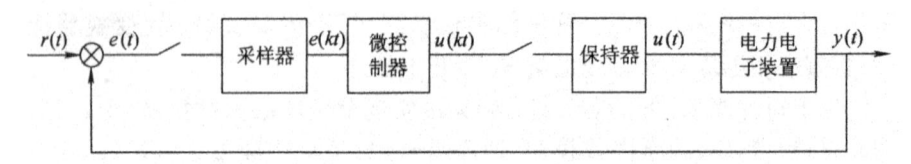

图10-21 采用微控制器控制电力电子装置的框图

下面要介绍的离散平均建模法就是将连续系统离散化的一种方法。

10.3.1 离散化原理和建模分析

连续时间线性系统的离散化，就是基于一定的采样方式和保持方式，由系统的连续时间状态空间描述导出相应的离散时间状态描述。

1. 基本假定

为了保证离散化后的变量不失真，根据香农采样定律，采样频率ω_s至少为被采样信号的两倍，即满足$\omega_s>2\omega_c$，ω_c为被采样信号的上限频率，于开关变换器即为电路的开关频率。

此外，在采样瞬间，保持器输出$u(t)$的值等于对应离散时间分量$u(kt)$的值，在两个采样瞬间的区间内，输出$u(t)$的值保持前一个采样瞬间上的值。

2. 离散方程的表述

设得到的开关变换器状态空间平均方程为

$$\begin{cases} X=AX+BU \\ Y=CX+DU \end{cases} \tag{10-85}$$

在前述基本假定下所得出的离散状态方程为

$$\begin{cases} X[(k+1)T] = G(T)X(kT) + H(T)u(kT) \\ Y(kT) = Cx(kT) + Du(kT) \end{cases} \quad (10\text{-}86)$$

简单起见,省略时刻 kT 中的 T 符号而直接用 k 代表 kT 得

$$\begin{cases} X[(k+1)] = G(T)X(k) + H(T)u(k) \\ Y(k) = Cx(k) + Du(k) \end{cases} \quad (10\text{-}87)$$

从式(10-86)可以看出,较之连续时间系统的状态空间描述[式(10-85)]。

3. 离散方程求解

方程式(10-85)和式(10-86)对比可以看出,式(10-86)中输出方程的关系矩阵 C 和 D 与连续方程(10-85)中的 C 和 D 相同,下面求关系矩阵 $G(T)$ 和 $H(T)$。

从式(10-85)可知状态变量方程为

$$\dot{X} = AX + BU \quad (10\text{-}88)$$

把式(10-88)改写为

$$\dot{X}(t) - AX(t) = BU(t)$$

然后方程两边同乘以 e^{-At} 得式

$$\mathrm{e}^{-At}[\dot{X}(t) - AX(t)] = \frac{\mathrm{d}}{\mathrm{d}t}[\mathrm{e}^{-At}X(t)] = \mathrm{e}^{-At}BU(t)$$

解此方程,得到 $X(t)$ 的解为

$$X(t) = \mathrm{e}^{-At}X(0) + \int_0^t \mathrm{e}^{-A(t-\tau)}BU(\tau)\mathrm{d}\tau \quad (10\text{-}89)$$

从而在离散时刻 $t = kT$ 时的表达式为

$$X(kT) = \mathrm{e}^{AkT}X(0) + \mathrm{e}^{AkT}\int_0^{kT} \mathrm{e}^{-A\tau}BU(\tau)\mathrm{d}\tau \quad (10\text{-}90)$$

在下一个采样时刻 $t = (k+1)T$ 时的表达式为

$$X[(k+1)T] = \mathrm{e}^{A[(k+1)T]}X(0) + \mathrm{e}^{A[(k+1)T]}\int_0^{(k+1)T} \mathrm{e}^{-A\tau}BU(\tau)\mathrm{d}\tau \quad (10\text{-}91)$$

比较式(10-90)和式(10-91),得出用 $X(kT)$ 表示的 $X[(k+1)T]$ 的表达式为

$$X[(k+1)T] = \mathrm{e}^{AT}X(kT) + \int_{kT}^{(k+1)T} \mathrm{e}^{A[(k+1)T-\tau]}BU(kT)\mathrm{d}\tau$$

$$= \mathrm{e}^{AT}X(kT) + \left(\int_{kT}^{(k+1)T} \mathrm{e}^{A[(k+1)T-\tau]}B\mathrm{d}\tau\right)U(kT) \quad (10\text{-}92)$$

将式(10-92)和式(10-86)中的方程进行对比,得到 $G(T)$ 表达式

$$G(T) = \mathrm{e}^{AT} \quad (10\text{-}93)$$

而 $H(T) = \int_{kT}^{(k+1)T} e^{A[(k+1)T-\tau]} B \mathrm{d}\tau$ 表达式复杂,下面进行变量替换以简化方程。

令 $t=(k+1)T-\tau$ 则 $\mathrm{d}t=-\mathrm{d}\tau$,$\tau=kT$ 时 $t=T$,$\tau=(k+1)T$ 时 $t=0$,所以

$$H(T) = \int_T^0 e^{At} B(-\mathrm{d}t) = \int_0^T e^{At} B \mathrm{d}t \qquad (10\text{-}94)$$

从式(10-93)和式(10-94)中可以看出 $H(T)$ 和 $G(T)$ 都只与采样周期 T 有关。至此离散状态方程的关系矩阵已求解完毕。

10.3.2 开关变换器的离散平均模型

Boost 电路结构如图 10-22 所示,各元件参数列于表 10-1 中。电路运行于电感电流连续模式,因此根据开关开通和关断电路有两个子状态。

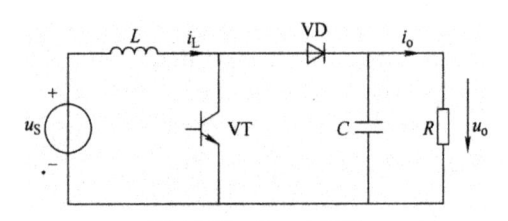

图 10-22 Boost 电路

表 10-1 Boost 电路元件参数

直流电压 U_S 值	电感 L 值	电容 C 值	电阻 R 值	占空比 d 值	开关频率 f 值
30V	1mH	200μF	50Ω	0.5	20kHz

1. Boost 电路连续状态方程

令状态变量 $\boldsymbol{X} = \begin{bmatrix} u_C \\ i_L \end{bmatrix}$,$u_C$ 为电容 C 上的电压,i_L 为电感 L 上的电流,取 $Y=u_o$ 电阻上的电压为输出变量,对于 Boost 电路任何时刻均有 $u_o=u_C$,输出值仅与状态变量 u_C 有关,与输入 u_S 无关,所以关系矩阵 $\boldsymbol{C}^T=[1\ \ 0]$,$\boldsymbol{D}$ 为 0。

(1)开关导通

对于开关 S 导通状态,电路结构为图 10-23 中黑线加粗的部分。

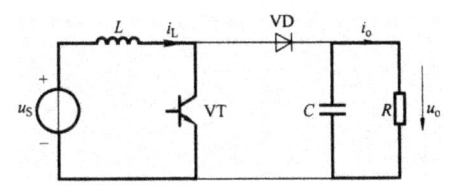

第 10 章 电力电子控制器的建模分析

图 10-23 开关导通时的 Boost 电路结构

状态方程为
$$\begin{cases} \dot{X} = A_1 X + B_1 U \\ Y = C_1^T X \end{cases}$$

式中，$A_1 = \begin{bmatrix} -\dfrac{1}{CR} & 0 \\ 0 & 0 \end{bmatrix}$；$B_1 = \begin{bmatrix} 0 \\ \dfrac{1}{L} \end{bmatrix}$；$C_1^T = \begin{bmatrix} 1 & 0 \end{bmatrix}$。

(2) 开关关断

对于开关 S 关断状态，电路结构为图 10-24 中黑线加粗的部分。

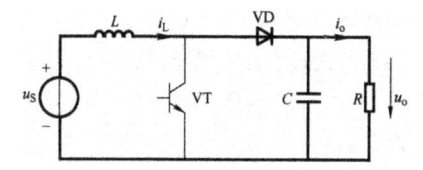

图 10-24 开关关断时的 Boost 电路结构

状态方程为
$$\begin{cases} \dot{X} = A_2 X + B_2 U \\ Y = C_2^T X \end{cases}$$

式中，$A_2 = \begin{bmatrix} -\dfrac{1}{CR} & \dfrac{1}{C} \\ -\dfrac{1}{L} & 0 \end{bmatrix}$；$B_2 = \begin{bmatrix} 0 \\ \dfrac{1}{L} \end{bmatrix}$；$C_2^T = \begin{bmatrix} 1 & 0 \end{bmatrix}$。

(3) 平均化处理

平均化后的统一状态方程为
$$\begin{cases} \dot{X} = AX + BU = [dA_1 + (1-d)A_2]X + [dB_1 + (1-d)B_2]U \\ Y = C^T X = [dC_1^T + (1-d)C_2^T]X \end{cases}$$

式中，$A = dA_1 + (1-d)A_2 = \begin{bmatrix} -\dfrac{1}{CR} & \dfrac{1-d}{C} \\ -\dfrac{(1-d)}{L} & 0 \end{bmatrix}$；$B = dB_1 + (1-d)B_2 = \begin{bmatrix} 0 \\ \dfrac{1}{L} \end{bmatrix}$；$C^T = dC_1^T + (1-d)C_2^T = [1]$。

将以上关系矩阵代入状态空间表达式得

$$\begin{cases}\dot{X}=\begin{bmatrix}\dfrac{-1}{CR} & \dfrac{1-d}{C}\\ \dfrac{-(1-d)}{L} & 0\end{bmatrix}X+\begin{bmatrix}0\\ \dfrac{1}{L}\end{bmatrix}U\\ Y=\begin{bmatrix}1 & 0\end{bmatrix}X\end{cases} \qquad (10\text{-}95)$$

将各元件参数代入式(10-95),得 Boost 电路在电感电流连续模式下的状态空间方程：

$$\begin{cases}\dot{X}=\begin{bmatrix}-100 & 2500\\ -500 & 0\end{bmatrix}X+\begin{bmatrix}0\\ 1000\end{bmatrix}U\\ Y=\begin{bmatrix}1 & 0\end{bmatrix}X\end{cases} \qquad (10\text{-}96)$$

2. 状态方程离散化

式(10-96)为连续状态空间方程,下面求离散关系矩阵,进行离散化。

(1)求系数矩阵 C 和 D

由上一节得出的连续状态方程中的矩阵 C 和 D 在离散方程中并未变化,结合式(10-96)知 $C^T=\begin{bmatrix}1 & 0\end{bmatrix}$,$D=0$。

(2)求系数矩阵 $G(T)$

由式(10-93),$G(T)=\mathrm{e}^{AT}=L^{-1}[(sI-A)^{-1}]$

计算 $sI-A=\begin{bmatrix}s & 0\\ 0 & s\end{bmatrix}-\begin{bmatrix}-100 & 2500\\ -500 & 0\end{bmatrix}=\begin{bmatrix}s+100 & -2500\\ 500 & s\end{bmatrix}$

令 $s^2+100s+1250000=p$

$$(sI-A)^{-1}=\dfrac{1}{p}\begin{bmatrix}s & 2500\\ -500 & s+100\end{bmatrix}=\begin{bmatrix}\dfrac{s}{p} & -2500\\ 500 & s\end{bmatrix}$$

取拉普拉斯反变换

$$\mathrm{e}^{At}=L^{-1}[(sI-A)^{-1}]=\begin{bmatrix}f_{11}(t) & f_{12}(t)\\ f_{21}(t) & f_{22}(t)\end{bmatrix}$$

式中

$$f_{11}(t)=\mathrm{e}^{-50t}\cos(1117t)-\dfrac{\mathrm{e}^{-50t}\sin(1117t)}{\sqrt{499}}$$

$$f_{12}(t)=\dfrac{50\mathrm{e}^{-50t}\sin(1117t)}{\sqrt{499}} \quad f_{21}(t)=-\dfrac{10\mathrm{e}^{-50t}\sin(1117t)}{\sqrt{499}}$$

$$f_{22}(t)=\mathrm{e}^{-50t}\cos(1117t)+\dfrac{\mathrm{e}^{-50t}\sin(1117t)}{\sqrt{499}}$$

$$G(T)=\mathrm{e}^{AT}=\begin{bmatrix}f_{11}(T) & f_{12}(T)\\ f_{21}(T) & f_{22}(T)\end{bmatrix} \qquad (10\text{-}97)$$

式(10-97)即为矩阵 $G(T)$ 的表达式，T 为采样周期，为一常数。

(3) 求系数矩阵 $H(T)$

由式(10-94)，$H(T) = \int_0^T e^{AT} B \, dt$

$$H(T) = \int_0^T e^{AT} B \, dt$$
$$= \begin{bmatrix} -2e^{-50T}\cos(1117T) - 0.0895e^{-50T}\sin(1117T) + 2 \\ 0.8917e^{-50T}\cos(1117T) - 0.08e^{-50T}\sin(1117T) + 0.08 \end{bmatrix}$$
(10-98)

(4) 求解离散方程

最后将所得出的系数矩阵 $G(T)$ 和 $H(T)$ 代入差分方程表达式得到式
$X[(k+1)T] = G(T)X(k) + H(T)u(k) =$

$$\begin{bmatrix} e^{-50T}\cos(1117t) - \dfrac{e^{-50T}\sin(1117t)}{\sqrt{499}} & \dfrac{50e^{-50T}\sin(1117t)}{\sqrt{499}} \\ -\dfrac{10e^{-50T}\sin(1117t)}{\sqrt{499}} & e^{-50T}\cos(1117t) + \dfrac{e^{-50T}\sin(1117t)}{\sqrt{499}} \end{bmatrix}$$

$$X(k) = \begin{bmatrix} -2e^{-50T}\cos(1117T) - 0.0895e^{-50T}\sin(1117T) + 2 \\ 0.8917e^{-50T}\cos(1117T) - 0.08e^{-50T}\sin(1117T) + 0.08 \end{bmatrix} u(k)$$
(10-99)

代入电路开关周期完成求解，如果系统的采样周期为 $T = 0.00005$，即 $f = 20\text{kHz}$ 时，将 T 值代入方程得式(10-99)：

$$\begin{cases} \begin{bmatrix} u_c(k+1) \\ i_L(k+1) \end{bmatrix} = \begin{pmatrix} 0.9935 & 0.1246 \\ -0.0249 & 0.9984 \end{pmatrix} = \begin{bmatrix} u_c(k) \\ i_L(k) \end{bmatrix} + \begin{bmatrix} 0.0031 \\ 0.05 \end{bmatrix} u(k) \\ u_c(k) = \begin{bmatrix} 1 \end{bmatrix} \begin{bmatrix} u_c(k) \\ i_L(k) \end{bmatrix} \end{cases}$$

第 11 章 电力电子技术的应用

11.1 电动机调速

11.1.1 在直流电动机调速中的应用

由图 11-1 所示的直流电动机调速原理可知,可采用调压(e)和调磁(I_f)调速两种方法,但更为实用的还是调压调速。

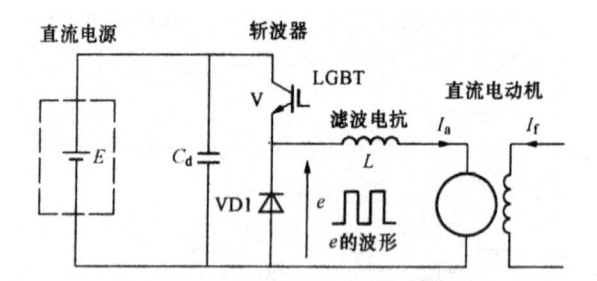

图 11-1 直流电动机调速原理

设直流电动机的转矩为 T,电枢电流为 I_a,磁通为 Φ,则

$$T = C_m \Phi I_a \tag{11-1}$$

式中,C_m 为常数。

其调压调速的原理是利用开关元件工作时间与休止时间比例变化进行控制。

图 11-2 为控制系统框图的一部分,直流调速的转矩控制比交流调速要简单得多。当 Φ 为常数,即 I_f 不变时转矩与电流 I_a 成正比,则转矩控制就可用电流控制来代替。该系统如果插入 PI 电路的内环,则很容易使实际值 I_a 和给定指令值 I_a^* 保持一致。

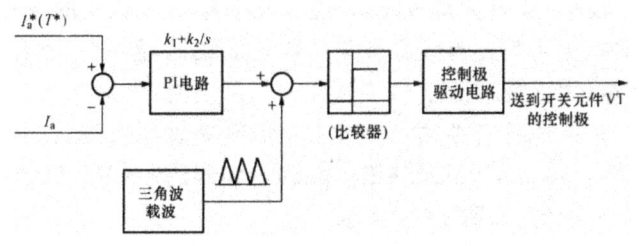

图 11-2 直流调速的转矩控制框图

图 11-3 所示为一个电车直流调速的实例。直流馈电线供电电压 1500V，采用晶闸管（或 GTO）斩波器控制方式。

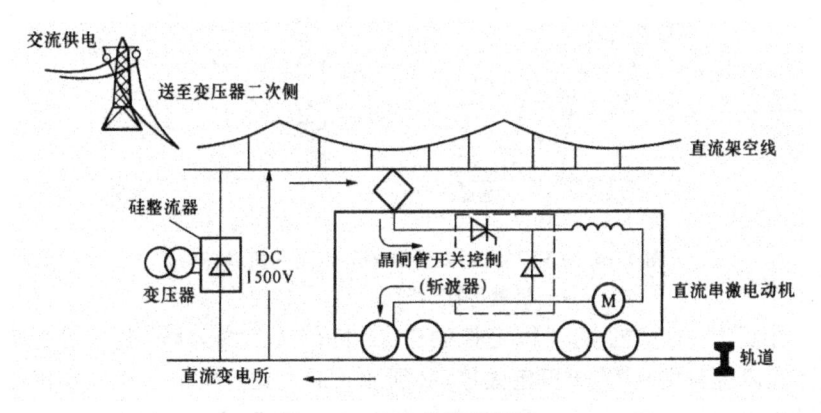

图 11-3 电车的直流调速

11.1.2 在交流电动机调速中应用综述

直流机最大的优点是可以简单地进行转矩的线性控制。假设观测者在定子旋转磁场速度旋转时进行观测，则看到的旋转磁场就和直流电动机的励磁相同，是一个静止的励磁。假设转子磁场也和定子一样以相同速度旋转，则是一种静止的直流反电动势，可产生的转矩为

$$T = C_m \Phi N I_a \sin\theta \tag{11-2}$$

式中，Φ 为旋转磁通；NI 为三相绕组电流合成的反电动势矢量；θ 为假设的相位差，是 φ 和 NI 矢量的夹角。

式(11-2)应当对直流机和交流机都是通用的，直流机 Φ 和 I 夹角为 $90°$，则 $\sin\theta = 1$。

对于直流机，由于 Φ 恒定则其端电压 U 为：

$$U = C_m \Phi n + I_a R_a \tag{11-3}$$

式中，n 为转速；R_a 为电枢电阻。

当 I_aR_a 较小,且 Φ 为常数时,转速 n 几乎与 U 成比例的变化。若为交流电动机调速,也可类比为频率 f 与转速 n 成正比,但有一个附加条件,即保持 $U/f=\Phi=$ 恒定的控制。

异步电动机的调速必须由变电压,变频率双控法进行,通称 VVVF (Variable Voltage and Variable Frequence)控制法。VVVF 通用变频器的异步电动机调速特性如图 11-4 所示。

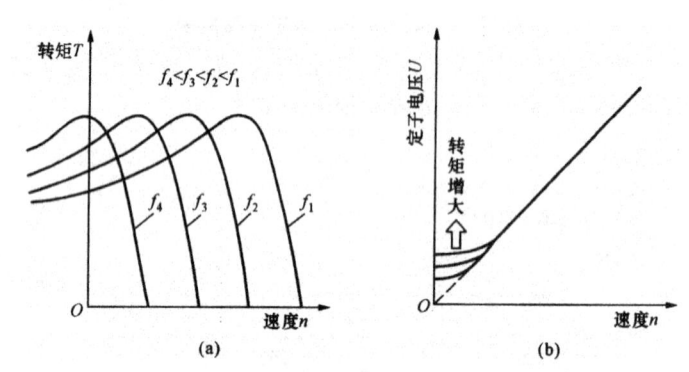

图 11-4 VVVF 通用变频器的异步电动机调速特性
(a)机械特性;(b)$n=f(U)$ 特性

在图 11-4(b)的 U/f 恒定控制中,当负荷转矩增大时,由于定子绕组电阻压降的影响使 U/f 恒定失控,必须如图适当提高定子电压才能产生足够转矩而维持正常运行。图 11-5 为异步电动机变频调速的例子,它采用 VWF 控制的通用变频器,一般应用于静、动态要求不高的场合。

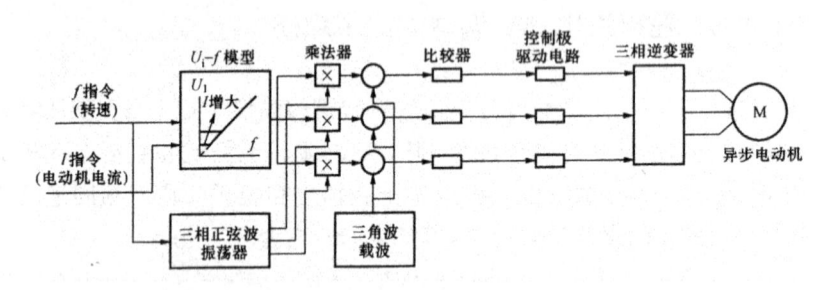

图 11-5 异步电动机变频调速(VVVF 控制)

PM 电动机(Parmanet Magnet)即永磁同步机调速是目前最为活跃并有强大生命力的驱动方式。图 11-6 为应用于高速响应及高精度调速场合的异步电动机变频调速结构。

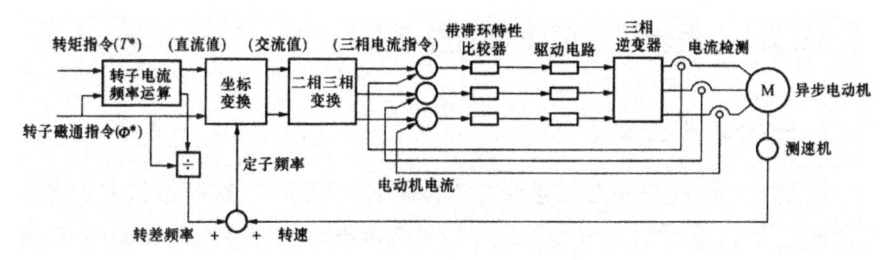

图 11-6 应用于高速响应及高精度调速场合的异步电动机变频调速结构

为使转矩能获得高速响应,必须真正使异步电动机和直流电动机一样,保证在任何时刻,磁通 Φ 和 I 的励磁成分呈正交(90°相位),只要 Φ 保持恒定,则 I 的矢量值就能可控,故这类控制称为变频器的矢量控制。图中,指令值 Φ^*、I^*(T^*)均为直流量,如何把这些量对应于电源频率变换为交流量的方法称为矢量控制(Vector Control)或称磁场定向控制(Field Oriented Control)。

目前,最流行的是 DSP(Digital Signal Processor)这种高速单片机。在变频器中应用的例子,如用 DSP 进行转矩控制如图 11-7 所示。由图可见,除检测环节外,利用 DSP 可代替多个硬件电路,DSP 输出可直接控制 IPM 模块的驱动电路,几乎无须再加入外部电路即可进行调速,使工作可靠性大大提高。

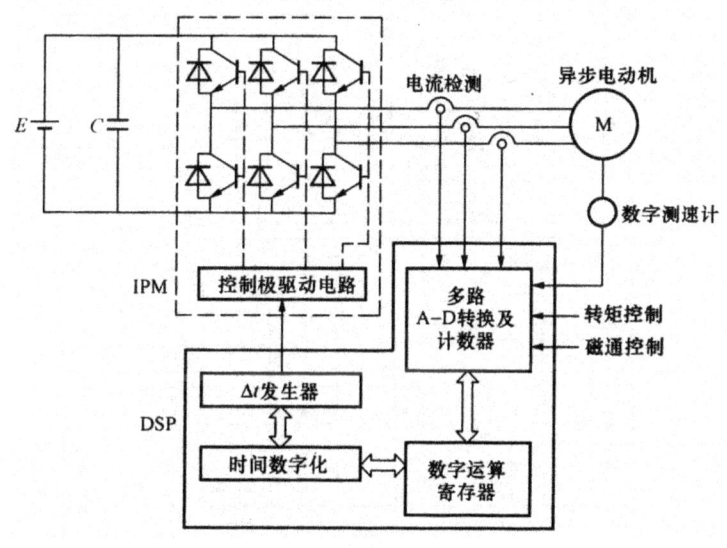

图 11-7 用 DSP 进行转矩控制

11.1.3 异步机变频调速的应用实例

1. 一般工业企业

一般工业企业中采用的通用变频器容量在 1kW～1MW 范围是应用最广泛的。图 11-8 所示为冶金工厂冷轧板轧机电动机用变频调速的例子，其主回路用 2 台逆变器并联多重化接线，每台逆变器的桥臂用 2 个 4.5kV，3kA 的 GTO 元件串联。为了提高电源利用效率，可以使多余动能反馈回电网，故本系统整流部分也是采用相同结构的两套 GTO 整流器。

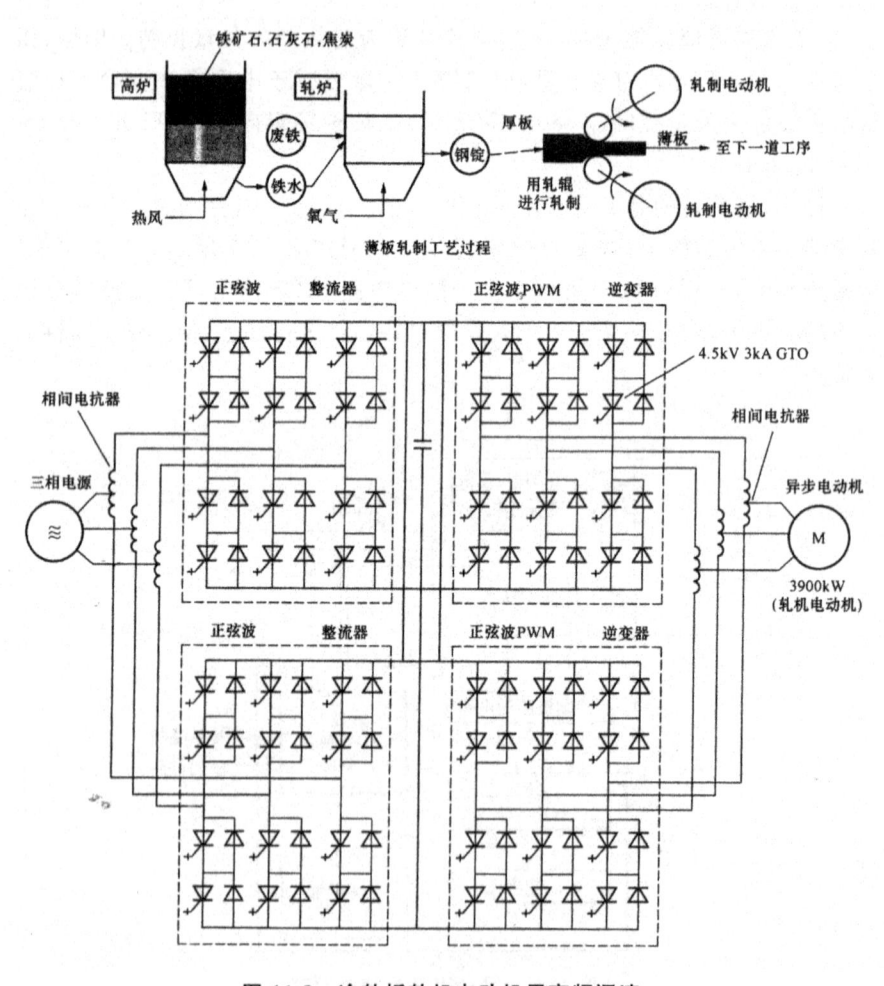

图 11-8 冷轧板轧机电动机用变频调速

2. 铁路干线

铁路干线电机车其功率范围约为 200kW～1MW。图 11-9 所示为我国铁路新近提速的"和谐号"动车组采用电力变换装置主回路结构图，引入机车后，通过两台 PWM 整流器将交流变为直流供给 PWM 逆变器，由该逆变器供给 4 台异步电动机进行驱动。工作频率在 0～240Hz 范围内可调，元器件用 GTO 或 IGBT。

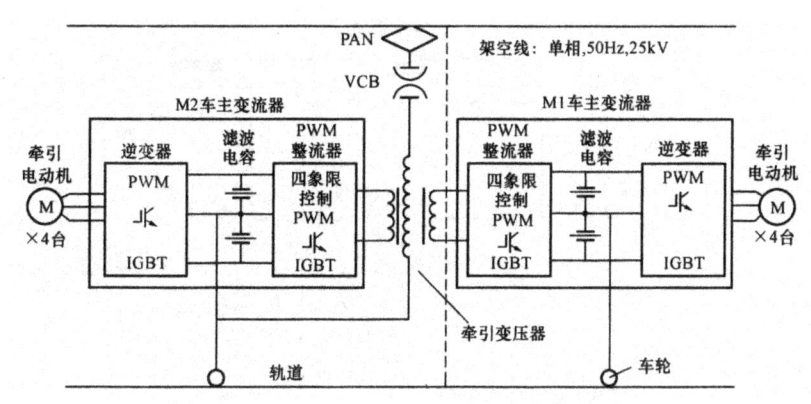

图 11-9　"和谐号"动车采用的电力变换装置主回路结构图

3. 大型水电站

图 11-10 为水电站蓄能示意图。该系统利用逆变器进行控制：①调速（流量控制）；②变换运行方式，即利用电动（发电）机转子的正转或逆转进行发电和储电运行方式。

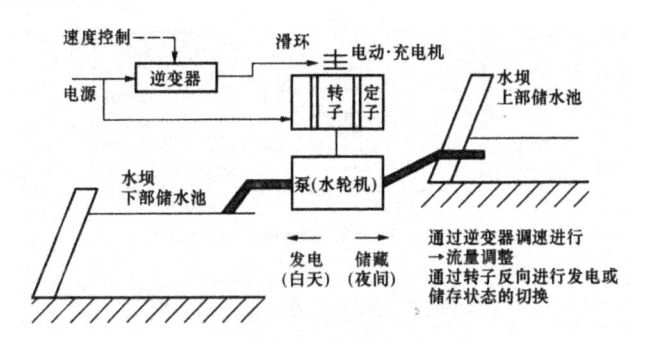

图 11-10　水电站蓄能示意图

11.1.4 PM 电动机变频调速驱动的应用

1. 家电产品和 OA 机器

直流变频空调电路结构如图 11-12 所示,其整流电路采用斩波电路并控制输入电流为正弦波。

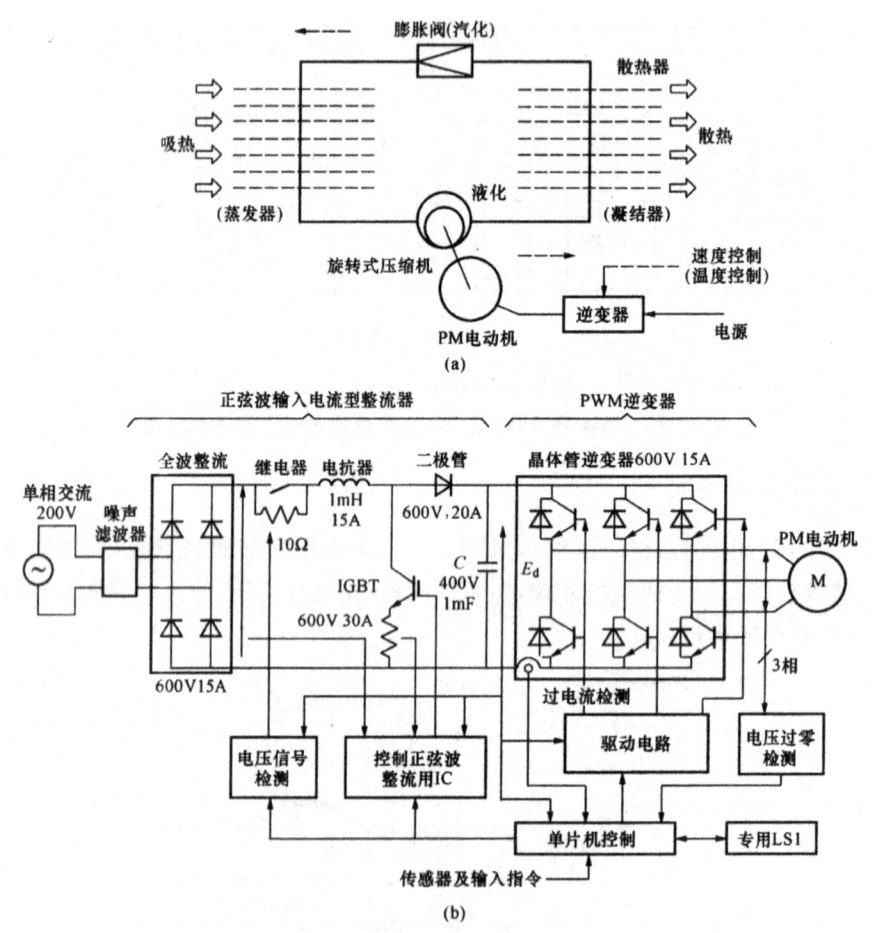

图 11-12 变频空调的电路结构图
(a)原理;(b)电路

2. 电动汽车

电动汽车(Electric Vehicle,EV)的结构如图 11-13 所示。目前,电动汽车的驱动多采用永久磁铁 PM 电动机,内含永久磁铁的 PM 电动机结构见

· 282 ·

图 11-13(a)。PM 电动机驱动的电动汽车低速时效率高,PM 电动机功率在数十千瓦左右。

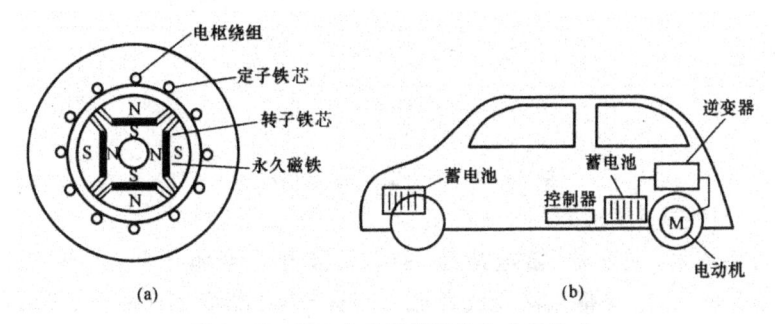

图 11-13　PM 电动机的结构和电动汽车
(a)内含永久磁铁的 PM 电动机;(b)电动汽车系统图

11.2　电源控制领域——UPS 不间断电源

不间断电源(Uninterruptible Power Supply,UPS)可以在交流输入电源(市电)发生异常或断电时,继续向负载供电,使负载用电不受影响。目前,在计算机网络系统、邮电通信、银行证券、电力系统、工业控制、医疗、交通、航空等领域得到广泛应用。

11.2.1　不间断电源(UPS)的分类

根据工作方式,不间断电源(UPS)分为后备式 UPS 和在线式 UPS 两大类。

(1)后备式 UPS

由充电器、蓄电池、逆变器、交流稳压器、转换开关等部分组成(图 11-14)。市电供应正常时,逆变器不工作,市电经交流稳压器稳压后,通过转换开关向负载供电,同时充电器工作,对蓄电池组充电。后备式 UPS 的逆变器输出电压波形有方波、准方波和正弦波三种方式。后备式 UPS 结构简单、成本低、运行效率高、价格便宜,但其输出电压稳压精度差,市电掉电时,输出有转换时间。目前市售的后备式 UPS 均为小功率,一般在 2kVA 以下。

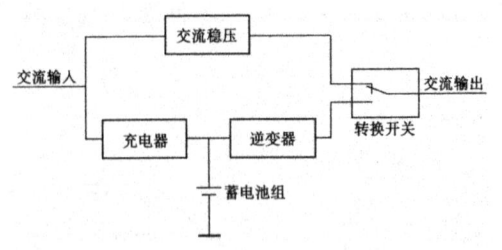

图 11-14　后备式 UPS 结构框图

(2)在线式 UPS

由整流器、逆变器、蓄电池组、静态转换开关等部分组成(图 11-15)。正常工作时,市电经整流器变成直流后,再经逆变器变换成稳压、稳频的正弦交流电供给负载。当市电掉电时,由蓄电池组向逆变器供电,以保证负载不间断供电。由于在线式 UPS 总是处于稳压、稳频供电状态,输出电压动态响应特性好,波形畸变小,因此,其供电质量明显优于后备式 UPS。目前大多数不间断电源,特别是大功率电源,均为在线式。但在线式 UPS 结构复杂,成本较高。

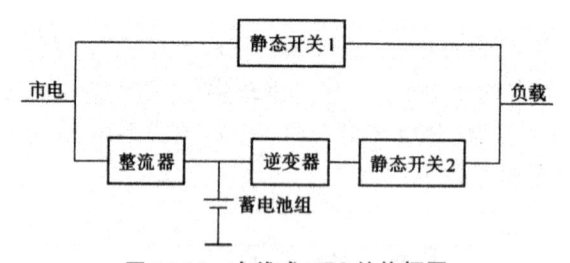

图 11-15　在线式 UPS 结构框图

11.2.2　单相在线式 UPS 应用实例

图 11-16 为单相在线式 UPS 的典型实例,它由逆变器主电路、控制电路、驱动电路、电池组、充电器以及滤波、保护等辅助电路组成。

当市电正常情况下,输入的市电经过共模噪声滤波器和尖峰干扰抑制器,输入到有源功率因数校正(PFC)整流电路,PFC 整流能使 UPS 输入电流正弦化,并使输入功率因数接近 1。

当市电出现异常情况时,PFC 输出的直流电压将低于电池升压输出电压,这时由电池升压后向逆变器提供能量,同时充电器停止工作。

控制器由单片机及其他辅助电路组成,主要负责脉宽调制波的产生、使输出正弦波与市电同步、进行 UPS 的管理、报警和保护。

逆变器是 UPS 中重要的组成部分之一。现在都选用 IGBT 管作为主

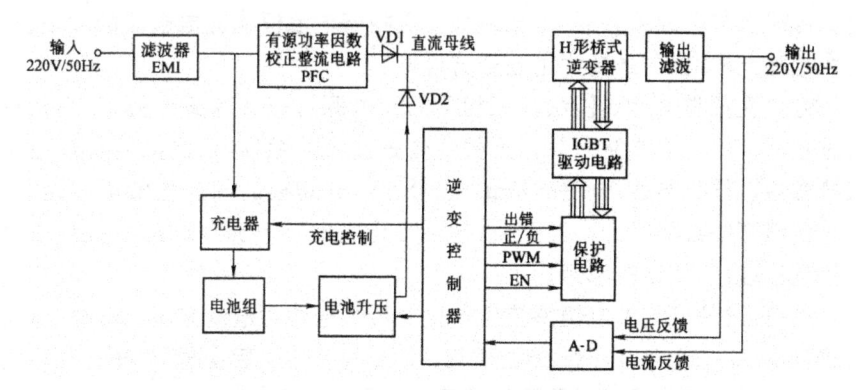

图 11-16 单相在线式 UPS 应用实例框图

功率变换器的开关管,逆变器的调制频率为 20kHz。它由逆变控制器、H 形桥式逆变器、驱动和保护电路组成。

输出滤波器是个低通滤波器,能滤除 20kHz 的调制频率和高次谐波分量,输出 50Hz 的工频交流电,输出波形中高频成分不超过 1%。

11.2.3 三相 UPS 典型应用实例

三相大功率不间断电源(UPS)的功率范围在 10～250kW 之间,并联后可达几兆瓦,它由整流器、逆变器、电池组、静态旁路开关及维修旁路开关等几部分构成(图 11-17)。

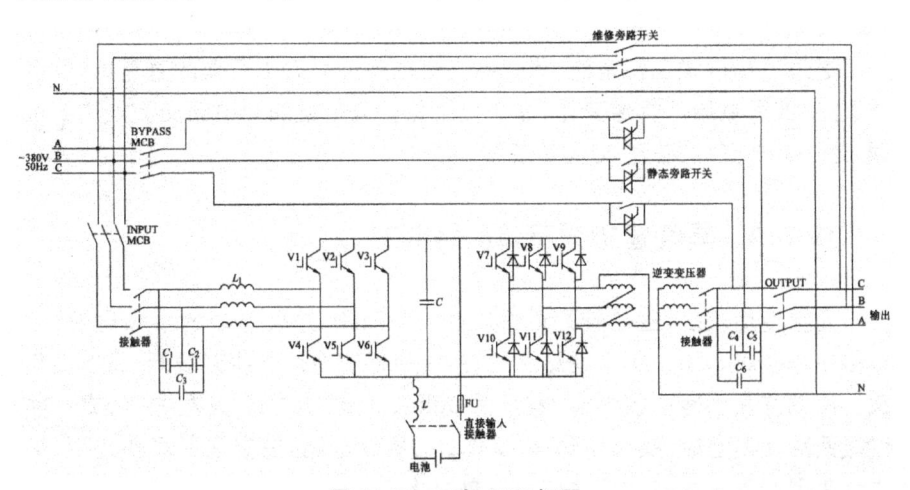

图 11-17 三相 UPS 框图

市电输入一般采用三相四线制,380V、50Hz 的交流电通过输入断路器、交流接触器输入到三相整流桥。整流桥采用 PFC 控制,其输出电压在直流母线上与电池组并联,电压的大小受控于电池恒流充电电流的大小,其值为电池充电电压,最高为电池浮充电压。

逆变变压器为 Yd 接法。三相不间断电源均带有旁路开关,图中是较先进的复合式静态旁路开关。开关主体是交流接触器,双向晶闸管仅在交流接触器动作时导通 300～500ms,以补偿旁路切换时间。在实例中,还有手动旁路开关或称维修旁路开关,它可以使不间断电源(UPS)主机完全脱离供电状态,以便维护修理。

在正常情况下,市电经整流后向逆变器供电并对电池充电,由逆变器向负载提供 380/220V、50Hz 交流输出;市电异常时由后备电池向逆变器供电。当逆变器过载或逆变器因故障无力向负载提供输出时,静态旁路开关将切换到市电,UPS 输出由市电直接提供。

11.3　晶闸管中频电源

晶闸管中频电源是一种利用晶闸管把 50Hz 工频交流电变换成中频交流电的设备,主要用于感应加热和熔炼金属,是一种比较先进的静止变频设备。

11.3.1　中频电源的基本原理

通过三相桥式全控整流,将三相交流电整流为大小可调的直流电,经电抗 L_d 滤波后供给单相逆变器,由逆变器将直流电逆变为中频交流电供给负载,是一种电流型交-直-交变频装置。

11.3.2　晶闸管中频电源应用实例

目前使用较多、性能较好的 100kW、1000Hz 并联谐振的中频电源,它较多用作金属熔炼。负载是熔炼炉,用水冷铜管在炉外绕制线圈,属感性负载。两端并联水冷中频电容,容量为 90kvar/1kV,共 17 只左右,构成并联谐振回路。额定时,线圈中约有 2000A 的中频电流,在交变磁场作用下,炉内金属因产生涡流与磁滞效应而发热熔化。

中频电源的主电路如图 11-18 所示,不用整流变压器,直接将 380V 三相交流电整流为直流。电源中频输出最大功率可达 100kW。这种并联谐振逆变电路的触发必须考虑以下两个因素:①触发频率必须跟随负载谐振频率的变化而变化,使负载始终工作在最佳的谐振状态;②为了使逆变晶闸管能正常换流,必须在超前中频电压 u_a 一定的时刻发出触发脉冲,才能保证导通的晶闸管受反压而强迫关断,因此不需要再另设关断电路。为此逆变晶闸管的触发信号必须由负载谐振回路取出,采用自激控制方式,并且由负载电容电流和中频电压采样合成触发信号,以保证超前中频电压 u_a 一定的时刻发出触发脉冲进行换流。

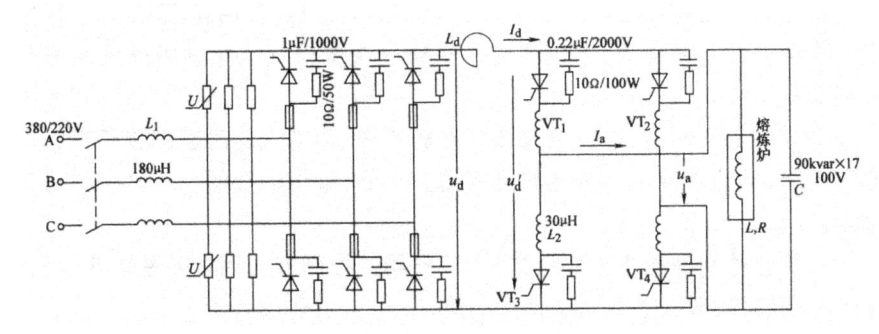

图 11-18 晶闸管中频电源主电路

由于中频电源采用自激控制,为了得到最初的触发信号,必须设置启动环节。启动逆变器可用充电电源预先对启动电容充电,然后对感性负载(炉子)放电产生衰减振荡,从衰减的电压和电流中检出合成信号,产生触发脉冲,使装置由它激转入自激。此法启动可靠性不很高。目前已研制多种可靠启动的方法,使这类中频电源技术日臻完善。

11.4 通用变频器

在各种交流电动机的调速系统中,目前效率最高、性能最好的是变压变频(VVVF)调速系统。交流电动机的变压变频调速系统一般简称为变频器。由于通用变频器使用方便、可靠性高,所以它成为现代自动控制系统的主要组成部分之一。通用变频器不仅在工业各个行业广泛使用,就连家电产品中也应用到了通用变频器。

11.4.1 通用变频器的基本结构

目前通用变频器主要采用交-直-交变频方式。变频器根据功率的大小及外形上分为小巧的书本型结构(0.75~37kW)和大功率的柜型结构(45~1500kW)两大类。

变频器与外界的联系基本上分三部分:主电路接线端、控制端和操作面板。

11.4.2　通用变频器的控制方式

把交流电动机的额定频率称为基频。为了使变频调速系统具有良好的调速性能,变频器必须采取不同的控制方式。

基频以下的变频,为了维持磁通 Φ_m 基本不变,采用恒压频比控制方式。这种变频控制方式,可以使交流电动机获得与直流电动机降压调速类似的恒转矩特性。

基频向上调频时,电压只能保持在额定值,电动机的磁通随着频率的升高而下降,类似直流电动机的弱磁调速。因此,基频以上的调速属于恒功率调速。

除了上述两种基本控制方式外,变频器的控制方式还有转差频率控制、矢量控制、直接转矩控制等。

11.4.3　通用变频器的主要参数

1) 输入相数和额定电压:一般为 3 相 380V。

2) 输出额定电压 U_N:输出电压的最大值,一般等于输入电压。

3) 输出额定电流 I_N:允许长时间输出的最大电流。

4) 输出额定容量 S_N(kVA):与输出额定电压 U_N 和输出额定电流 I_N 成正比。

5) 配用电动机容量 P_N(kW):长期连续负载的电动机功率。

6) 过载能力:输出电流超过额定电流的允许范围和时间。大多数变频器都规定为 $150\%I_N$、60s 或 $180\%I_N$、0.5s。

7) 频率范围:变频器能够输出的最高频率和最低频率。

8) 频率精度:变频器输出频率的准确程度。用实际输出频率和设定频率之间的最大误差与最高工作频率的百分比来表示。

9) 频率分辨率:输出频率的最小改变量。

11.5　静止无功补偿装置

柔性交流输电系统或灵活交流输电系统(Flexible Alternative Current Transmission Systems,FACTS)是综合电力电子技术、微处理和微电子技术、通信技术和控制技术而形成的用于灵活快速控制交流输电的新技术,所包含的控制器种类不断增加。

静止无功补偿装置(Static Var Compensator,SVC)能连续地调节向负荷提供的无功功率,维持系统的无功平衡,满足方程:

$$Q_s = Q_F + Q_L - Q_C = 0$$

式中,Q_S 为系统无功功率,Q_L 为电抗器无功功率,Q_F 为负荷无功功率,Q_C 为电容器组无功功率。无功功率补偿原理如图 11-19 所示。

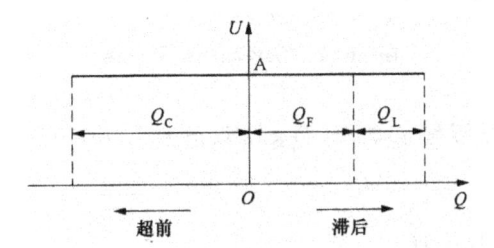

图 11-19 无功功率补偿原理

静止无功补偿装置可分为电磁型和晶闸管控制型两大类,以晶闸管控制型 SVC 为例进行阐述。晶闸管控制型 SVC 主要类型如图 11-20 所示。

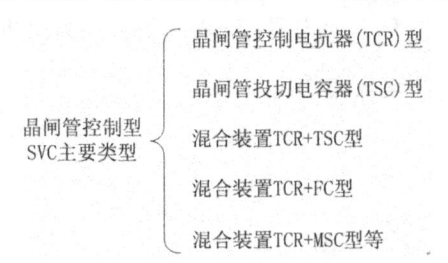

图 11-20 晶闸管控制型 SVC 主要类型

TCR(Thyristor Controlled Reactor)一般与 TSC 或 FC 滤波器配套使用,如图 11-21(a)所示。TSC(Thyristor Switched Capacitor)如图 11-21(b)所示。

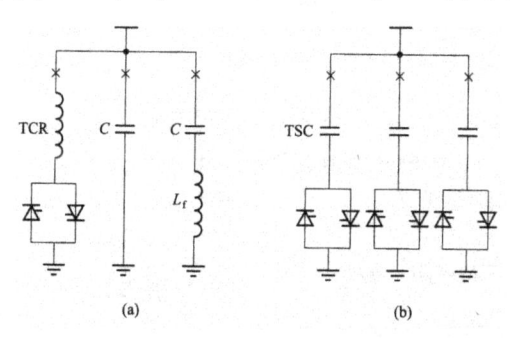

图 11-21 TCR 与 TSC 原理图
(a)TCR；(b)TSC

TCR 和 TSC 的优点如图 11-22 所示。

图 11-22　TCR 和 TSC 的优点

11.5.1　晶闸管控制电抗器(TCR)

1. TCR 基本原理

如图 11-23(a)所示,控制角 $\alpha=\frac{\pi}{2}$ 时完全导通,吸收基波电流和无功功率最大;α 在 $\frac{\pi}{2}\sim\pi$ 时,TCR 部分导通,减少了吸收的无功;当 $\alpha=\pi$ 时,不吸收无功,对电力系统不起任何作用。

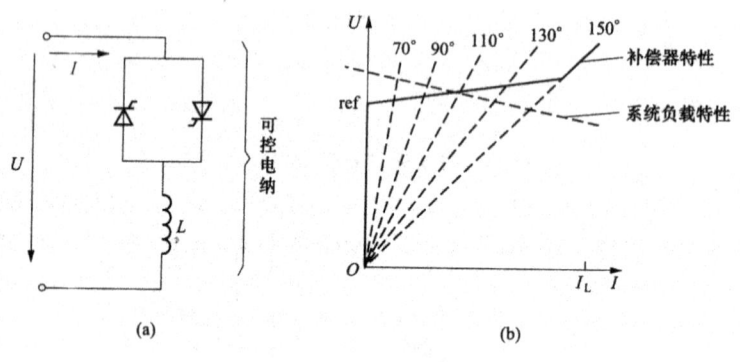

图 11-23　TCR 原理图

(a)单相电路结构图;(b)电压－电流特性

TCR 电流的瞬时值为:

$$i=\begin{cases}\frac{\sqrt{2}U}{X_L}(\cos\alpha-\cos\omega t) & \alpha<\omega t<\alpha+\delta \\ 0 & 0<\omega t<\alpha \text{ 和 } \alpha+\delta<\omega t<2\pi\end{cases}$$

,等效电纳为:

$$B_r=\frac{2\pi-2\alpha+\sin2\alpha}{\pi\omega L}$$

式中，U 为电网电压有效值；δ 为导通角，$2\alpha+\delta=2\pi$，$X_L=\omega L$。

i_L 的基波电流有效值为 $I_1=\dfrac{\delta-\sin\delta}{\pi X_L}U$，TCR 的基频伏安特性表示为：

$$u=u_{\text{ref}}+jX_S I_1$$

式中，X_S 为系统等效阻抗；u_{ref} 为电网电压参考值。

在控制系统的控制下，就可以得到如图 11-23(b) 所示的 TCR 电压-电流特性曲线。

通常将三相电路的三个单相 TCR 连接成如图 11-24(a) 所示的三角形电路。

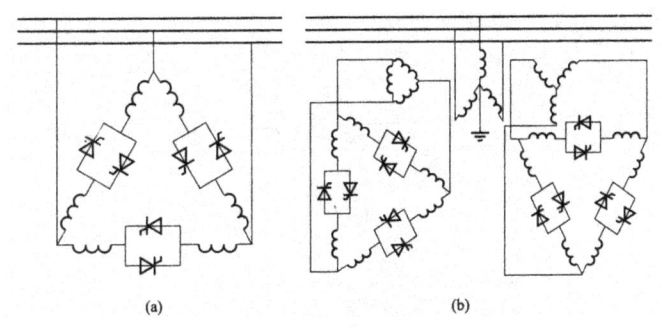

图 11-24　TCR 的接线形式

(a) 6 脉波 TCR 的接线形式；(b) 12 脉波 TCR 的接线形式

如图 11-24(b) 所示的 12 脉波 TCR 由两个 6 脉波 TCR 构成，当一个 6 脉波 TCR 故障时，另一个仍可正常工作。

TCR 往往与并联电容器配合使用，因为单独的 TCR 只能吸收感性的无功功率，其单相连接图如图 11-25(a) 所示，称为 TCR+FC 型 SVC，其电压-电流特性如图 11-25(b) 所示。

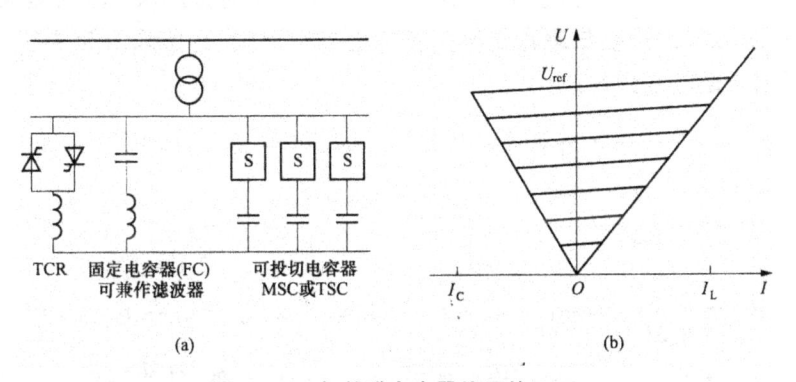

图 11-25　与并联电容器使用的 TCR

(a) TCR+FC 型 SVC；(b) TCR+FC 的电压-电流特性

TCR 控制系统完成如图 11-26 所示的功能。

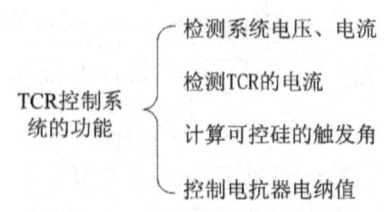

```
                  ┌─ 检测系统电压、电流
  TCR控制系      │   检测TCR的电流
  统的功能       ┤   计算可控硅的触发角
                  └─ 控制电抗器电纳值
```

图 11-26　TCR 控制系统的功能

混合型静止补偿器的电压－电流特性如图 11-27 所示，图 11-27 中 $O-(1)-(1')$、$O-(2)-(2')$、$O-(3)-(3')$ 和 $O-(4)-(4')$ 分别是图 11-26(a) 中的 TCR 并联一至四组电容器时的电压－电流特性，形成总的电压-电流特性是 $O-(4)-(1')$。

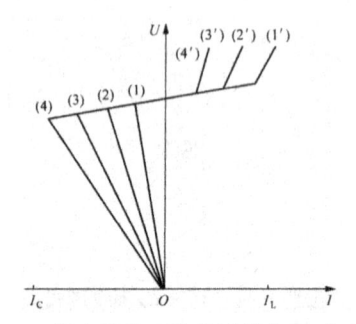

图 11-27　混合型静止补偿器的电压-电流特性

为了切换时保持电压-电流特性连续而不出现跳跃，在 TCR 的控制器中应代表当前并联电容器组数的信号，当一组并联电容器投入或切除时，该信号使 TCR 的导通角立即调整，以使所增减的容性无功功率刚好被 TCR 的感性无功功率变化所平衡。

对于不对称负荷，应用分组调节。TCR 分组调节的理论基础为 STEINMETZ 理论，该理论给出多种补偿表达形式，这里采用无功平均值表示的补偿电纳公式：

$$B_r^{ab} = \frac{1}{3\sqrt{3}U^2} \times \frac{1}{T}\int_T (u_{bc} \times i_{a(1)} + u_{ca} \times i_{b(1)} - u_{ab} \times i_{c(1)})dt$$

$$B_r^{bc} = \frac{1}{3\sqrt{3}U^2} \times \frac{1}{T}\int_T (u_{ab} \times i_{c(1)} + u_{ca} \times i_{b(1)} - u_{bc} \times i_{a(1)})dt$$

$$B_r^{ca} = \frac{1}{3\sqrt{3}U^2} \times \frac{1}{T}\int_T (u_{ab} \times i_{c(1)} + u_{bc} \times i_{a(1)} - u_{ca} \times i_{b(1)})dt$$

式中，B_r^{ab}、B_r^{bc}、B_r^{ca} 分别为 △ 连接的补偿电抗器电纳值；U 为系统电压有效值；u_{ab}、u_{bc}、u_{ca} 为系统线电压瞬时值；$i_{a(1)}$、$i_{b(1)}$、$i_{c(1)}$ 为负荷电流瞬时值；T 为采样周期，有取 10ms 的。

2. TCR 控制系统组成及功能

TCR 的基本控制形式有快速的开环和精确的闭环两大类,前者多用于负载补偿,后者应用也很多。如为改善电压质量,有以下具体的闭环控制方法(见图 11-28～图 11-31)。

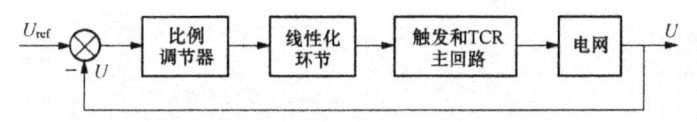

图 11-28　电压闭环的控制方法示意图

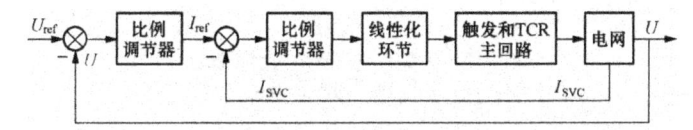

图 11-29　带电流内环的电压反馈控制方法示意图

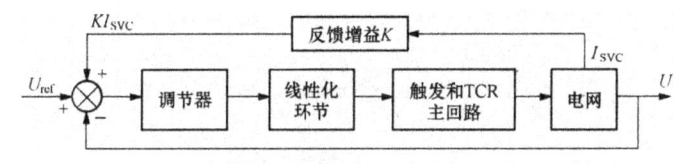

图 11-30　具有附加电流反馈的电压反馈控制示意图

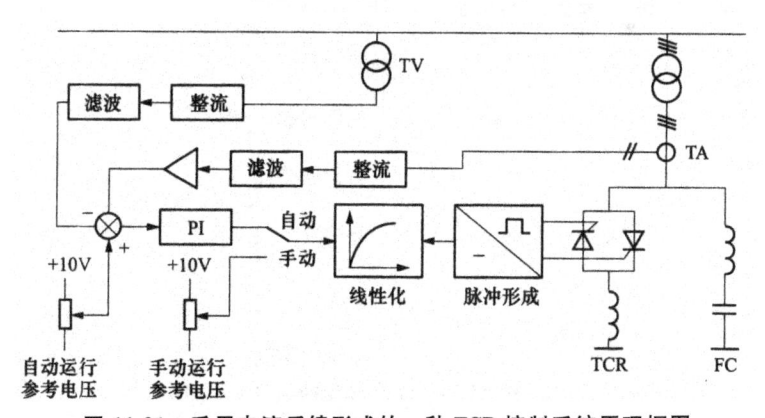

图 11-31　采用电流反馈形式的一种 TCR 控制系统原理框图

SVC 控制部分由控制柜、脉冲柜和功率单元三部分组成,基本结构框图如图 11-32 所示。

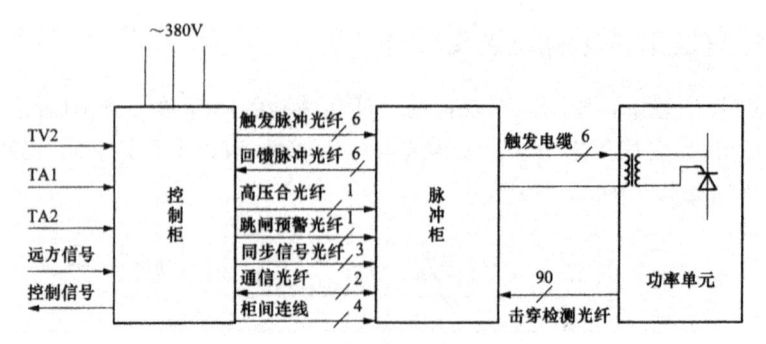

图 11-32 SVC 控制系统的基本组成简图

各部分的作用如图 11-33 所示。

图 11-33 各部分的作用

{
控制柜是通过采集系统信号经内部计算处理后发出触发脉冲，同时检测晶闸管击穿、触发脉冲丢失和TCR过电流等。

脉冲柜是将触发脉冲转变为符合要求的脉冲信号，触发晶闸管。

功率单元串入电抗器回路，通过接收脉冲柜发出的脉冲信号，控制晶闸管的通断，使电抗器产生补偿所需的电流。
}

功率单元由 6 部分组成，分别如图 11-34 所示。

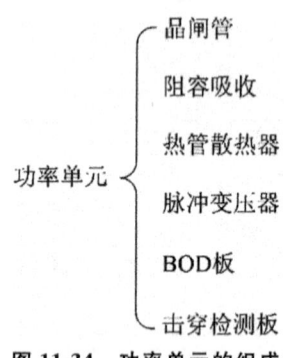

功率单元 {晶闸管；阻容吸收；热管散热器；脉冲变压器；BOD板；击穿检测板}

图 11-34 功率单元的组成

TCR 的等效电纳为：$B_L = \dfrac{\delta - \sin\delta}{\pi X_L} = B_{Lmax} \dfrac{\delta - \sin\delta}{\pi}$。

触发电路前端的线性化环节及功能如图 11-35 所示。

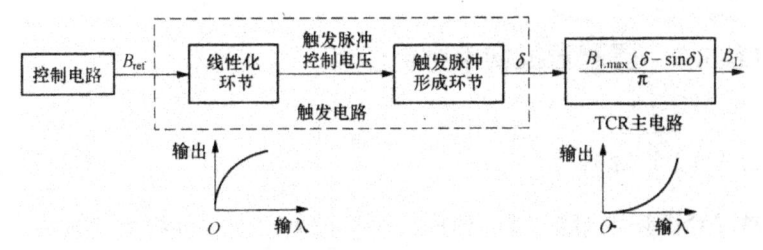

图 11-35 触发电路前端的线性化环节及功能

为了实现系统的平稳运行,等效电纳的参考值与实际值之间应为线性关系。

3. 并联 TCR 的"顺序"控制

如图 11-36 所示,各相 TCR 由 n 组参数一致的 TCR 电路并联构成,图中 $n=4$。

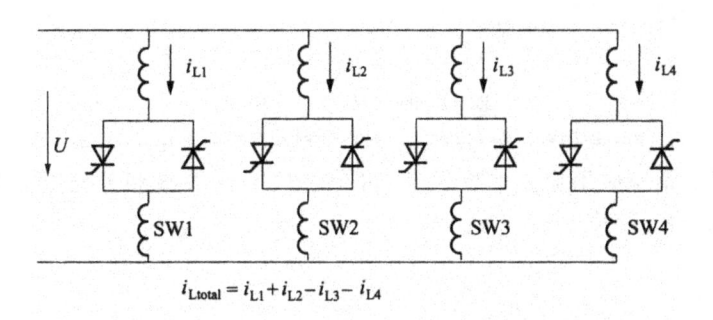

图 11-36 并联 TCR 的"顺序"控制电路图

TCR＋FC 型补偿器动态调节过程如图 11-37 所示,电压-电流特性为图中的 $O-A-B-D$ 段。

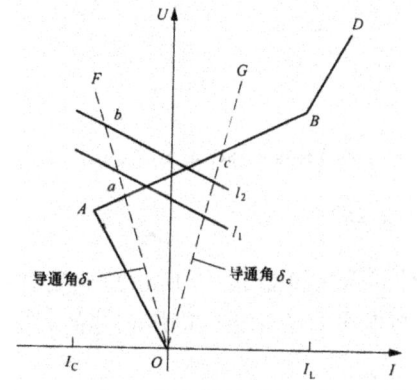

图 11-37 TCR＋FC 型补偿器对扰动的动态调节过程

11.5.2 晶闸管投切电容器(TSC)

1. TSC 的原理

晶闸管投切电容器(Thyristor Switched Capacitor,TSC)的基本原理如图 11-38 所示。

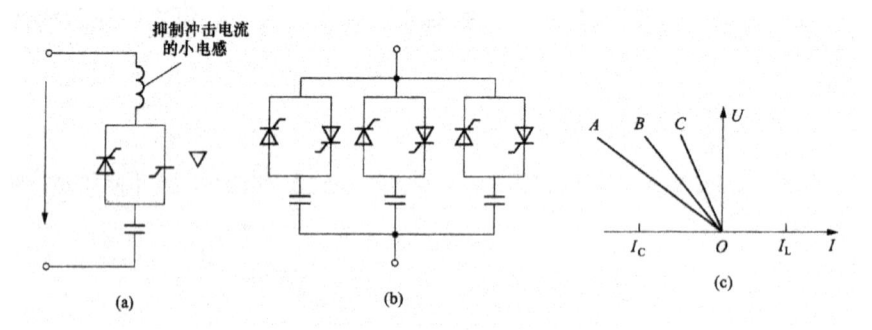

图 11-38 TSC 的基本原理
(a)单相结构；(b)分组投切的 TSC 的单相简图；(c)电压-电流特性

TSC 系统应用形式非常灵活,可分别按电压等级和补偿对象进行划分,如图 11-39 所示。

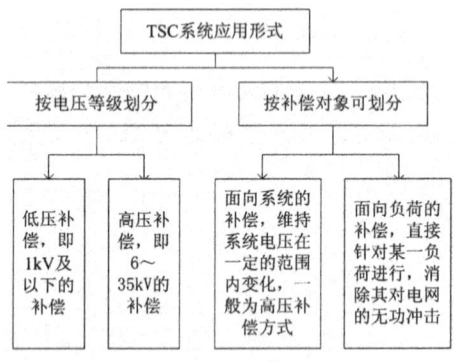

图 11-39 TSC 系统应用形式

2. 投入时刻的选取

TSC 理想投入时刻原理如图 11-40 所示。原则是：TSC 投入电容的时刻,必须是电源电压与电容器预先充电电压相等的时刻。

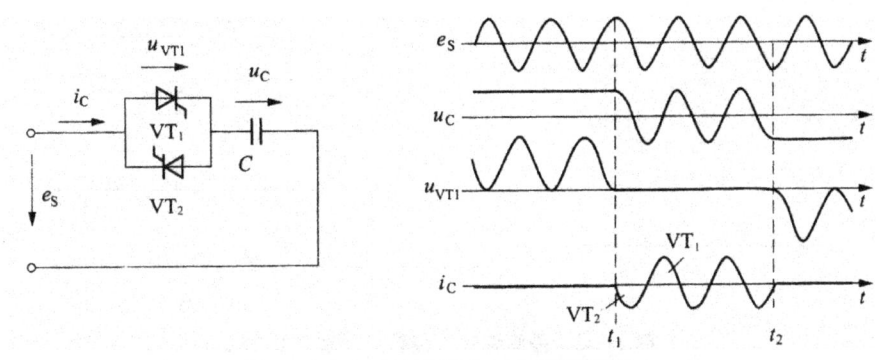

图 11-40　TSC 理想投入时刻原理说明

如图 11-41 所示给出各种情况下使暂态现象最小的投入时刻。

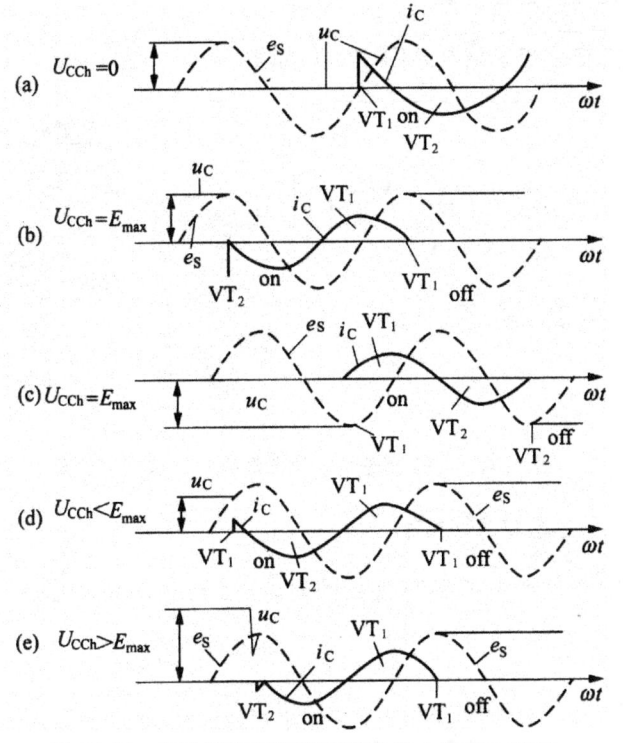

图 11-41　各种情况下使暂态现象最小的投入时刻

在实际的 TSC 设计中，可以采用晶闸管和二极管的反并联代替两个晶闸管的反并联，如图 11-42 所示。

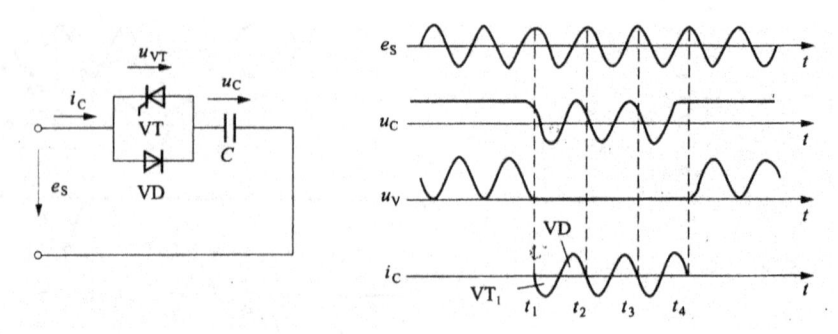

图 11-42　晶闸管和二极管反并联方式 TSC

3. TSC 的控制系统

TSC 控制系统思路与 TCR 相似,如图 11-43 所示。

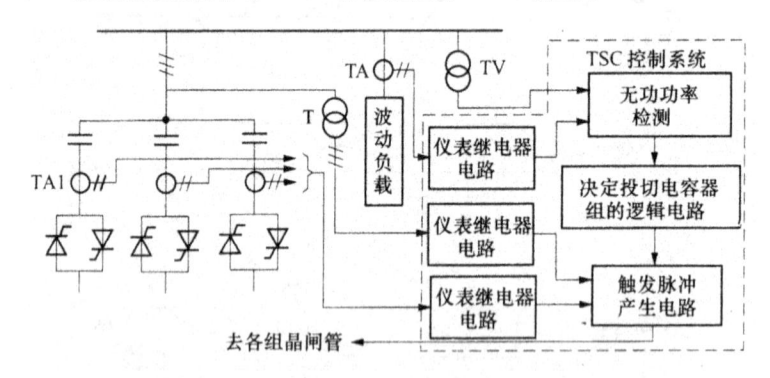

图 11-43　TSC 用于负载补偿时控制系统的示意图

4. TSC 动态过程分析

当 TSC 以改善电压调整为目的时,其受到扰动后动态调节过程如图 11-44 所示。

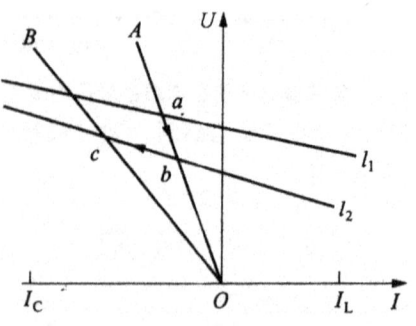

图 11-44　TSC 对扰动的动态调节过程

对于 TSC 与 TCR 配合使用的混合型补偿器作为改善电压调整使用时，其受到扰动后的动态调节过程如图 11-45 所示。

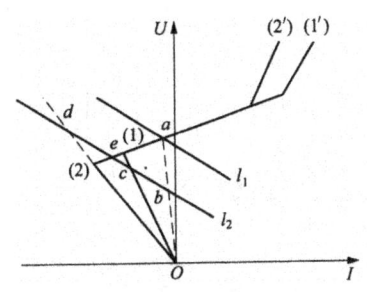

图 11-45　TSC＋TCR 型补偿器的动态调节过程

11.5.3　静止同步补偿器(STATCOM)

1. STATCOM 的基本原理

STATCOM 的研究重点如图 11-46 所示。

- 更大容量如100～200MVA的STATCOM主电路。
- 电力电子新元件的特性以及驱动电路、触发电路。
- STATCOM异常状态时的行为以及新的保护和监控系统。
- STATCOM布点优化规则、多个STATCOM的协调控制、与其他控制器的综合控制。
- STATCOM的控制方法。

图 11-46　STATCOM 的研究重点

图 11-47 为 STATCOM 调节无功的原理示意图。

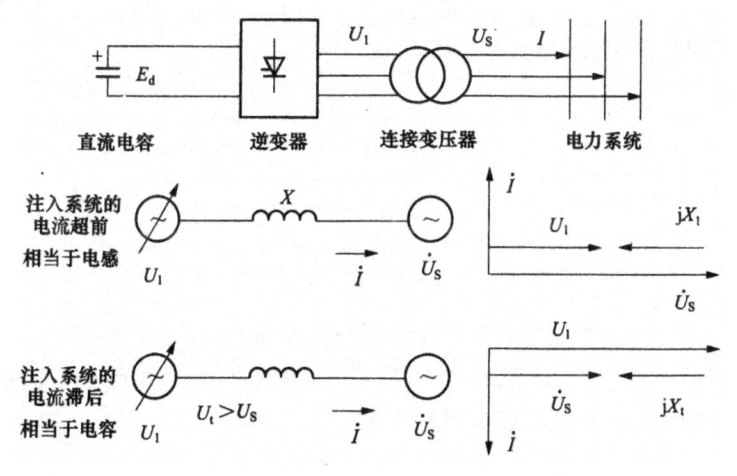

图 11-47　STATCOM 调节无功的原理示意图

STATCOM 主电路分为电压型桥式电路和电流型桥式电路两种类型，基本结构如图 11-48 所示。

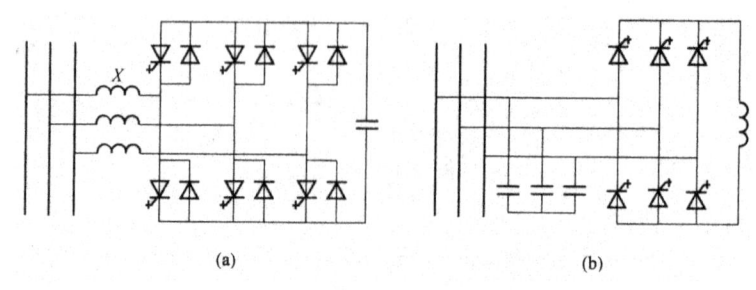

图 11-48　STATCOM 主电路基本结构
(a)电压型桥式电路；(b)电流型桥式电路

当考虑连接电抗器的损耗和变压器本身的损耗时，STATCOM 的实际等效电路如图 11-49(a)所示，其电流超前和滞后工作的相量图如图 11-49(b)所示。

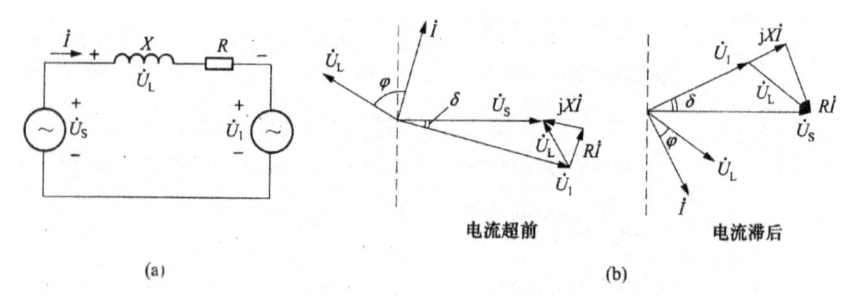

图 11-49　计及损耗时 STATCOM 等效电路及工作原理
(a)单相等效电路；(b)相量图

STATCOM 的电压-电流特性如图 11-50 所示，改变电网电压的参考值 U_{ref} 可以使电压-电流特性上下移动。

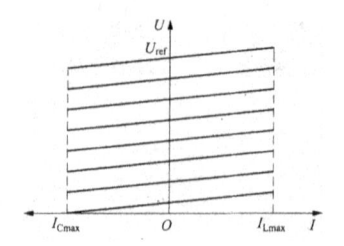

图 11-50　STATCOM 的电压-电流特性

近年来 IGBT、IGCT 发展很快，采用的主电路的基本单元结构为图 11-51 所示的单相桥、三相桥和三单相桥电路。

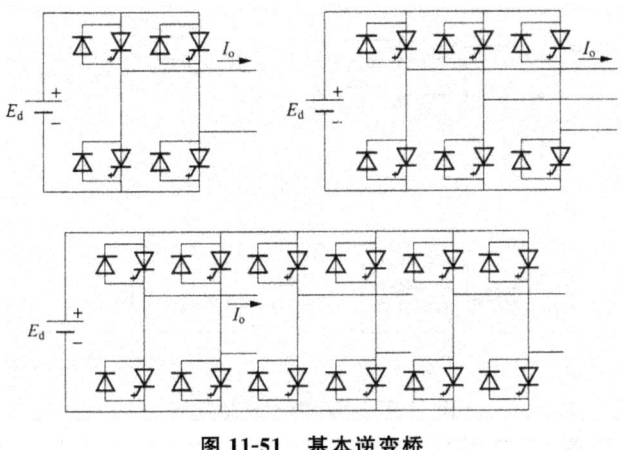

图 11-51　基本逆变桥

2. STATCOM 的控制方法

STATCOM 的控制方法是 STATCOM 及其相关技术的重点研究内容,对 STATCOM 的控制系统要求为:

1)控制精度高。
2)控制速度快。
3)多功能、多目标控制。

STATCOM 的用途主要有两个:

1)调节系统电压。
2)校正系统功率因素。

按照控制技术来分 STATCOM 的控制方法,如图 11-52 所示。

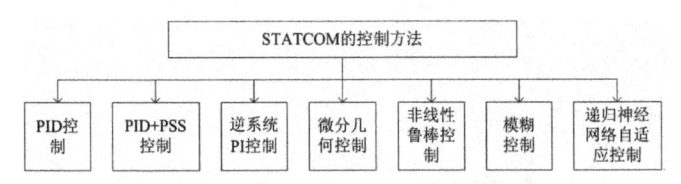

图 11-52　STATCOM 的控制方法的分类

对于 STATCOM 装置的控制算法,应根据不同的要求设计不同的控制算法。主要的控制算法有基于比例积分(PI)调节器的无功功率控制方法和基于比例(P)调节器的控制系统电压的方法等,如图 11-53 所示。

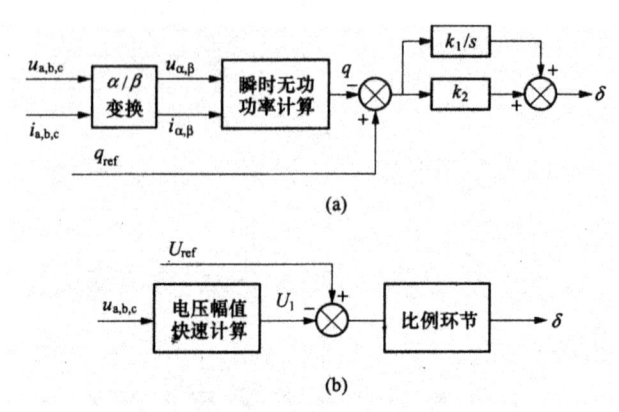

图 11-53 STATCOM 的控制

(a)基于 PI 调节器的无功功率控制框图；(b)基于 P 调节的系统电压控制框图

参考文献

[1] 王兆安,黄俊.电力电子技术[M].4版.北京:机械工业出版社,2002.

[2] 王兆安,张明勋.电力电子设备设计和应用手册[M].2版.北京:机械工业出版社,2002.

[3] 莫正康.电力电子应用技术[M].3版.北京:机械工业出版社,2005.

[4] 黄家善,王廷才.电力电子技术[M].北京:机械工业出版社,2005.

[5] 苏玉刚,陈渝光.电力电子技术[M].重庆:重庆大学出版社,2005.

[6] 天津电气传动设计研究所.电气传动自动化技术手册[M].2版.北京:机械工业出版社,2005.

[7] 张静之.变流技术及应用[M].北京:中国劳动社会保障出版社,2006.

[8] 刘建华.变频调速技术[M].北京:中国劳动社会保障出版社,2006.

[9] 王廷才.电力电子技术[M].北京:高等教育出版社,2006.

[10] 颜世钢,张承慧.电力电子技术问答[M].北京:机械工业出版社,2007.

[11] 刘建华.交直流调速应用[M].上海:上海科学技术出版社,2007.

[12] 张孝三.维修电工(高级)[M].上海:上海科学技术出版社,2007.

[13] 洪乃刚.电力电子技术基础[M].北京:清华大学出版社,2008.

[14] 刘建华.电力电子及变频器应用[M].北京:中国劳动社会保障出版社,2009.

[15] 刘建华,伍尚勤.电子工艺技术[M].北京:科学出版社,2009.

[16] 张兴.高等电力电子技术[M].北京:机械工业出版社,2011.

[17] 周渊深,宋永英.电力电子技术[M].2版.北京:机械工业出版社,2011.

[18] 刘建华,冯丽平.电力电子技术[M].上海:上海交通大学出版社,2013.

[19] 林渭勋.现代电力电子技术[M].北京:机械工业出版社,2013.

[20] 任万强,袁燕.电力电子技术[M].北京:中国电力出版社,2014.

[21] 杨卫国,肖冬,冯琳,等. 电力电子技术[M]. 2版. 北京:冶金工业出版社,2014.

[22] 龙志文. 电力电子技术[M]. 2版. 北京:机械工业出版社,2015.

[23] 王兆安,刘进军. 电力电子技术[M]. 5版. 北京:机械工业出版社,2017.

[24] Leo Lorenz. Power semiconductors and application criteria[C]// Course lecture notes of Xi'an Jiaotong University,2007.

[25] Bimal K. Bose. Power electronics and motor drives-advances and trends[M]. Elsevier Science,2006.

[26] Infineon Technologies AG. Semiconductors[M]. 2nd ed. Publicis Corporate Publishing. 2004.

[27] Mohan N,Undeland T M,Robbins W P. Power electronics—converters,applications,and design[M]. 3nd ed. John Wiley&Sons. 2003.

[28] Bimal K,Bose. Modem power electronics and AC drives[M]. Prentice Hall,2002.

[29] Robert W. Eriekson,Dragan Maksimovic. Fundamentals of power electronics[M]. 2nd ed. Kluwer Academic Publishers,2001.

[30] Jai P. Agrawal. Power electronic systems-theory and design[M]. Prentice Hall,2001.